CHANYE ZHUANLI
FENXI BAOGAO

产业专利分析报告

（第23册）——电池

杨铁军◎主编

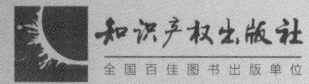

全国百佳图书出版单位

图书在版编目（CIP）数据

产业专利分析报告. 第 23 册，电池/杨铁军主编. —北京：知识产权出版社，2014.4
ISBN 978-7-5130-2637-6

Ⅰ.①产… Ⅱ.①杨… Ⅲ.①电池—专利—研究报告—世界 Ⅳ.①G306.71 ②TM911

中国版本图书馆 CIP 数据核字（2014）第 050223 号

内容提要

本书是电池领域的专利分析报告。报告从电池行业的专利（国内、国外）申请、授权、申请人的已有专利状态、其他先进国家的专利状况、同领域领先企业的专利壁垒等方面入手，充分结合相关数据，展开分析，并得出分析结果。本书是了解该行业技术发展现状并预测未来走向，帮助企业做好专利预警的必备工具书。

责任编辑：卢海鹰 王祝兰		责任校对：董志英	
版式设计：胡文彬 王祝兰		责任出版：刘译文	

产业专利分析报告（第 23 册）
——电池

杨铁军　主　编

出版发行：知识产权出版社 有限责任公司	网　址：http：//www.ipph.cn
社　址：北京市海淀区马甸南村 1 号	邮　编：100088
责编电话：010 - 82000860 转 8555	责编邮箱：wzl@cnipr.com
发行电话：010 - 82000860 转 8101/8102	发行传真：010 - 82000893/82005070/82000270
印　刷：保定市中画美凯印刷有限公司	经　销：各大网络书店、新华书店及相关专业书店
开　本：787mm×1092mm　1/16	印　张：18.25
版　次：2014 年 5 月第 1 版	印　次：2014 年 5 月第 1 次印刷
字　数：406 千字	定　价：60.00 元

ISBN 978-7-5130-2637-6

出版权专有　侵权必究
如有印装质量问题，本社负责调换。

推 荐 语

　　电池作为电储能关键部件，是电源产业大军中十分重要的核心基础部件之一。在国民经济中，电池也因广泛的应用领域、不可或缺的电储能产品特性，已经成为全球电子工业经济发展中非常庞大的支撑产品。

　　从技术层面讲，电源作为独立的电转换装置，我认为在谈到电池与电源的关系上，应该明确两个不同属性的产品概念，以防止模糊两者之间界限，使社会公众、读者产生误解。通俗的讲，作为电储能元件单体电池正负极之间没有接入电子元器件，可称作"电池"；单体电池正负极之间接入电子元器件，从而改变了电流属性，可称作"电源"。将电化学、物理学意义上的"电池"俗称为"化学电源"、"物理电源"、"化学与物理电源"等等，都不是严谨科学的态度表现，极易导致在行业政策和引导发展上产生不必要的混乱。"电池"与"电源"在国家标准中均有明确的表述，应该在正规场合、公开发布的文件、书刊等术语上加以规范和使用。

　　随着国家相关产业的拉动及国际电池生产厂商在中国投资的增多，电池技术取得了巨大进步，不仅在交通运输、军事国防等传统领域得到广泛应用，而且应用在太阳能光伏发电、风力发电、通信电源、电力变配电系统、铁路、船舶通讯、起动、照明电源、UPS 电源中，特别是技术进步推动了动力用电池行业的快速发展，使其成为新能源与电动车等新兴的朝阳产业之一，促进了电源产业的飞速发展。

　　目前，电池行业（含一次电池、二次电池）随着高新科技的发展、人类生活质量的提高，石油资源面临危机、地球生态环境日益恶化，形成了新型二次电池及相关材料领域的科技和产业快速发展的双重社会背景。市场的迫切需求，使新型二次电池应运而生。其中，高能镍镉电池、镍金属氢化物电池、镍锌电池、免维护铅酸电池、铅布电池、锂离子电池、锂聚合物电池等新型二次电池备受青睐，在中国得到广泛应用，形成产业并迅猛发展。

近年来，美国江森自控公司、索尼、三洋、日立等知名企业纷纷在中国建立了自己的蓄电池生产基地，还将市场从大城市逐步拓展到中小城市，甚至NEC、博世主要以生产软件与电器为主的企业也开始将业务的触角延伸到生产蓄电池领域中。跨国公司的涌入，使国内蓄电池生产企业面临更加激烈的竞争。

同时，当今世界能源的结构正朝着绿色方向发展，新能源用铅酸蓄电池也将成为新的市场利润增长点，比如风能、太阳能等项目的光伏电池需求量每年都在快速递增，开发相关领域的技术未来都将是一笔不小的财富。此外，随着我国汽车和摩托车的保有量进一步的扩大，以及国家主要城市对电动车行驶的解禁，这将进一步刺激蓄电池产品在该领域的消费。

国家知识产权局专利与推广项目2013年课题研究成果《电池与材料专利分析报告》，是我国首部有关电池行业专利分析与研究报告，该《报告》全面、客观、系统地研究和分析了全球电池与材料专利现状与发展趋势，并且就国际及中国电池行业的专利纠纷，进行了案例介绍和分析，向社会公众与读者发表了案件启示与攻防策略。较为深入地分析了我国重点企业的专利构成与态势，特别是在我国专利申请与美国、日本、韩国等国家的战略布局、专利差距方面，以翔实的数据，精美的图表，进行了对比和分析，为我国今后的电池产业发展，提供了非常重要的行业分析数据和信息支撑，具有巨大的战略价值！

现在正值我国电池行业产品与国际贸易非常紧密、快速发展期间，该《报告》的出版，对于我国电池行业的参与国际市场竞争、保护自身合法权益、规避市场风险等，都将起到非常重要的指导、借鉴作用。并且为政府主管部门提供了决策思路和依据，为我国新能源与电源产业的行业发展提供了坚实的行业分析基础，具有重大的指导意义！

最后，希望国家知识产权局继续围绕新兴产业，尤其是在节能减排、新能源与储能电源系统应用等领域，开展和组织知识产权专利分析，提升我国企事业单位的知识产权专利在市场中的地位和应用环境，让其在市场体系中发挥经济作用。政府部门应充分发挥行业协会的作用，支持行业协会为其开展的知识产权专利培训宣传、维权服务等活动,组织相关企事业单位、科研院所深入探讨和研究本《报告》,为电池行业的快速发展做出积极有效的贡献!

中国电源工业协会副理事长、秘书长

北京电源行业协会副理事长、秘书长

中国电源产业技术创新联盟副理事长、秘书长

2014年4月18日

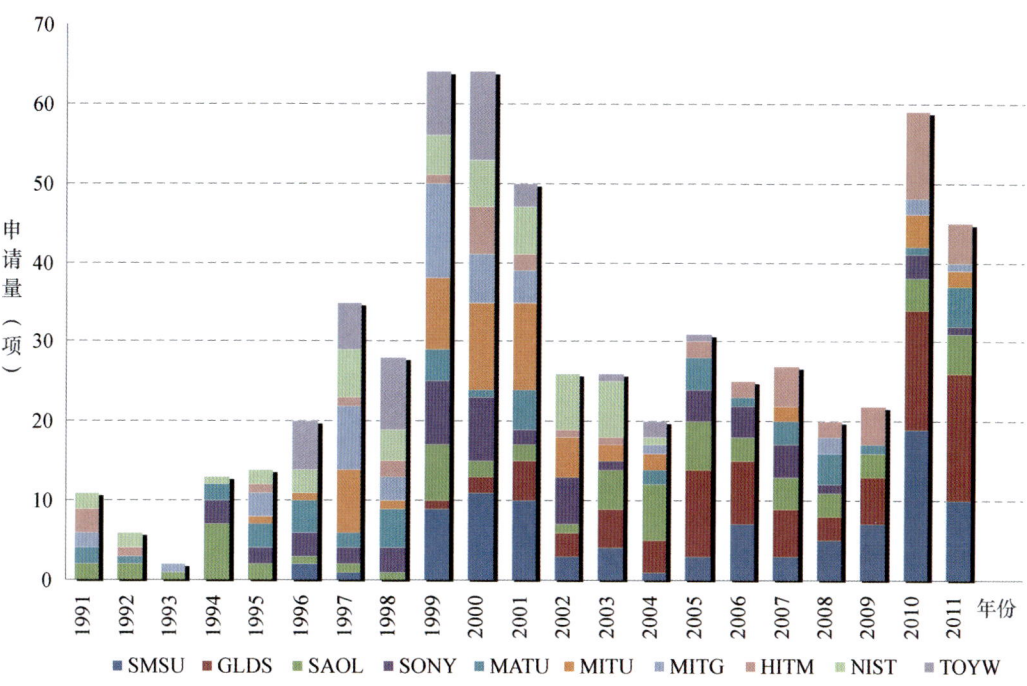

图8-17 锰酸锂正极材料领域全球排名前10位的申请人专利申请量随年代变化情况

（正文说明见第111页）

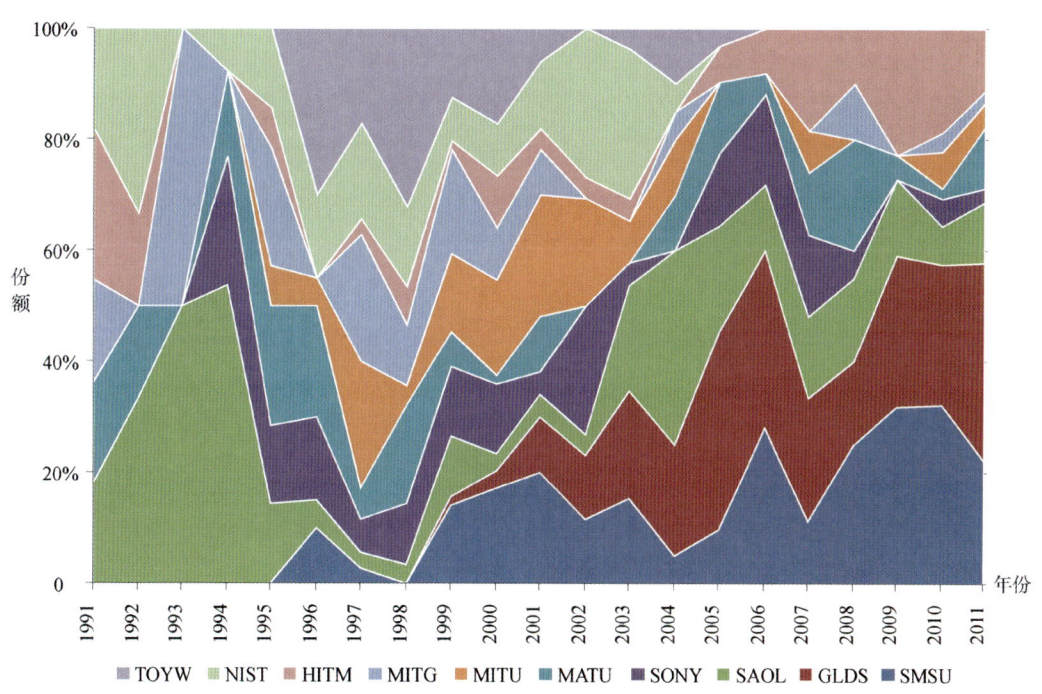

图8-18 锰酸锂正极材料领域全球排名前10位的申请人专利申请量份额随年代变化情况

（正文说明见第112页）

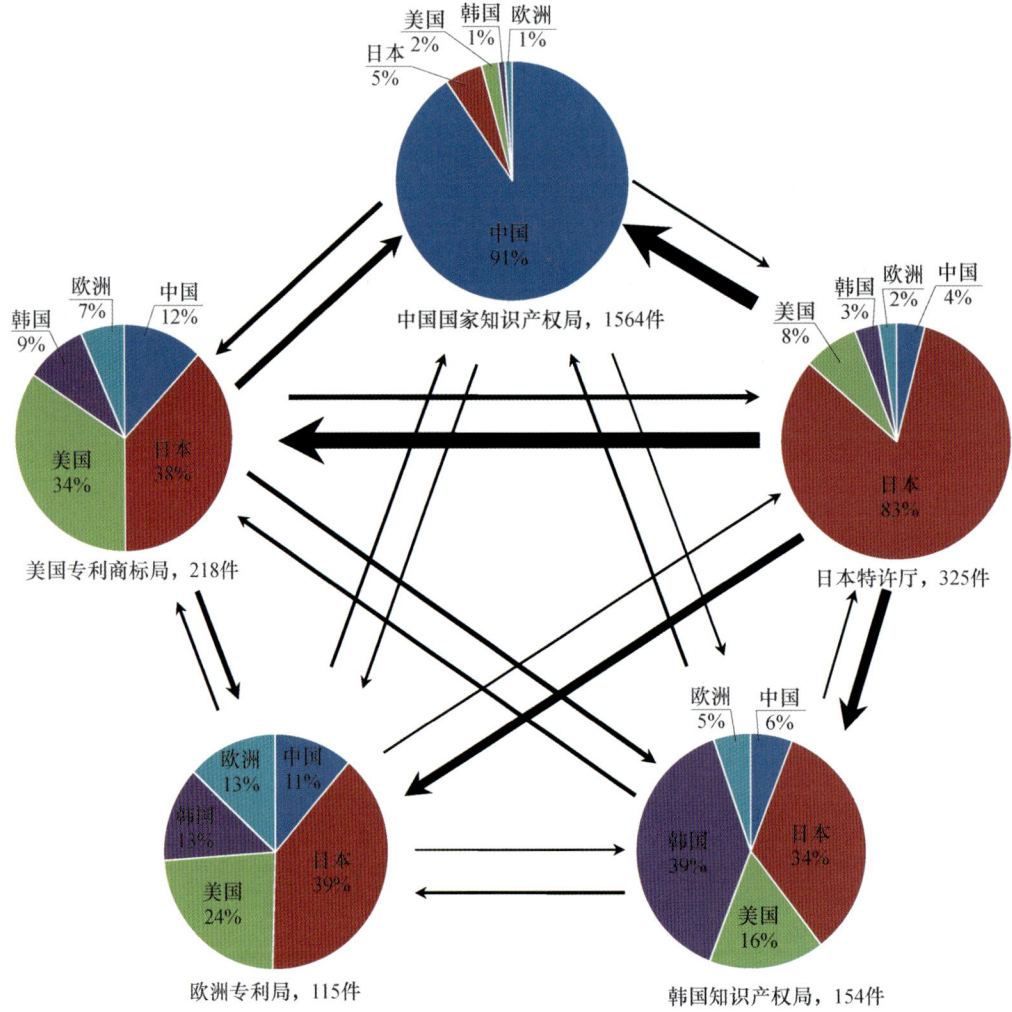

图9-5 磷酸铁锂专利申请五局流向图

（正文说明见第157页）

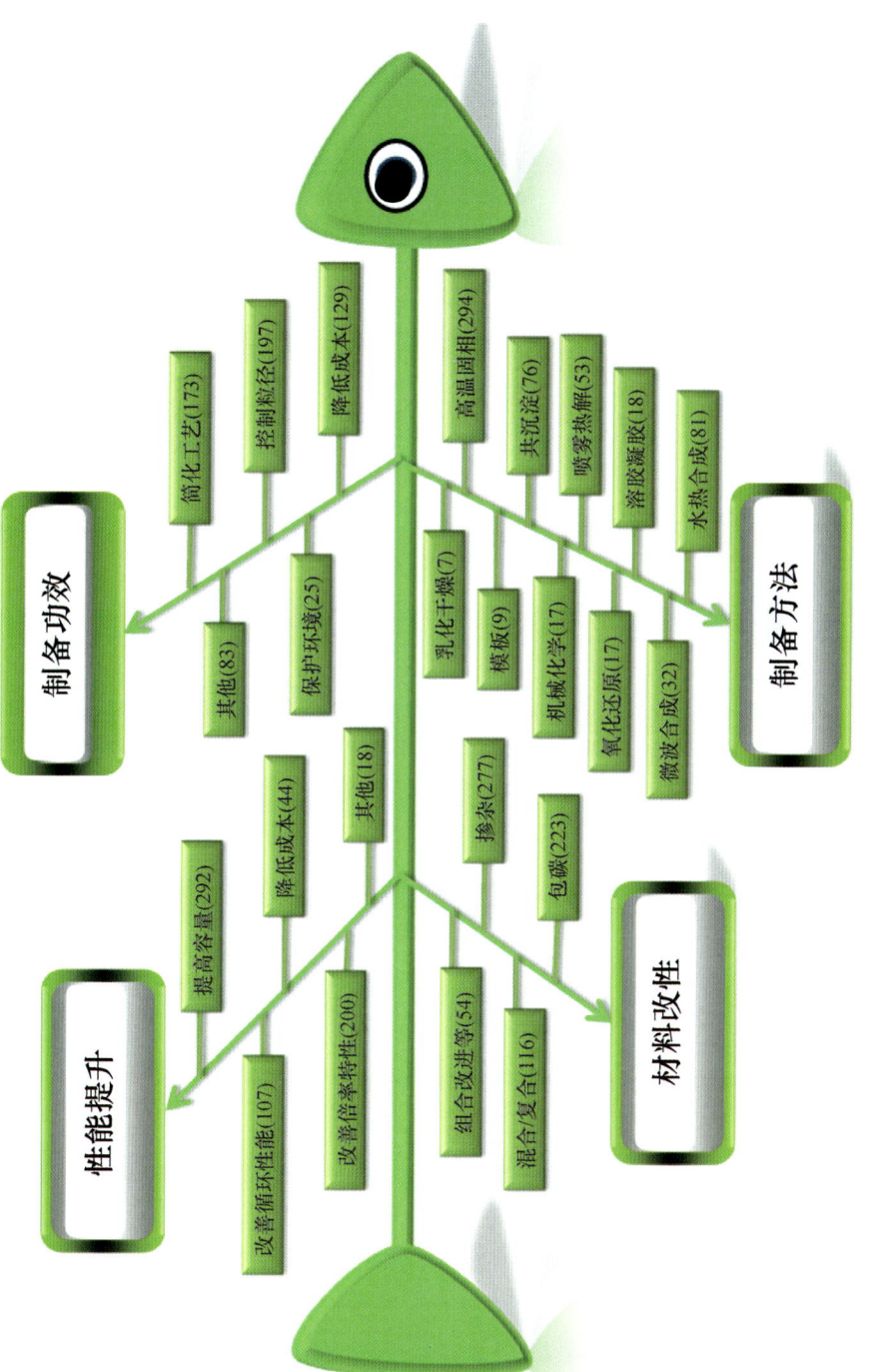

图9-13 磷酸铁锂技术分布
（正文说明见第167页）

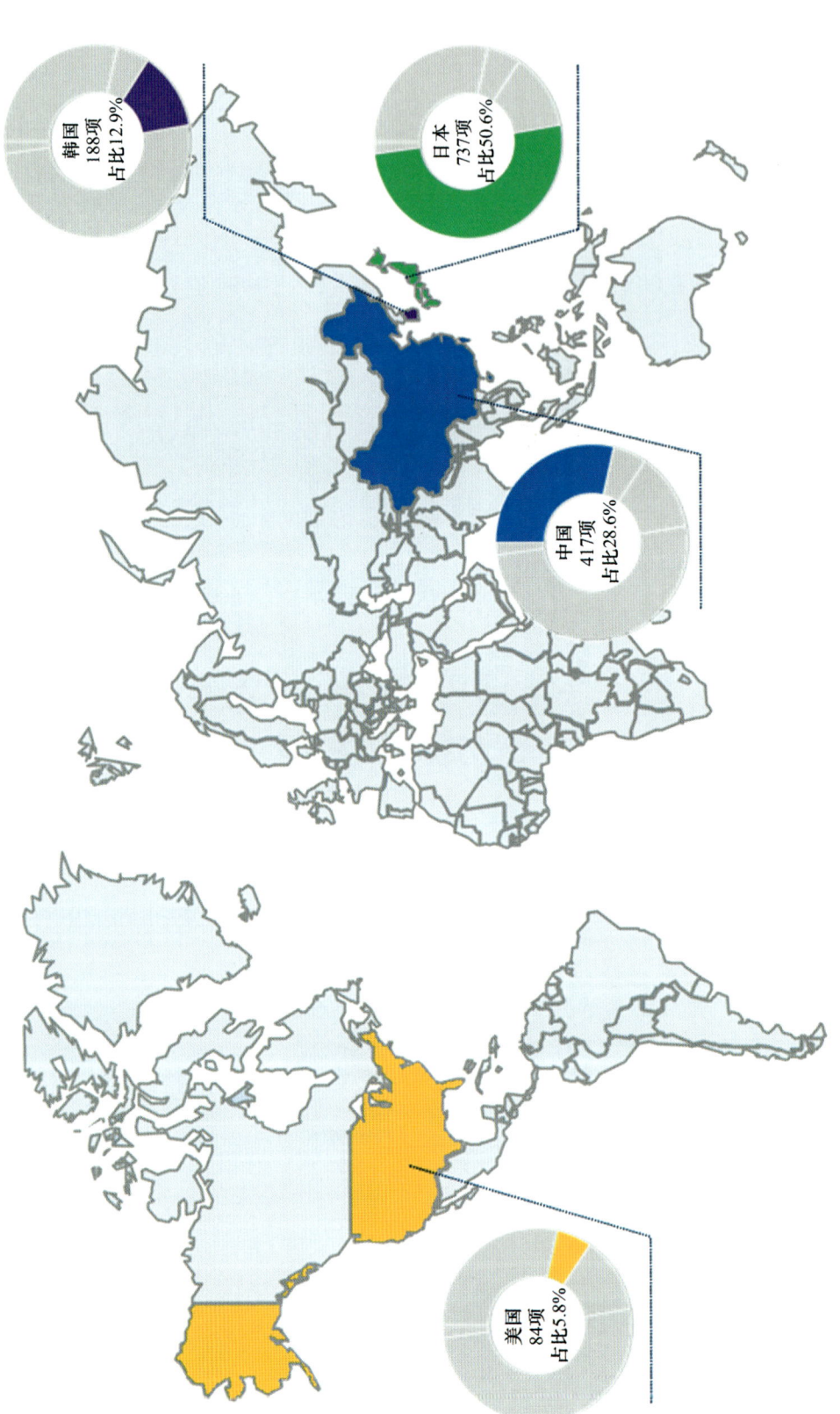

图10-3 全球三元正极材料专利申请产出国家/地域构成

(正文说明见第198页)

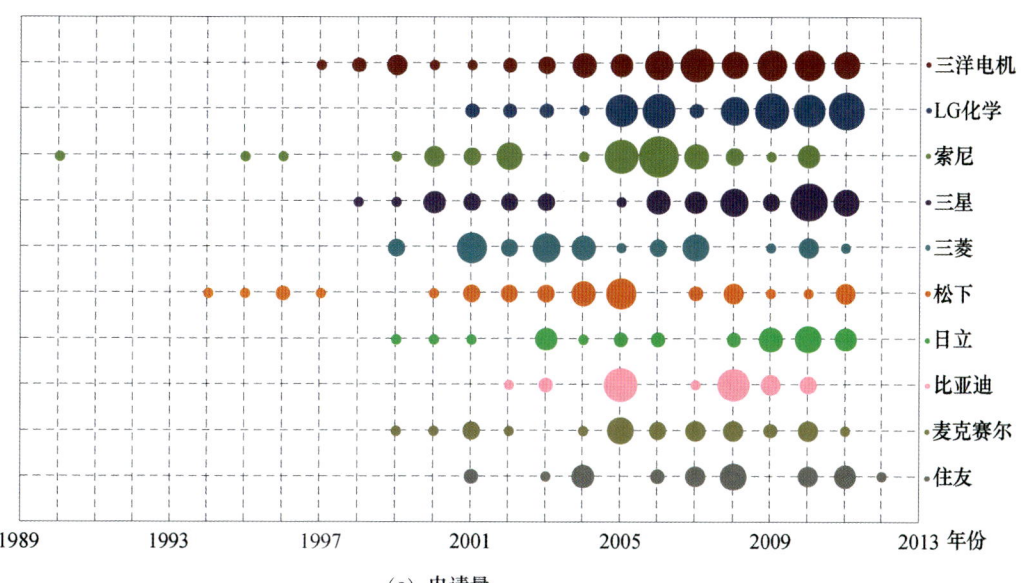

(a) 申请量

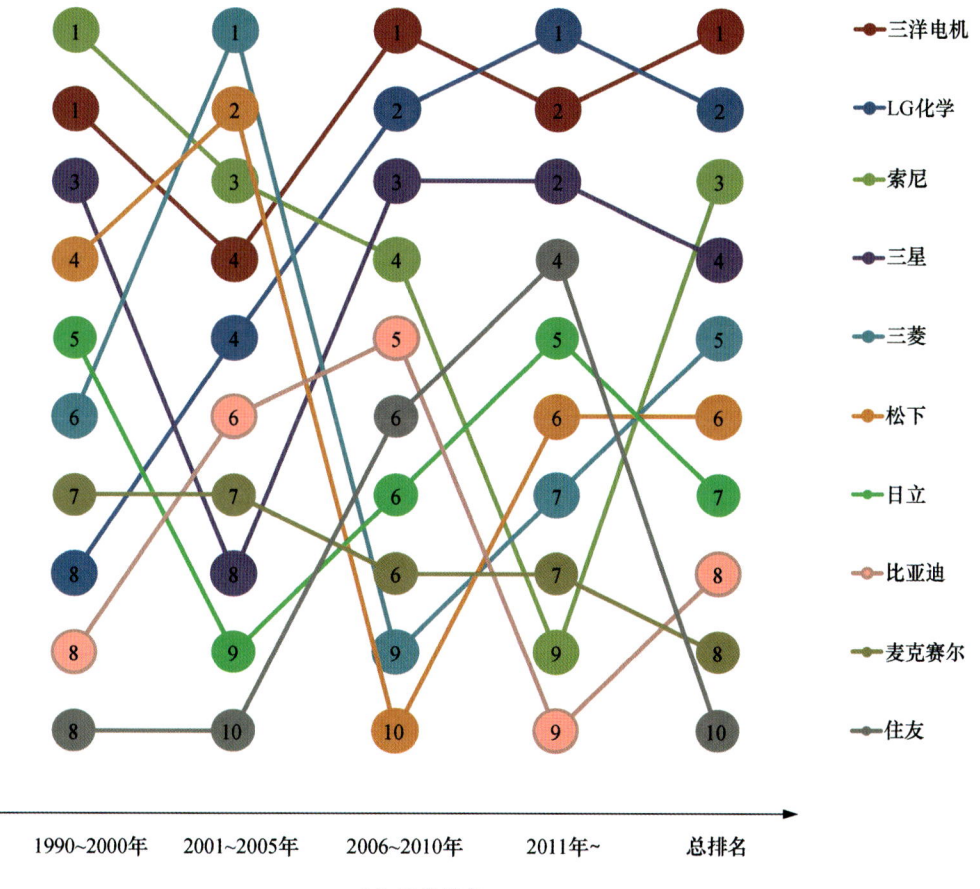

(b) 阶段排名

图10-8　三元正极材料领域全球主要申请人申请量及阶段排名

(正文说明见第201页)

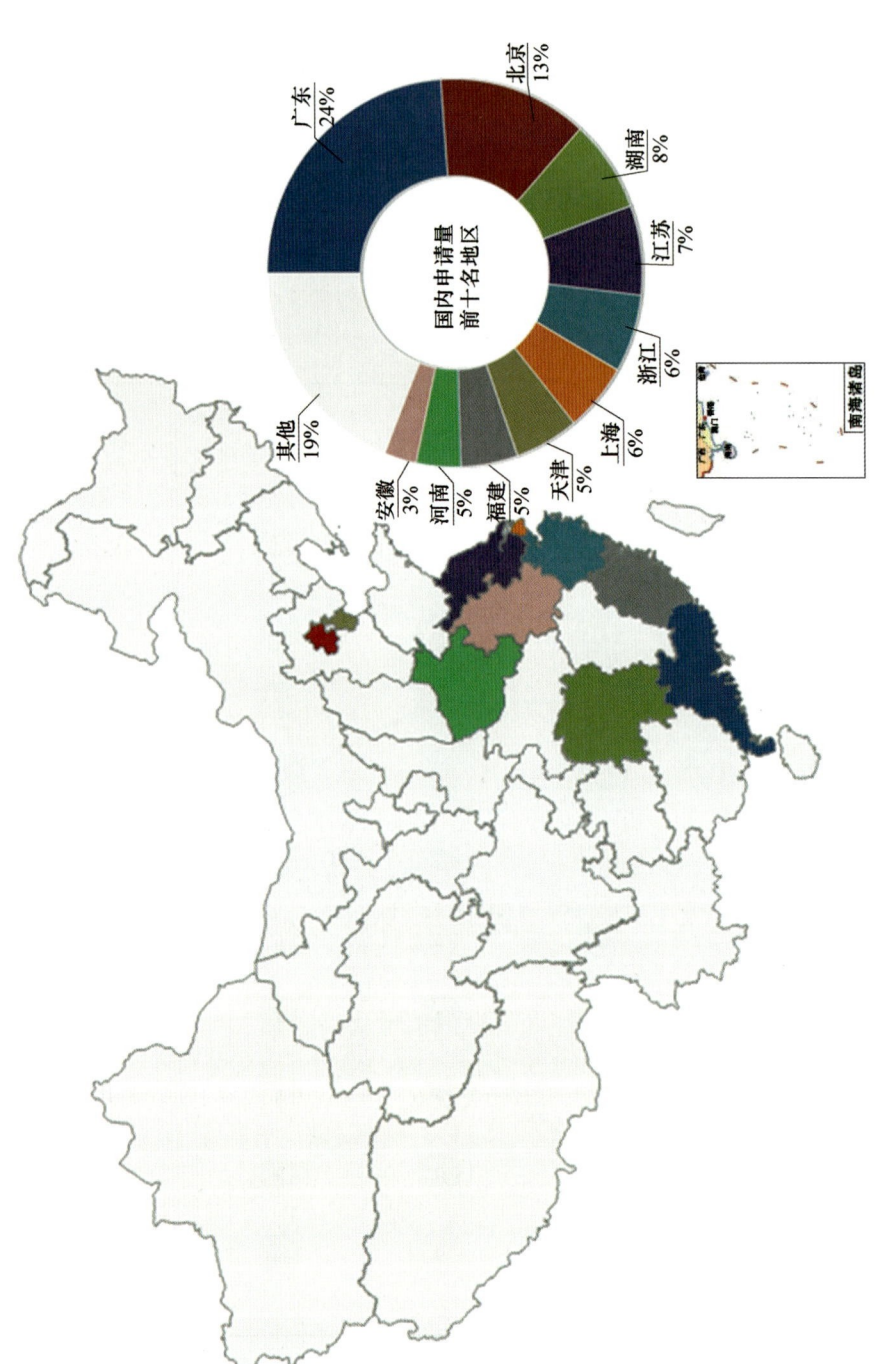

图10-18 三元正极材料领域国内申请量地区分布

(正文说明见第209页)

编委会

主　任： 杨铁军

副主任： 葛　树　冯小兵

编　委： 卜　方　崔伯雄　魏保志　朱仁秀

　　　　　孟俊娥　李　超　宫宝珉　曾武宗

　　　　　张伟波　闫　娜　曲淑君　张小凤

　　　　　李超凡

序

党的十八届三中全会和第十二届全国人大二次会议政府工作报告中明确提出要加强知识产权运用和保护工作，这是中央对知识产权工作提出的新任务和更高要求。在新形势下，让专利信息分析更好地融入产业发展决策，对于提升我国创新主体运用知识产权的能力和发展的质量效益都具有重要的意义。

国家知识产权局在"十二五"期间组织实施的专利分析普及推广项目已经走过四个年头，该项目着眼于战略性新兴产业、高新技术产业等关系国计民生的重点产业，在定量与定性、专利与市场、技术与经济等方面对专利技术分析方法作出有益的尝试，形成了一系列服务于产业发展和企业创新的专利分析研究成果，并基于这些成果广泛开展与产业紧密结合的宣传推广活动。作为项目研究成果的重要载体，《产业专利分析报告》系列丛书致力于回答和解决产业发展的实际问题，一方面力求数据准确论证充分，经得起时间检验，另一方面紧密联系实际，力争在产业发展中有更多的参考价值。

《产业专利分析报告》系列丛书的出版受到相关行业、企业和科研人员的一致认可，也受到专利分析和竞争情报研究机构的广泛关注。衷心希望，《产业专利分析报告》系列丛书的相继出版，能够推动我国相关产业专利运用和保护的水平，为企业的创新发展注入新的活力。

国家知识产权局副局长

杨铁军

前　言

"十二五"期间国家知识产权局组织实施了专利分析普及推广项目，该项目紧密结合国家的产业发展方向，围绕企业对专利信息运用和产业发展的需求，发挥国家知识产权局的专利人才优势，开展专利分析研究工作，形成并发布专利分析报告。作为项目成果的重要载体，《产业专利分析报告》系列丛书第1~16册自出版以来，受到各行业广大读者的广泛欢迎，有力推动各产业的技术创新和转型升级。

2013年度专利分析普及推广项目继续秉承"源于产业、依靠产业、推动产业"的工作原则，在综合考虑来自行业主管部门、行业协会、企业创新主体的众多需求之后，最终选定12个行业开展研究工作。这12个行业包括燃气轮机、增材制造、工业机器人、卫星导航终端、LED照明、浏览器、电池、物联网、特种光学与电学玻璃、氟化工、通用名化学药和抗体药物，均属于我国科技创新和经济转型的核心产业。近一年来，约200名专利审查员参与项目研究，分析150余万条专利数据，几经易稿，形成12份内容实、分析透、质量高、特色多、紧扣行业需求的专利分析研究报告，共计近600万字、千余幅图表。

2013年度的专利分析报告继续加强分析方法创新，深化对申请人、研发团队、侵权诉讼、"337调查"等方面的分析方法研究，并在课题研究中得到充分应用和验证。如抗体药物课题组将专利诉讼的应对策略划分为实体抗辩、证据抗辩和程序抗辩，理清个案专利诉讼的分析思路，为企业应对专利诉讼提供新选择。氟化工、工业机器人、LED照明、卫星导航终端等课题组对"337调查"中的专利分析进行不同程度的探索，为企业应对"337调查"提供新策略。工业机器人课题组将

TRIZ 理论引入专利分析，融合技术创新理论和专利分析方法，为企业技术创新开辟新途径。

2013 年度专利分析普及推广项目的研究得到社会各界的大力支持。例如，抗体药物课题组的行业指导专家沈倍奋院士多次来到课题组指导分析工作，并对课题研究成果给予充分肯定；工业机器人课题组的行业指导专家蔡鹤皋院士、燃气轮机课题组的行业指导专家蒋洪德院士均对专利分析报告给予较高的评价。氟化工课题组的合作单位中国石油和化学工业联合会组织大量企业参与课题具体研究工作，为课题研究的顺利开展奠定了基础。《产业专利分析报告》（第 17~28 册）凝聚社会各界的智慧，形成服务于产业发展的专利分析成果。希望这些成果能够为专利信息利用提供工作指引，为行业政策研究提供有益参考，为行业技术创新提供有效支撑。

由于报告中专利文献的数据采集范围和专利分析工具的限制，加之研究人员水平有限，报告的数据、结论和建议仅供社会各界借鉴、研究。

《产业专利分析报告》丛书编委会
2014 年 4 月

项目联系人

　　李超凡　62083762/13810803618/lichaofan@sipo.gov.cn
　　褚战星　62084456/13810154361/chuzhanxing@sipo.gov.cn

电池行业专利分析课题研究团队

一、项目指导

国家知识产权局： 杨铁军　廖　涛　葛　树　徐　聪　毛金生

二、项目管理

国家知识产权局专利局： 张小凤　李超凡　褚战星　汪　勇

三、课题组

承 担 部 门： 国家知识产权局专利局材料工程发明审查部、国家知识产权局专利局专利审查协作北京中心

课题负责人： 闫　娜

课题组组长： 李　玮

课题组副组长： 艾　娟

课题组成员： 李　玮　徐雪锋　王卫刚　谭兴林　王　源　张云志
　　　　　　　　艾　娟　王　丽　朱　科　余碧涛　谢燕婷　聂稻波

四、研究分工

数据检索： 李　玮　徐雪锋　王卫刚　王　源　朱　科　聂稻波

数据清理： 徐雪锋　王卫刚　王　源　朱　科　王　丽

数据标引： 张云志　朱　科　余碧涛　谢燕婷

图表制作： 王卫刚　朱　科　艾　娟　谢燕婷　聂稻波

报告执笔： 李　玮　徐雪锋　王卫刚　谭兴林　王　源　余碧涛
　　　　　　　朱　科　谢燕婷　聂稻波

报告统稿： 李　玮　艾　娟　王　丽　徐雪峰

报告编辑： 徐雪锋　王卫刚　艾　娟　王　丽

报告审校： 闫　娜　张小凤　李超凡　孙京伟　曹丽娟

五、报告撰稿

李　玮： 主要执笔第 2 章和第 3 章

徐雪锋： 主要执笔第 7 章

王卫刚： 主要执笔第 2 章和第 7 章

谭兴林： 主要执笔第 12 章

张云志： 主要执笔第 6 章

王　源： 主要执笔第 4 章和第 5 章

艾　娟：主要执笔第9章第9.6节，参与执笔第9章第9.4节、第9.5节

朱　科：主要执笔第1章、第7章第7.6节、第9章第9.4节，参与执笔第9章第9.5节

余碧涛：主要执笔第9章第9.1节、第9.2节、第9.3节、第9.5节，第11章，第13章第13.6节、第13.7节，参与执笔第9章第9.4节

王　丽：主要执笔第10章第10.2节、第10.3节，参与执笔第10章第10.1节、第8章第8.1节

谢燕婷：主要执笔第8章第8.4节、第8.5节、第8.6节，第13章第13.8节参与执笔第8章第8.1节、第10章第10.1节

聂稻波：主要执笔第7章第7.6节第8章第8.2节、第8.3节，第13章第13.9节参与执笔第8章8.1节、第10章10.1节

六、指导专家

行业专家

孙京伟　中国电源工业协会

技术专家

李加林　比亚迪股份有限公司

曹丽娟　比亚迪股份有限公司

陈　雷　北京当升材料科技有限公司

其　鲁　北京大学化学学院

田文怀　北京科技大学材料学院

张世超　北京航天航空大学材料学院

陈永冲　中科院电工所

专利分析专家

李超凡　国家知识产权局专利局审查业务管理部

褚战星　国家知识产权局专利局审查业务管理部

七、合作单位（排序不分先后）

中国电源工业协会、北京大学化学学院、北京航天航空大学、北京科技大学、比亚迪股份有限公司、北京当升材料科技股份有限公司、湖南汇通科技有限责任公司、深圳邦凯新能源股份有限公司

目　　录

第1章　研究概况 / 1

　　1.1　研究背景 / 1

　　　　1.1.1　技术发展概况 / 1

　　　　1.1.2　产业现状 / 7

　　　　1.1.3　行业需求 / 8

　　1.2　研究对象和方法 / 8

　　　　1.2.1　技术分解 / 9

　　　　1.2.2　数据检索 / 10

　　　　1.2.3　查全率和查准率评估 / 10

　　　　1.2.4　数据处理 / 11

　　　　1.2.5　相关事项和约定 / 11

第2章　化学二次电池专利分析 / 13

　　2.1　概述 / 13

　　　　2.1.1　年申请量分析 / 13

　　　　2.1.2　申请人类型分析 / 14

　　　　2.1.3　主要申请人申请趋势 / 17

　　2.2　化学二次电池中国专利分析 / 17

　　　　2.2.1　年申请量分析 / 17

　　　　2.2.2　申请法律状态分析 / 18

　　　　2.2.3　国内外申请量对比 / 18

第3章　镍氢电池专利分析 / 23

　　3.1　镍氢电池全球专利分析 / 23

　　　　3.1.1　全球专利申请分布分析 / 23

　　　　3.1.2　全球主要申请人分析 / 23

　　　　3.1.3　年申请量分析 / 24

3.1.4 全球主要申请国年申请量趋势 / 25
3.2 镍氢电池在华总体分析 / 25
3.2.1 各国在华历年专利申请分布分析 / 25
3.2.2 在华申请的申请人类型分析 / 26
3.2.3 整体态势分析 / 26
3.2.4 镍氢电池主要申请国年在华申请量趋势 / 28

第4章 镍镉电池专利分析 / 30
4.1 概述 / 30
4.2 镍镉电池全球专利分析 / 30
4.2.1 年申请量分析 / 30
4.2.2 区域发展分析 / 31
4.2.3 申请人分析 / 33
4.3 镍镉电池中国专利分析 / 35
4.3.1 年申请量分析 / 35
4.3.2 申请人分析 / 36

第5章 铅酸电池专利分析 / 38
5.1 概述 / 38
5.2 铅酸电池全球专利分析 / 38
5.2.1 年申请量分析 / 38
5.2.2 区域分析 / 39
5.2.3 申请人分析 / 41
5.3 铅酸电池中国专利分析 / 44
5.3.1 年申请量分析 / 44
5.3.2 申请人分析 / 45

第6章 燃料电池专利分析 / 47
6.1 概述 / 47
6.1.1 燃料电池的类型 / 47
6.1.2 燃料电池的常见类型 / 48
6.2 全球专利技术分析 / 49
6.2.1 燃料提纯专利分析 / 49
6.2.2 气体扩散电极专利分析 / 52
6.2.3 催化剂专利申请趋势 / 55
6.3 中国专利分析 / 58
6.3.1 燃料提纯专利分析 / 58
6.3.2 气体扩散电极专利分析 / 59
6.3.3 催化剂专利分析 / 61

第7章 锂离子电池专利分析 / 63

7.1 概述 / 63
7.2 锂离子电池专利分析 / 63
7.2.1 全球专利申请分析 / 63
7.2.2 中国专利申请分析 / 68
7.3 隔膜专利分析 / 71
7.3.1 全球专利申请分析 / 71
7.3.2 中国申请专利分析 / 76
7.4 电解质专利分析 / 79
7.4.1 全球专利申请分析 / 79
7.4.2 中国专利申请分析 / 83
7.5 负极材料专利分析 / 84
7.5.1 全球专利申请分析 / 84
7.5.2 中国专利申请分析 / 88
7.6 正极材料专利分析 / 90
7.6.1 全球专利申请分析 / 90

第8章 锰酸锂正极材料专利分析 / 95
8.1 锰酸锂技术简介 / 95
8.1.1 锰酸锂的制备方法 / 96
8.1.2 锰酸锂的性能改进 / 97
8.1.3 锰酸锂的应用情况 / 99
8.2 全球专利分析 / 102
8.2.1 专利申请全球态势 / 102
8.2.2 技术领域分布 / 103
8.2.3 全球份额 / 104
8.2.4 专利申请排名前五位国家的发展趋势 / 105
8.2.5 专利申请排名前10位的申请人 / 106
8.2.6 专利申请主要目标市场 / 112
8.2.7 主要产出国申请流向 / 114
8.3 中国专利分析 / 115
8.3.1 专利申请在华发展趋势 / 115
8.3.2 专利申请在华技术流向-输入 / 116
8.3.3 在华申请人排名 / 117
8.3.4 在华国内申请人排名 / 118
8.3.5 国内地区分布 / 119
8.3.6 重要申请人分析 / 120
8.4 高性能锰酸锂正极材料专利分析 / 129
8.4.1 专利申请趋势 / 129

8.4.2 技术领域分布 / 130
8.4.3 主要申请人排名 / 131
8.4.4 技术主题分析 / 134
8.4.5 申请地域分布 / 138
8.4.6 技术主题与技术功效分析 / 139
8.4.7 重点专利技术分析 / 141
8.5 高容量锰酸锂正极材料专利分析 / 146
8.5.1 专利申请趋势 / 146
8.5.2 主要申请人排名 / 147
8.5.3 技术产出国申请分析 / 148
8.5.4 技术目标国申请分析 / 148
8.6 高电压锰酸锂正极材料专利分析 / 149
8.6.1 专利申请趋势 / 150
8.6.2 主要申请人/发明人排名 / 151
8.6.3 技术产出国申请分析 / 152
8.6.4 技术目标国申请分析 / 153

第9章 磷酸铁锂专利分析 / 154
9.1 概述 / 154
9.2 全球专利分析 / 154
9.2.1 申请趋势 / 154
9.2.2 技术原创国 / 155
9.2.3 技术目标国 / 156
9.2.4 五局流向图 / 157
9.2.5 申请人分析 / 157
9.3 中国专利分析 / 158
9.3.1 申请趋势 / 158
9.3.2 地区分布 / 158
9.4 主要技术分析 / 159
9.4.1 重要专利 / 159
9.4.2 技术发展路线 / 162
9.4.3 技术分布 / 166
9.4.4 材料的改进 / 168
9.4.5 制备方法的改进 / 170
9.5 主要厂商分析 / 170
9.5.1 Phostech 系 / 171
9.5.2 Valence / 176
9.5.3 A123 / 178

9.5.4 台湾立凯 / 183

9.5.5 台湾台塑 / 184

9.5.6 天津斯特兰 / 186

9.5.7 主要厂商比较 / 187

9.6 主要发明人 / 188

9.6.1 J. B. Goodenough 简介 / 188

9.6.2 专利文献 / 189

9.6.3 非专利文献 / 192

第10章 三元正极材料专利分析 / 193

10.1 三元正极材料简介 / 193

10.1.1 层状 Ni－Co－Mn 三元正极材料的研究背景 / 193

10.1.2 层状镍钴锰三元正极材料的结构特性和反应机理 / 194

10.1.3 层状镍钴锰三元正极材料的制备方法 / 195

10.1.4 层状镍钴锰三元正极材料的改性研究 / 196

10.1.5 层状镍钴锰三元正极材料的应用 / 197

10.2 全球专利申请分析 / 197

10.2.1 全球专利申请量趋势 / 197

10.2.2 产出国/地区申请分析 / 198

10.2.3 目标国/地区申请分析 / 199

10.2.4 申请人分析 / 201

10.3 中国专利申请分析 / 206

10.3.1 申请量态势 / 207

10.3.2 申请人分析 / 207

10.3.3 比亚迪股份有限公司 / 209

10.3.4 中国比克电池股份公司 / 213

10.3.5 中南大学 / 215

第11章 钴酸锂专利分析 / 218

11.1 概述 / 218

11.2 全球专利申请分析 / 219

11.2.1 申请趋势 / 219

11.2.2 技术原创国 / 219

11.2.3 技术目标国/地区 / 220

11.2.4 主要申请人 / 221

11.3 中国专利申请分析 / 223

11.3.1 申请趋势 / 223

11.3.2 技术来源国 / 224

11.3.3 主要申请人 / 224

第12章 中国电池行业专利纠纷 / 226
　　12.1　前言 / 226
　　12.2　中国电池行业专利纠纷 / 226
　　　　12.2.1　专利无效 / 226
　　　　12.2.2　专利诉讼 / 228
　　　　12.2.3　中国电池专利纠纷所涉技术领域分析 / 229
　　12.3　中国电池行业典型专利纠纷案件剖析 / 230
　　　　12.3.1　磷酸铁锂电池专利的无效行政诉讼 / 230
　　　　12.3.2　无水银碱性钮形电池专利的无效行政诉讼 / 236
　　　　12.3.3　电池专利侵权诉讼之"科力远 vs 英可" / 239
　　12.4　索尼在中国的电池专利纠纷和专利布局 / 242
　　　　12.4.1　索尼在中国的电池专利纠纷中的"攻与防" / 243
　　　　12.4.2　索尼在中国的电池专利布局 / 245
　　　　12.4.3　启示 / 247
　　12.5　本章结语 / 247

第13章 结论 / 248
　　13.1　镍氢电池 / 248
　　13.2　镍镉电池 / 248
　　13.3　铅酸电池 / 248
　　13.4　燃料电池 / 249
　　13.5　锂离子电池 / 250
　　13.6　磷酸铁锂 / 251
　　13.7　钴酸锂 / 252
　　13.8　锰酸锂 / 252
　　13.9　三元正极材料 / 255
　　　　13.9.1　国际专利申请 / 255
　　　　13.9.2　中国专利申请格局 / 256

附录　主要申请人名称的约定 / 258

第1章 研 究 概 况

1.1 研究背景

1.1.1 技术发展概况

根据发电原理及储存电能的不同方式，电池可以分为物理电池和化学电池两大类。本报告的研究对象为化学电池。化学电池是指将化学能转变为电能的电化学反应器。它通常由两个电极（正极和负极）和其间的电解质构成。

电池的性能参数主要有电动势、容量、比能量和电阻。电动势等于单位正电荷由负极通过电池内部移到正极时，电池非静电力（化学力）所做的功。电动势取决于电极材料的化学性质，与电池的大小无关。电池所能输出的总电荷量为电池的容量，通常用安培小时（Ah）作单位。在电池反应中，1千克反应物质所产生的电能称为电池的理论比能量。电池的实际比能量要比理论比能量小。因为电池中的反应物并不全按电池反应进行，同时电池内阻也要引起电动势降，因此常把比能量高的电池称做高能电池。电池的面积越大，其内阻越小。

电池的能量储存有限，它以电池的容量作为电池的一个性能参数，与电极物质的数量有关，即与电极的体积有关。

电池的种类繁多，主要包括一次电池（原电池）、二次电池（可充电电池）和燃料电池等。以下将对其技术发展概况分别进行介绍。

（1）一次电池

一次电池，又称原电池，是指一旦放电至反应物被耗尽，其使用寿命随即终止的电池。

一次电池是一种方便的电源，不必依靠市电，可自由移动，能够用于便携电器和电子仪器、计算器、存贮器备用电源以及其他多种用途。一次电池的主要优点是方便、简单、容易使用、维修工作量极少。其大小和形状可根据用途来设计。一次电池的贮存寿命长，具有适当的比能量和比功率，可靠，成本低。

虽然有许多阳极/阴极可以联合使用构成一次电池，但只有很少几种取得了实际的成功。到目前为止，锌由于其良好的电化学特性、很高的电化当量、与水溶液电解液的相容性、贮存寿命长、成本低、易于取得等优点已成为最通用的一次电池的阳极材料。镁也具有很好的电气特性，成本较低，因为它具有很高的比能量和良好的贮存寿命，已成功用于军用一次电池。锂的重量比能量和标准电位在所有的金属中最高，锂阳极电池系列，使用各种不同的非水电解液，以及各种不同的阴极物质，可以制成高性能的一次电池。

一次电池存在已有100多年了，但直到1940年，广泛应用的只有锌锰电池一种❶。锌锰干电池，又称勒克朗谢电池，成本低廉是勒克朗谢电池的一个主要优点。20世纪80年代，碱锰电池成为主要的一次电池。另外一种重要的锌阳极一次电池系列就是锌氧化汞电池。这种电池由于具有良好的贮存寿命及较高的体积比能量，而在第二次世界大战期间研制用于军事通信。镉代替锌阳极（镉氧化汞电池）导致较低电压，但电压极为稳定。其贮存寿命可达10年，并且高低温性能很好。由于电压较低，这种电池的瓦时容量约为锌氧化汞电池容量的60%。一次锌氧化银电池在设计上与小型锌汞扣式电池相似，但是它有较高的重量比能量，低温工作性能较好。锌空气电池系列由于其比能量高而著称，但它的使用仅限于大型的、低功率信号及导航设备。镁有着相当好的电化学特性，但由于镁一次电池在放电时产生氢气，部分放过电的电池储存能力差。镁干电池已成功地用于军事通讯设备，因为即使是在高温下，它在未放电状态下也具有较长的贮存寿命，它的比能量密度也是较高的。自1970年以来，锂阳极电池得到了快速发展。锂离子电池的优点是比能量最高，工作温度范围很宽，贮存寿命长。

常见的一次电池为锌锰电池、镁-二氧化锰电池、锌汞电池、镉汞电池、碱锰电池、锌银电池、锌空气电池和锂离子电池。

（2）铅酸电池

铅酸电池，是一种电极主要由铅及其氧化物制成，电解液是硫酸溶液的蓄电池。铅酸电池荷电状态下，正极主要成分为二氧化铅，负极主要成分为铅；放电状态下，正负极的主要成分均为硫酸铅。

依据电池的用途分类，铅酸电池可分为：启动型、动力型、固定型。

依据电池所使用极板类型分类，铅酸电池可分为：平板式、管式、卷绕式、普朗特式。

依据电池采用的技术分类，铅酸电池可分为：富液式、阀控式、密封式；阀控式又可分为胶体电池、AGM电池。

依据电池板栅所使用的合金分类，铅酸电池可分为：PbSb合金、PbCa合金、PbSn合金。

尽管铅酸电池的用途、型号、规格有着很大的差别，但其制造技术大体相同，所用原材料也大体相同。构成铅酸电池的主要组成部分分别为电池外壳、正负极板、隔离板。其中所需原材料大体可以分为五种：①注塑电槽、中盖、上片所用之ABS或PP树脂（其中含有防火材料）；②铸造格子体板栅所用之铅合金；③被称为铅酸电池第三电极之AGM隔离板；④提高电池性能加入铅膏中的添加剂；⑤铅酸电池所用硫酸电解液。

铅酸电池是1859年由普兰特（Plante）发明的，至今已有100多年的历史。自发明后，它在化学电源中一直占有绝对优势。这是因为其具有价格低廉、原材料易于获得、使用上有充分的可靠性、适用于大电流放电及广泛的环境温度范围等优点。

---

❶ 孙艳芝．正极材料高铁酸盐的制备及电化学性质研究［D］．中国优秀硕士学位论文全文数据库，2003．

到 20 世纪初，铅酸电池历经了许多重大的改进，提高了能量密度、循环寿命、高倍率放电等性能。然而，开口式铅酸电池有两个主要缺点：①充电末期水会分解为氢、氧气体析出，需经常加酸、加水，维护工作繁重；②气体溢出时携带酸雾，腐蚀周围设备，并污染环境，限制了电池的应用。近 20 年来，为了解决以上的两个问题，世界各国竞相开发密封铅酸电池，希望实现电池的密封，获得干净的绿色能源。

1912 年 Thomas Edison（托马斯·爱迪生）发表专利，提出在单体电池的上部空间使用铂丝，在有电流通过时，铂被加热，成为氢、氧化合的催化剂，使析出的 H_2 与 O_2 重新化合，返回电解液中。但该专利未能付诸实现：①铂催化剂很快失效；②气体不是按氢 2 氧 1 的化学计量数析出，电池内部仍有气体发生；③存在爆炸的危险。❶

20 世纪 60 年代，美国 Gates 公司发明铅钙合金，引起了密封铅酸电池开发热，世界各大电池公司投入大量人力物力进行开发。

1969 年，美国登月计划实施，密封阀控铅酸电池和镉镍电池被列入月球车用动力电源，最后镉镍电池被采用，但密封铅酸电池技术从此得到发展。

1969～1970 年，美国 EC 公司制造了大约 350000 只小型密封铅酸电池，该电池采用玻璃纤维棉隔板、贫液式系统，这是最早的商业用阀控式铅酸电池，但当时尚未认识到其氧再化合原理。

1975 年，GatesRutter 公司在经过多年努力并付出高昂代价的情况下，获得了一项 D 型密封铅酸干电池的发明专利，成为今天 VRLA 的电池原型。

1979 年，GNB 公司在购买 Gates 公司的专利后，又发明了 MFX 正板栅专利合金，开始大规模宣传并生产大容量吸液式密封免维护铅酸电池。

1984 年，VRLA 电池在美国和欧洲得到小范围应用。

1987 年，随着电信业的飞速发展，VRLA 电池在电信部门得到迅速推广使用。

1991 年，英国电信部门对正在使用的 VRLA 电池进行了检查和测试，发现 VRLA 电池并不像厂商宣传的那样，电池出现了热失控、燃烧和早期容量失效等现象，这引起了电池工业界的广泛讨论，并且业界对 VRLA 电池的发展前途、容量监测技术、热失控和可靠性表示了疑问，此时，VRLA 电池市场占有率还不到富液式电池的 50%，原来提到的"密封免维护铅酸电池"名称正式被"VRLA 电池"取代，原因是 VRLA 电池是一种还需要管理的电池，采用"免维护"容易引起误解。

1992 年，针对 1991 年提出的问题，电池专家和生产厂家的技术员纷纷发表文章提出对策和看法，其中 Dr Darid Feder 提出利用测电导的方法对 VRLA 电池进行监测。I. C. Bearinger 从技术方面评述 VRLA 电池的先进性。这些文章对 VRLA 电池的发展和推广应用起了很大的促进作用。

1992 年，VRLA 电池用量在欧洲和美洲都大幅度增加，亚洲国家电信部门提倡全部采用 VRLA 电池。❷

---

❶ 朱前伟. VRLA 蓄电池信息采集与处理系统的设计和实现［D］. 中国优秀硕士学位论文全文数据库，2009.

❷ 汪海杰，王志明. 我国阀控式密封铅酸电池用隔板 20 年发展概述［C］. 中国电池行业二十年发展历程，2009：56 64.

随着科学技术的进步和发展，铅酸电池产品的相关技术和产业也在经历着不断的进步和升级，一些过去相对落后的性能指标由于新技术、新工艺的应用而持续得到改进。

在产品结构方面，传统的铅酸电池放置在开口容器中使用，电解液容易流失，需要定期加液维护，酸雾的外溢会对环境造成一定污染。近年来，行业内技术、工艺先进的生产企业，正逐步将产品升级换代至普通免维护和全密封免维护结构，这类产品在使用过程中失水率低，寿命周期内不需要进行加液维护，消除了酸雾外溢对环境的不利影响。

在技术和工艺方面，传统的重力浇铸极板技术已经逐步被连铸连轧技术、连续扩展成网技术、连续双面涂板技术、高精度冲压技术等先进工艺所代替。这些先进工艺技术的应用，在节能增效、降低铅耗和单位产品成本的同时，提高了产品的比能量、放电性能和循环寿命，从而进一步提高了铅酸电池的性价比。

今后，随着技术、材料、结构的不断开发和创新，铅酸电池将向高比能量、高性价比、宽温度适应性、长使用寿命方向发展，在原有性能弱点不断改善的同时，固有的优势继续得到加强。可见，尽管已经拥有150年的历史，但铅酸电池产业仍然在焕发着勃勃生机，在可以预见的未来，在主要的应用领域仍然具有不可替代的地位。

（3）锂离子电池

锂离子电池的研究始于20世纪80年代。1980年阿曼德（Amand）提出了"摇椅电池"概念后，日本索尼和三洋电机分别于1985年和1988年开始了锂离子二次电池（Lithium Ion Battery，LIB）的研究。这种电池的正负极均采用可供锂离子自由嵌脱的活性物质，并以适合于Li^+迁移的锂盐溶液或固体聚合物为电解质。1990年，日本Nagaura等人首先提出了以石油焦材料为负极的锂离子电池体系：$LiC_6/LiClO_4 - PC + EC/LiCoO_2$，这种体系中锂离子能够在石油焦中自由地嵌入迁出，从而克服了锂离子电池的钝化和锂枝晶短路问题，大大提高了电池的充放电效率、循环寿命和安全性能，同时还保留了锂蓄电池的工作电压高、容量大的特性。同年，日本索尼公司向世界宣布：电压3.6V、比能量78Wh/kg和192 Wh/L、循环寿命1200次、月自放电率为12%的锂离子电池研制成功。这条消息使锂离子电池界感到震动，从而掀起了世界范围内锂离子电池研究热潮。[1]

1996年，美国Bellcore公司公开报导了一种采用聚偏氟乙烯（PVDF）凝胶聚合物电解质制造成的聚合物锂离子电池。这种电池由于其重量轻、安全性高而受到人们的青睐；此外，它还可以设计成任意形状，且可以不用金属外壳，适合作为各类电子设备的支撑电源。M. Gauthier等人对聚合物锂离子电池在不同温度下做了6年以上的贮存实验，发现在低于40℃下几乎没有显著的自放电现象。基于这些认识，国际上一些著名的集团和企业，如美国的USABC、3M，法国的CNRS和日本的索尼等纷纷致力于聚合物锂离子电池的开发及生产，以寻求技术和市场的先机。之后，锂离子电池的研究，

---

[1] 高飞. 锂离子电池正极材料$LiFePO_4$的合成与电化学性能研究 [D]. 中国优秀博士学位论文全文数据库，2007.

如材料的各种合成方法、可逆电极反应机理、电解质的研制、各种电化学测试及结构测试等研究迅速展开。目前，锂离子电池的研究与开发已经成为世界性的热点。

一般意义上的电池主要由正极、负极、隔膜和电解质四部分组成。锂离子电池的正负极均为能够可逆嵌锂-脱锂的化合物。正极材料一般选择电势（相对 Li^+/Li）较高且在空气中稳定的嵌锂过渡金属氧化物，主要有层状结构的 $LiMO_2$ 和尖晶石型结构的 LiM_2O_4 化合物（M 为 Co、Ni、Mn、V 等过渡金属元素）。负极材料则选择电势尽可能接近金属锂电势的可嵌锂的物质，常用的有焦炭、石墨、中间相炭微球等炭材料，及锂过渡金属氮化物、过渡金属氧化物、复合氧化物等。

锂离子电池的种类比较多。根据温度来分，可以分为高温锂离子电池和常温锂离子电池。根据所用电解质的状态，可分为液体锂离子电池（通常所说的锂离子电池，常缩写为 UB）、聚合物电解质锂离子电池（PUB）和全固态锂离子电池。也有学者根据正极材料的不同而对锂离子电池分类，例如正极材料有氧化钴锂、氧化镍锂、氧化锰锂等。当然还有其他的分类如便携式或动力型锂离子电池等。

近年来，对锂离子电池正极材料的研究集中在成本更低、环境友好、更高比容量的几个系列正极材料，主要包括：①Mn 氧化物系列：$LiMn_2O_4$（尖晶石型）、$LiMnO_2$（层状）、$LiCo_xNi_{1-x}O_2$ 或 $LiMn_xNi_{1-x}O_2$（层状）等；②Fe 系或磷酸盐系列：$LiFePO_2$（层状）、$LiFePO_4$（橄榄石型）等。

目前锂离子电池中应用最广泛的正极材料是 $LiCoO_2$。$LiCoO_2$ 电化学性能稳定，但 Co 资源的相对缺乏造成了锂离子二次电池正极材料 $LiCoO_2$ 的价格昂贵。此外，由于 $LiCoO_2$ 在放电状态容易受热分解，因此阻碍了锂离子二次电池更加广泛的应用。为此，人们正在努力寻求价格更加低廉、且性能优良的正极材料，以替代价格昂贵的 $LiCoO_2$。锂锰氧化物因其污染小、价格低等优点成为取代 $LiCoO_2$ 最具吸引力的正极材料。在锂锰氧化物材料中，Li_2MnO_3 是一种典型的层状结构材料，Li_2MnO_3 材料由 Li 层、1/3Li 和 2/3Mn（$[Li_{1/3}Mn_{2/3}]$）混合原子层及 O 原子层组成，O 原子层把 Li 层和过渡金属层分开，其结构与 $LiCoO_2$ 相类似，可以写做 $Li[Li_{1/3}Mn_{2/3}]O_2$。因为 $Li[Li_{1/3}Mn_{2/3}]O_2$ 中 Mn 为 +4 价，在脱锂过程中不能被氧化到更高价态，因此这种材料本身是一种不具有电化学活性的材料。但 Ohuzuku 的研究发现，以过渡金属 Co 或 Ni 取代 $Li[Li_{1/3}Mn_{2/3}]O_2$ 中过渡金属层的 Li 和 Mn，能够得到一种新型的正极材料 $LiNi_{1/3}Mn_{1/3}Co_{1/3}O_2$，其中 Ni 为 +2 价，Co 为 +3 价，Mn 仍然为 +4 价。此种材料具有 $\alpha-NaFeO_2$ 层状结构，在 2.5～4.6V 区间循环时，具有 170mAh/g 以上的放电比容量，100 次循环后容量保持率大于 90%。由于此种材料中 Co 含量较低，因此成本也大大降低，对环境更加友好，是目前国外新型正极材料的研究热点。

1997 年，J. B. Goodenough 等首次报道 $LiFePO_4$ 能可逆地嵌入和脱嵌锂离子，考虑到材料无毒、对环境友好、原材料来源丰富且价格低廉、比容量高、循环性能和热稳定性极好，具有进一步研究的价值；上文中提到的氧化物正极材料，由于价格高（$LiCoO_2$）、高温不稳定性（$LiCoO_2$、$LiNiO_2$）、循环性能差（$LiMn_2O_4$）等原因使它们在高容量、大功率的动力电池的应用方面受到制约，从而研究者认为 $LiFePO_4$ 材料将成为最具潜力替代 $LiCoO_2$ 的新一代电池的正极材料。

目前，对 LiFePO$_4$ 正极材料的研究主要集中在从材料颗粒内外两个方面来改善其电子和离子导电率：在颗粒外部，采取引入分散性能好的碳或金属等导电剂的均匀包覆，改善颗粒表面和颗粒之间的电子导电率，仅改善材料的表观电导率；在颗粒内部采取离子掺杂，降低固体材料的导带能级或造成离子空缺利用空穴导电，提高材料的本征电导率。在 LiFePO$_4$ 正极材料颗粒表面引入导电性很好的碳材料从而改善其导电性能的思路首先由 Ravet 等人于 1999 年提出，实验中 1% 碳包覆就使材料在 80℃、1C 放电倍率下的循环比容量达到 160mAh/g；这也表明增加电导率可以显著提高材料的实际循环容量。2001 年 Yamada 等通过降低合成温度获得了小颗粒的 LiFePO$_4$ 正极材料，从而使电池在室温下的循环容量接近 95% 理论容量；他们认为减小颗粒粒径可以有效改善锂离子在颗粒内的扩散问题。同年 Huang 等人通过将原材料和富碳的溶胶在加热前混合，制备得到了性能良好的 LiFePO$_4$ 式复合材料，其中碳含量约为 15%、电镜下颗粒半径为 100~200nm；在 5C 的充放电倍率下的容量可达 120mAh/g；他们相信小的颗粒半径和细密的碳包覆对于优化此材料的比容量是必需的。随后的研究者 J. R. Dahn 等比较了不同的碳包覆条件：一种是合成均相的 LiFePO$_4$ 之后再包覆碳；一种是预先把蔗糖和其他反应原料混合煅烧后生成碳包覆材料；另一种是分解之后把蔗糖和中间体混合，然后再煅烧得到碳包覆材料。他们发现后两种方法制得的样品的电化学性能较佳；同时也指出即使小于 2% 的碳含量也会极大地影响材料的体积比容量，对其实际应用不利。❶

虽然研究人员研究的正极材料种类繁多，然而国内外各大公司对各种正极材料青睐的程度各有不同，国内外主要锂离子电池企业的产业发展和知识产权战略的制定也有各自的特点。

（4）燃料电池

燃料电池是一种将燃料和氧化剂的化学能，通过电化学反应直接地、连续地转换成电能的电化学反应器，是继水力、火力和核电之后的第四种发电技术。

燃料电池的电化学反应原理与一般的原电池和蓄电池虽然基本相同，但其工作方式迥异，燃料电池工作时燃料（通常为氢或含氢化合物）在负极发生氧化反应，释放出电子，经过外电路到达正极，与氧化剂（如氧或空气）结合发生还原反应。

燃料电池具有如下优点❷：

①能量转换效率高。由于燃料电池反应过程中不涉及燃烧，因此其能量转换效率不受"卡诺循环"的限制，可高达 60%~80%，实际使用效率则是普通内燃机的 2~3 倍。

②环境友好。由于燃料电池是按电化学原理发电，不经过热机的燃烧过程，所以它几乎不排放氮的氧化物和硫的氧化物，减轻了对大气的污染。而且燃料电池 CO_2 排放量也比热机过程减少 40% 以上，这对缓解地球的温室效应是十分重要的。以纯氢为

---

❶ 徐彦宾. 锂离子电池正极材料 LiFePO$_4$ 的合成与性质研究 [D]. 中国优秀博士学位论文全文数据库，2006.

❷ 朱科. 质子交换膜燃料电池 Pt/C 电催化剂和膜电极的研究 [D]. 中国优秀博士学位论文全文数据库，2005.

燃料的燃料电池，反应产物是水，实现了零污染。

③比能量或比功率高。在各种电池，包括镉镍电池、铅酸电池、镍氢电池、锂离子电池以及燃料电池中，燃料电池的理论比能量要远远高于其他电池。

④燃料来源广泛。可用于燃料电池的燃料价廉且来源广泛，包括纯氢、重整氢、净化煤气、天然气、重整气和甲醇等。

燃料电池具有多种不同的分类方法，但目前最普遍采用的方法是按所采用的电解质进行分类。

按照电解质的类型，燃料电池分为：碱性燃料电池（Alkaline Fuel Cell，AFC）、磷酸燃料电池（Phosphoric Acid Fuel Cell，PAFC）、熔融碳酸盐燃料电池（Molten Carbonate Fuel Cell，MCFC）、固体氧化物燃料电池（Solid Oxide Fuel Cell，SOFC）以及质子交换膜燃料电池（Proton Exchange Membrane Fuel Cell，PEMFC）。其中质子交换膜燃料电池也称为聚合物电解质膜燃料电池（Polymer Electrolyte Membrane Fuel Cell，PEMFC），而直接以甲醇为燃料的质子交换膜燃料电池通常称为直接甲醇燃料电池（Direct Methanol Fuel Cell，DMFC）。

质子交换膜燃料电池除具有燃料电池的一般优点（能量转换效率高和环境友好等）外，还具有比功率与比能量高、工作温度低、可在室温下快速启动和寿命长等突出优点，是理想的移动电源和便携式电源，成为最有发展前途的一种燃料电池。

PEMFC 最早于 1960 年被用作 Gemini 飞船的电源，在这之后的二三十年里，PEMFC 的研究开发虽然屡经曲折，但是随着一些关键问题的突破，PEMFC 技术取得了很大的进展。然而对于该项技术的大规模应用和商品化，PEMFC 还有许多技术关键有待解决，包括大幅度降低关键材料（电催化剂、质子交换膜和流场板等）的成本、实现产业化的制备、提高电池的工作性能和延长电池的寿命等相关技术。

1.1.2 产业现状

2000 年全球化学电池的销售额为 285 亿美元，具体分布参见图 1-1。

二次电池包括小型二次电池和汽车及工业用二次电池，全球市场总量为 183 亿美元，占全球化学电池市场的 64.4%。

全球小型电池市场主要由小型镉镍电池、金属氢化物镍电池以及锂离子电池（包括聚合物锂离子电池）组成，主要产地集中在亚洲的日本、韩国和中国，三地总产量占全球产量的 84%。

铅酸电池是目前世界上广泛使用的一种化学电源，具有电压平稳、安全可靠、价格低廉、适用范围广、原材料丰富等优点。铅酸电池主要可以分成开口式铅酸电池和密封铅酸电池，作为最早产业化的电池品种，铅酸电池一直占据着世界电池领域的重要地位，特别是 20 世纪 80 年代推出了阀控密封铅酸电池，使铅酸电池重新焕发了青春，使用领域不断扩大，总产值保持较快的增长速度。铅酸电池广泛应用于汽车、铁路、电信、太阳电池系统、UPS、应急照明等行业，2000 年全球铅酸电池的销售额超过 150 亿美元，占全球二次电池总销售额的 55% 以上。全球铅酸电池的总产量每年以 5% 的速度递增。铅酸电池的主要生产厂家分布在包括美国、欧洲（英国、德国、法国等)、日本在内的几个发达国家/地区,它们的总产量占世界总产量的70%左右。

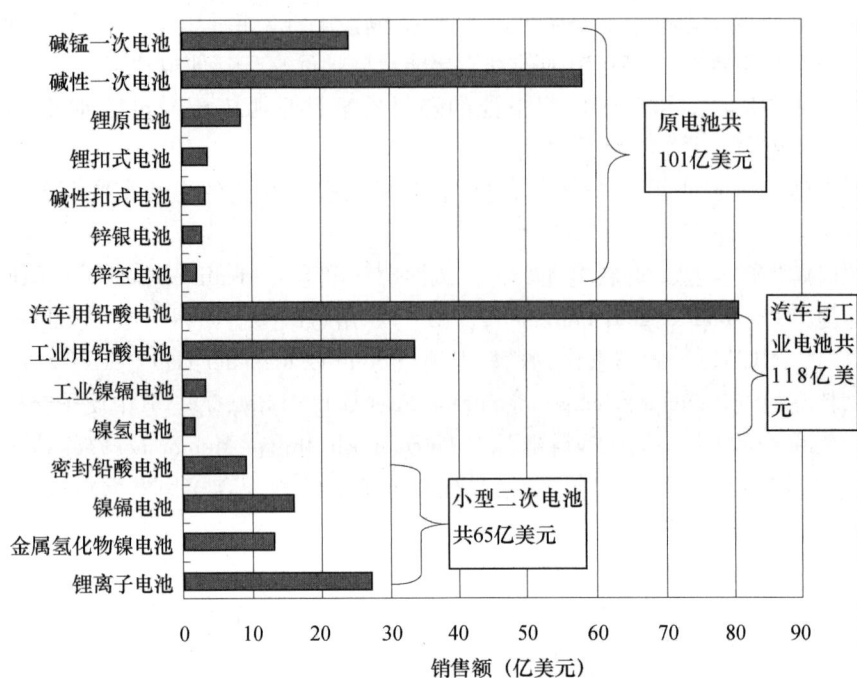

图1-1 2000年全球原电池与二次电池市场❶

1.1.3 行业需求

工业和信息化部发布的《中国化学与物理电源(电池)行业"十二五"发展规划》中指出:"十二五"期间化学与物理电源行业发展重点包括锌锰/碱锰电池、锂一次电池、铅酸电池、镍镉电池、镍氢电池、锂离子电池和燃料电池。

近年来,我国已逐渐发展成为世界化学与物理电源生产、加工和贸易中心。据统计,2009年我国电池总产量约335亿只,超过全球电池总产量的一半。但是,我国电池行业目前仍然存在以下突出问题:2008年国际金融危机对我国电池产品的出口产生了较大的影响,电池贸易壁垒增多,电池贸易争端频发,电池高新技术产品出现盲目投资、一哄而上的现象,电池关键原材料和自动化生产设备依赖进口,电池产品结构有待调整,电池环境污染事件频发给电池产业发展带来不利的影响,废旧电池回收工作有待规范和国家政策支持,电池标准化工作管理混乱,电池行业的专利保护意识有待进一步提高等。总之,我国电池行业的整体发展前景比较乐观,但发展形势仍然比较严峻。

1.2 研究对象和方法

本报告从专利的角度全面统计和分析了各种类型电池的整体发展态势,并重点对

---

❶ 王希文. 我国电池行业发展战略研究[D]. 中国优秀硕士学位论文全文数据库, 2003.

锂离子电池的重点正极材料进行了全面深入的分析,为我国电池企业和科研机构如何进行自主创新和保护自身权益提出了建设性意见,供政府相关部门作决策时参考。

1.2.1 技术分解

在技术分解前,课题组成员查阅了大量相关资料,对电池行业发展和技术发展现状进行了调研,咨询了电池行业的技术专家和行业专家,初步检索了专利文献,对所研究的专利文献的检索难度和数据量进行了初步评估。

通过全面分析和研究,最终得到电池的技术分解表如表1-1所示。

表1-1 电池技术分解表

一级分类	二级分类	三级分类	四级分类
一次电池	锌锰电池		
	锂电池		
	其他电池		
二次电池	铅酸电池		
	镍镉电池		
	镍氢电池		
	锂离子电池	正极	磷酸铁锂
			尖晶石锰酸锂
			钴酸锂
			三元材料
			磷酸钒锂
			其他材料
		负极	碳
			钛酸锂
			其他高比能量材料
		电池设计及成组技术	电池设计
			电管理系统
			热管理系统
			机械结构
燃料电池	固体氧化物燃料电池	固体电解质	
	质子交换膜燃料电池	极板	
		催化剂	
		膜	

1.2.2 数据检索

本报告采用的专利文献的数据来源于国家知识产权局的专利检索和服务系统（S 系统）。其中，中国专利数据主要来自中国专利文摘数据库（China Patent Abstract Database，CNABS）和中国专利全文文本代码化数据库（China Patent Full – Text Database，CNTXT）。全球专利数据主要来自德温特世界专利数据库（Derwent World Patent Index，DWPI）和国家知识产权局文摘数据库（State Intellectual Property Office Abstract Database，SIPOABS）。中国专利申请的法律状态数据来自 CPRS 数据库，引文数据来自德温特引文数据库（Derwent Innovation Index，DII）。

检索时采用的检索策略主要是总分策略，对于不同类型电池的发展态势分析的检索按照技术分解表来进行各个分支的细致检索，扩展关键词和分类号，必要时在全文库中进行补充检索。检索完毕，截取部分文献进行人工阅读，寻找噪声来源，通过批量去噪获得初步分析样本。对于锂离子电池的重点正极材料的检索，主要采用关键词结合分类号的方式，并采用人工去噪的方式，以确保样本的准确性。具体检索过程参见附件。

电池的检索文献量如表 1 – 2 所示。

表 1 – 2 电池领域专利文献检索结果

技术领域	检索结果		检索截止日	
	中文库（件）	外文库（项）	中文库	外文库
镍氢电池	1706	7656	2013 – 06 – 24	2013 – 06 – 24
镍镉电池	314	4626	2013 – 06 – 24	2013 – 06 – 24
铅酸电池	2904	19189	2013 – 06 – 24	2013 – 06 – 24
锂离子电池	14732	44055	2013 – 06 – 24	2013 – 06 – 24
燃料电池	950	12718	2013 – 06 – 24	2013 – 06 – 24

1.2.3 查全率和查准率评估

通过对检索结果进行查全率和查准率的评估，可确保研究基础的准确性。

查全率的评估方法包括：选择该领域的重要申请人和重要发明人，该申请人和发明人的专利申请领域集中在该技术领域下，以该申请人和发明人作为检索入口检索其全部文献或某一时期的文献，通过人工阅读去噪得到母样本；在待评估样本中检索该申请人和发明人的申请（如果母样本中限定了时间，则该处检索也同样限定），作为子样本。此外，还采用了该技术领域下的基础专利的大量引证专利文献作为母样本，其与待评估样本的交集即为子样本。

查准率的评估方法为：在待评估样本中随机截取一定数量的专利文献作为母样本，对母样本进行人工阅读去噪获得的结果作为子样本。

在查全率和查准率的评估中，构建和抽取的样本数均大于待评估样本总量的 10%。

查全率或查准率 = 子样本数/母样本数 × 100%。

经评估，本报告中的数据，综合查全率和查准率在90%以上。

锂离子电池的四种正极材料的查全率和查准率如表1-3所示。

表1-3　锂离子电池领域各技术分支的查全率和查准率汇总

技术分支	中文库		外文库	
	查全率	查准率	查全率	查准率
钴酸锂	94%	91%	95%	100%
锰酸锂	90%	81%	95%	85%
三元材料	92%	83%	94%	85%
磷酸铁锂	96%	98%	98%	100%

1.2.4　数据处理

对检索结果进行数据清理和标引的策略主要是：先确定准确的分类号和关键词，通过检索批量标引，然后对剩余的数据进行人工标引。

1.2.5　相关事项和约定

本报告中术语的解释和说明如下：

（1）专利申请的"项"和"件"

项：同一项发明可能在多个国家或地区提出专利申请，DWPI数据库将这些相关的多件申请作为一条记录收录。在进行专利申请数量统计时，对于数据库中以一族（这里的"族"指的是同族专利中的"族"）数据的形式出现的一系列专利文献，计算为"1项"。一般情况下，专利申请的项数对应于技术的数目。

件：在进行专利申请数量统计时，例如为了分析申请人在不同国家、地区或组织所提出的专利申请的分布情况，将同族专利申请分开进行统计，所得到的结果对应于申请的件数。1项专利申请可能对应于1件或多件专利申请。

（2）同族专利

同一项发明创造在多个国家申请专利而产生的一组内容相同或基本相同的专利文献出版物，称为一个专利族或同族专利。从技术角度来看，属于同一专利族的多件专利申请可视为同一项技术。在本报告中，针对技术和专利技术原创国分析时对同族专利进行了合并统计，针对专利的国家或地区的公开情况进行分析时对各件专利进行了单独统计。

（3）多边申请

同一项发明可能在多个国家或地区提出专利申请。本报告中的"多边申请"是指同时在三个以上国家或地区提出申请的专利申请。

（4）五局申请

同一项发明在美国专利商标局、欧洲专利局、中国国家知识产权局、日本特许厅、韩国知识产权局提出申请的专利申请。

（5）被引频次

专利的被引频次是指某项专利申请（包括同族专利）被其他专利申请所引用的次数。通常一项专利被引用的次数越高，说明该项专利技术的被认可度越高，这样的专利通常具有更高的价值。具体的被引频次的数据来源于 DII 数据库。

（6）申请人名称约定参见附录。

第 2 章 化学二次电池专利分析

2.1 概述

化学电源的种类繁多,通常可按电池的工作性质分类为原电池(一次电池)、二次电池和燃料电池。二次电池又称为充电电池或蓄电池,是指在电池放电后可通过充电的方式使活性物质激活而继续使用的电池。目前市场上的二次电池主要有:铅酸电池、镍镉电池、镍氢电池以及锂离子电池。燃料电池是指参加反应的活性物质从电池外部连续不断地输入电池,使电池连续工作而提供电能。燃料电池也是目前应用广泛的能够循环使用的连续不断发电的能量转换装置,因此本章的研究对象为铅酸电池、镍镉电池、镍氢电池以及锂离子电池和燃料电池,并将其统称为化学二次电池。

2.1.1 年申请量分析

从全球申请的年度分布(如图 2-1 所示)来看,化学二次电池的专利申请可以划分为几个阶段:

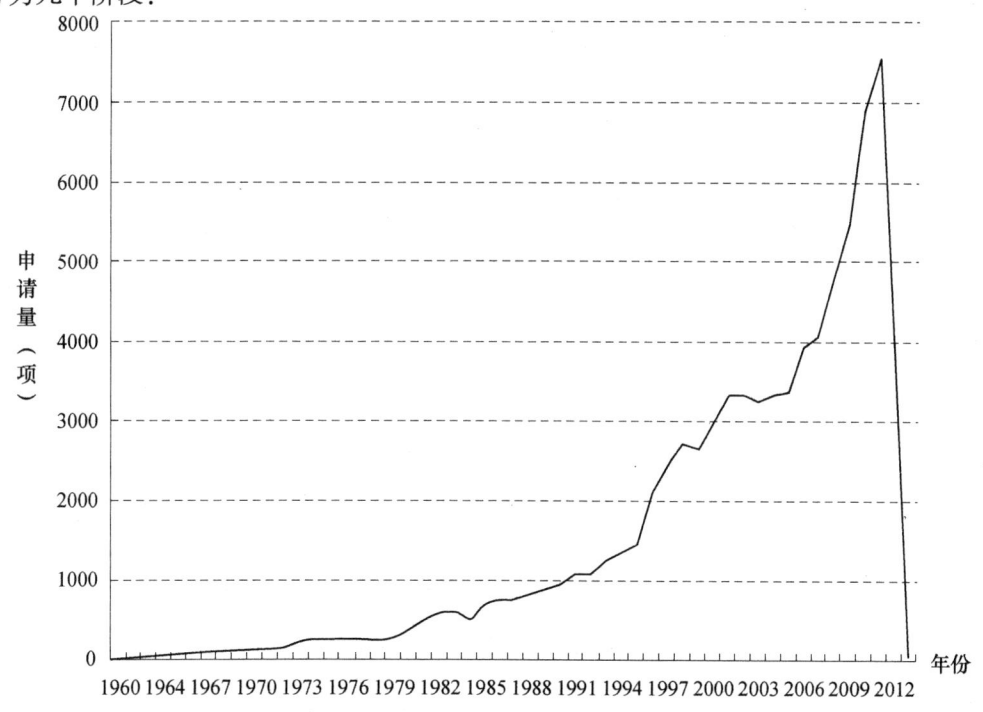

图 2-1 化学二次电池领域全球专利申请量年度分布

(1) 1965 年前：萌芽期

本领域专利申请比较零星，属于专利技术发展的萌芽期。这一时期，全球每年关于化学二次电池的申请不足 50 项，申请量较多的主要分布在镍镉和铅酸电池。

(2) 1966~2002 年：快速发展期

这期间电池技术经历了稳步快速发展，锂离子电池于 1990 年开始发展起来。

(3) 2001~2005 年：平稳期

2001~2005 年，申请量经历了一个平稳期，相对保持稳定。

(4) 2006~2012 年：增长期

2006 年以后，电池的申请量重新开始稳步增长，具体原因为 2005 年，世界锂离子电池产业的增长速度明显低于前几年 40% 以上的增长速度，世界锂离子电池产业的生产规模预计维持在 8% 左右的平稳增长，2010 年达到 32.5 亿只的生产规模。

2.1.2 申请人类型分析

图 2-2 对专利申请人进行了分析。数据表明：公司作为申请人的比重较大，为 81%，占有重要地位。这是因为电池技术较为成熟，世界范围内应用非常广泛，产业化体系较为成熟，参与研发、生产的公司很多，因此公司作为申请人的比重很大。

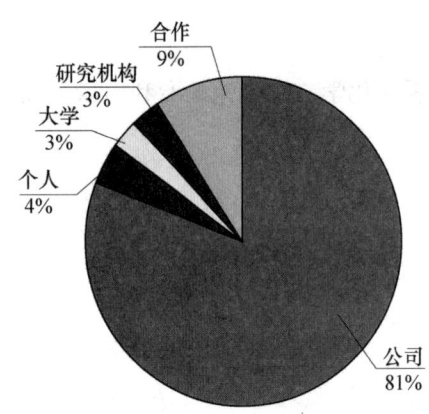

图 2-2 化学二次电池领域专利申请人类型

对化学二次电池领域的主要申请人的申请量（见图 2-3）进行分析，数据表明：全球范围内，排名前 10 位的申请人中包括 8 家日本公司、2 家韩国公司。排在前三位的依次是松下、三洋电机和丰田汽车。而排名前 20 位的申请人中，日本企业达到 16 家。可见日本企业在电池领域技术处于领先地位。韩国在电池制造技术方面可与日本并列达到世界顶尖水平，但其材料和核心技术的竞争力还远不及日本。

化学二次电池申请总量为 82120 项，专利申请量区域分布如图 2-4 所示，可以看出，日本和中国是申请量居前两位的国家，分别以 47917 项和 12724 项占总申请量的 58% 和 15%，排名第三的美国专利申请量为 8160 项。就电池全球专利申请的首次申请国而言，日本申请量最大，占全球总申请量的 56%；中国和韩国次之，分别占 19% 和 10%；美国占 6%，排在第四位。从数据分析结果看出，首次申请于日本、中国、韩国和美国的发明专利占到电池申请总数的 91%，说明这四个国家是该领域的主要技术力量。日本在电池领域技术领先，拥有很多实力强大的企业，因此日本的首次申请技术量比例之高是可以预见的。日本企业居于领先地位，其生产设备自动化程度高，中国和韩国均是从日本引进设备和技术，通过消化和吸收，再进行不断完善和提高。日本锂离子电池在国内产量巨大，前几年几乎超过中国与韩国的总和，除部分用于国内消费外，大部分

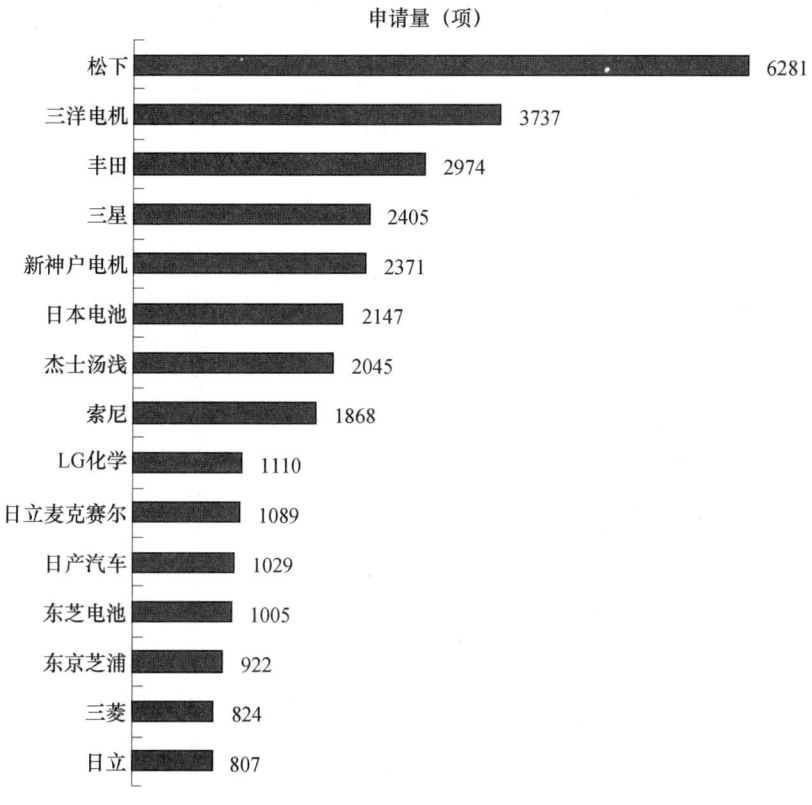

图 2-3 化学二次电池领域主要申请人申请量

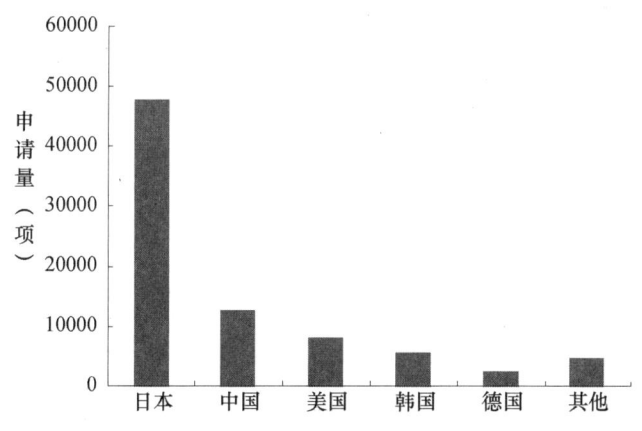

图 2-4 化学二次电池主要申请国申请量

产品用于出口美国、欧洲、中东、中国等国家和地区。日本锂离子电池企业相对成本较高是导致日本企业竞争力和市场份额下降的主要原因，但是日本在核心技术方面较之中国和韩国仍然有明显的优势。韩国在化学二次电池领域的基础远比不上中国和日本，但是韩国的优势在于其近年来在消费和移动等 IT 终端产品领域的强势增长。韩国有关人士曾表示，借助于在 IT 领域的领先优势，韩国早晚将取代日本成为世界最大的

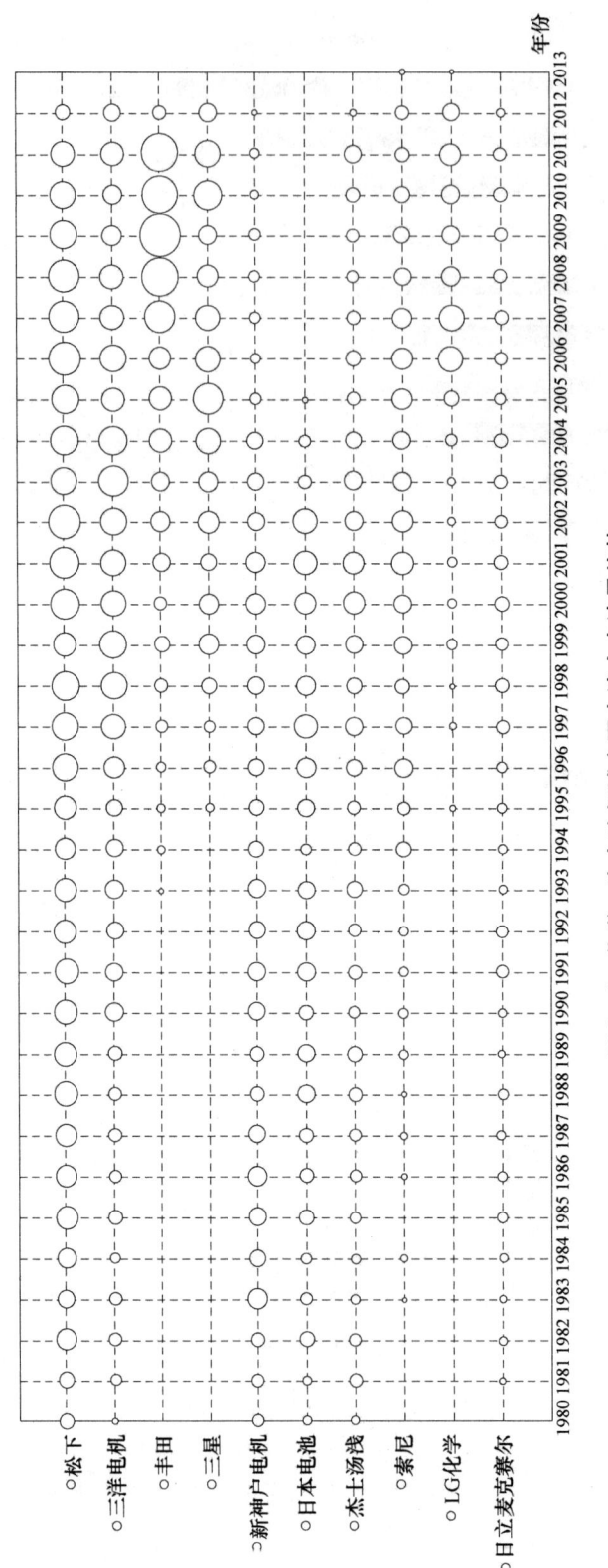

图2-5 化学二次电池领域主要申请人申请量趋势

锂离子电池制造国。不过，在锂离子电池制造的原材料和其他设备部件方面，目前韩国80%以上依赖进口，这将削弱韩国在这个产业的长久竞争力。目前韩国政府正在大力推进本国的锂离子电池完整产业链的形成和竞争能力。

2.1.3 主要申请人申请趋势

对于化学二次电池领域主要申请人各年申请量趋势（见图2-5）进行了分析，结果表明：排名前10位的主要申请人的年申请量在20世纪90年代开始快速增长。松下、三洋电机和丰田三家公司年申请量较大，尤其是2008年前后，三家公司的申请量均达到或接近历年年申请量的最高值。丰田在进入21世纪之后年申请量保持了较为快速的增长，尤其是2007年之后，年申请量快速增加，增速和增量均为各企业之首。这同2008年金融危机后，世界各国加强了对本国汽车产业的扶持力度不无关系。针对培育形成本国的新能源汽车产业，各国出台了一系列扶持政策。各国对新能源汽车关注度日渐提高，尤其是以申请量较大的锂离子电池作为动力源的新能源汽车尤为关注。日立麦克赛尔的年申请量在20世纪90年代之后并没有表现出快速的增加，相反其各年申请量较为平均，没有大的起伏，且其首次申请时间较早且延续性较好。

2.2 化学二次电池中国专利分析

2.2.1 年申请量分析

对比国内外申请量（见图2-6）可以发现，国内起步较晚，但是两者发展趋势比

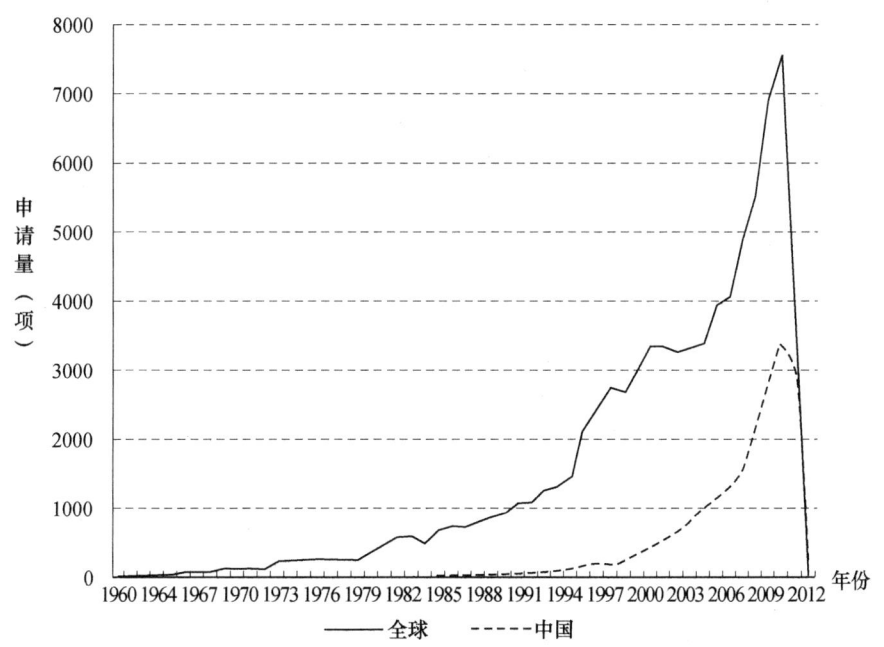

图2-6 化学二次电池领域国内外专利申请量年度分布

较类似,都是经历了萌芽期、快速发展期、平稳期、增长期以及下滑期。化学二次电池的专利申请可以划分为几个阶段:①1965 年前本领域专利申请比较零星,属于专利技术发展的萌芽期。这一时期申请量较多的主要分布在镍镉和铅酸电池。②1966～2002 年快速发展期。其间电池技术经历了稳步快速发展,锂离子电池于 1990 年开始发展起来。③2001～2005 年的平稳期。2001～2005 年,申请量经历了一个平稳期,相对保持稳定。④2006～2012 年的增长期。2006 年以后,电池的申请量重新开始稳步增长,具体原因为 2005 年,世界锂离子电池产业的增长速度明显低于前几年 40% 以上的增长速度,世界锂离子电池产业的生产规模预计维持在 8% 左右的平稳增长,2010 年达到 32.5 亿只的生产规模。

2.2.2 申请法律状态分析

如图 2-7 所示,化学二次电池领域的中国专利申请共计 20431 件。其中获得专利授权的有 9448 件,视撤和驳回的分别为 1630 件和 396 件,有 6962 件在处理中。

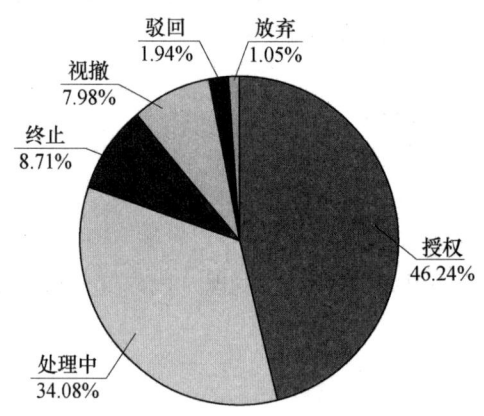

图 2-7 化学二次电池领域中国专利申请法律状态

2.2.3 国内外申请量对比

图 2-8 至图 2-12 显示了化学二次电池领域中各分支电池国内外申请量对比情况。

由图 2-8 至图 2-12 可知,锂离子电池和铅酸电池申请量较大,其次为燃料、镍氢和镍镉电池。

锂离子电池的全球申请量大致经历了三个主要阶段。

(1) 萌芽期(1984 年之前)

年申请量均低于 50 项,这些专利主要集中于日本、欧洲和美国。此时锂离子电池处于技术摸索阶段,主要集中于电池材料的研究。

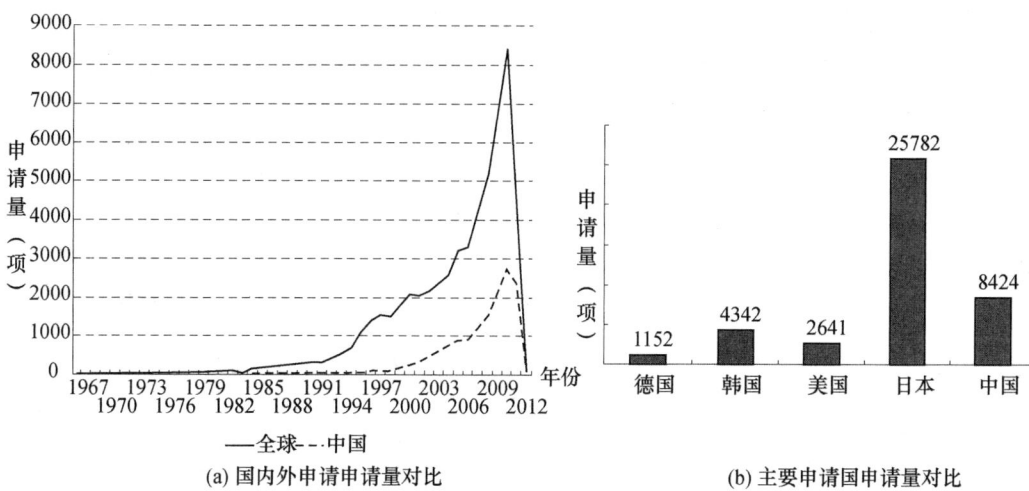

图 2-8　锂离子电池国内外申请对比

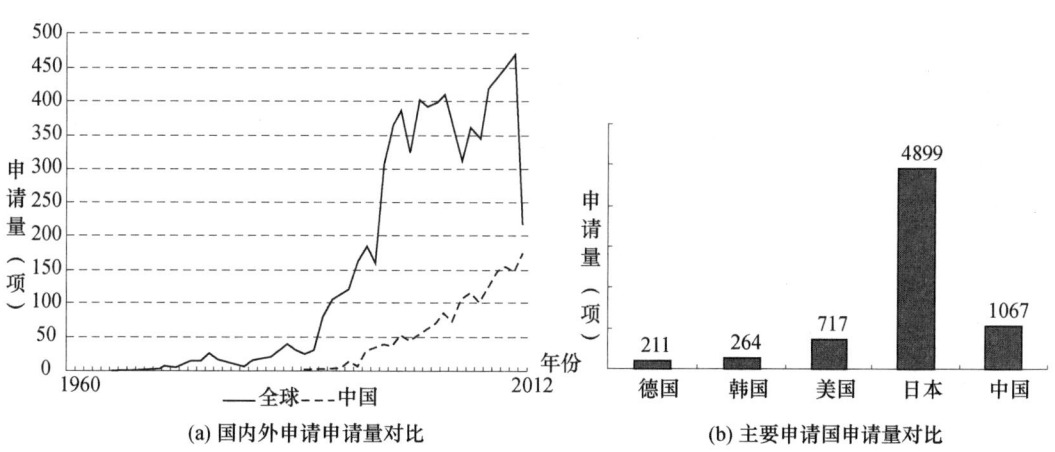

图 2-9　镍氢电池国内外申请对比

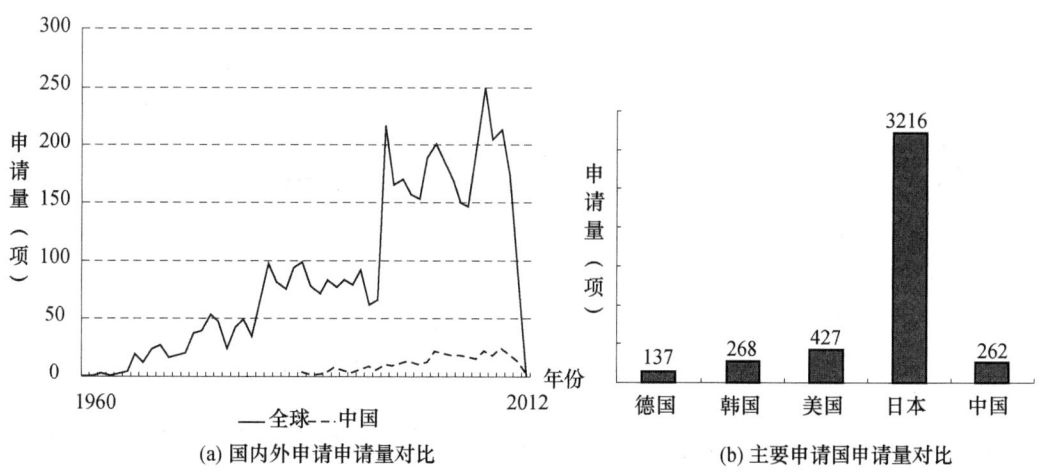

图 2-10　镍镉电池国内外申请对比

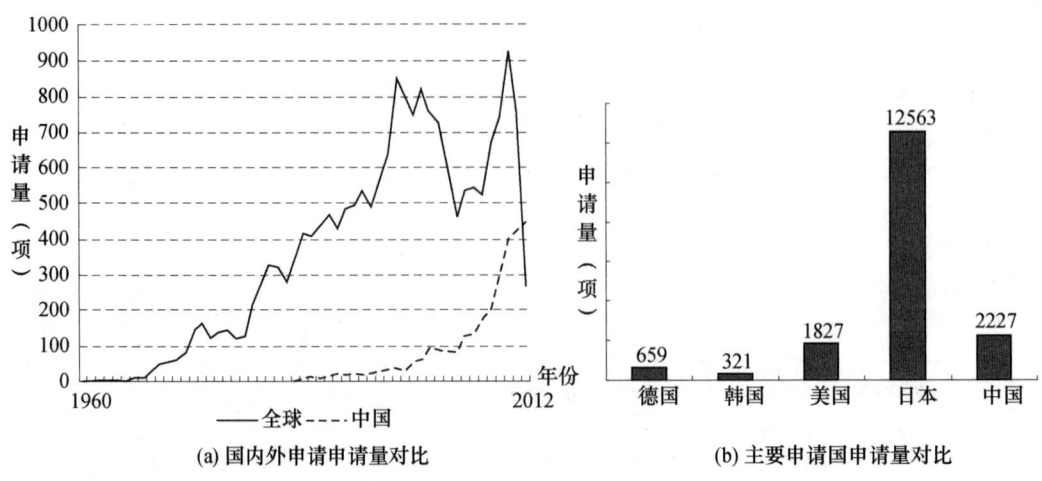

图 2-11 铅酸电池国内外申请对比

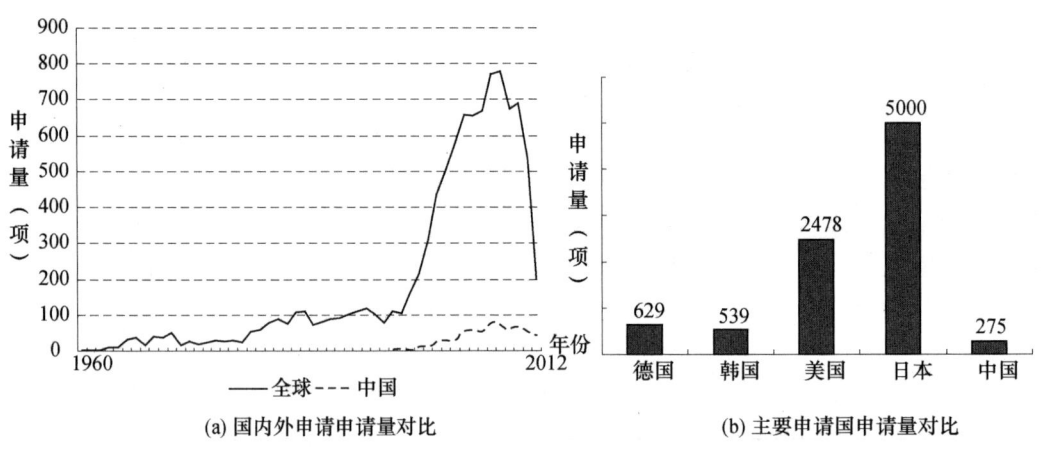

图 2-12 燃料电池国内外对比

(2) 平稳增长期（1985~1995 年）

这一时期的专利申请量平稳增长，由 1985 年的 140 余项逐渐增加至 1995 年的 680 余项。日本的专利申请量在此期间迅速增长，而美国的年专利申请量并没有显著增长，韩国也于 1995 年开始，由大宇机电、三星、乐金等提出了大量申请。从 20 世纪 90 年代初，锂离子电池开始产业化，随后应用领域遍及各电源使用领域。

(3) 高速增长期（1996 年至今）

20 世纪 90 年代初期，电池生产技术门槛高、生产条件要求高、产品设计开发技术和生产技术掌握在少数企业手中，申请量增长较为缓慢。日本申请量最大，占全球总申请量的 56%；中国和韩国次之，分别占 19% 和 10%；美国占 6%，排在第四位。从数据分析结果看出，首次申请于日本、中国、韩国和美国的发明专利占到锂离子电池申请总数的 91%，说明这四个国家是该领域的主要技术力量。日本在锂离子电池领域技术领先，拥有很多实力强大的企业，因此日本的首次申请量比例之高是可以预见的。

进入20世纪90年代末期，更多的企业纷纷进入锂离子电池生产领域，为回避电池生产技术的专利保护屏障，各企业不断探讨生产技术的革新，使得自20世纪90年代末期开始专利申请量始终保持高速增长。从1996年开始，锂离子电池申请量进入快速增长阶段，1996年全球年申请量突破1000项，2011年全球年申请量接近6000项。

在铅酸电池领域，宏观上看，日、美、欧的研发起步较早，均是在20世纪60年代就有了首件专利申请。日本从1979年开始申请量开始快速增长、异军突起，并于1997年达到最高峰，年申请量达到718项，遥遥领先其他国家或地区。中国和韩国的研发起步较晚，均是在20世纪80年代才有了首次申请，落后日、美、欧接近20年，但中国在1999年之后的几年中，呈现出增长的态势，并于2005年开始申请量突破百项，迅速增长，2011年达到最高峰432项，年申请量一跃超过日本，展现了强劲的技术发展实力。相对于其他国家/地区，欧洲、美国虽然起步较早，但其研发一直数量较少，并且发展也相对平缓。此外，韩国从1984年出现第一件专利申请开始，平缓发展，于2004年达到一个小高峰，年申请量52项，后又出现波动中的下滑趋势。总而言之，日本是铅酸电池的研发的领导者，它的专利申请量一直遥遥领先于其他国家；中国在铅酸电池领域的研发虽然起步较晚，但发展迅猛，每年都有较大数量的提升，且其年申请量在2011年超过了日本。这一方面体现了中国不俗的技术研发成果，另一方面也反映出日本的申请量在2010年后呈现了明显的下滑趋势，表明日本申请人的技术研发方向可能在发生转移。

镍氢电池的申请量逐年之间存在小波动，但总体上呈现稳步增长的发展态势。镍氢电池领域申请的主体是企业，其中日本企业占绝对优势。镍镉电池基于中国、国内及国外来华专利申请量的变化发展趋势情况，由图2-10可以看出：

①在1990年之前，中国总申请量曲线一直处于缓慢积累期，此段时间的年申请量均低于3项，处于镍镉电池的萌芽期；2000年至今，镍镉电池产业的中国总申请量逐年递增，进入到稳定发展期，并在2010年达到历史高峰值24项（2011~2012年总量有所下降，主要是因为专利申请公开有一定滞后性，导致近两年的统计数据不完整，尚有部分数据未收录在检索的数据库中）。

②从变化趋势来看，中国国内申请与中国总申请的变化趋势基本一致。

③国外来华申请波动中始终保持平稳发展，年均申请量小于5件。

④将国内申请量与国外来华申请量比较后发现：国内申请总量为258项（占82%），国外来华申请总量为55项（占18%），从数量上看，国内申请人占显著优势。进一步分析国内和国外来华申请人的历年专利申请情况，近几年国内专利申请量有较明显的增长，但2006年之后，国外来华申请逐步趋缓，导致国内申请量与国外来华申请量差距急剧扩大，表明国内申请人正在更积极地参与到镍镉电池技术的研发当中。国外来华专利布局不论从数量还是趋势上均处于劣势，为我国企业在镍镉电池领域的发展和知识产权布局提供了广阔空间。

从全球范围来看，燃料电池领域中日本的申请人占据了申请量中的大多数，可见日本关于燃料电池中燃料提纯的技术发展在全球最为成熟，在多角度实现了技术突破；

此外，从日本申请人自身的情况来看，也可以看出与汽车相关的申请人占据了日本总申请量的大半壁江山，说明汽车行业是日本燃料电池的重要应用领域之一，也在一定程度上代表了燃料电池在全球范围内未来的主要应用领域。其原因归为：锂离子电池是指容量在3Ah以上的锂离子电池，目前则泛指能够通过放电给设备、器械、模型、车辆等驱动的锂离子电池。而铅酸电池也是目前世界上广泛使用的一种化学电源，具有电压平稳、安全可靠、价格低廉、适用范围广、原材料丰富等优点。铅酸电池主要可以分成开口式铅酸电池和密封铅酸电池，作为最早产业化的电池品种，铅酸电池一直占据着世界电池领域的重要地位，特别是20世纪80年代推出了阀控密封铅酸电池，使铅酸电池重新焕发了青春，使用领域不断扩大，总产值保持较快的增长速度。铅酸电池广泛应用于汽车、铁路、电信、太阳电池系统、UPS、应急照明等行业，2000年全球铅酸电池的销售额超过150亿美元，占全球二次电池总销售额的55%以上。尽管近年来镍镉电池、镍氢电池、锂离子电池等新型电池相继问世并得以应用，但铅酸电池仍然凭借大电流放电性能强、电压特性平稳、温度适用范围广、单体电池容量大、安全性高和原材料丰富且可再生利用、价格低廉等一系列优势，在绝大多数传统领域和一些新兴的应用领域，占据着牢固的地位。

第3章 镍氢电池专利分析

3.1 镍氢电池全球专利分析

3.1.1 全球专利申请分布分析

在镍氢电池领域,1985~2013年总共有7656件全球专利申请(以实际申请日为准),图3-1显示了不同国家/地区的申请量占总申请量的比例。日本的专利申请总量为4899件,占总申请量的65%,这表明日本发明人对镍氢电池领域的专利申请重视程度很高,同时镍氢电池的关键技术大部分掌握在日本申请人手中;中国和美国次之,分别占14%和10%;韩国占4%,排在第四位。从数据分析结果看出,首次申请于日本、中国、韩国和美国的发明专利占到镍氢电池申请总数的93%,说明这四个国家是该领域的主要技术力量。日本在镍氢电池领域技术领先,拥有很多实力强大的企业,因此日本的首次申请技术量比例之高是可以预见的。

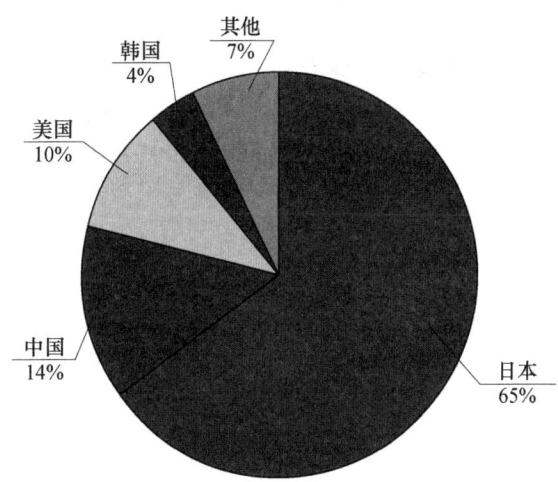

图3-1 镍氢电池领域全球专利申请分布趋势

3.1.2 全球主要申请人分析

图3-2显示了镍氢电池领域的主要申请人申请量排名情况。数据表明:全球范围内,排名前10位的申请人均属于日本公司。排在前三位的依次是三洋电机、松下和东芝。可见日本企业在镍氢电池领域技术处于领先地位,镍氢材料和核心技术的竞争力

均集中在日本。

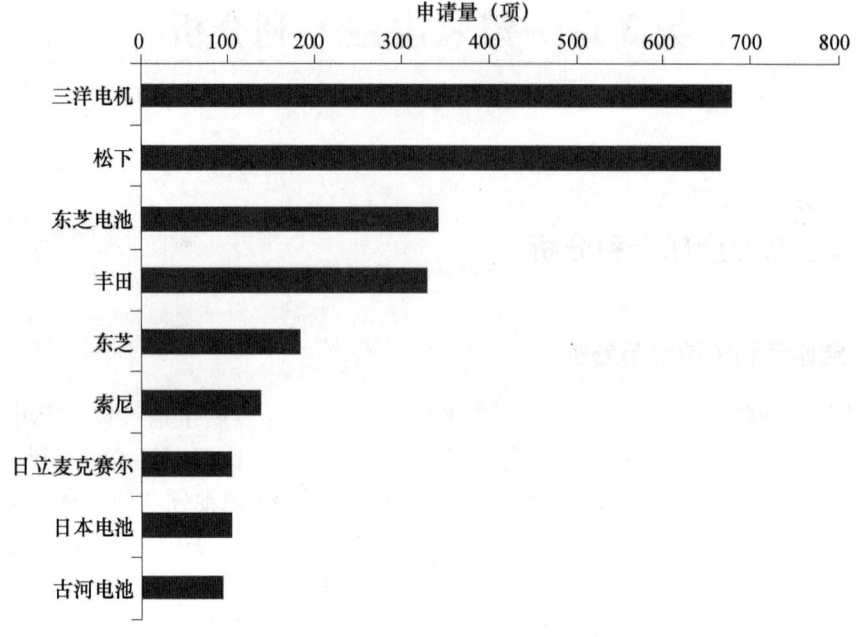

图3-2 镍氢电池领域全球主要申请人排名

3.1.3 年申请量分析

图3-3显示了镍氢电池领域的全球专利申请量的走势。从图中可以看出，1990年以前镍氢电池的申请量逐年之间存在小波动，但总体上呈现稳步增长的发展态势，自1990年起，专利申请量呈现爆发性的增长趋势，仅1991~1994年4年的申请量已经超过了此前25年的申请总量，出现专利申请量的"井喷"。

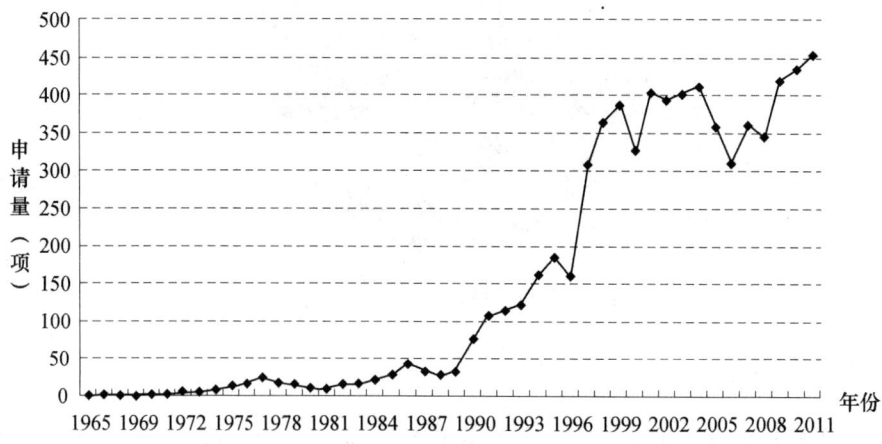

图3-3 镍氢电池领域全球申请量趋势

3.1.4 全球主要申请国年申请量趋势

图 3-4 显示了中、美、日、韩四个国家的镍氢电池领域原创专利申请的趋势变化情况。

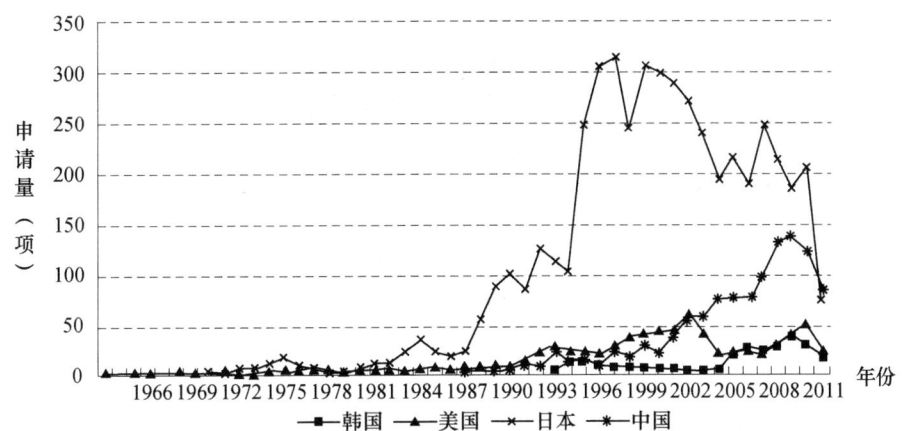

图 3-4 镍氢电池领域主要申请国年申请量趋势

宏观上看，韩国在镍氢电池领域的研发起步较晚，其在 1994 年才出现首件专利申请，之后 1995 年申请量出现较大幅度增长（达到 15 项），之后又逐步降低至 2005 年的 3 项，并于 2006 年开始较大幅度增长，于 2010 年达到最高值 36 项。中国起步也较晚，其于 1988 年出现首件申请，在 1988 年之后的几年中，呈现出高速增长的态势，并于 2012 年达到年申请量最高值 121 项。美国和日本起步较早，分别于 20 世纪 60 年代和 70 年代出现了首件申请，并分别于 2000 年左右达到申请量最高值后，又逐步开始降低。可见日本在镍氢电池领域的研发力量最高，并且日本和美国均于 2000 年后研发投入开始减少。而中国则是一直在加大镍氢电池的研发投入。

3.2 镍氢电池在华总体分析

3.2.1 各国在华历年专利申请分布分析

在镍氢电池领域，1985~2013 年总共有 1706 件中国专利申请（以实际申请日为准），图 3-5 显示了不同国家/地区的在华申请量占总申请量的比例。国内申请人的专利申请总量为 1284 件，占总申请量的 75%，这表明国内发明人对镍氢电池领域的专利申请重视程度很高。但是国内申请人对外的专利申请不多，这显示国内申请人在镍氢电池领域的专利布局仍以国内为主。

图 3-6 显示国外申请人在华申请总量为 422 件，可以看出，日本和美国是国外来华申请量居前两位的国家，分别以 314 件和 43 件占总申请量的 18% 和 3%（占国外来华申请量的 75% 和 11%），排名第三的德国在华专利申请总量为 29 件。

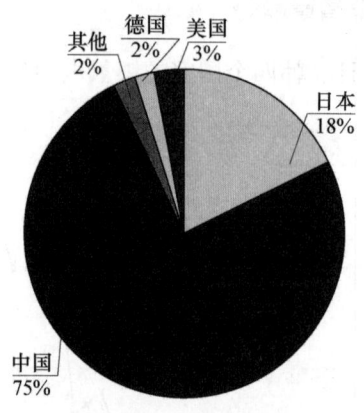

图 3-5 镍氢电池领域在华申请的国家/地区分布

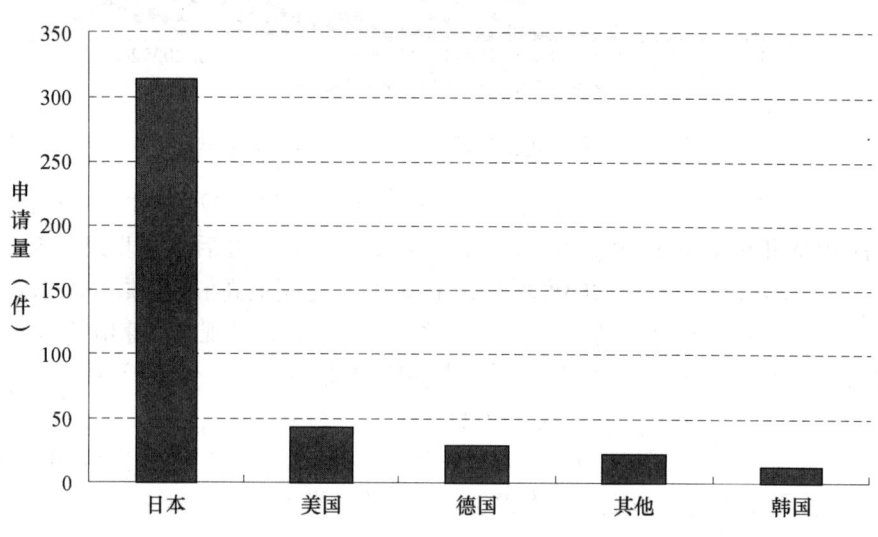

图 3-6 镍氢电池领域国外申请人在华申请量的分布

3.2.2 在华申请的申请人类型分析

图 3-7 显示了在华申请的申请人类型分布。由图 3-7 可以看出，在镍氢电池领域中，公司是申请的主体，申请量超过 60%，大学与研究机构的申请量也比较大。这反映了镍氢电池一方面已经产业化，另一方面仍属于高科技范畴的现状。该领域个人申请和合作申请的数量比较低，合占 10% 左右。

3.2.3 整体态势分析

图 3-8 显示了 1985~2013 年镍氢电池领域的在华专利申请量的走势。从该图中可以看出，镍氢电池的申请量逐年之间存在小波动，但总体上呈现稳步增长的发展态势。

图 3-9 显示了镍氢电池国内和国外主要申请人的申请状况。可以看出，在镍氢电

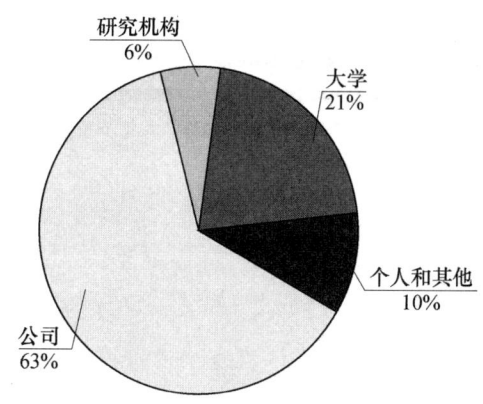

图 3-7 镍氢电池领域在华申请的申请人类型分布

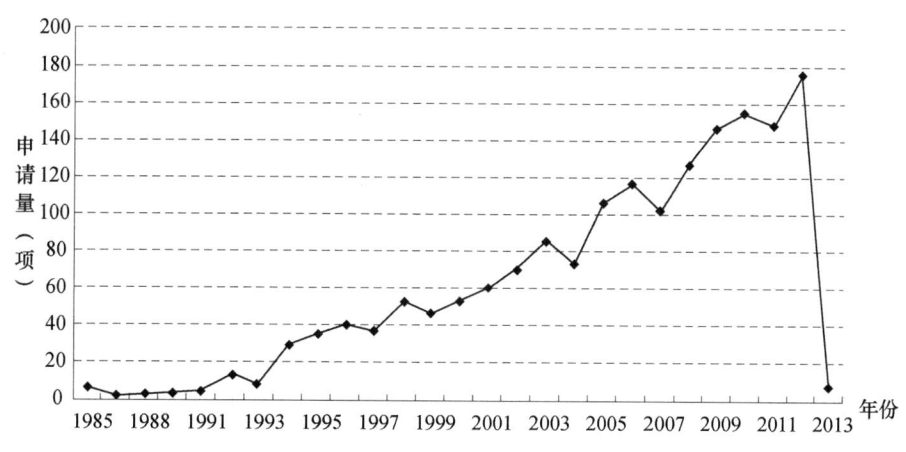

图 3-8 镍氢电池领域在华专利申请量历年走势

池领域的申请人中,企业占多数,因此,镍氢电池领域申请的主体是企业,其中日本企业占绝对优势,申请量排名前两位的是日本的三洋电机和松下。这显示出了日本企业在镍氢电池领域的研发能力很强,同时也体现了日本企业对中国市场及专利布局的重视。比亚迪也掌握了镍氢电池的关键技术,其在该领域也有较大的申请量,其在1985~2013年总的申请量排名第三。

图 3-10 对镍氢电池主要申请人各年申请量趋势进行了统计。其表明排名前 10 位的镍氢电池专利申请的发展趋势。可以看出,日本三洋电机和松下申请量较大,处于绝对优势,从 20 世纪 90 年代初开始其申请量稳步增长,尤其是 2008 年前后,两家公司的申请量均达到或接近历年年申请量的最高值。中国在 2000 年以前申请量很少,之后逐渐增长。

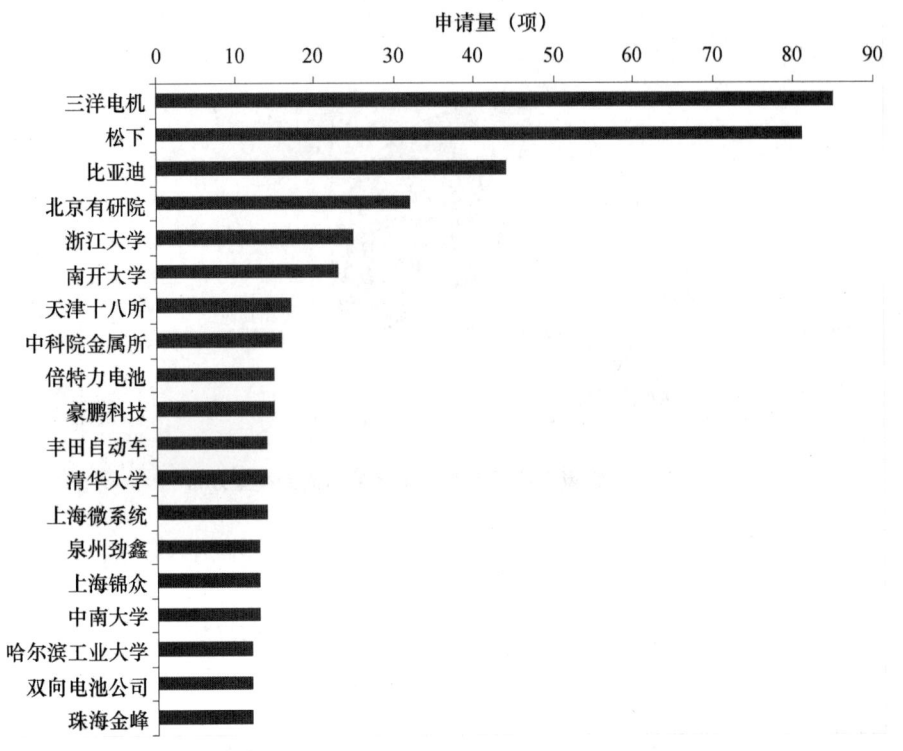

图 3-9 镍氢电池领域在华主要申请人申请量

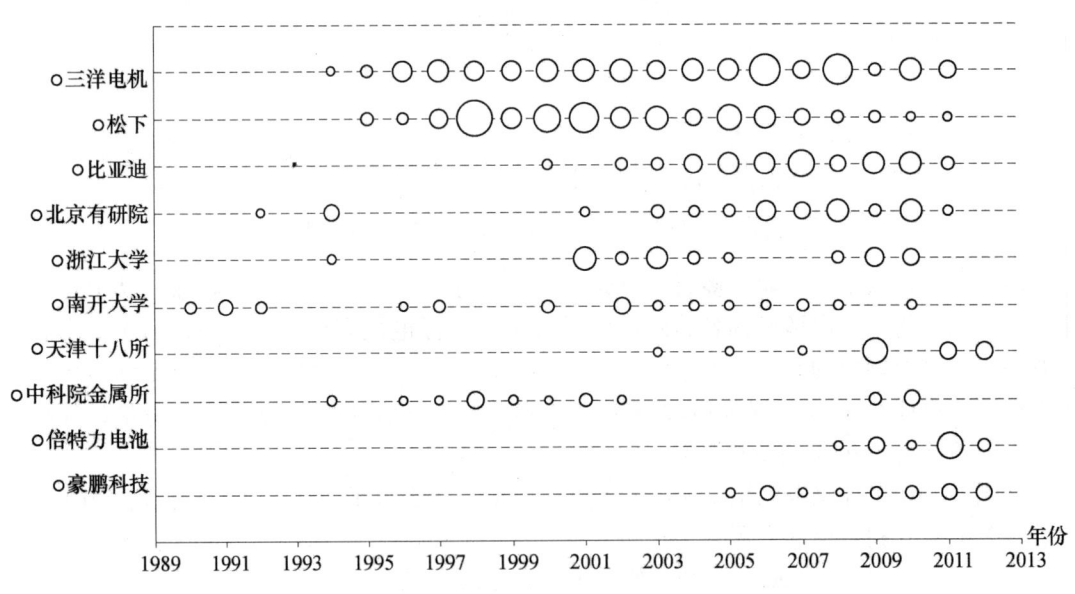

图 3-10 镍氢电池领域在华主要申请人历年申请量趋势

3.2.4 镍氢电池主要申请国在华年申请量趋势

图 3-11 显示了中、美、日、德四国的镍氢电池领域原创专利申请的趋势变化

情况。

宏观上看，中、日、美、欧在镍氢电池领域的研发起步较晚，均是在20世纪八九十年代才开始首件专利申请。德国和美国申请量一直比较平缓，基本没有增长，年申请量均低于5件；日本的研发起步较晚，落后中、美接近10年，从1994年出现了首件申请，之后申请量开始增长，并于2002年达到最高峰，年申请量23件，之后申请量又逐步降低，2012年申请量为7件。中国在1994年之后的几年中，呈现出高速增长的态势，并于2012年达到年申请量最高值168件。中国在镍氢电池领域的研发力量要高于美国、日本和德国。

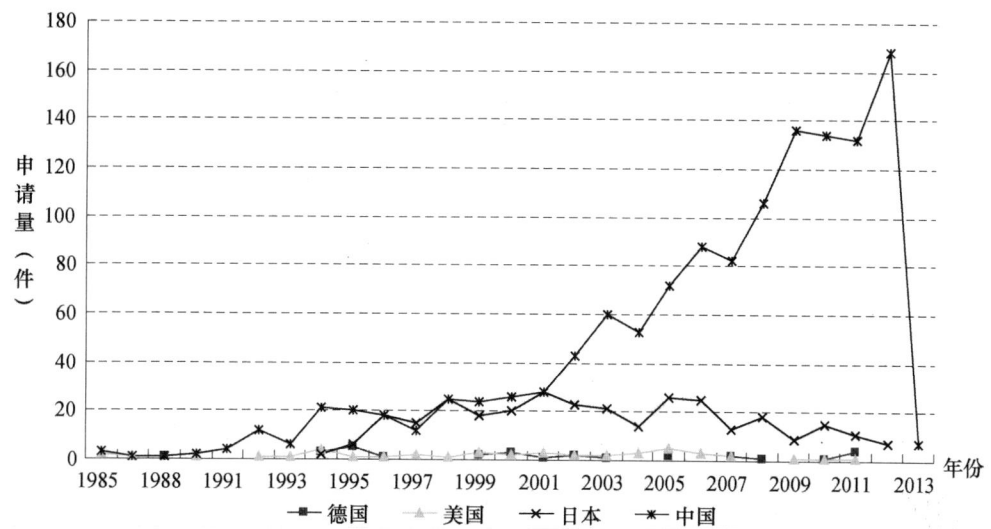

图3-11　镍氢电池主要申请国在华年申请量趋势

第4章 镍镉电池专利分析

4.1 概述

镍镉电池（Nickel – cadmium battery）的正极活性物质主要由镍制成，负极活性物质主要由镉制成的一种碱性蓄电池。正极为氢氧化镍，负极为镉，电解液是氢氧化钾溶液。其优点是轻便、抗震、寿命长，常用于小型电子设备。镍镉电池可重复500次以上的充放电，经济耐用，其内部抵制力小，即内阻很小，可快速充电，又可为负载提供大电流，而且放电时电压变化很小，是一种非常理想的直流供电电池。

4.2 镍镉电池全球专利分析

截至2011年12月，课题组在德温特DWPI数据库中检索到涉及镍镉电池的全球专利申请共计4649项。本节将在这一数据的基础上从总体发展趋势分析、区域申请趋势分析、主要申请人动向分析等方面对镍镉电池产业的专利申请状况进行分析，从而归纳出镍镉电池全球专利申请的发展态势。

4.2.1 年申请量分析

图4-1显示了镍镉电池领域全球、四方（中国、美国、日本、欧洲）、三方（美国、日本、欧洲）的专利申请量的变化发展趋势。

从总体上来看，1962~2011年全球镍镉电池相关专利申请共计4649项，在1981年之前镍镉电池产业的全球年申请量均维持在27项以内，这一时期的技术水平还处于萌芽阶段；自1982年全球年申请量超过100项以后，1982~1995年，全球年申请量基本保持增长态势，这一时期的技术水平处于发展阶段；1996年全球年申请量首次超过200项，在1996~2011年，全球年申请量呈波动中增长，并在2008年达到历史高峰值238项，这一时期的技术水平处于快速发展阶段；2011年后申请量呈现降低态势，这与专利申请公开时间滞后有关（发明专利申请通常自申请日起满18个月即行公布），2011年和2012年大部分专利申请还处于未公开状态，同时国外来华的根据《专利合作条约》（PCT）的国际专利申请也尚未进入中国国家阶段，因此未被统计在内。关于2010年以后的申请量统计均存在此问题。

从图4-1中可以看出，全球四方专利申请最初出现在20世纪80年代中后期，其主要原因是我国专利制度建立较晚，在20世纪80年代才确立专利制度。

由镍镉电池专利申请总体的四方及三方曲线可知：镍镉电池在中、美、日、欧四

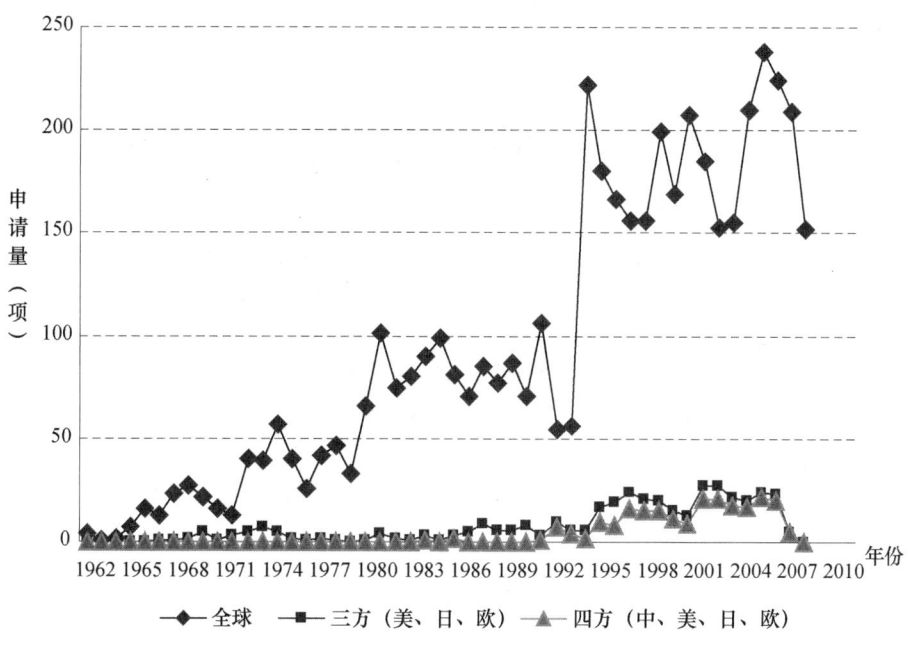

图4-1 镍镉电池领域全球专利年申请量发展趋势

方的专利申请量以及美、日、欧三方的专利申请量的趋势与在全球范围内的趋势相比，美、日、欧三方早在1967年就有专利申请，而从1985年开始才有中、美、日、欧四方的专利申请，这是与中国专利制度在20世纪80年代才确立专利制度相关。此外，三方和四方专利申请发展趋势是近似的，这主要是因为中国的原创申请几乎很少布局在美、日、欧三方。从1996年开始，四方和三方的专利申请进入较快发展阶段，它们峰值分别出现在2008年、2004年，分别为四方22项、三方27项。

4.2.2 区域发展分析

本小节对镍镉电池在中、美、日、欧、韩五个重点国家或地区的专利申请数据进行了检索和分析，分别从专利区域分布情况、区域变化发展趋势两个方面进行了分析，以期获得镍镉电池在上述五个国家或地区范围内的发展情况。

4.2.2.1 区域分布

图4-2显示了镍镉电池的总体区域分布情况，从总体上看，中、日、美、欧、韩五个国家或地区原创专利申请量依次排名为：日本3216项，占72%；美国427项，占9%；欧洲333项，占7%；韩国268项，占6%；中国262项，占6%。可见日本的专利申请量处于领先位置，表明在镍镉电池领域，日本申请人具有较大的技术优势，其他四个重点国家和地区中美国紧随其后，但四者申请量差距不明显，技术实力比较平均。

4.2.2.2 区域发展趋势

图4-3显示了中、美、日、欧、韩的镍镉电池领域原创专利申请的趋势变化情况。

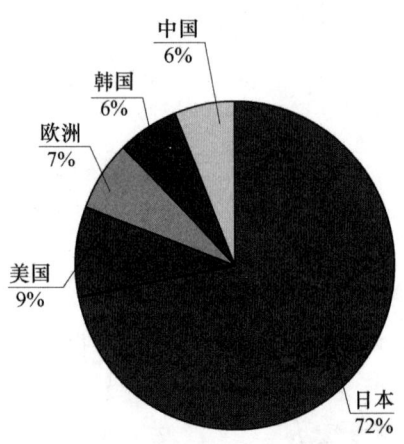

图4-2 镍镉电池专利申请五局分布

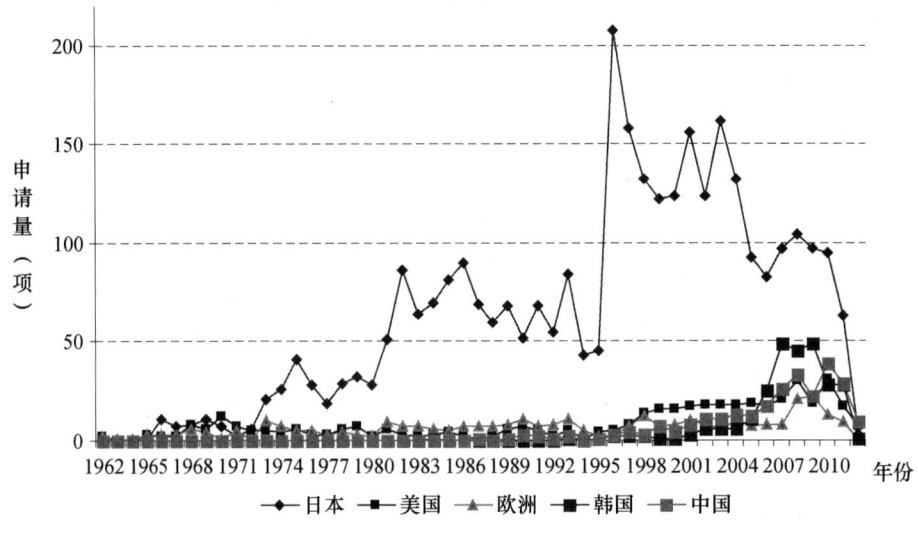

图4-3 镍镉电池五局发展趋势

宏观上看，日、美、欧在镍镉电池领域的研发起步较早，均是在20世纪60年代就有了首件专利申请，从1973年开始日本申请量开始快速增长、异军突起，并于1996年达到高峰，年申请量首次突破200项达到208项，领先其他国家和地区。中国和韩国的研发起步较晚，均是在20世纪80年代才有了首次申请，落后日、美、欧接近20年，但中国在2002年之后的几年中，呈现出高速增长的态势，韩国也在2005年之后开始快速发展，逐步超过美、欧、中的申请量。相对于其他国家，欧洲虽然起步较早，但其研发一直数量较少，并且发展也相对平缓。此外，中国的专利发展趋势从2006年开始就与美国的发展趋势相似，并在申请量上超过美国和欧洲。具体而言，日本是镍镉电池的研发先驱，它的专利申请量一直领先于其他国家，韩国、中国在镍镉电池领域的研发虽然起步较晚，但发展迅速，每年都有较大数量的提升，在2005年之后，开始超过欧洲、美国，成为镍镉电池领域研发新兴力量，但相对于位于绝对领先地位的日本还存在巨大的差距。

4.2.2.3 主要目标国/地区分布

图4-4对镍镉电池领域专利申请的主要目标国/地区进行了分析，数据表明：日本作为目标国占据43%的份额；欧洲次之，占有16%的份额；而美国、中国和韩国分别为13%、9%和6%。可见各国/地区申请人比较重视在日本、欧洲的专利布局。

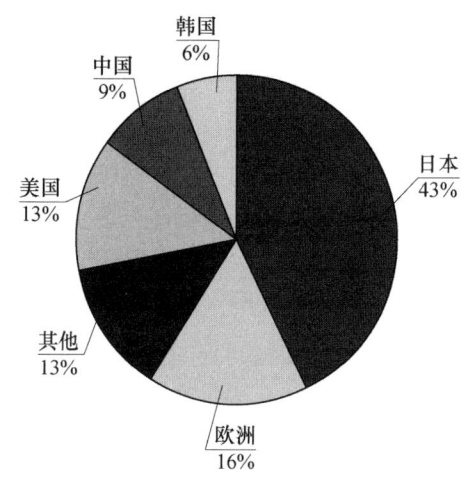

图4-4 镍镉电池领域专利申请全球主要目标国/地区分布

4.2.3 申请人分析

4.2.3.1 申请人类型分析

图4-5对镍镉电池领域专利申请人类型进行了分析，数据表明：公司作为申请人的比重较大，为82%，占有相对重要地位。这是因为镍镉电池技术较为成熟，世界范围内应用非常广泛，产业化体系较为成熟，参与研发、生产的公司很多，因此公司作为申请人的比重较大。其次是合作申请，占到10%，主要包括大学-公司以及研究机构-公司间的合作，可见大学、研究机构对镍镉电池的研究热情也很高，产、学、研联系紧密。

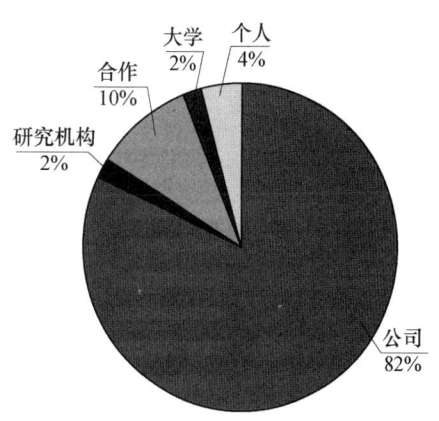

图4-5 镍镉电池领域全球申请人类型

4.2.3.2 主要申请人分析

在DWPI数据库中检索到全球拥有镍镉电池专利申请的专利申请人与权利人非常多。本节选取全球专利申请量排名前六位的申请人的专利申请数据，从申请量排名、申请趋势变化进行分析。

（1）申请人排名

图4-6显示了全球镍镉电池领域主要申请人的申请量排名情况。具体分析可知：镍镉电池领域全球排名前六位的申请人全部集中在日本，足可见日本在镍镉电池领域

已经取得了一定的集团优势和垄断地位，其中日本三洋电机以 659 项的申请量位居榜首，三菱、神户电机、日本电池、杰士汤浅和丰田紧随其后。

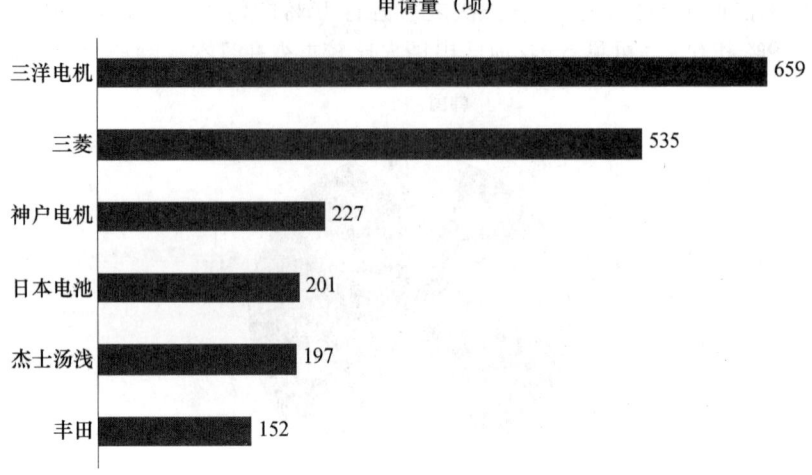

图 4-6 全球镍镉电池领域主要申请人排名

（2）主要申请人申请趋势

图 4-7 显示了镍镉电池领域主要申请人的专利申请趋势变化情况。

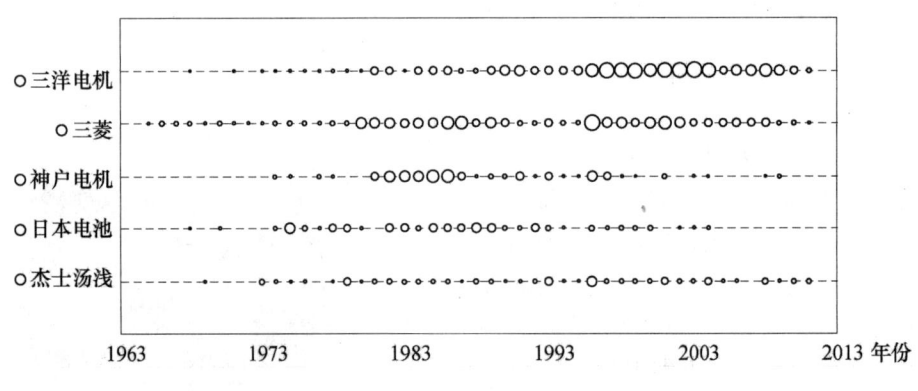

图 4-7 镍镉电池领域全球申请人发展趋势

从总体上来看，在全球专利数据库中，镍镉电池产业申请量排名前六位的申请人在 1974 年之前发展缓慢，三菱 1965 年就申请了首件专利，三洋电机紧随其后在 1968 年具有 2 件专利申请，处于萌芽阶段；1974 年之后，发展较快，存在数量幅度波动，波动幅度最明显的是日本电池和杰士汤浅，其在 1980～1989 年快速发展，进入了发展阶段；1995 年开始，以三洋电机和三菱为代表开始急速增长，三洋电机于 2003 年达到高峰 57 项，1995～2004 年为高峰期，之后逐渐衰减。三菱、神户电机、日本电池和杰士汤浅从 1996 年达到其申请高峰后，申请量缩减明显，而三洋电机却从 1995～2003 年始终保持快速增长，2007～2010 年，在整体行业呈下行趋势的情况下其申请量仍达到了一个小高峰，确立了其行业领先地位。

（3）主要申请人申请目标国/地区分布

图4-8显示了镍镉电池领域主要申请人申请目标国/地区分布情况。

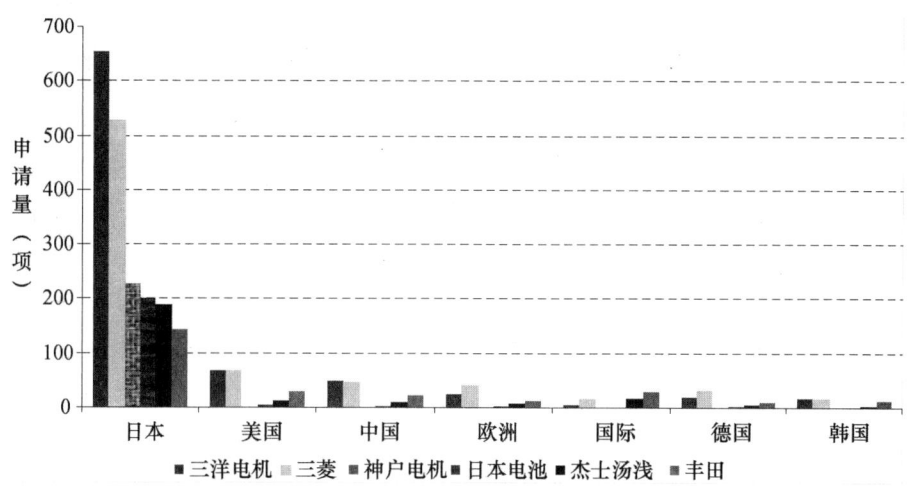

图4-8 镍镉电池领域主要申请人申请目标区域

三洋电机的主要专利布局在本国，其次是美国、中国。三菱、杰士汤浅、丰田与三洋电机的专利布局完全一致。这表明日本企业都比较重视美国、中国市场。而神户电机则无本国外布局，日本电池也在外布局较少，可见这两家公司主要立足本国市场。

4.3 镍镉电池中国专利分析

截至2011年7月，在中国专利数据库中检索到涉及镍镉电池的专利申请共计313项。本节将在这一数据的基础上从总体发展趋势分析、国内申请及国外来华申请分析、主要申请人排名及重点申请人发展动向等方面对镍镉电池产业的专利申请状况进行分析，从而归纳出镍镉电池产业技术中国专利申请发展态势。

4.3.1 年申请量分析

图4-9分别表示镍镉电池基于中国（在华全部专利申请）、国内（中国申请人的在华申请）及国外来华（外国申请人的在华申请）专利申请量的变化发展趋势情况。

由图4-9可以看出：①在1990年之前中国总申请量曲线一直处于缓慢积累期，此段时间的年申请量均低于3件，处于镍镉电池的萌芽期；2000年至今，镍镉电池产业的中国总申请量逐年递增，进入到稳定发展期，并在2010年达到历史高峰值24件（2011~2012年总量有所下降，主要是因为专利申请公开有一定滞后性，导致近两年的统计数据不完整，尚有部分数据未收录在检索的数据库中）。②从变化趋势来看，中国国内申请与中国总申请的变化趋势基本一致。③国外来华申请波动中始终保持平稳发展，年均申请量小于5件。④将国内申请量与国外来华申请量比较后发现，国内申请

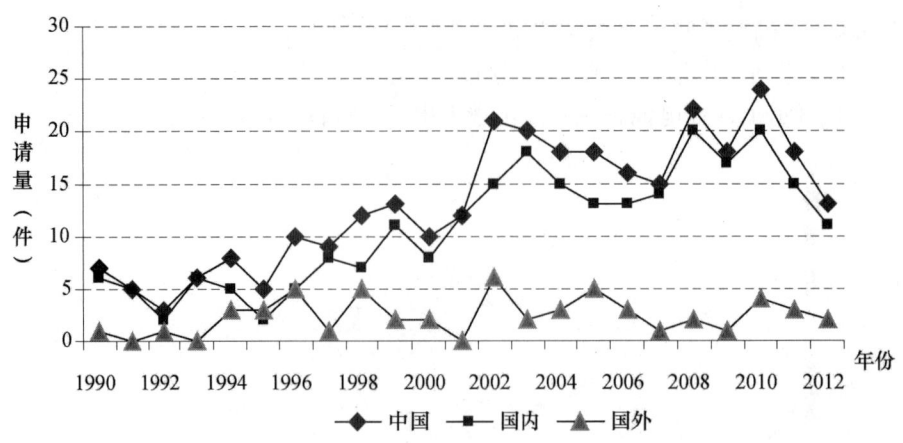

图 4-9 镍镉电池中国专利发展趋势对比

总量为258件（占82%），国外来华申请总量为55件（占18%），从数量上看，国内申请人占显著优势。进一步分析国内和国外来华申请人的历年专利申请情况，近几年国内专利申请量有较明显的增长，但2006年之后，国外来华申请逐步趋缓，导致国内申请量与国外来华申请量差距不断扩大，表明国内申请人正在更积极地参与到镍镉电池技术的研发当中。国外来华专利布局不论从数量还是趋势上均处存在一定差距，为我国企业在镍镉电池领域的发展和知识产权布局提供了广阔空间。

4.3.2 申请人分析

在中国专利数据库中，申请人排名前10位的申请量见图4-10。

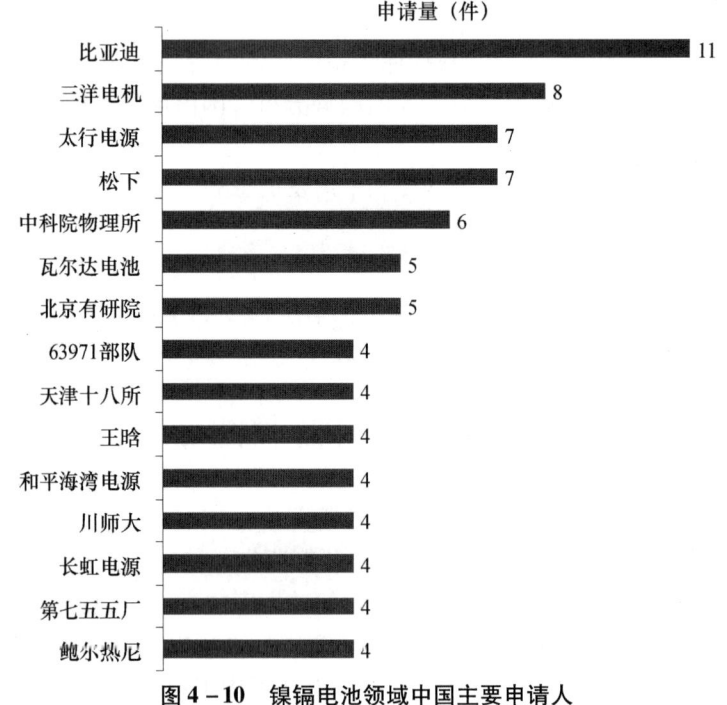

图 4-10 镍镉电池领域中国主要申请人

由图4-10可以看出：镍镉电池中国专利申请量排在首位的是比亚迪，在国内镍镉电池企业中位于领先地位；排名第二至五位的申请人的申请量差距很小，与排名第一的比亚迪差距也不大，各公司技术实力平均；排名前10位的申请人中，来华布局的外国的企业有日本企业三洋电机和松下、德国企业瓦尔达电池、美国企业鲍尔热尼系统公司，分别排名第二位、第三位、第五位和第六位，表明国外相关知名企业对中国镍镉电池行业的关注；申请量排名前10位的申请人还包括两家科研院所——中科院物理所和北京有研院，表明我国科研机构也已在镍镉电池领域取得了一定的科研成果。

具体分析比亚迪中国专利近年的发展趋势（见图4-11）可知，1999~2009年，每年均有1~3件专利申请，申请趋势持续平稳，技术主要集中在镍镉电池正负极材料的活化改性，从而改善电池性能上。

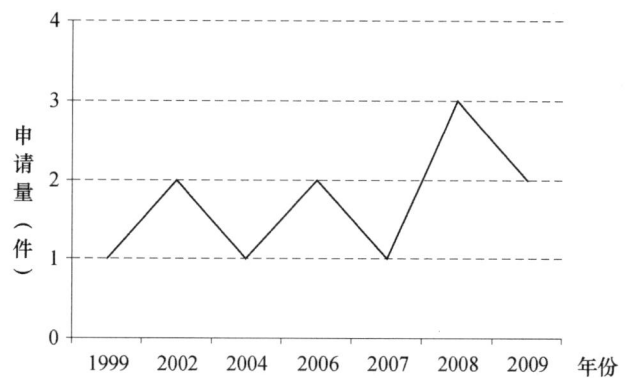

图4-11　比亚迪镍镉电池领域中国专利申请趋势

第5章 铅酸电池专利分析

5.1 概述

铅酸电池是一种电极主要由铅及其氧化物组成，电解液是硫酸溶液的蓄电池。铅酸电池荷电状态下，正极主要成分为二氧化铅，负极主要成分为铅；放电状态下，正负极的主要成分均为硫酸铅。其主要优点是电压稳定、价格便宜，缺点是比能低（每千克蓄电池存储的电能）、使用寿命短和日常维护频繁。铅酸电池由法国人普兰特（G. Plante）于1859年发明，已经历了近150年的发展历程。铅酸电池在理论研究方面，在产品种类及品种、产品电气性能等方面都得到了长足的进步，不论是在交通、通信、电力、军事还是在航海、航空各个经济领域，铅酸电池都起到了不可缺少的重要作用。常用的铅酸电池主要分三大类：①普通蓄电池：极板由铅和铅的氧化物构成，电解液是硫酸的水溶液；②干荷蓄电池：负极板有较高的储电能力；③免维护蓄电池：电解液的消耗量非常小，在使用寿命内基本不需要补充蒸馏水。

5.2 铅酸电池全球专利分析

截至2011年12月，课题组在DWPI数据库中检索到涉及铅酸电池的全球专利申请共计19326项。本节将在这一数据的基础上从总体发展趋势分析、区域申请趋势分析、主要申请人动向分析等方面，从铅酸电池总体对该产业的专利申请状况进行分析，从而归纳出铅酸电池全球专利申请的发展态势。

5.2.1 年申请量分析

图5-1显示了铅酸电池全球总体、四方（中国、美国、日本、欧洲）、三方（美国、日本、欧洲）的专利申请量的变化发展趋势。

从总体上来看，1961~2012年全球铅酸电池相关专利申请共计19326项，在1972年之前铅酸电池产业的全球年申请量均维持在24项，这一时期的技术水平还处于萌芽阶段；自1973年全球年申请量超过150项以后，1973~1979年，全球年申请量基本保持在年均137项，这一时期的技术水平处于发展阶段；1980~1997年，全球申请量保持快速增长，这一时期的技术水平处于快速增长阶段，1997年经历一个小高峰（年申请量869项）后申请量有所下滑；经过2003年的低谷后申请量又开始上扬，并于2010年达到最高峰992项，这一时期的技术水平处于高峰发展阶段。

从图5-1中还可以看出，2011年后申请量呈现降低态势，这与专利申请公开时间

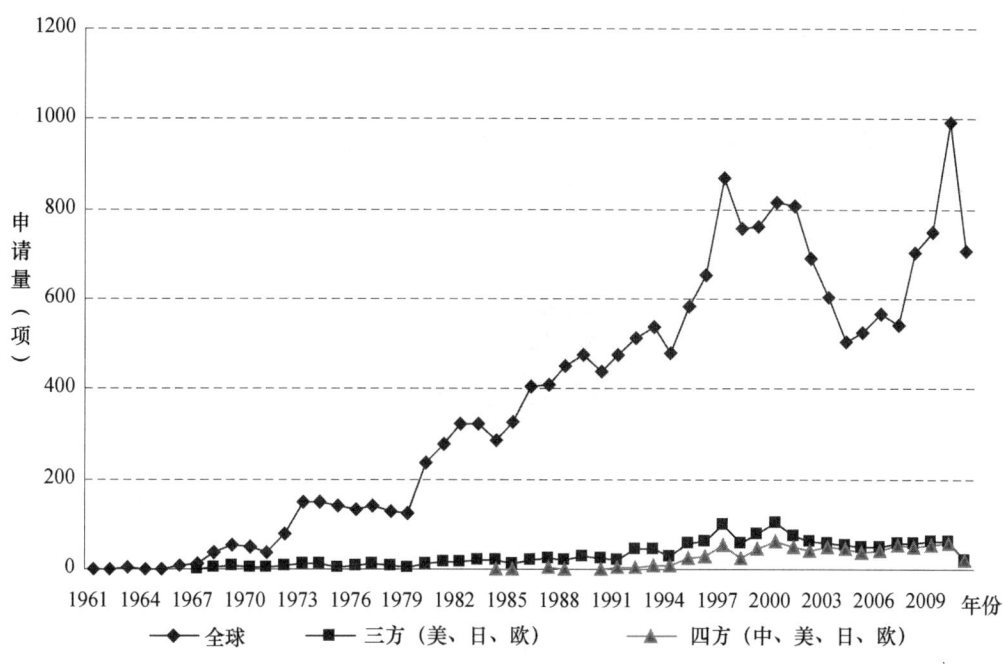

图 5-1 铅酸电池领域专利申请全球发展趋势

滞后有关（发明专利申请通常自申请日起满 18 个月即行公布），2011 年和 2012 年大部分专利申请还处于未公开状态，同时国外来华的 PCT 国际专利申请也尚未进入中国国家阶段，因此未被统计在内。关于 2010 年以后的申请量统计均存在此问题，此后将不再一一赘述。

从图 5-1 中可以看出，全球四方专利申请最初出现在 20 世纪 80 年代中后期，其主要原因是我国专利制度建立较晚，在 20 世纪 80 年代才确立专利制度。

由铅酸电池专利申请总体的四方及三方曲线可知：铅酸电池在中、美、日、欧四方的专利申请量以及美、日、欧三方的专利申请量的趋势与在全球范围内的趋势相比，美、日、欧三方早在 1967 年就有专利申请，而从 1984 年开始才有中、美、日、欧四方的专利申请，这是与中国专利制度在 20 世纪 80 年代才确立专利制度相关。此外，三方和四方专利申请发展趋势是近似的，这主要是因为中国的原创申请几乎很少布局在美、日、欧三方。从 1995 年开始，四方和三方的专利申请进入较快发展阶段，它们峰值均出现在 2000 年，分别为四方 62 项、三方 105 项。

5.2.2 区域分析

本节对铅酸电池在中、美、日、欧、韩五个重点国家或地区的专利申请数据进行了检索和分析，分别从专利区域分布情况、区域变化发展趋势两个方面进行了分析，以期获得铅酸电池在上述五个国家或地区范围内的发展情况。

5.2.2.1 区域分布

图 5-2 显示了铅酸电池的总体区域分布情况。从总体上看，中、日、美、欧、韩五国或地区原创专利申请量依次排名为：日本 12604 项，占 67%；中国 2386 项，占

13%；美国 1877 项，占 10%；欧洲 1464 项，占 8%；韩国 321 项，占 2%。可见日本的专利申请量处于领先位置，表明在铅酸电池领域，日本申请人具有绝对的技术优势，其他四个重点国家或地区中中国紧随其后，但中国、美国和欧洲的申请量差距不明显，技术实力比较平均，韩国的申请量在五局中处于较落后的位置。

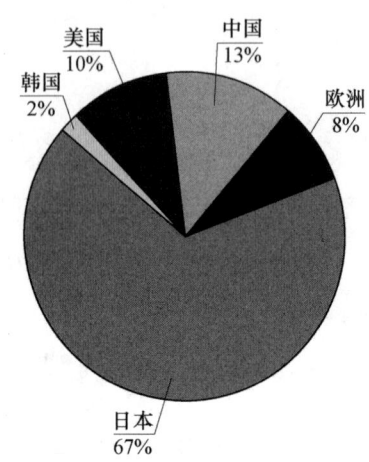

图 5-2 铅酸电池领域专利申请全球五局分布

5.2.2.2 区域发展趋势

图 5-3 显示了中、美、日、欧、韩的铅酸电池领域原创专利申请的趋势变化情况。

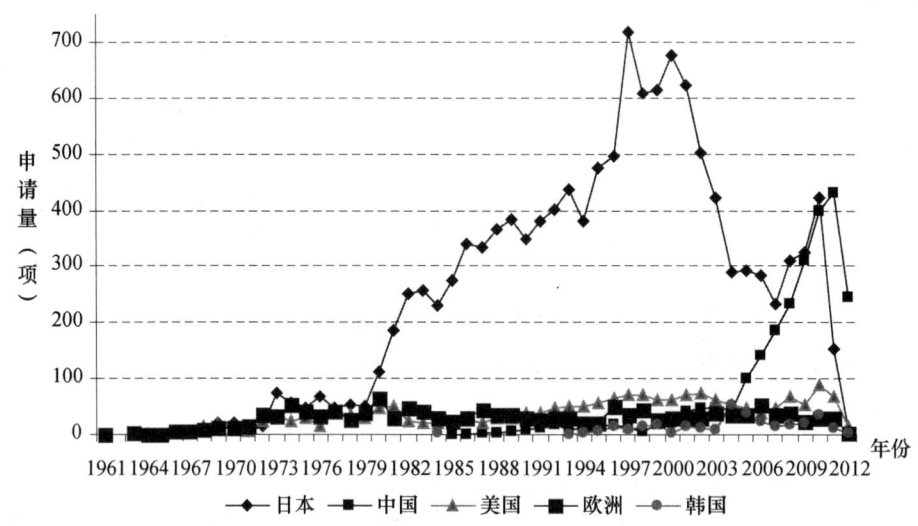

图 5-3 铅酸电池领域五局专利申请发展趋势

从宏观上看，日、美、欧在铅酸电池领域的研发起步较早，均是在 20 世纪 60 年代就有了首件专利申请，从 1979 年开始日本申请量开始快速增长、异军突起，并于 1997

年达到最高峰，年申请量达到 718 项，遥遥领先其他国家和地区。中国和韩国的研发起步较晚，均是在 20 世纪 80 年代才有了首次申请，落后日、美、欧接近 20 年，但中国在 1999 年之后的几年中，呈现出增长的态势，并于 2005 年开始申请量突破百项，迅速增长，2011 年达到最高峰 432 项，年申请量一跃超过日本，展现了强劲的技术发展实力。相对于其他国家，欧洲、美国虽然起步较早，但其研发一直数量较少，并且发展也相对平缓。此外，韩国的专利发展趋势是从 1984 年出现第一件专利申请开始，平缓发展于 2004 年达到一个小高峰，年申请量 52 项，后又出现波动中的下滑趋势。总而言之，日本是铅酸电池的研发的领导者，它的专利申请量一直领先于其他国家，中国在铅酸电池领域的研发虽然起步较晚，但发展迅速，每年都有较大数量的提升，且其年申请量在 2011 年超过了日本，一方面体现了中国不俗的技术研究成果，另一方面也应看到日本的申请量在 2010 年后呈现了明显的下滑趋势，表明日本申请人的技术研发方向可能在发生转移。

5.2.2.3 主要目标国分布

图 5-4 对专利申请的主要目标国/地区进行了分析，数据表明：日本作为目标国占据 41% 的份额；欧洲次之，占有 19% 的份额；而中国和美国紧随其后，分别为 12% 和 11%。可见各国申请人比较重视在欧、中、美的专利布局。

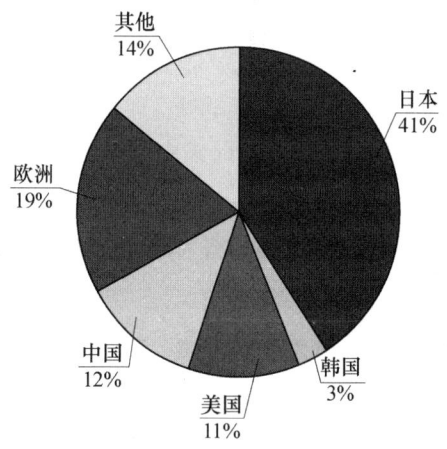

图 5-4　铅酸电池领域全球专利申请
主要目标国/地区分布

5.2.3 申请人分析

5.2.3.1 申请人类型分析

图 5-5 对铅酸电池的申请人类别进行分析，数据表明：81% 的专利申请为公司独立申请，10% 为合作申请，这里就包括许多大学或研究结构与公司或个人的广泛合作，可见，产学研的结合发展趋势良好。企业也非常重视铅酸电池的研究，这与目前铅酸电池的广泛商业化也密不可分。

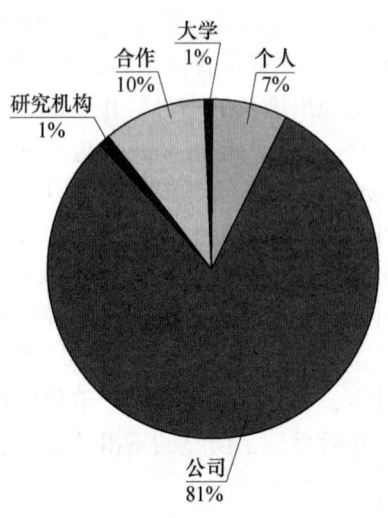

图 5-5 铅酸电池领域全球申请人类型分析

5.2.3.2 主要申请人分析

在 DWPI 数据库中检索到全球拥有镍镉电池专利申请的专利申请人与权利人非常多。本节选取全球专利申请量排名前 12 位的申请人的专利申请数据,从申请量排名、申请趋势变化进行分析。

(1) 申请人排名

图 5-6 显示了全球铅酸电池领域主要申请人的申请量排名情况。具体分析可知:铅酸电池领域全球排名前 12 位的申请人全部集中在日本,足见日本在铅酸电池领域已

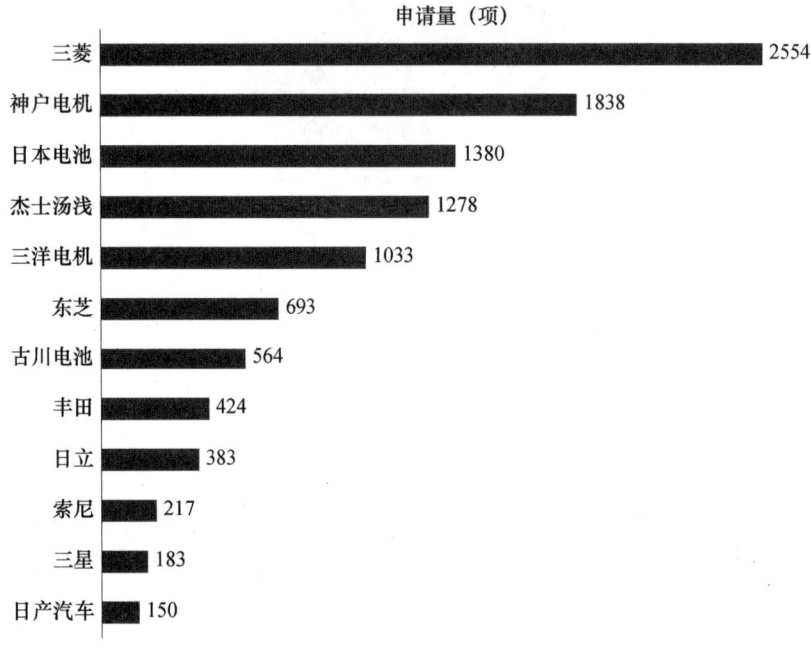

图 5-6 铅酸电池领域全球主要申请人排名

经取得了较为强大的集团优势和垄断地位,其中日本三菱以2554项的申请量位居榜首,神户电机、日本电池、杰士汤浅、三洋电机和东芝紧随其后。中国企业虽然在年申请量上已经超过日本,但在前12位的申请人中还是难觅中国申请人的身影,表明日本企业在铅酸电池领域已经确立的技术领先地位仍较难撼动。

(2) 主要申请人申请趋势

图5-7显示了铅酸电池领域前五名的主要申请人的专利申请趋势变化情况。

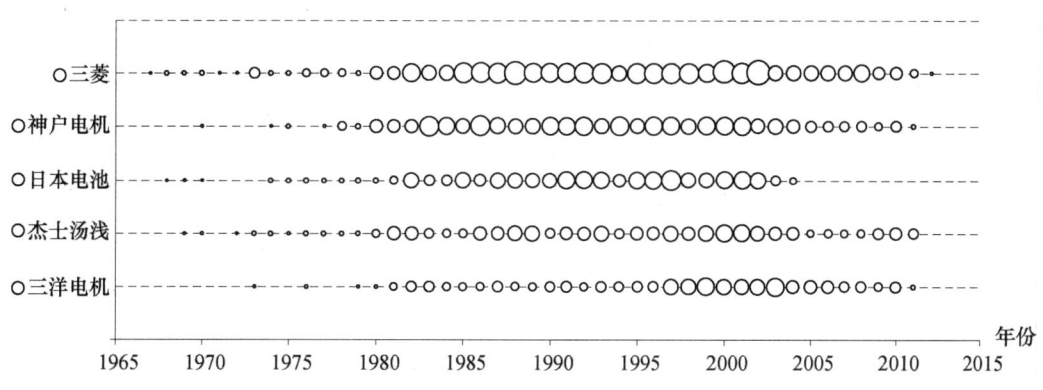

图5-7 铅酸电池领域全球主要申请人发展趋势

从总体上来看,在全球专利数据库中,铅酸电池产业申请量排名前五位的申请人在1979年之前发展缓慢,虽然在1973年三菱、杰士汤浅和三洋电机均出现了一个小高峰,但整体上看各公司在上述期间内均为波动中缓慢上升,处于萌芽阶段;1979年之后,各公司均开始快速发展,且1979~2002年,各公司申请量均存在大幅度的波动变化,进入了快速波动发展阶段;2002年后,申请量均呈现明显下降,进入衰退阶段,也表明铅酸电池技术领域进入了一个相对成熟期。其中,三菱的申请量在

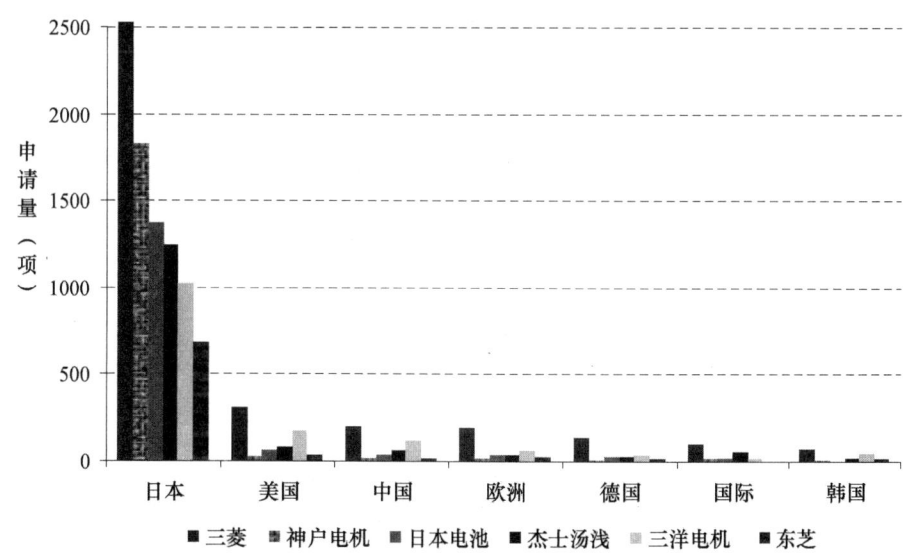

图5-8 铅酸电池全球主要申请人目标国/地区分布

1988 年以 121 项达到高峰，并且在经历了数个小高峰后又于 2002 年创造了一个高峰 117 项，三菱公司虽然位于铅酸电池领域的领先位置，但位于第二位的神户电机与其差距并不太大，并且该公司率先于 1983 年就达到了其高峰，年申请量 105 项，后从 1985 年到 2001 年神户电机虽然也经历了几个发展小高峰，但逐渐被其后的日本电池追赶并超越。从整体上来看，五位主要申请人中杰士汤浅和三洋电机与前三位的技术差距较为明显，相应的申请量高峰也均出现的比较晚，分别为三洋电机 1999 年 83 项和杰士汤浅 2001 年 79 项。

（3）主要申请人申请目标国分布

三菱的主要专利布局在本国，其次是美国、中国和欧洲。神户电机、日本电池、杰士汤浅、三洋电机与三菱的专利布局基本一致。这表明日本企业都比较重视美国、中国和欧洲市场。而东芝除本国市场外，对市场的重视程度按照美国、欧洲、中国递减。

5.3 铅酸电池中国专利分析

截至 2012 年 12 月，在中国专利数据库中检索到涉及铅酸电池的专利申请共计 2904 项。本节将在这一数据的基础上从总体发展趋势分析、国内申请及国外来华申请分析、主要申请人排名及重点申请人发展动向等方面对铅酸电池产业的专利申请状况进行分析，从而归纳出铅酸电池产业技术中国专利申请发展态势。

5.3.1 年申请量分析

图 5-9 分别表示铅酸电池基于中国、国内及国外来华专利申请量的变化发展趋势情况。

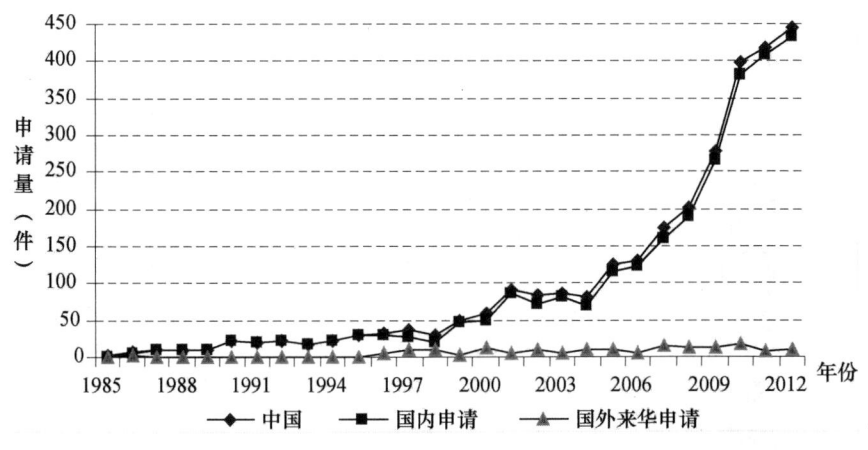

图 5-9 铅酸电池中国专利发展趋势对比

由图 5-9 可以看出：在 1989 年之前中国总申请量曲线一直处于缓慢积累期，此段时间的年平均申请量均低于 10 件，处于铅酸电池的萌芽期；1990~1998 年，铅酸电池产业的中国总申请量逐年递增，进入稳定发展期；1999 年后开始急速增长，进入高速发展期,并在 2012 年达到历史高峰值 445 件。从变化趋势来看,中国国内申请与中国总申请的变化趋势基本一致。国外来华申请波动中始终保持平稳发展,年均申请量为 6 件左右。将国内申请量与国外来华申请量比较后发现:国内申请总量为 2734 件(占 94%),国外来华申请总量为 170 件(占 6%),从数量上看,国内申请人占显著优势。进一步分析国内和国外来华申请人的历年专利申请情况,近几年国内专利申请量快速持续增长,但国外来华申请自 1997 年开始微量增加,但始终保持波动中平稳发展,导致国内申请量与国外来华申请量差距急剧扩大,表明国内申请人在铅酸电池领域的技术研发上已取得显著的成果,我国企业在铅酸电池的中国知识产权布局上占据了有利位置,并为今后的技术发展取得了一定的优势。

5.3.2 申请人分析

在中国专利数据库中,申请量排名前 14 位的申请人见图 5-10。

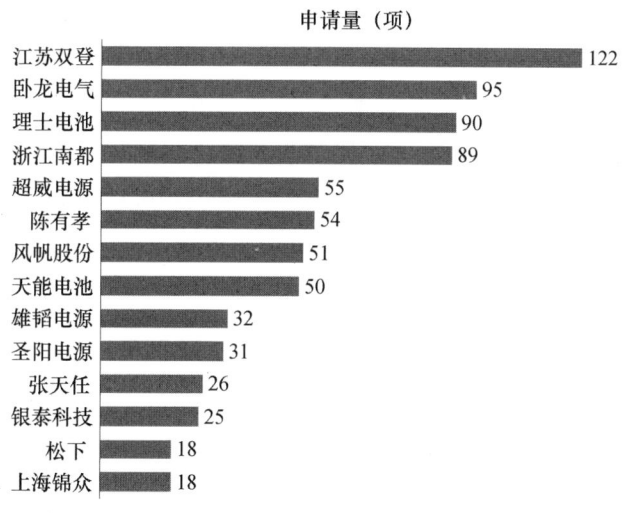

图 5-10 铅酸电池中国主要申请人排名

由图 5-10 可以看出:铅酸电池中国专利申请量排在首位的是江苏双登集团有限公司,该公司在国内铅酸电池企业中位于领先地位,申请量共计 122 项;排名第二至四位的申请人之间的申请量差距很小,卧龙电器集团、理士电池和浙江南都三位申请人的技术实力平均;位于第三梯队、排名第五至八位的申请人超威电源有限公司、陈有孝、风帆股份有限公司和浙江天能电池的申请量均在 50 项左右;排名前 14 位的申请人中,来华布局的外国企业为日本的理士电池和松下,分别排名第三位和第 13 位,申请量分别为 90 项和 18 项,表明日本企业在中国铅酸电池行业中占据一定的席位;除上述两家日本企业外,申请量排名前 14 位的申请人均为国内企业及个人,表明我国申请人在中国铅酸电池领域占据了绝对优势地位。

具体分析江苏双登集团有限公司在铅酸电池领域的中国专利近年的发展趋势,参见图 5-11 可知,从 1998 申请第一件专利开始,2000~2008 年,申请量在波动中持续发展,2008~2009 年经历了一个小低谷后,申请量急速上升,于 2010~2011 年达到最高峰，年申请量均为 25 项。申请主要技术内容集中涵盖电池结构部件和电极活性材料。

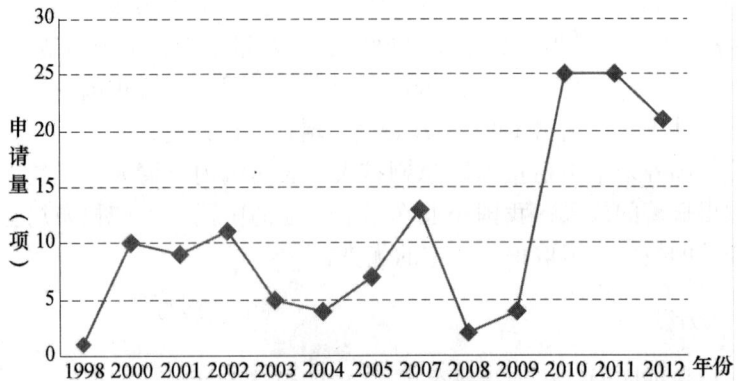

图 5-11　江苏双登铅酸电池领域中国专利申请发展总趋势

第 6 章 燃料电池专利分析

6.1 概述

6.1.1 燃料电池的类型

燃料电池（Fuel cell）是一种将持续供给的燃料和氧化剂的化学能连续不断地直接转化为电能的发电装置。其具有发电效率高、自身安全性高、清洁、无污染、不必充电、续航能力强、噪声小等优点。

燃料电池可以分为很多种类型。按照使用电解质的不同，可分为六大类：碱性燃料电池（Alkaline Fuel Cell，AFC）、磷酸燃料电池（Phosphoric Acid Fuel Cell，PAFC）、熔融碳酸盐燃料电池（Molten Carbonate Fuel Cell，MCFC）、固体电解质燃料电池（Solid Oxide Fuel Cell，SOFC）及固体高分子电解质燃料电池（Proton Exchange Membrane Fuel Cell，PEMFC）。表 6 – 1 为不同类型的燃料电池的技术状态。

表 6 – 1 各类型燃料电池技术状态

类型	碱性燃料电池	质子交换膜燃料电池	直接甲醇燃料电池	磷酸燃料电池	熔融碳酸盐燃料电池	固体氧化物燃料电池
电解质	KOH	全氟磺酸膜	全氟磺酸膜	H_3PO_4	$(Li，K)CO_3$	氧化钇稳定的氧化锆
导电离子	OH^-	H^+	H^+	H^+	CO_3^{2-}	O^{2-}
工作温度（℃）	50~200	室温~100	室温~100	100~200	650~700	900~1000
燃料	纯氢	氢气、重整氢	CH_3OH	重整气	净化煤气、天然气、重整气	净化煤气、天然气
氧化剂	氧	空气	空气	空气	空气	空气
功率规模（kW）	1~100	1~300	1~1000	1~2000	250~2000	1~200
可能的应用领域	航天特殊地面应用	电动车和潜艇动力源、可移动动力源	微型移动电源	特殊需求区域性供电	区域性供电	区域性供电联合循环发电

燃料电池可以应用和发展的领域非常广泛，包括电力、工业、运输、太空、3C 资讯产品等。许多国家都在研究发展燃料电池，且许多研究成果已经进入商业化的阶段，未来极有可能成为最重要的绿色科技之一。

燃料电池的技术起源于 1838 年 C. F. Schonbein 发现了燃料电池的电化学反应，氢气与白金电极上的氯气或氧气所进行的化学反应能够产生电流，并将此现象命名为极化效应。1839 年，Willian Grove 发明了气体电池，将白金放进封闭的瓶中，基于水的电解反应实现了电流在两个电极间的流动。该装置是本领域公认的全世界第一个燃料电池。1899 年，Neenst 提出以固态氧化物电解质用于燃料电池上。1959 年，Francis. T. Bacon 制作出 5kW 的燃料电池组，能够推动电焊机、电锯工作，从而使该技术从实验室走出实际应用。1960 年，美国太空署开始将燃料电池实用化。1965 年，燃料电池正式应用于太空船双子星五号（Gemini five），为美国太空计划提供电力供应。1980 年开始，随着环保意识的高涨，绿色能源技术使人类的发展不再受限于有限的天然资源。20 世纪末，燃料电池技术已经能渐渐与传统化学电池相抗衡。

6.1.2 燃料电池的常见类型

（1）碱性燃料电池

最早是在 1925 年由 Dr. Francis Thomas Bacon 开始发展，一般用于人工卫星、航天及军事用途。因氧气在碱性溶液中的活性大于在酸性溶液中，所以可以使用非贵金属如银、镍等作为电极材料。但电解质沉积在多孔电极上易引发堵塞，所以需以纯氢气作为阳极燃料，以纯氧气作为阴极的氧化剂。

（2）磷酸燃料电池

有第一代燃料电池之称。使用浓磷酸为电解质的酸性液燃料电池，电池性能不受二氧化碳的影响，因此可将空气直接提供给阴极，但因成本居高不下而未能普及。

（3）熔融碳酸盐燃料电池

二氧化碳经阴极回收后，可循环利用。由于其反应容易，不需以昂贵的金属作为触媒，使用镍及氧化镍即可。

（4）固态氧化物燃料电池

固态氧化物燃料电池号称第三代燃料电池，电解质为固态、无空隙的金属氧化物，由氧离子在晶体中穿梭送达离子。目前技术已达成熟阶段。但由于仅有少数材料能在高温下工作且价格昂贵，因此朝中温型电池的方向发展。

（5）质子交换膜燃料电池

水是内部唯一的液体，但水的管理是影响燃料电池的重要因素之一。由于薄膜必须含水，燃料电池的操作温度必须在 100℃ 以下，且电池必须处在水的产生速度高于水的蒸发速度从而使薄膜保持充分含水的状态。

（6）直接甲醇燃料电池

目前氢气大多来自甲醇的蒸汽重组，因此有人将 PEMFC 改良成直接使用甲醇作为燃料的电池。

6.2 全球专利技术分析

6.2.1 燃料提纯专利分析

6.2.1.1 专利申请趋势

以申请日为横坐标、申请量为纵坐标绘制了近40年全球燃料电池中燃料提纯的专利申请量的发展趋势（见图6-1）。

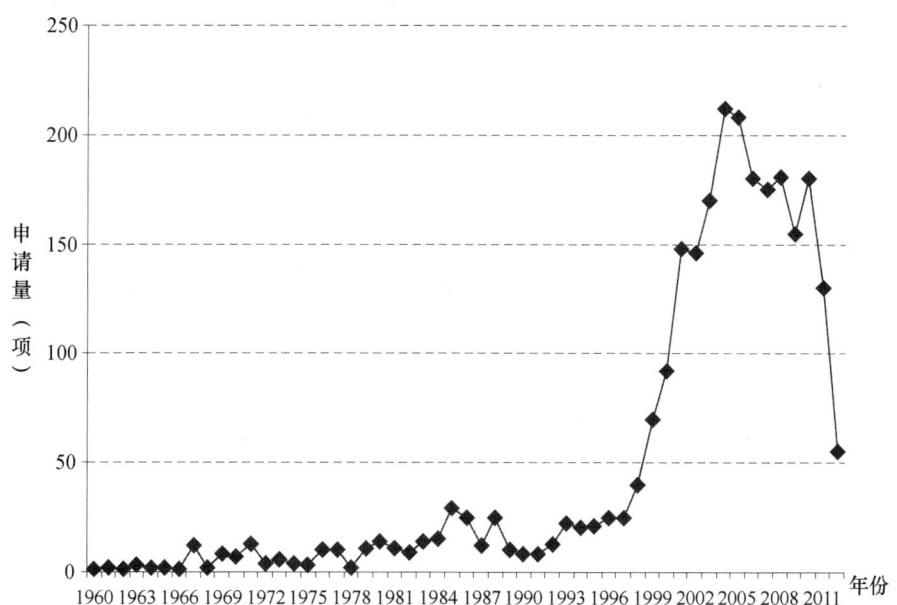

图6-1 燃料电池的燃料提纯技术发展趋势

从图6-1可以看出，关于燃料电池中的燃料提纯领域的专利申请量从1960~1998年处于发展比较缓慢的萌芽期，在此阶段，该项技术处于摸索阶段，平均每年的申请量徘徊在50项以下。从1999年开始进入了快速增长期，从2001年开始，年申请量突破百项。2006年年申请量突破200项达到历年申请量的最高峰，在2011年之后申请量略有回落。可以看出，在2001~2010年期间，燃料电池的燃料提纯技术处于技术发展的稳定期，其市场需求稳定，各国参与研发的力度基本保持不变。2012年由于部分申请尚未公开，该年的申请量统计结果有所下降。

6.2.1.2 专利申请区域分析

如图6-2所示，就燃料电池中的燃料提纯技术的首次申请国而言，日本的申请量最大，占全球申请量的47%；美国次之，为26%；中国、韩国和德国处于第三阵营，申请量分别占7%、4%和5%。从数据分析结果可以看出，首次申请为日本、美国的发明专利占申请量总数的73%，说明日本和美国是该领域的主要技术力量。日本在燃料电池的燃料提纯领域技术领先，与其拥有众多的实力强大的企业密切相关。

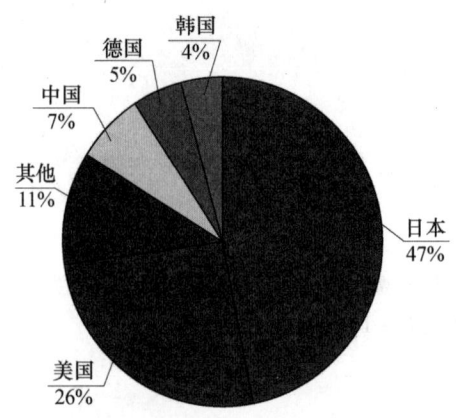

图 6-2 燃料电池的燃料提纯技术领域全球
专利申请分布趋势

6.2.1.3 主要申请国年申请量趋势

日本自 2000 年以来，年申请量逐年递增，从 2003 年开始，年申请量突破了 100 项。日本于 2000~2006 年迎来了该领域的快速增长期，从 2007 年开始申请量逐年下降。主要申请国中排名处于第二位的美国，2000~2012 年一直处于相对平稳的申请趋势。同处于第三阵营的三个国家是中国、韩国和德国。在这三个国家中，德国和韩国起步较早，从 2000 年开始有少量的申请。中国虽然起步较晚，从 2002 年开始才在该领域出现相关的专利申请，但从 2007 年开始保持了较高的增长速度，其中 2008 年的申请量为 29 项，已经超过了同属第三阵营的德国和韩国的总和，接近当年美国的申请量，占当年申请量排名前五位的申请国申请量的 17%。据对 2012 年申请量的不完全统计，中国在该年申请量中所占的比例接近 20%，处于稳定的增长期。韩国和德国则保持小幅增长，申请趋势较为稳定（见图 6-3）。

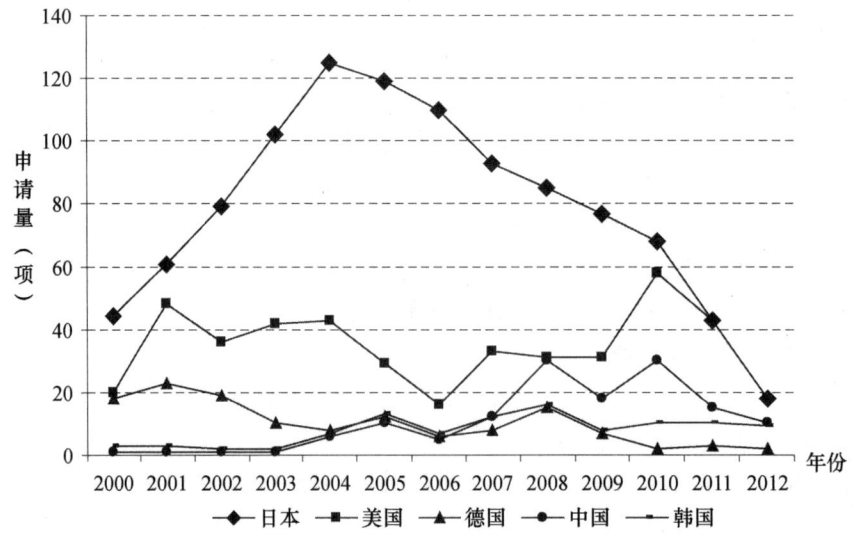

图 6-3 燃料电池中燃料提纯技术领域主要申请国年申请量趋势

6.2.1.4 申请主要目标国分析

图6-4对专利申请的主要目标国/地区进行了分析，数据表明：日本作为目标国占据25%的份额；美国次之，为18%；中国、德国和韩国分别占8%、6%和5%。可见各国申请人较为重视日本和美国的专利布局。

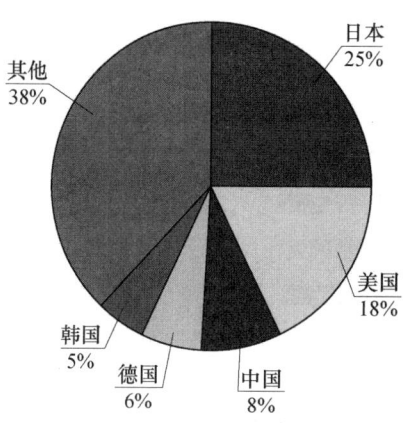

图6-4 燃料电池中燃料提纯技术领域专利申请的主要目标国/地区

图6-5对燃料电池中燃料提纯技术领域专利申请人类型进行了分析，数据表明：公司作为申请人的比重较大，占67%，具有重要地位。这是因为燃料电池的燃料提纯技术较为成熟，世界范围内市场前景非常广泛，各公司对此项技术较为关注。

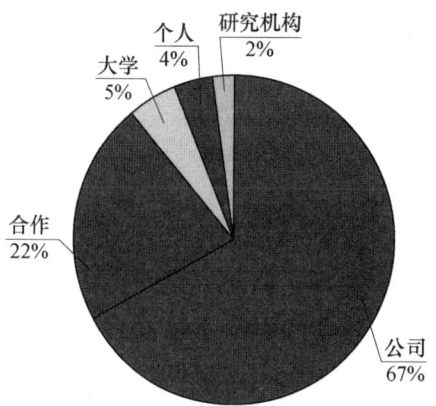

图6-5 燃料电池中燃料提纯技术领域申请人类型分析

6.2.1.5 全球主要申请人

以申请人为纵坐标、申请量为横坐标绘制了全球燃料电池中燃料提纯领域专利申请的主要申请人的发展趋势（见图6-6）。

由图6-6可以看出，从全球范围来看，日本的申请人占据了申请量中的大多数，可见日本关于燃料电池中燃料提纯的技术发展在全球最为成熟，在多角度实现了技术突破；此外，从日本申请人自身的情况来看，也可以看出与汽车相关的申请人占据了日本总申请量的大半壁江山，说明汽车行业是日本燃料电池的重要应用领域之一，也在一定程度上代表了燃料电池在全球范围内未来的主要应用领域。

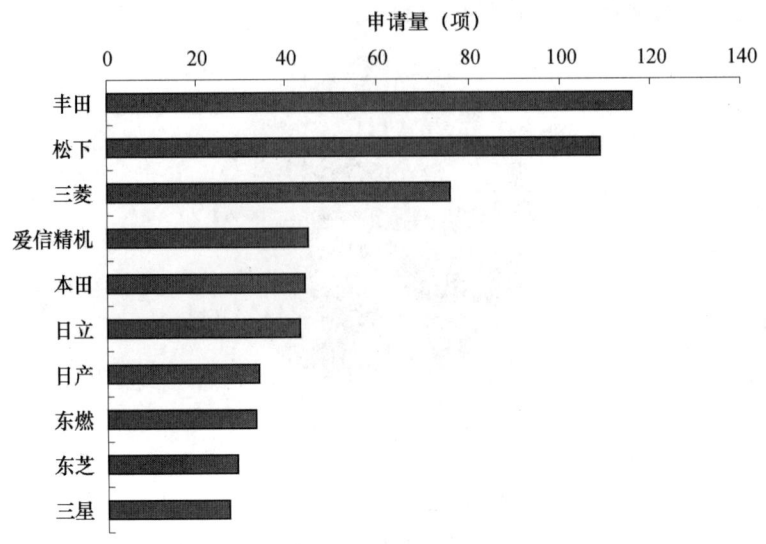

图6-6　燃料电池中燃料提纯技术领域主要申请人申请量

6.2.2　气体扩散电极专利分析

6.2.2.1　专利申请趋势

以申请日为横坐标、申请量为纵坐标绘制了近40年全球燃料电池中气体扩散电极的专利申请量的发展趋势（见图6-7）。

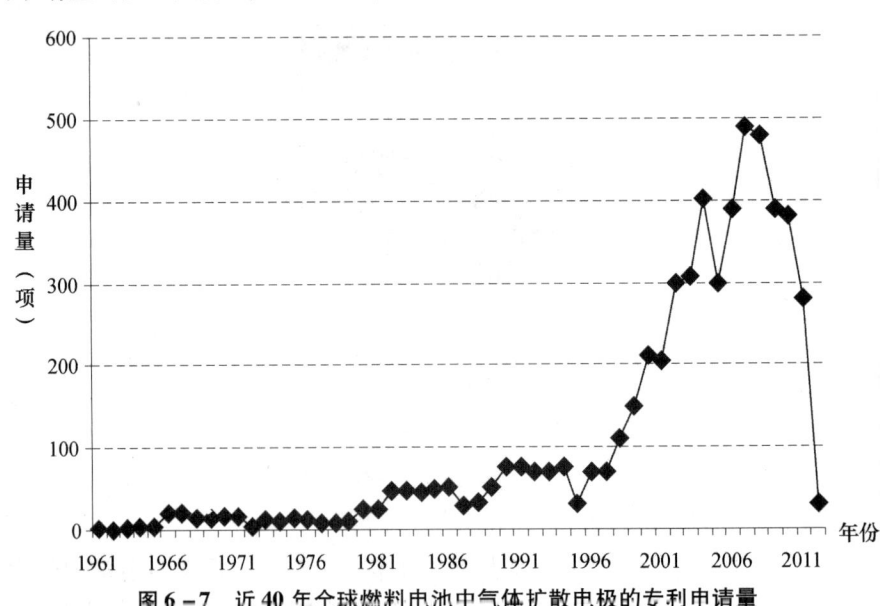

图6-7　近40年全球燃料电池中气体扩散电极的专利申请量

从图6-7可以看出，关于燃料电池中的气体扩散电极领域的专利申请量在1961~1997年处于萌芽期，该项技术一直保持稳步增长态势。从1998年开始，年申请量进入100项大关，进入了高速增长期，其中在2007年达到了年申请量的最高点，为489项。在之后的几年中申请量开始回落。可以看出，在1961~1997年期间关于气体扩散电极的研究在全球处于萌芽期，大部分国家仍处于技术积累期和摸索期，2007~2011年燃料电池的气体扩散电极技术得到迅猛发展，申请量急剧上升。2012~2013年由于部分申请没有公开，不完全统计的申请量较低。

6.2.2.2 专利申请区域分布

如图6-8所示，就燃料电池中的气体扩散电极技术的首次申请国而言，日本的申请量最大，占全球申请量的58%；美国次之，为20%；德国、韩国和中国处于第三阵营，申请量分别占6%、5%和2%。从数据分析结果可以看出，首次申请为日本和美国的发明专利占申请量总数的78%，说明日本和美国是该领域的主要技术力量。中国在燃料电池的气体扩散电极领域与传统科技强国日本和美国差距较大。

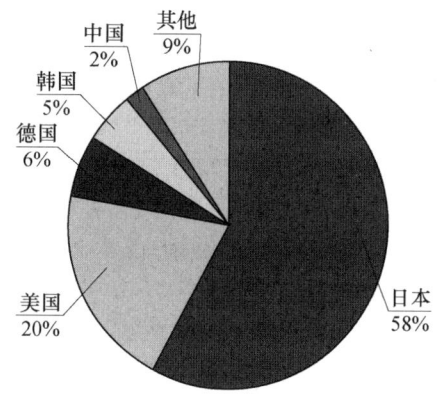

图6-8 全球燃料电池中气体扩散电极的专利申请区域分布

日本自2001年开始，年申请量出现较大增长，从2001年开始，年申请量突破了100项。日本于2001~2010年迎来了该领域的快速增长期，从2009年开始申请量逐年下降。主要申请国中排名处于第二的美国，从2002~2012年一直处于相对平稳的申请趋势。同处于第三阵营的三个国家是中国、韩国和德国。在这三个国家中，德国起步较早，从20世纪60年代开始有少量的申请。中国和韩国起步较晚，2000年开始有零星的申请出现。韩国虽然起步较晚，从2000年开始才在该领域出现相关的专利申请，但从2004年开始保持了较为稳定的增长速度，逐渐接近甚至反超德国的申请量，逐步拉大了与其同时起步的中国之间的差距，从2004年开始，韩国的年申请量平均可以达到中国同期申请量的2~3倍。可以看出，韩国作为该领域的后起之秀正在发力追赶与传统科技强国的差距。但从目前的数据来看，首次申请位于日本和美国的占该项技术专利申请总数的78%，说明这两个国家仍是该领域的主要技术力量（见图6-9）。

图6-10对专利申请的目标国/地区进行了分析，数据表明：日本作为目标国占据29%的份额；美国次之，占据18%的份额；欧洲占据9%；中国占据8%；其

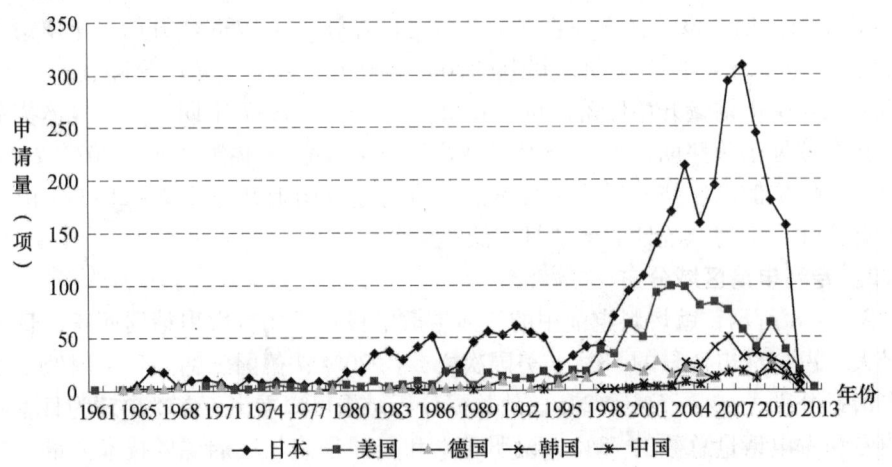

图 6-9 燃料电池中气体扩散电极领域主要申请国年申请量趋势

他国家或地区占据 36%。气体扩散电极领域专利申请的目标国/地区分布比较分散,不是非常集中。但从整体上看,各国申请人还是相对比较关注日本和美国的专利布局。

对图 6-11 燃料电池中气体扩散电极领域专利申请人类型进行了分析,数据表明:公司作为申请人的比重非常大,达到 90%。这是因为气体扩散电极技术研发成本较高,并且具有较大的应用范围,参与研发的企业很多。

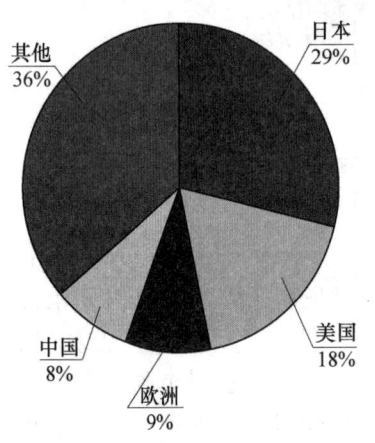
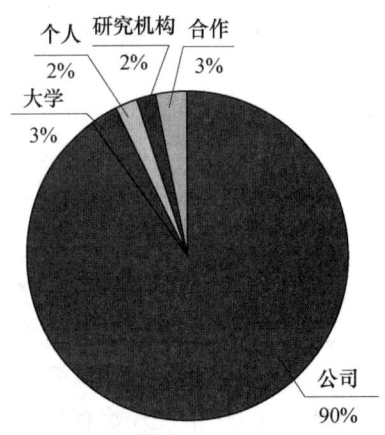

图 6-10 燃料电池中气体扩散电极领域专利申请主要目标国/地区分布趋势

图 6-11 燃料电池中气体扩散电极领域专利申请人类型分析

6.2.2.3 全球主要申请人申请量

全球申请量排名前 10 位的申请人参见图 6-12。由图 6-12 可以看出:气体扩散电极专利申请量排在首位的是丰田,其在全球气体扩散电极中位于领先地位并且申请量遥遥领先其他申请人。排名第二的是日产。排名第三至五位的松下、本田及东芝申请差距不大,技术实力平均。

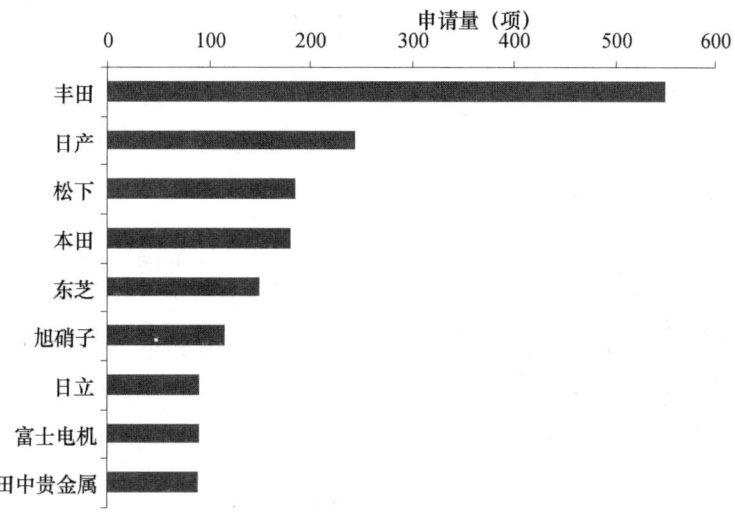

图6-12　燃料电池中气体扩散电极领域主要申请人申请量

6.2.3　催化剂专利申请趋势

6.2.3.1　申请趋势

以申请日为横坐标、申请量为纵坐标绘制了近40年全球燃料电池中催化剂的专利申请量的发展趋势（见图6-13）。

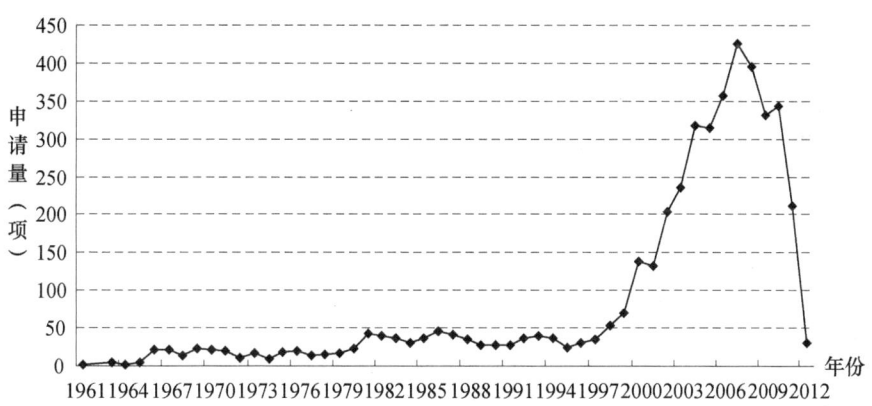

图6-13　燃料电池的催化剂技术发展趋势

从图6-13可以看出，关于燃料电池中的催化剂领域的专利申请量从1963～1999年处于发展比较缓慢的萌芽期，在此阶段，该项技术处于摸索阶段，平均每年的申请量徘徊在70项以下。从2000年开始进入了快速增长期，年申请量迅速突破百项。2008年年申请量突破400项，达到历年申请量的最高峰，在2008年之后申请量略有回落。可以看出，在2000～2008年燃料电池的催化剂技术处于技术发展的稳定期，其市场需求稳定，各国参与研发的力度基本保持不变。2012年由于部分申请尚未公开，该年的申请量统计结果有所下降。

6.2.3.2 专利申请区域分析

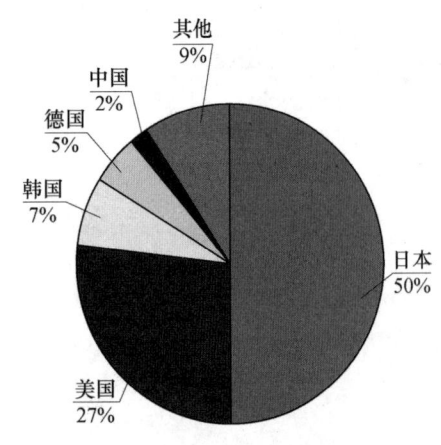

图6-14 燃料电池中催化剂技术领域全球申请分布趋势

如图6-14所示,就燃料电池中的催化剂技术的首次申请国而言,日本的申请量最大,占全球申请量的50%;美国次之,为27%;中国、韩国和德国处于第三阵营,申请量分别占2%、7%和5%。从数据分析结果可以看出,首次申请为日本、美国的发明专利占申请量总数的77%,说明日本和美国是该领域的主要技术力量。日本在燃料电池的催化剂领域技术领先,与其拥有众多的实力强大的企业密切相关。

如图6-15所示,日本自20世纪60年代开始研究燃料电池的催化剂技术,年申请量逐年递增,从2003年开始,年申请量突破了100项。日本于2007~2009年迎来了该领域的快速增长期,从2010年开始申请量逐年下降。主要申请国中排名第二的美国,也是从20世纪60年代开始研究燃料电池的催化剂技术,最早出现的专利申请甚至早于日本。但美国的申请量一直处于相对平稳的申请趋势,始终在100项以下徘徊,在2002~2006年年申请量达到80项以上。同处于第三阵营的三个国家是中国、韩国和德国。在这三个国家中,德国起步较早,也是从20世纪60年代开始有少量的申请。中国关于该项技术的研发起步较晚,虽然最早于1985年出现了首次申请,但中间间断数年,从2001年开始才在该领域出现稳定的专利申请。韩国与中国一样,在主要申请国中排名靠后,但与中国相比,韩国的优势较为明显,差距最大的2004年,韩国的申请量是中国的5倍。

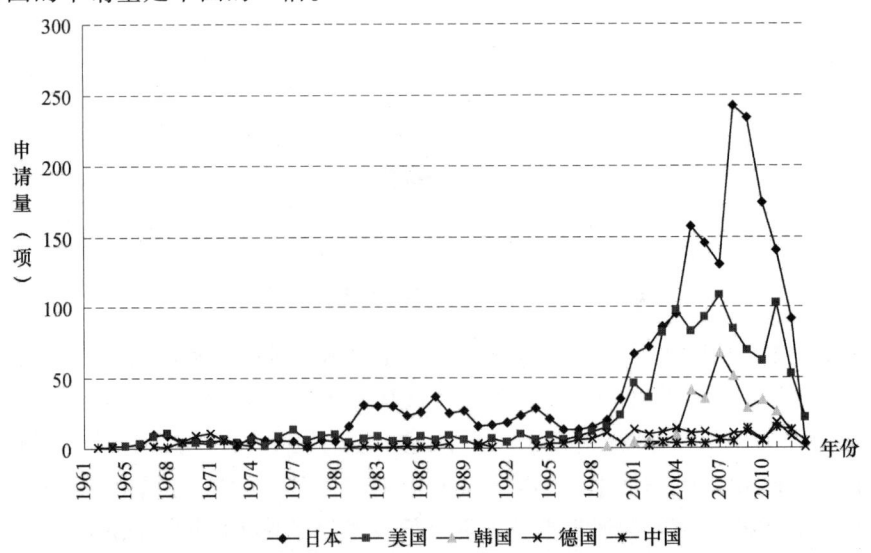

图6-15 燃料电池中催化剂技术领域主要申请国年申请量趋势

图 6-16 对专利申请的主要目标国/地区进行了分析，数据表明：日本作为目标国占据 27% 的份额；美国次之，为 23%；中国、德国和韩国分别占 9%、7% 和 6%。可见各国申请人较为重视日本和美国的专利布局。

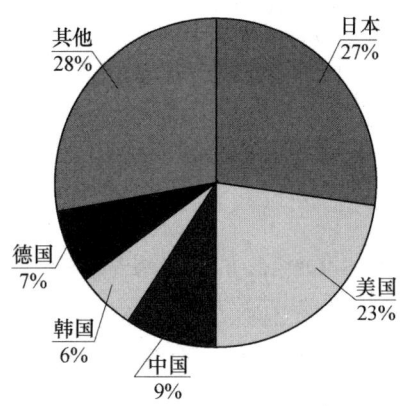

图 6-16　燃料电池中催化剂技术领域专利申请的主要目标国/地区

图 6-17 对燃料电池中催化剂技术领域专利申请人类型进行了分析，数据表明：公司作为申请人的比重较大，占 86%，具有重要地位。这是因为燃料电池的催化剂技术较为成熟，世界范围内市场前景非常广泛，各公司对此项技术较为关注，因此公司类型的申请人所占比重较大。

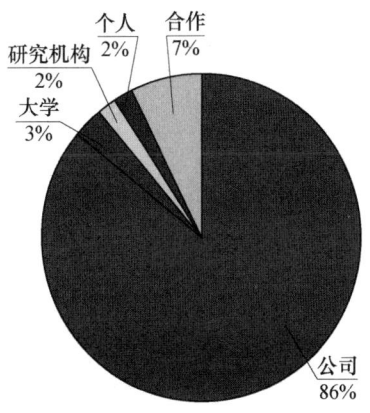

图 6-17　燃料电池中催化剂技术领域专利申请人类型分析

6.2.3.3　主要申请人

以申请人为纵坐标、申请量为横坐标绘制了全球燃料电池中催化剂的主要申请人的发展趋势（见图 6-18）。

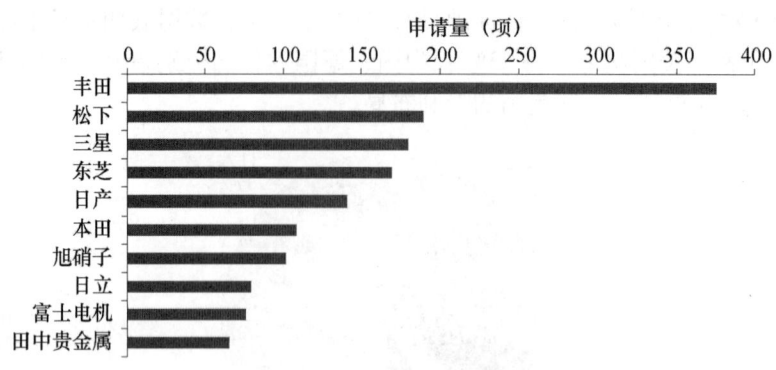

图 6-18　燃料电池中催化剂技术领域主要申请人申请量

由图 6-18 可以看出，从全球范围来看，日本的申请人占据了申请量中的大多数，可见日本关于燃料电池中催化剂的技术发展在全球最为成熟，在多角度实现了技术突破；此外，从日本申请人自身的情况来看，也可以看出与汽车相关的申请人占据了日本总申请量的大半壁江山，说明汽车行业是日本燃料电池的重要应用领域之一，也在一定程度上代表了燃料电池在全球范围内未来的主要应用领域。

6.3　中国专利分析

6.3.1　燃料提纯专利分析

6.3.1.1　申请趋势

图 6-19 示出了燃料电池中的燃料提纯技术在中国的申请趋势。从图中可以看出，2002~2006 年处于发展较为缓慢的萌芽期，年平均申请量在 20 件以下，从 2007 年开始，该项技术的申请量进入较为快速的发展期。这表明各国申请人（包括中国国内的

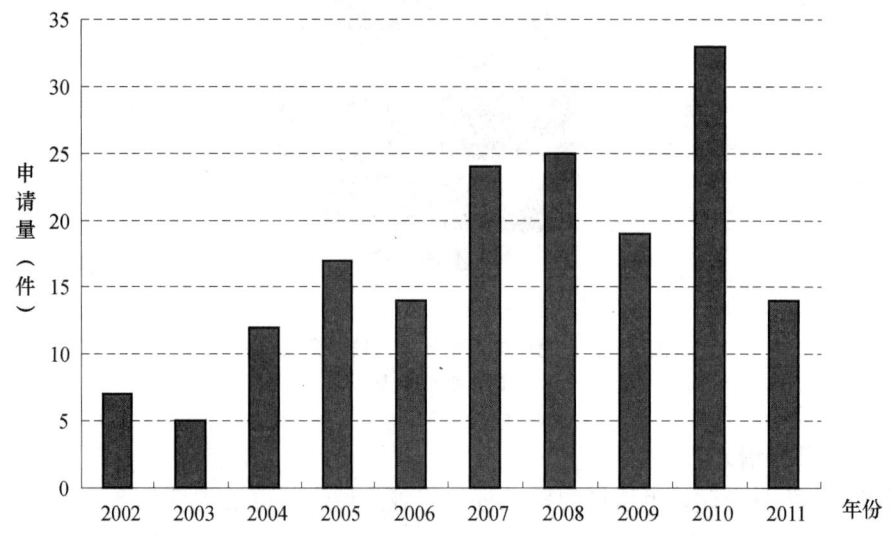

图 6-19　燃料电池燃料提纯技术申请量趋势

申请人）开始重视该项技术的研发以及专利权的保护，同时也表明该技术领域的国外申请人开始注意在中国进行该项技术的专利布局。

6.3.1.2 主要申请人

通过分析可以看出，该项技术的申请量位于前10位的申请人（见图6-20）为：松下、武汉理工大学、丰田、三星、三洋电机、旭硝子、清华大学、日产、鸿富锦精密仪器有限公司和UTC。可见，排名前10位的主要是日韩的企业和中国的高校。日本的申请人以企业为主，其中排名第一的松下的申请量遥遥领先其余主要申请人。而国内的主要申请人以高校为主，可见中国在该项技术的研发以及对专利权保护中，缺少了中国经济发展的中坚力量——各企业的身影。国内的各企业应充分利用国内高校、科研机构的基础研究结果，积极储备人才，加大研发力度，促进产学研的有机结合，尽快提高自身的国际竞争能力。

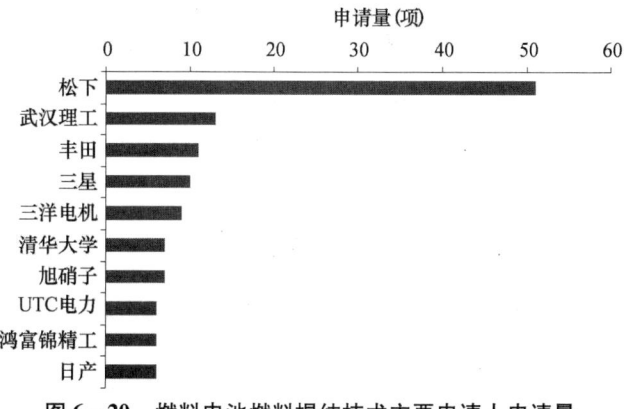

图6-20 燃料电池燃料提纯技术主要申请人申请量

6.3.2 气体扩散电极专利分析

6.3.2.1 申请趋势

气体扩散电极是燃料电池领域的一项重要技术，在华专利申请的态势从2004年开始就进入了较快的发展阶段，其中2007~2008年的申请量达到了近年来的高点，此后也基本维持在年申请量30件左右（见图6-21）。

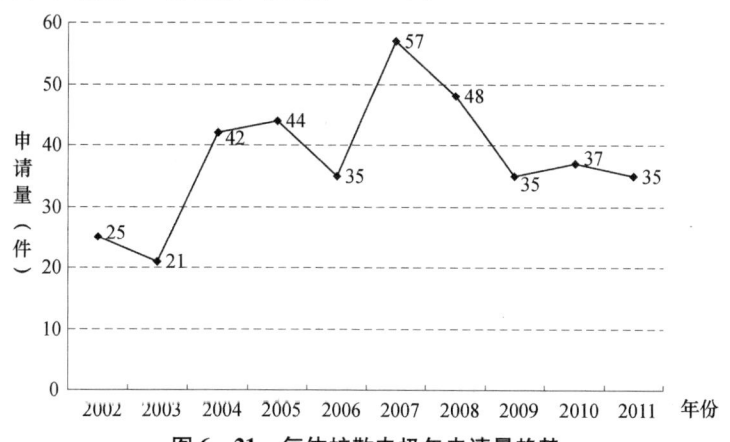

图6-21 气体扩散电极年申请量趋势

6.3.2.2 主要申请人分析

如图6-22所示,气体扩散电极的主要申请人虽然仍由日韩的企业占据主要位置,但国内申请人也在该领域不断突破,其中排在首位的是武汉理工大学,其在国内气体扩散电极中位于领先地位;排名第二至五位的申请人的申请量差距不大,与排名第一位的武汉理工大学差距也不大,各申请人技术实力平均;申请量排名前10位的申请人还包括两家科研院所——中科院大连化学物理研究所和清华大学,表明我国高校和科研机构也已在气体扩散电极领域取得了一定科研成果。

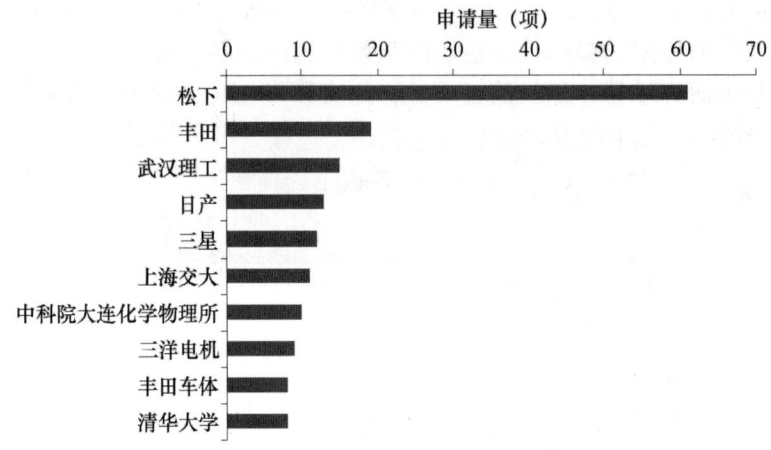

图6-22 气体扩散电极主要申请人申请量

6.3.2.3 在华申请国家分布

如图6-23所示,与前面的分析相对应,气体扩散电极领域在华申请的主要国家是日本和韩国,日韩两国在燃料电池的各个领域(包括对气体扩散电极)的研究在全世界范围内都是领先的。日韩两国基于与中国的地缘关系以及经贸往来,一向比较重视在中国的专利布局,日韩的申请量总和几乎占中国国内申请量的一半。

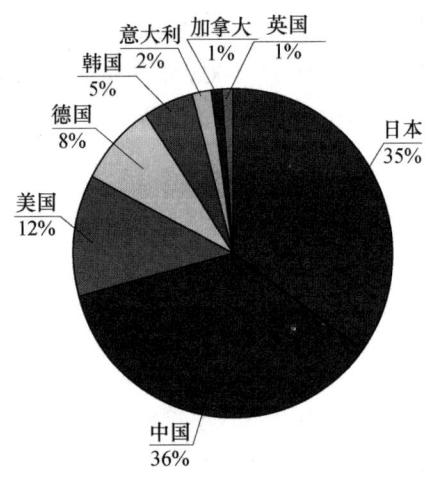

图6-23 气体扩散电极专利申请的主要目标国

6.3.2.4 申请人类型分析

通过对申请人类型（见图6-24）进行分析，不难发现，主要的申请人还是以公司为主，占整个申请量的72%；紧随其后的是大学，所占比例为14%。公司申请具有重要地位，是因为燃料电池的气体扩散电极技术较为成熟，世界范围内市场前景非常广泛，各公司对此项技术较为关注，因此公司类型的申请人所占比重较大。

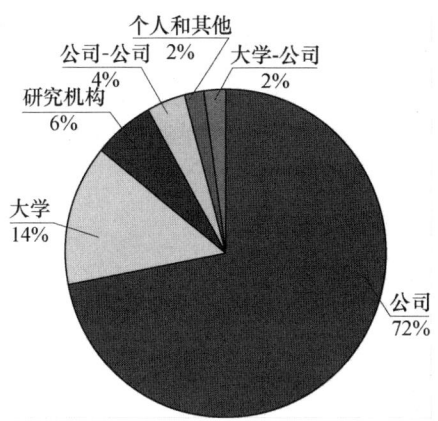

图6-24 气体扩散电极专利申请类型

6.3.3 催化剂专利分析

6.3.3.1 申请趋势

图6-25示出了燃料电池中的催化剂技术在中国的专利申请趋势。从图中可以看出，2002~2006年处于发展较为缓慢的萌芽期，年平均申请量在20件以下，从2007年开始，该项技术的申请量进入较为快速的发展期。这表明各国申请人（包括中国国内的申请人）开始重视该项技术的研发以及专利权的保护，同时也表明该技术领域的国外申请人开始注意在中国进行该项技术的专利布局。

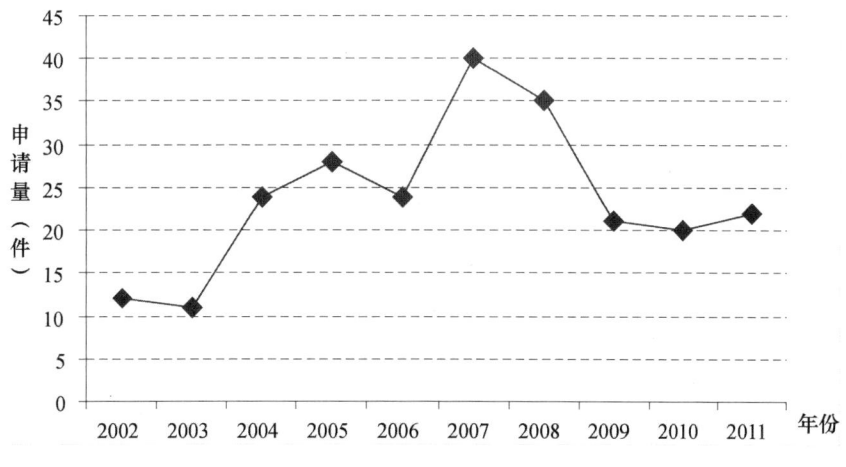

图6-25 催化剂年申请量趋势

6.3.3.2 主要申请人

如图 6-26 所示，催化剂的主要申请人虽然仍由日韩的企业占据主要位置，但国内申请人也在该领域有所建树，其中排在首位的是武汉理工大学，其在国内催化剂领域中位于领先地位；排名第二至五位的申请人的申请量差距不大，与排名第一的武汉理工大学差距也不大，各申请人技术实力平均，表明我国高校和科研机构也已在催化剂领域取得了一定科研成果。

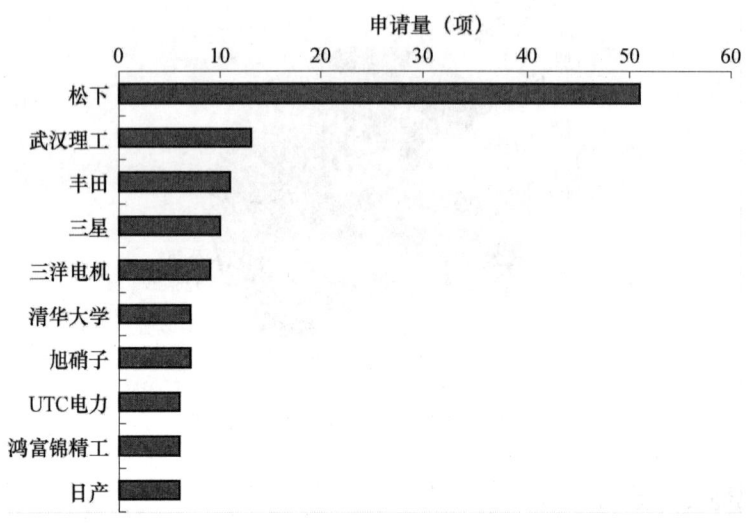

图 6-26 催化剂主要申请人申请量

6.3.3.3 在华申请国家分布

从图 6-27 可以看出，在华申请的最主要申请国为日本，所占比例为 39%；其次是中国国内申请人，为 36%；韩国、美国、德国也是较为重要的在华申请国。日、韩、美是该领域的领头羊，该三国在燃料电池的各个分支领域，包括对催化剂的研究都处于较为领先的地位。近年来，主要的技术来源国开始注意在中国的专利布局，应引起国内各科研机构、高校和企业的高度重视。

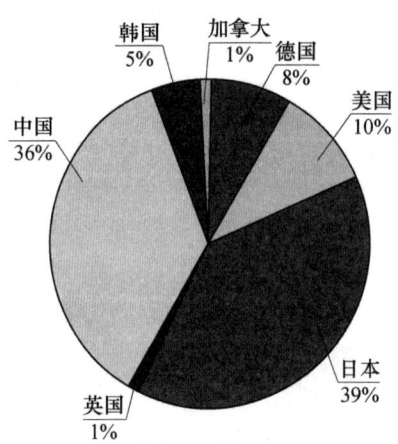

图 6-27 催化剂在华专利申请的主要来源国

第7章 锂离子电池专利分析

7.1 概述

锂离子电池是一种充电电池,主要依靠锂离子在正极和负极之间移动来工作。在充放电过程中,锂离子在两个电极之间往返嵌入和脱嵌:充电时,锂离子从正极脱嵌,经过电解质嵌入负极,负极处于富锂状态;放电时则相反。

锂离子电池的主要结构分为正极、负极、电解质和隔膜四部分。本章从专利申请量趋势、区域分布、申请人等多个角度,对锂离子电池以及锂离子电池的以上四个组成部分的全球和中国专利进行总体分析,并试图揭示该领域专利申请的发展历程。

7.2 锂离子电池专利分析

7.2.1 全球专利申请分析

7.2.1.1 专利申请趋势

专利年度申请数量趋势能够反映出技术受关注程度以及技术发展趋势。锂离子电池的全球申请量大致经历了三个主要阶段(见图7-1)。

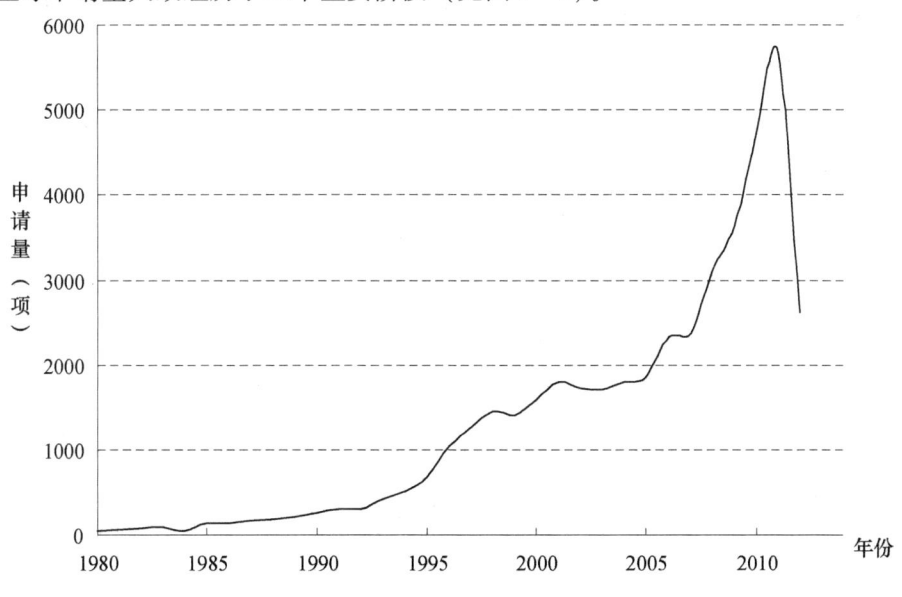

图7-1 锂离子电池的全球专利技术发展趋势

(1) 萌芽期（1984年之前）

年申请量均低于50项，这些专利主要集中于日本、欧洲和美国。此时锂离子电池处于技术摸索阶段，主要集中于电池材料的研究。

(2) 平稳增长期（1985~1995年）

这一时期的专利申请量平稳增长，由1985年的140余项逐渐增加至1995年的680余项。日本的专利申请量在此期间迅速增长，而美国的年专利申请量并没有显著增长，韩国也于1995年开始，由大宇机电、三星、LG等提出了大量申请。从20世纪90年代初，锂离子电池开始产业化，随后应用领域遍及各电源使用领域。

(3) 高速增长期（1996年至今）

20世纪90年代初期，电池生产技术门坎高、生产条件要求高、产品设计开发技术和生产技术掌握在少数企业手中，申请量增长较为缓慢。而进入20世纪90年代末期，更多的企业纷纷进入锂离子电池生产领域，为回避电池生产技术的专利保护屏障，各企业不断探讨生产技术的革新，自20世纪90年代末期开始专利申请量始终保持高速增长。1996年全球年申请量突破1000项，2011年全球年申请量接近6000项。

7.2.1.2 专利申请区域分析

如图7-2所示，就锂离子电池全球专利申请的首次申请国而言，日本申请量最大，占全球总申请量的56%；中国和韩国次之，分别占19%和10%；美国占6%，排在第四位。从数据分析结果看出，首次申请于日本、中国、韩国和美国的发明专利占到锂离子电池申请总数的91%，说明这四个国家集中了该领域的主要技术力量。而全球锂离子电池的生产基本由中、日、韩三国所垄断，三者合计市场占有率超过95%。

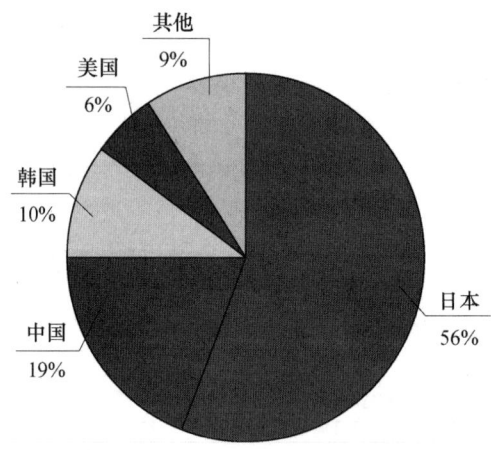

图7-2 锂离子电池领域全球申请分布趋势

日本在锂离子电池领域技术领先，是全球最大的锂离子电池生产国，拥有很多实力强大的企业，其产业化技术水平也处于世界领先地位，特别是动力型锂离子电池已大规模商业化，因此日本的首次申请量比例之高是可以预见的。

中国二次电池产业历经计划经济时代至改革开放以来，在国家产业政策支持及各企业、研究单位、大专院校等的投入和研发下，二次电池产业已成形，并已具备自行开发及大量生产的能力。

如图7-3所示,日本自1990年以来,年申请量逐年增加,自1997年开始,年申请量突破1000项,自2010年开始,年申请量更是突破了2000项。日本于1996年迎来了一次申请量的激增,从1998年至2006年形成了相对平稳的申请趋势,而到了2007年,又出现了一次申请量的激增。近20余年来日本始终能维持其锂离子电池市场领先地位,主要原因在于其锂离子电池相关业者对电池的相关研究不遗余力,对研究、开发、创新保持着积极的态度并不断积累经验。其上游原材料产业及周边产业紧密配合,加上下游各种可携式电子产业蓬勃发展,均为其奠定了全球锂离子电池霸主的根基。

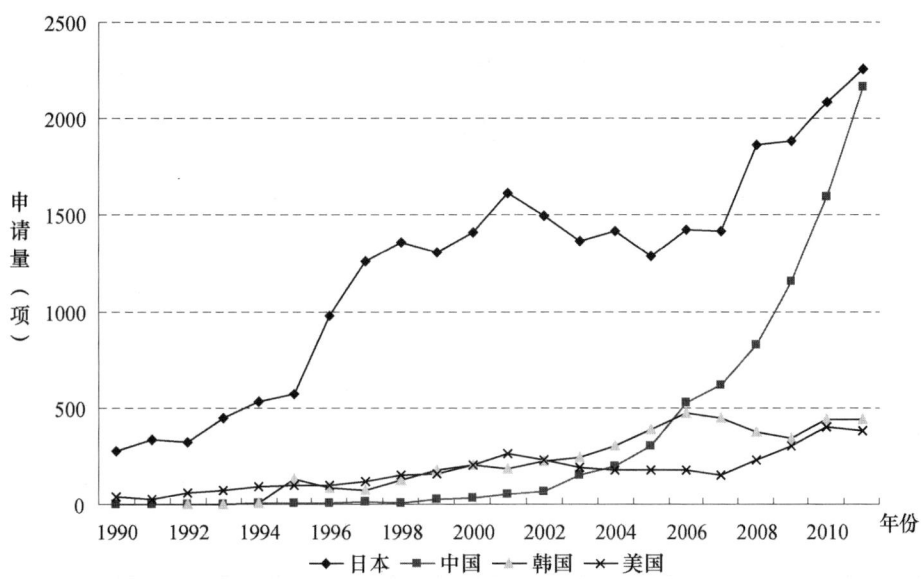

图7-3 锂离子电池领域主要申请国年申请量趋势

中国起步较晚,但始终保持较为高速的增长,自2003年年申请量突破100项开始,到2009年,年申请量突破了1000项,而到了2011年,年申请量接近2000项,这显示出我国锂离子电池相关技术处于快速发展时期。专利申请量的快速增长反映了我国锂电技术及锂电行业的发展趋势,从我国锂离子电池产量的增长趋势来看,2000年我国锂离子电池产量为0.2亿只,而到了2004年上升至7.21亿只,到2010年达到26.8亿只,如此大的增长幅度主要依赖于锂离子电池技术的快速发展。

韩国自1998年年申请量突破100项以来,年申请量变化幅度较小,年申请量基本维持在300~400项。韩国政府向来支持财团进行研究、开发与生产高科技产品,加之拥有庞大的资金来源,其逐步扩建产业体系,在全球市场占有率逐渐增加。韩国政府重点培植锂离子电池及其相关零组件、材料、设备的开发与生产,也使得韩国锂离子电池的专利年申请量保持在较高水平。

美国同韩国相似,各年申请量的变化始终在较小范围内波动,基本维持在100~400项。

图7-4对专利申请的主要目标国进行了分析,数据表明:日本作为目标国占44%

的份额；中国次之，占有22%的份额；而美国和韩国分别为14%和11%。可见日本为专利布局的重点国家，而各国申请人也比较重视在中国的专利布局。

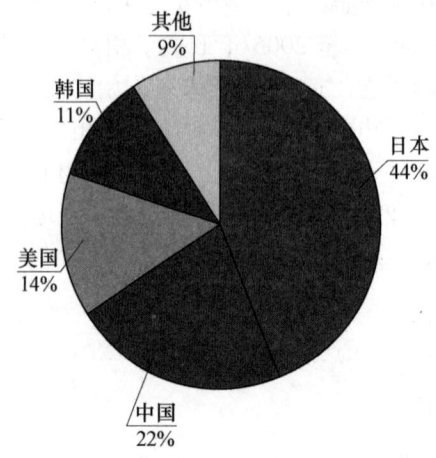

图7-4 锂离子电池领域专利申请主要
目标国分布趋势

图7-5对专利申请人的类型进行了分析，数据表明：公司作为申请人的比重较大，为76%，占有重要地位。这是因为锂离子电池技术较为成熟，世界范围内应用非常广泛，产业化体系较为成熟，而研发、生产的资金需求也较大，大型企业具备研发、生产的优势。

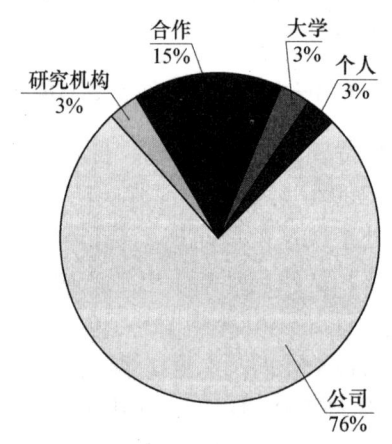

图7-5 锂离子电池领域申请人类型分析

7.2.1.3 主要申请人

如图7-6所示，对锂离子电池领域的主要申请人进行分析，数据表明：全球范围内，排名前10位的申请人中包括8家日本公司、2家韩国公司。排在前三位的依次是松下、三洋电机和三星。而排名前15位的申请人中，日本企业达到12家。可见日本企业在锂离子电池领域的技术处于领先地位。韩国在锂离子电池制造技术方面可与日本并列达到世界顶尖水平,但其材料和核心技术的竞争力还不及日本。

在基础研究与技术发展的支持下,中国锂离子电池工业已形成完整的产业链,产业规模已达成与日本、韩国三足鼎立的局面。2008 年以来,中国企业深圳比亚迪、深圳比克、天津力神已位于全球十大锂离子电池生产商之列。

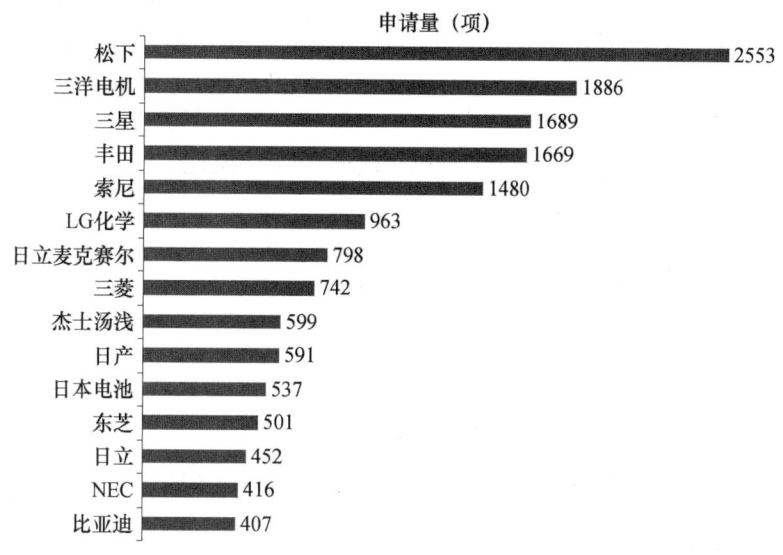

图 7-6 锂离子电池领域主要申请人申请量

7.2.1.4 主要申请人申请趋势

图 7-7 对锂离子电池主要申请人各年申请量趋势进行了分析,结果表明:排名前 10 位的主要申请人的年申请量在 20 世纪 90 年代开始快速增长。松下、三洋电机和三星三家公司年申请量较大,尤其是 2008 年前后,三家公司的申请量均达到或接近历年年申请量的最高值。丰田在进入 21 世纪之后年申请量保持了较为快速的增长,2007 年之后,年申请量快速增加,增速和增量均为各企业之首。这同 2008 年金融危机后,日本加强了对本国汽车产业的扶持力度不无关系,其针对培育形成本国的新能源汽车产业,出台了一系列扶持政策。而各国对新能源汽车关注度日渐提高,以锂离子电池作为动力源的新能源汽车尤为引人关注。日立麦克赛尔的年申请量在 20 世纪 90 年代之后并没有表现出快速的增加,其各年申请量较为平均,没有大的起伏,而其首次申请时间较早且延续性较好。各厂商也以专利技术为依托,不断提高产能,三洋电机、索尼、松下等公司都建有大规模锂离子电池生产线,而且大多数制造厂商都在利用各自的优势开拓锂离子动力电池新产品。日立、三菱、NEC 等公司生产的锰酸锂锂离子电池已批量应用于电动汽车和混合电动汽车。日本企业在笔记本电脑和电动工具用锂离子电池领域具有垄断地位。韩国三星和 LG 化学也建有大规模锂离子电池生产线,产品主要用于手机和笔记本电脑,也同时开发车用锂离子动力电池。

图 7-8 对主要申请人的主要目标国进行了分析,数据表明:申请人将其所在国作为目标国的比重最大,例如日本本土公司松下、三洋电机等均重视其在日本本土的专

利布局，韩国本土公司三星和 LG 化学则更加重视其在韩国的专利布局，而比亚迪在中国的申请量最多。此外排名居前的几家日本和韩国公司除了最为注重在本国的专利布局之外，较为注重的分别是美国和中国。

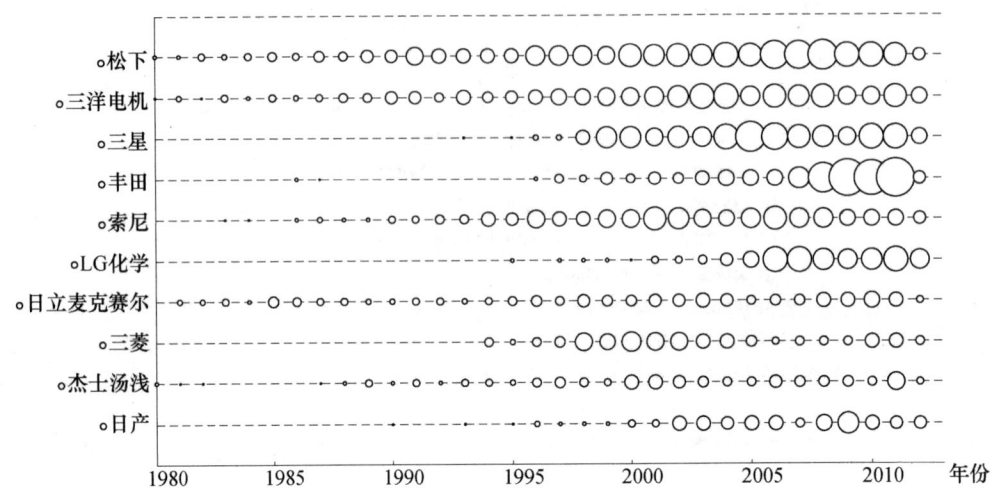

图 7-7　锂离子电池领域主要申请人历年申请量趋势

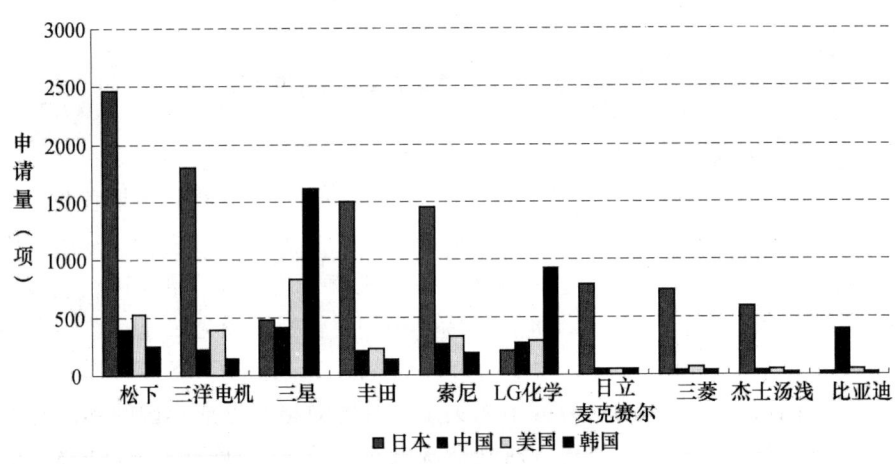

图 7-8　锂离子电池领域主要申请人主要目标国分析

7.2.2　中国专利申请分析

7.2.2.1　专利申请量趋势

锂离子电池在中国的专利申请，从 1985 年开始有少量的专利出现，从 1994 年开始有缓慢的增长。我国于 20 世纪 80 年代中期开始进行锂离子电池的研发，20 世纪 90 年代中期我国锂离子电池得到快速发展。从图 7-9 显示的中国专利申请量来看，正是从 2000 年开始，锂离子电池在中国的专利申请量开始大幅增长。申请量的增长也间接反映了锂离子电池的市场占有量的增长，其中 1999 年，镍镉电池的销售额占整个小型充电电池市场的 60%，镍氢电池占 29%，锂离子电池只占 12%。到 2000 年，锂离子电池上升到55%，镍氢电池下降到23%，镍镉电池下降到22%。2003年锂离子电池进一步上升到69%，镍氢电池下降到10%，镍镉电池下降到20%。2003年世界锂离子电池产量为12.55亿只，2004年上升到15.78亿只，2007年产量更是达到26亿只。而随着我国手机和电动车等行业的快速发展，我国迅速成为锂离子电池的第一大生产和消费国，我国锂离子电池的研发得到快速的发展。从2000年专利申请量的大幅增加，对应着我国锂离子电池的快速发展阶段（需要说明的是，由于公开滞后，2012年和2013年的数据并不完全）。

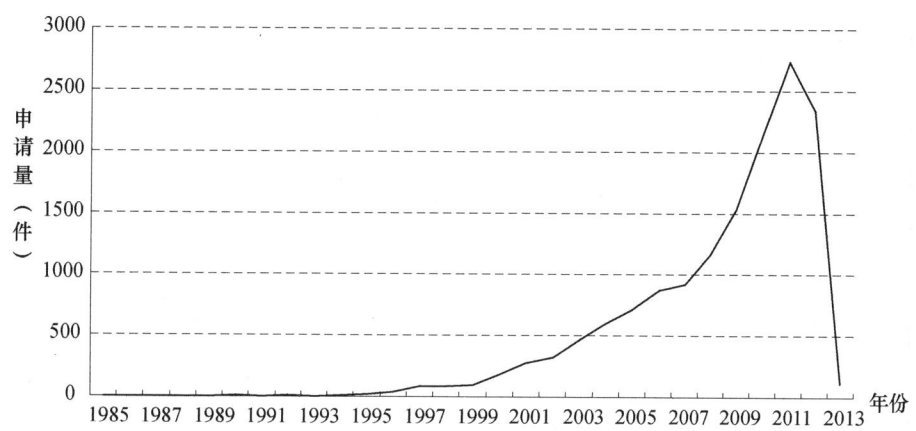

图7-9　锂离子电池领域中国专利技术发展趋势

7.2.2.2　专利申请区域分析

本小节试图分析锂离子电池在华专利申请中主要国家或地区申请人的分布，从CPRS数据库中提取了锂离子电池的在华专利申请数据，统计了在华申请中主要国家或地区申请量所占的份额，得到图7-10。

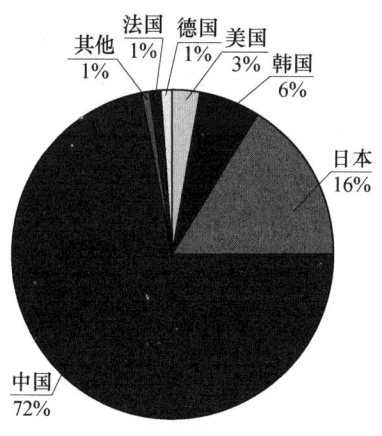

图7-10　锂离子电池领域在华专利申请
主要申请人区域分布

从图7-10中可以看出，锂离子电池在华专利申请中，来自中国的专利申请量占据绝对优势；除来自中国的申请之外，来自日本的专利申请量相对较大，达到16%，这与日本在锂离子电池领域在技术上处于领先地位有很大关系；除日本外，来自韩国、美国和德国的专利申请量也占据一定份额。

图7-11显示了国外来华申请的专利的申请分布。从图中可以看出，日本从1992年开始在我国提出锂离子电池领域的专利申请，从1994年开始逐年增加，尤其是到2000年之后，申请量更是大幅增加。而韩国、美国和德国的专利申请同样集中在2000年之后，这是由于2000年之后锂离子电池在我国得到大规模应用有关。

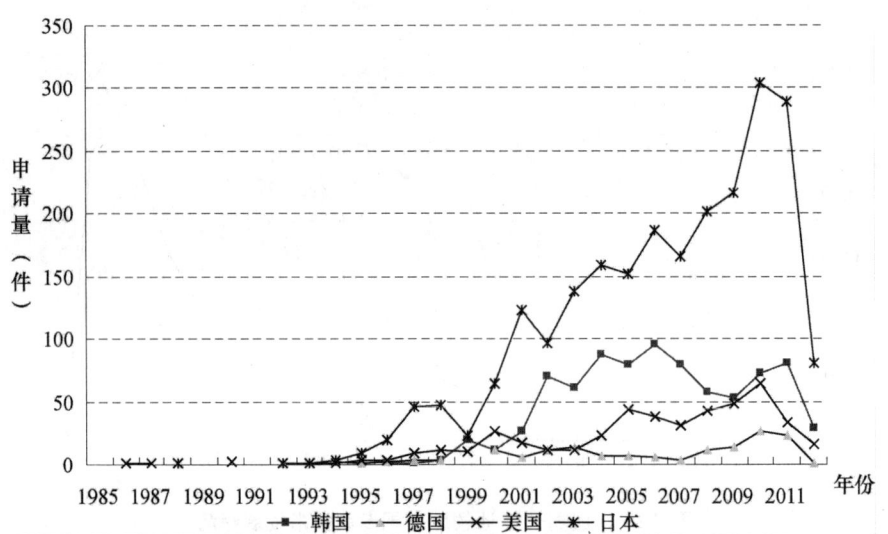

图7-11　锂离子电池领域主要国家中国专利申请年申请量趋势

7.2.2.3　申请人类型分析

图7-12统计了锂离子电池领域不同类型专利申请人的申请量所占比例。

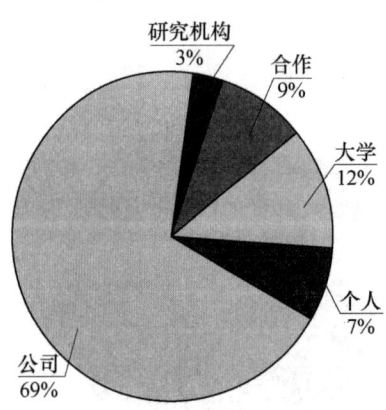

图7-12　锂离子电池领域在华专利申请人类型

从图7-12可以看出，在华专利申请中，公司申请人的申请量占绝对优势，大学次之，由于企业是市场活动的主体，上述情况也反映出了锂离子电池领域中公司是产业研发的主体。值得注意的是，其中不同类型申请人之间相互合作获得的专利也占据一定的份额，这其中多数为公司-公司合作产生的类型。这说明在市场竞争非常激烈的情况下，申请人逐渐认识到，公司之间以及公司和科研机构、大学等科研实力较强的单位进行合作可以获得共赢的结果。

7.2.2.4 重要申请人分析

图7-13显示了锂离子电池中国专利申请量居前的主要申请人。需要说明的是，为了能更加清晰地显示，将申请人的名称进行了简写。从图7-13可以看出，在前10位申请人中，来自中国的申请人有5个，其中排名第一的比亚迪和排名第三的天津力神、排名第六位的深圳比克等均为我国电池行业较大的企业。申请量居前的其他中国申请人中，出现了清华大学等五家我国知名的高校。除中国申请人之外，来自韩国的三星和来自日本的松下的申请量较大，可见这两家公司在锂离子电池领域具有较强的科研实力，同时也体现了它们对中国市场的重视程度。

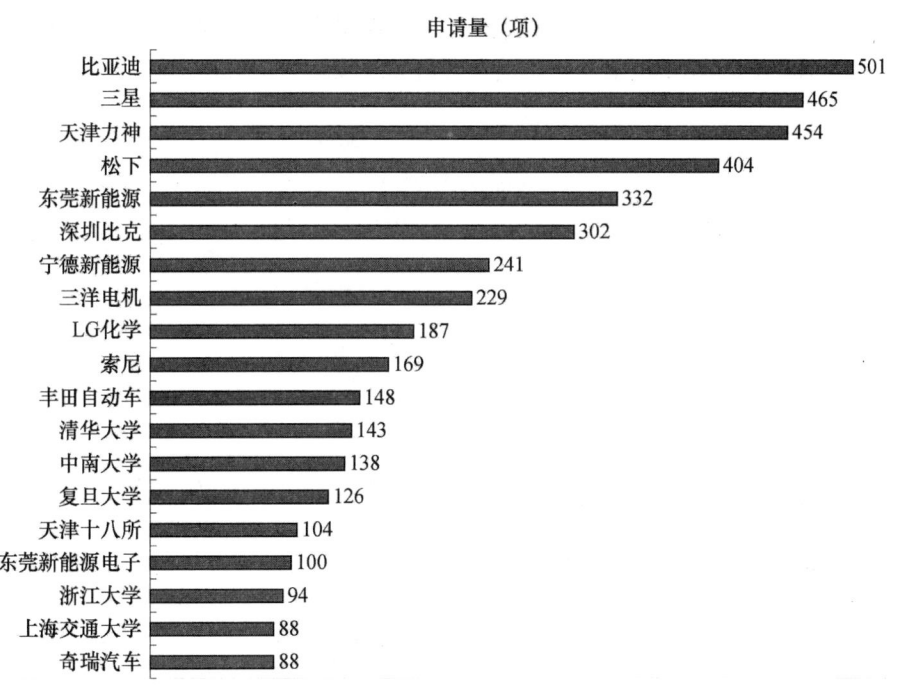

图7-13 锂离子电池领域在华专利申请主要申请人分布

7.3 隔膜专利分析

7.3.1 全球专利申请分析

在锂离子电池的结构中，隔膜是四大关键元件（正极、负极、隔膜、电解质）之一。隔膜的性能决定了电池的界面结构、内阻等，直接影响电池的容量、循环以及安全性能等特性，性能优异的隔膜对提高电池的综合性能具有重要的作用。已商品化的锂离子电池隔膜主要有三类，分别为PP/PE/PP多层复合微孔膜、PP或PE单层微孔膜和涂布膜（如 PE 膜上涂芳香族聚酰胺），例如聚乙烯或聚丙烯的热塑性树脂的多孔单层膜（见日本特许公开 No. 46 - 40119、No. 55 - 32531 和 No. 59 - 37292，日本特许公开 No. 60 - 23954 和美国专利 3679538），包含多层多孔聚乙烯或聚丙烯膜的多孔复合膜（见日本特许公开 No. 62 - 10857、No. 6 - 55629、No. 6 - 20671 和 No. 7 - 307146）、高分子（量）树脂多孔膜（见日本特许公开 No. 2 - 94356 和 No. 3 - 105851）。有热塑性树脂或无纺纤维的支承膜的多孔复合膜（见日本特许公开 No. 3 - 245457）。

7.3.1.1 专利申请趋势

如图 7 - 14 所示，锂离子电池隔膜材料的全球申请量在 1989 年之前年申请量均低于 20 项，这些申请主要集中于日本、美国。此时锂离子电池隔膜材料处于技术摸索阶段。在 1990～1997 年这一时期，专利申请量平稳增长，由 1990 年的 20 多项逐渐增加至 1997 年的 80 多项，日本的专利申请量在此期间迅速增长。20 世纪 90 年代后期，参与锂离子电池部件研发生产的企业迅速增加，申请量也逐年递增。从 1998 年开始，年申请量突破 100 项，2011 年全球年申请量接近 700 项。

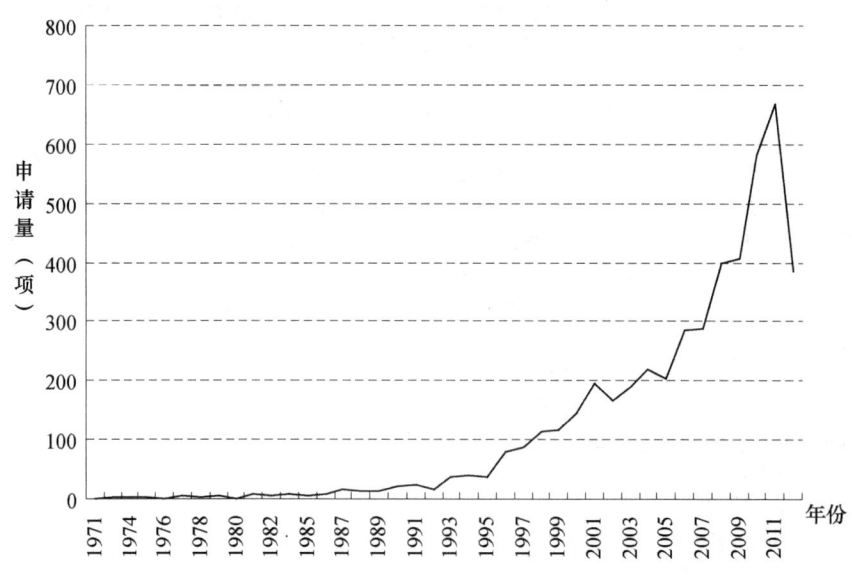

图 7 - 14　锂离子电池隔膜全球专利技术发展趋势

7.3.1.2 隔膜部件专利申请区域分析

如图 7 - 15 所示，就锂离子电池隔膜部件全球专利申请而言，日本申请量最大，占全球总申请量的 56%；中国和韩国次之，分别占 17% 和 11%；美国占 9%，排在第四位。从数据分析结果看出，首次申请在日本、中国、韩国和美国的申请量占到锂离子电池隔膜部件申请总数的 93%，说明这四个国家集中了该领域的主要技术力量。然而世界上仅日本、美国能大规模生产锂离子电池隔膜，我国锂离子电池隔膜仍然主要依赖进口，目前国产隔膜主要用于低端手机电池。国产隔膜的市场化虽然已经推动了整个隔膜市场格局的改变，但尚处于起步阶段，只能生产单层膜，适用于车用动力电池的隔膜主要依赖进口。

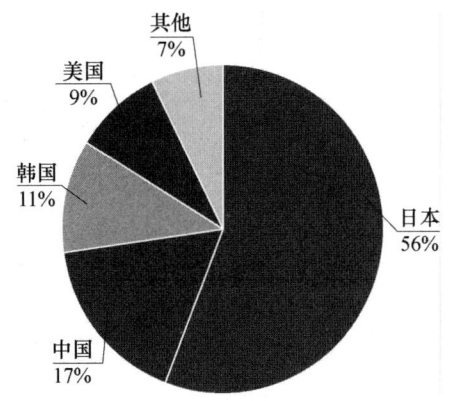

图 7-15 锂离子电池隔膜部件全球申请分布趋势

图 7-16 对日本、中国、韩国和美国等四个主要申请国进行了分析。结果如下：1997 年之前，各国年申请量变化不大，由于处于技术萌芽期，申请量较少，年申请量的增量也较低。而 1997 年之后，各个国家的年申请量均开始明显增加，日本自 20 世纪 90 年代开始年申请量逐年递增，始终保持较为稳定的增长趋势。中国虽起步较晚，但增势迅猛，由 2000 年的不足 10 项迅速发展到 2011 年的 200 多项。而美国和韩国的申请量增速变化不大，年申请量基本在 50 项左右浮动。

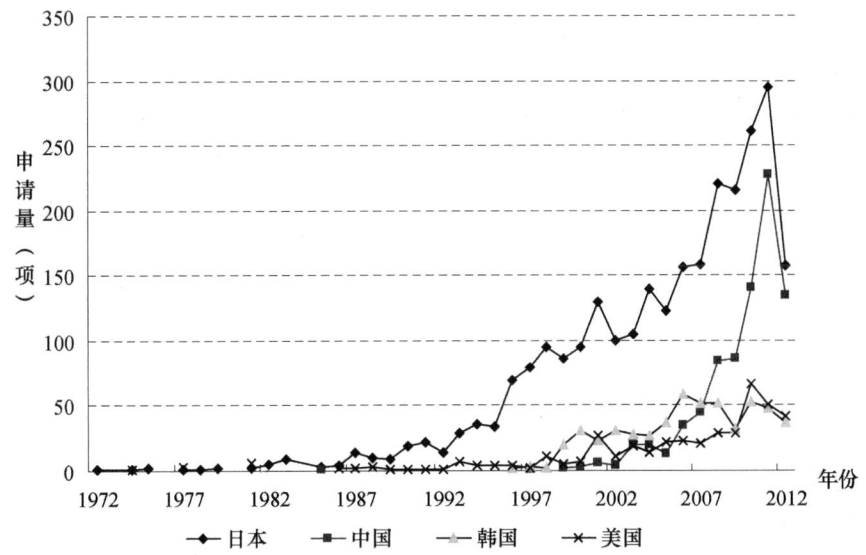

图 7-16 锂离子电池隔膜部件主要申请国年申请量趋势

图 7-17 对隔膜部件的专利申请的主要目标国进行了分析，数据表明：日本作为目标国占据 39% 的份额；中国次之，占有 22% 的份额，同日本的比重较为接近；而美国和韩国分别为 17% 和 13%。各主要目标国之间差别较小，专利布局较为均衡。

图7-18对专利申请人的类型进行了分析,数据表明:公司作为申请人的比重最大,为72%,占据主导地位;合作申请人比例次之,达到22%;研究机构、大学和个人作为申请人的比例较小,均为2%。

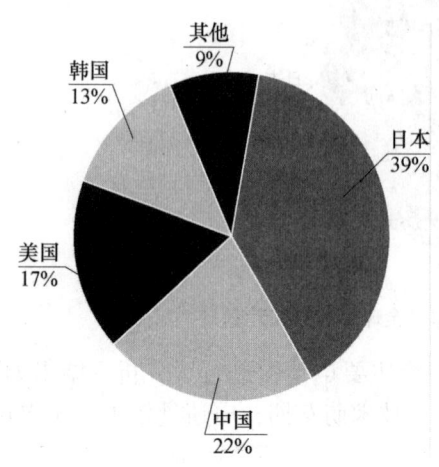
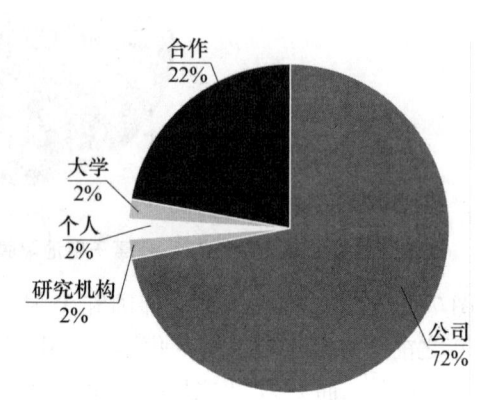

图7-17 锂离子电池隔膜部件专利申请主要目标国分布趋势   图7-18 锂离子电池隔膜部件专利申请人类型分析

7.3.1.3 主要申请人

如图7-19所示,隔膜材料领域从申请量来看,松下的申请量优势明显,位列第一位。排名前20位的公司分别为:松下、三星、旭化成、三洋电机、日立麦克赛尔、LG化学、索尼、丰田、日东、帝人、东燃、日产、住友、东日、比亚迪、三菱纸业、新神户、东莞新能源、日立、三菱化学。其中排名前10位的申请人中包括8家日本公司、2家韩国公司。排在前三位的依次是松下、三星和旭化成。排名前20位的申请人中包括16家日本企业,包括锂离子电池隔膜生产的代表性企业旭化成、住友、东燃等主要企业。近年来韩国政府大力推动锂离子电池关键材料的发展,韩国企业已经掀起了核心材料的投资热潮,三星、LG等集团近几年都加大了材料领域的投资力度。我国锂离子电池隔膜的国产化率很低,高端产品PP/PE/PP复合膜完全依赖进口。

7.3.1.4 锂离子电池隔膜部件主要申请人申请趋势

如图7-20所示,多数公司在隔膜部件领域的申请起始于20世纪90年代,基本呈现逐渐增长的趋势。个别企业如三星、日东等近年申请量较往年呈下降趋势。日立麦克赛尔的年申请量在20世纪90年代之后并没有表现出快速的增长,其各年申请量较为平均,其首次申请时间较早且延续性较好。松下在2006~2008年集中提出了较大量的申请。

图7-21对主要申请人的主要目标国进行了分析,数据表明:申请人将其所在国作为目标国的比重最大。例如,日本本土公司松下等均重视其在日本本土的专利布局;韩国本土公司三星和LG则更加重视其在韩国的专利布局;各主要申请人除本土专利布局之外在其他国家的布局水平较为相当,三星除本土之外更为注重在美国的布局。

第7章 锂离子电池专利分析

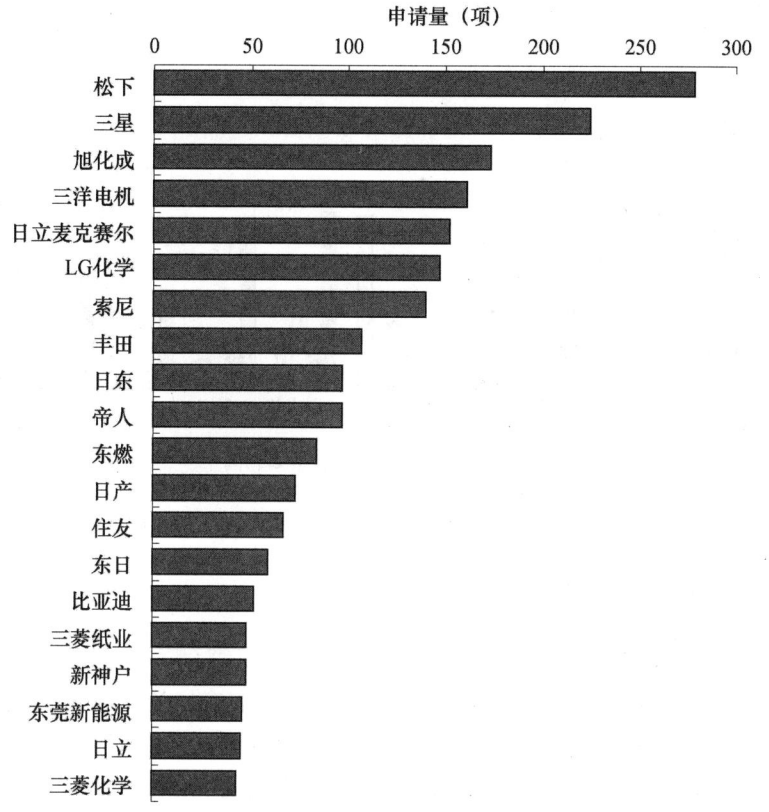

图7-19 锂离子电池隔膜部件领域主要申请人申请量

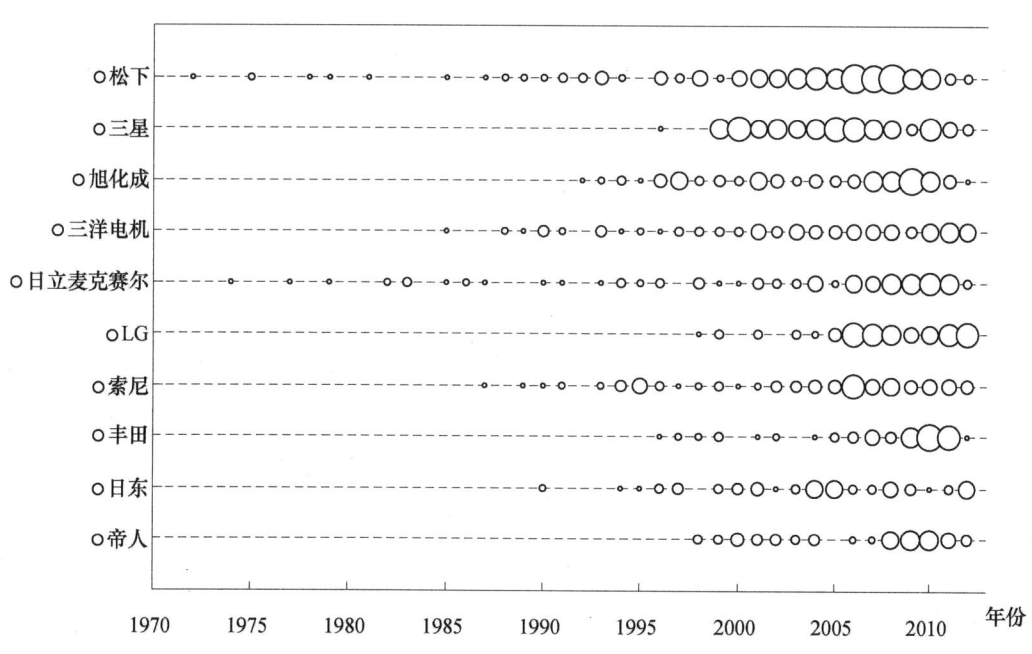

图7-20 锂离子电池隔膜部件领域主要申请人历年申请量趋势

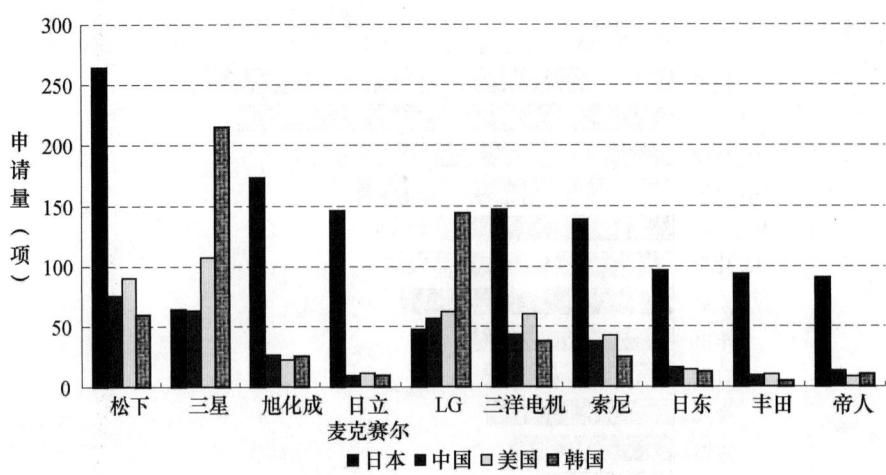

图 7-21 锂离子电池隔膜部件领域主要申请人主要目标国分析

7.3.2 中国申请专利分析

7.3.2.1 专利申请量趋势

图 7-22 显示了锂离子电池隔膜领域的中国专利申请的年代分布。从图 7-22 可以看出，隔膜部件的中国专利申请从 1999~2001 年之间有了较快的发展，虽然在 2002 年有所下降，但是在 2002~2010 年之间还是呈现了阶梯式的增长，而从 2009 年至今有了飞速的增长（需要说明的是由于公开滞后，2012 年和 2013 年的数据并不完全）。

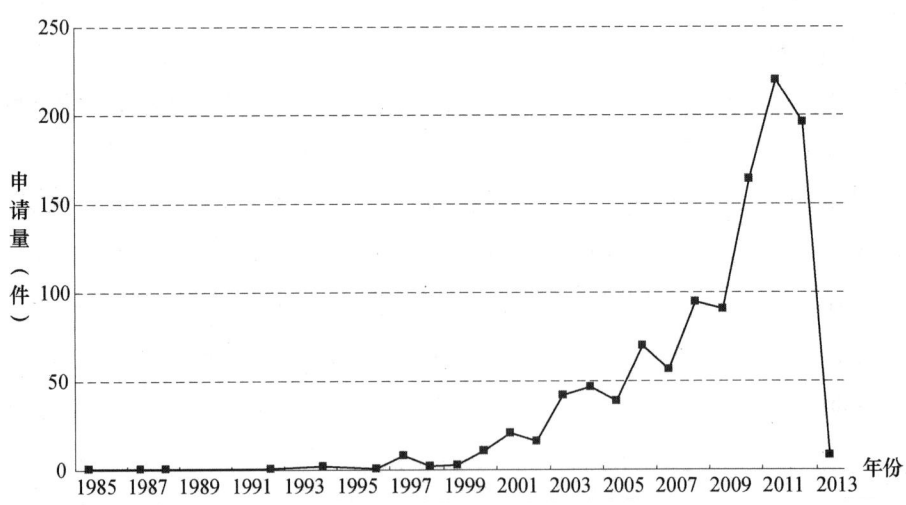

图 7-22 锂离子电池隔膜部件领域技术发展趋势

7.3.2.2 区域分布

课题组从 CPRS 数据库中提取了锂离子电池隔膜的在华专利申请数据，统计了在华申请中主要国家或地区申请人所占的份额，得到图 7-23。

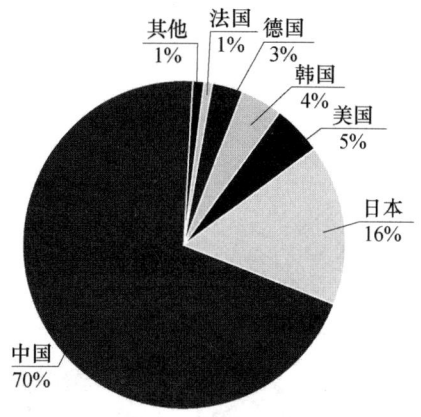

图 7-23 锂离子电池隔膜部件领域在华
申请技术来源区域分布

从图 7-23 中可以看出，锂离子电池隔膜在华专利申请中，中国申请人占据绝对优势，除中国申请人之外，来自日本的专利申请量相对较大，而来自美国、韩国、德国等的专利申请量具有一定的比例。

从图 7-24 可以看出，在国外来华专利申请中，来自日本的专利申请量较大，从 1995 年之后其在中国的专利申请开始逐年增加，并且 2001 年之后上升趋势较为明显；来自德国、韩国和美国的专利申请同样是在 1999 年之后开始逐年增加，而来自韩国的专利申请在 2003 年之后年申请量较为稳定。这说明在 2000 之后，随着锂离子电池的应用越来越广泛，国外申请人开始重视中国市场。

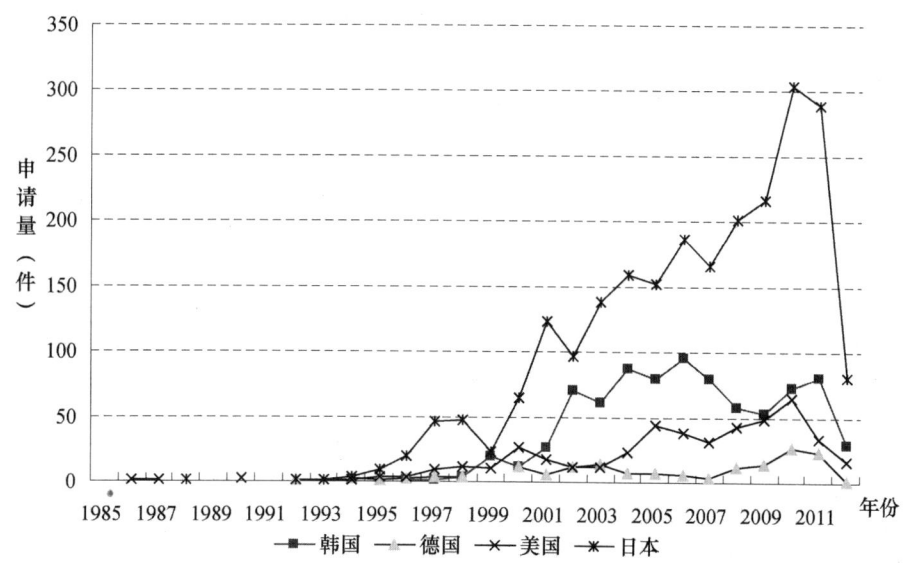

图 7-24 锂离子电池隔膜部件领域在华专利申请主要国家申请量趋势

7.3.2.3 申请人类型分析

从图 7-25 可以看出，在华专利申请中，公司申请人的申请量占绝对优势，大学次之。可见锂离子电池隔膜的专利申请主要由企业主导。其中不同类型申请人之间相互合作获得的专利也占据一定的份额,这其中多数为公司-公司合作产生的类型。

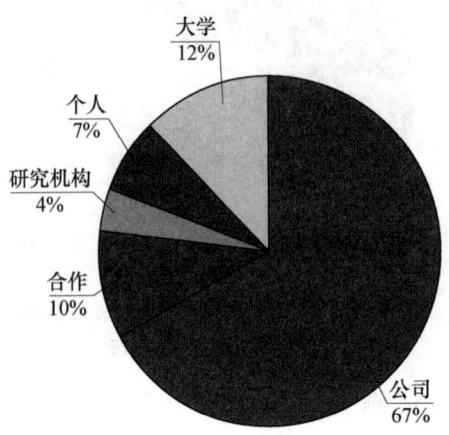

图7-25 锂离子电池隔膜部件领域在华专利申请人类型

7.3.2.4 重要申请人分析

图7-26显示了锂离子电池隔膜领域中在华申请量居前的主要申请人。需要说明的是,为了能更加清晰地显示,将申请人的名称进行了简写。从图7-26可以看出,申请量排名第一的是松下,其在申请量上具有较大的优势。其次是来自中国的两家公司:比亚迪和深圳市冠力新材料有限公司,可见我国的公司在隔膜领域占据一定的技术优势。

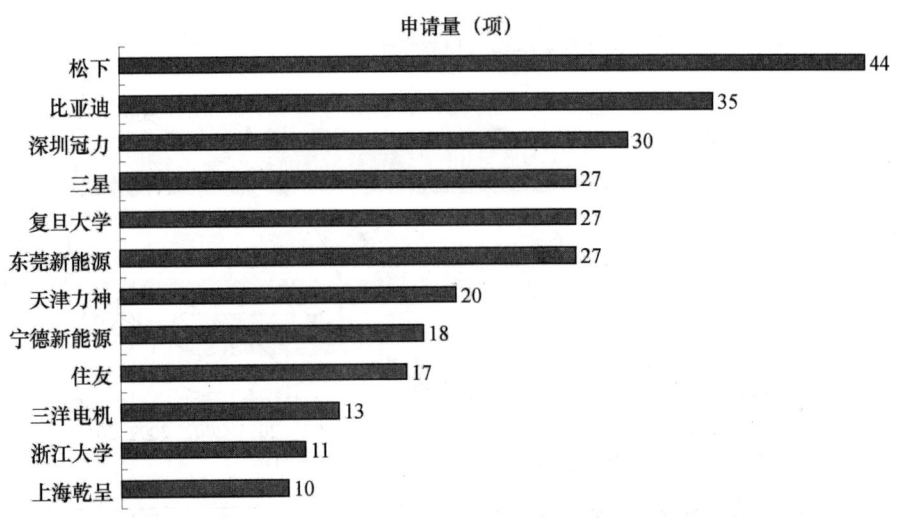

图7-26 锂离子电池隔膜部件领域在华专利申请的主要申请人

7.4 电解质专利分析

7.4.1 全球专利申请分析

电解质作为电池重要的组成部分，起着传输锂离子的作用，其性能不仅影响到电池的工作电流、工作电压及使用寿命等特性，更是影响电池安全性的主要因素。为了开发满足未来适应于不同环境需要的大功率安全型锂离子电池，各国在电解液领域也不断进行研究、开拓。锂离子电池电解质材料种类繁多，总体可分为液体电解质（简称电解液）、复合电解质和固体电解质。目前电池应用的电解液由电解质盐、溶剂、添加剂等三部分组成。例如日本特许公开 No. 2003-168480、日本特许公开 No. 2004-319317、日本特许公开 No. 2007-188873 所公开的电解液。而作为固体电解质，例如日本特许公开 No. 4-306560 公布了"凝胶"高分子固体电解质，在"凝胶"高分子电解质中，其电解液不能流动，因此可以避免漏液的危险性，还可以改善其形状自由度。又如日本特许公开 No. 10-204172 公布的在聚醚共聚物的交联剂的高分子骨架中溶解锂盐的固体电解质等，由于不含液体电解质，因此可以避免漏液和冻结等问题，又由于不含有机溶剂因此安全性好。

7.4.1.1 年申请量趋势

如图 7-27 所示，电解质领域在 1996 年之前年申请量较少，处于萌芽期；自 1996 年开始，年申请量逐渐增加，2000~2007 年进入平稳增长期，年均申请量在 100~200 项；从 2008 年开始，随着各国对电解质的日益关注，申请量激增，自 2008 年开始年均增长 200 余项，至 2011 年年申请量已接近 1000 项。

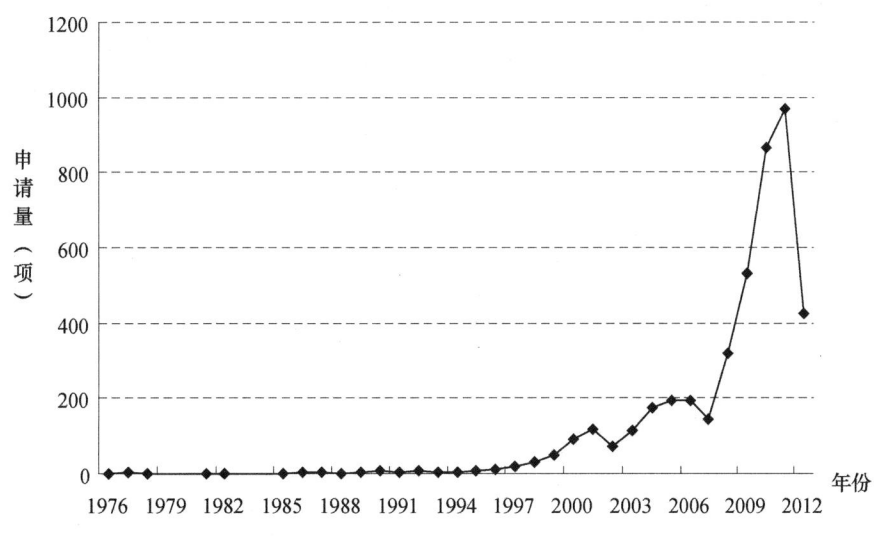

图 7-27 锂离子电池电解质领域全球专利技术发展趋势

7.4.1.2 电解质专利申请区域分析

如图 7-28 所示，就锂离子电池电解质全球专利申请而言，日本申请量最大，占全球总申请量的71%；美国和中国次之，分别为8%和7%；韩国位列第四，比例为6%。在锂离子电池电解质领域，日本的研发能力具有很大优势。从数据分析结果看出，首次申请于日本、美国、中国和韩国的申请量占到锂离子电池电解质领域专利申请总数的92%，说明这四个国家集中了该领域的主要技术力量。锂离子电池电解质的技术主要包括电解质盐、特种溶剂、功能添加剂等方面。由于日本较强的研发能力，国内特种溶剂和功能添加剂的市场也主要由日本企业主导。目前我国已有一些企业生产锂离子电解液，但主要从事溶剂提纯和电解液配制，而电解质盐还主要依靠进口。

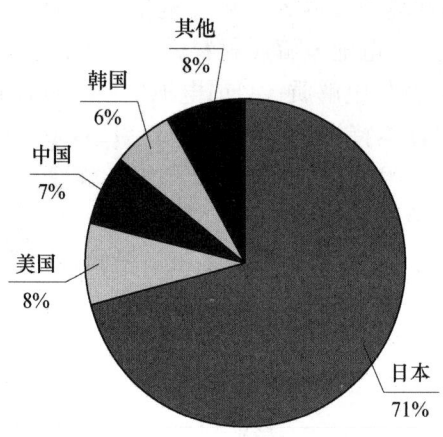

图7-28 锂离子电池电解质领域全球申请分布趋势

图7-29对日本、美国、中国和韩国四个主要申请国进行了分析，结果如下：1997年之前，各国年申请量变化不大，由于处于技术萌芽期，申请量较少，年申请量的增量也较低。而1997年之后，各国的年申请量均保持了总体上升的趋势，尤其是日本，日本自20世纪90年代开始年申请量逐年递增，2008年开始增速迅猛，由2007年的100余项提高到2011年得600余项，提高了6倍之多。而美国、中国和韩国年申请量并没有显著变化，始终保持较为平稳的增速。

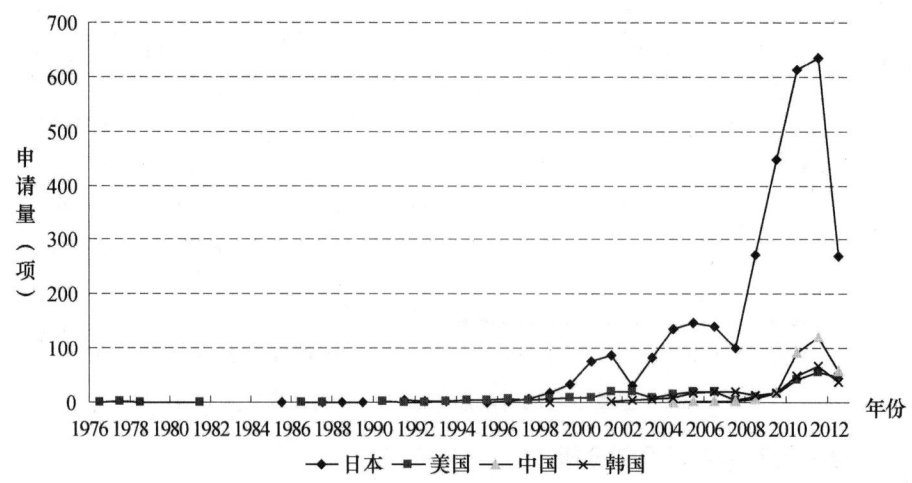

图7-29 锂离子电池电解质领域主要申请国年申请量趋势

图 7-30 对专利申请的主要目标国进行了分析，数据表明：日本作为目标国占据 44% 的份额；美国次之，占有 19% 的份额；而中国和韩国分别为 17% 和 12%。

图 7-31 对专利申请人的类型进行了分析，数据表明：公司作为申请人的比重最大，为 74%，占据主导地位；合作申请人比例次之，达到 21%，而研究机构、大学和个人作为申请人的比例较小，分别为 2%、2% 和 1%。

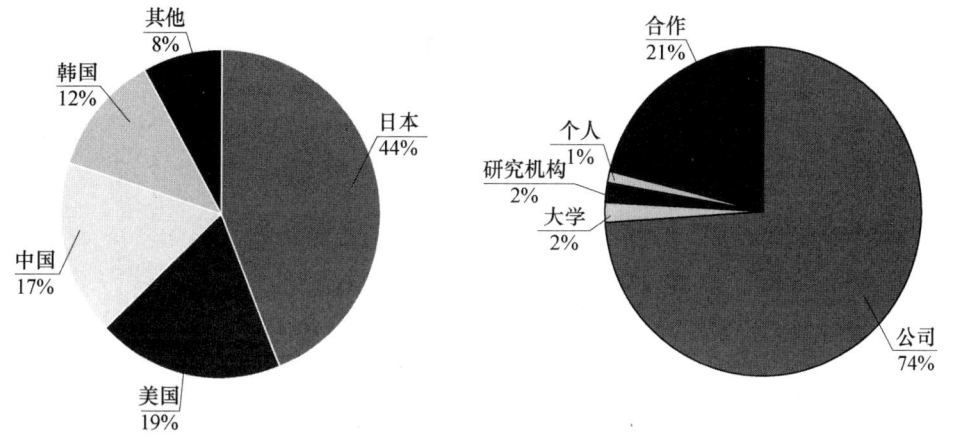

图 7-30 锂离子电池电解质领域专利申请主要目标国分布趋势

图 7-31 锂离子电池电解质领域专利申请人类型分析

7.4.1.3 主要申请人

如图 7-32 所示，对锂离子电池电解质方面的申请人进行分析，结果表明：日本在电解质研发领域占据绝对优势，申请量靠前的 12 个申请人中有 10 家日本公司，中国企业没有进入前 12 名的名单。其中丰田、松下、索尼、三洋电机、三菱五家企业申请量较多。

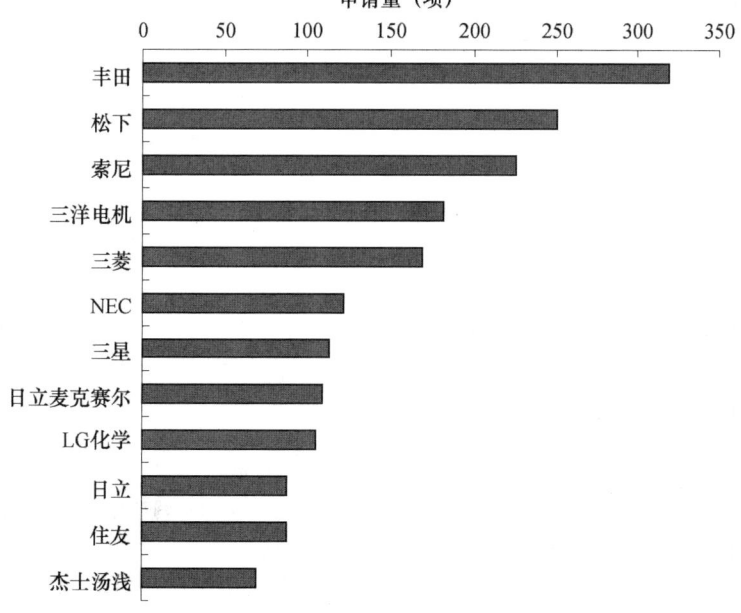

图 7-32 锂离子电池电解质领域主要申请人申请量

7.4.1.4 主要申请人申请趋势

图 7-33 对锂离子电池电解质方面的前 10 位申请人历年申请量进行了分析，结果表明：各企业自 21 世纪以来，年申请量逐年递增，对电解质的研究均表现出较高的关注度，其中丰田在 2007 年之前，年申请量低于 10 项，而自 2009 年开始，年申请量接近 100 项，可见该公司自 2009 年起在电解质的研发方面投入了更大精力。

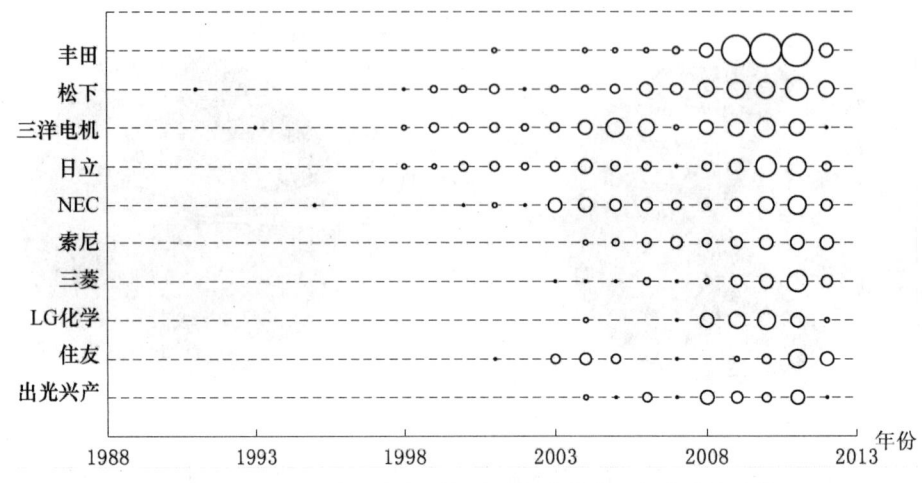

图 7-33 锂离子电池电解质领域主要申请人历年申请量趋势

图 7-34 对主要申请人的主要目标国进行了分析，数据表明：申请人将其所在国作为目标国的比重最大。例如日本本土公司丰田等均重视其在日本本土的专利布局，其在日本的布局明显高于其他国家；韩国公司 LG 化学则更加重视其在韩国的专利布局，而其对各目标国的布局水平较为均衡，并无明显区别；各主要申请人除本土专利布局之外在其他国家的布局水平较为相当。

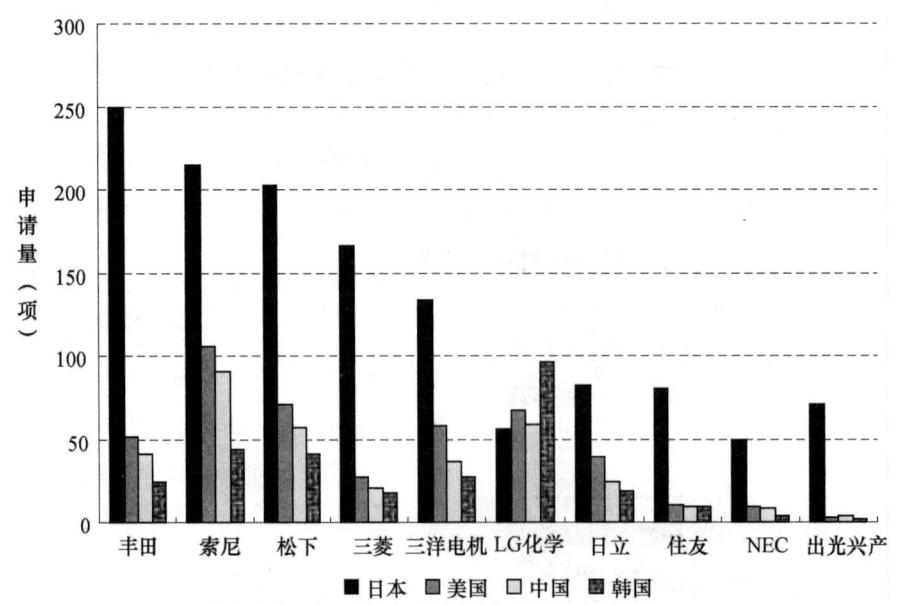

图 7-34 锂离子电池电解质领域主要申请人主要目标国分析

7.4.2 中国专利申请分析

7.4.2.1 专利申请量趋势

图7-35显示了锂离子电池电解质的中国专利申请的年代分布。从图7-35可以看出，电解质领域从1991年开始有了中国专利申请，1991~1996年，申请量均维持在5件以下，而从1997年开始年申请量有了显著增加，从1999年开始有在华专利申请快速增加，而在2010年几乎实现了翻倍的增长。

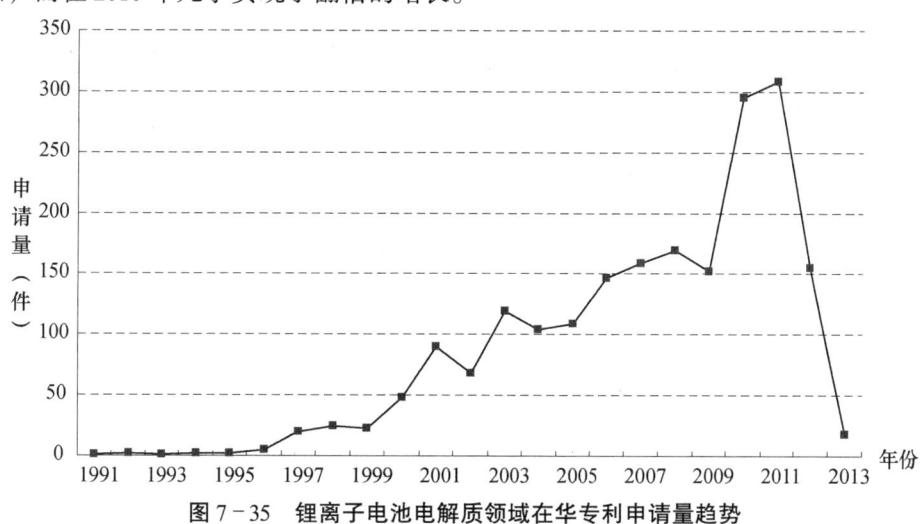

图7-35 锂离子电池电解质领域在华专利申请量趋势

7.4.2.2 区域分布

课题组从CPRS数据库中提取了锂离子电池电解质的在华专利申请数据，统计了在华申请中主要国家或地区申请人所占的份额，得到图7-36。

从图7-36中可以看出，锂离子电池电解质在华专利申请中，来自日本的专利申请所占比重最大。从这一点也可以看出，在锂离子电池电解质领域，日本在技术上占据非常大的优势，同时也体现了日本公司对中国市场的重视程度，除日本和中国之外，来自韩国和美国申请人的专利申请也具有一定的比例。

7.4.2.3 申请人类型分析

从图7-37可以看出，在华专利申请中，公司申请人的申请量占绝对优势，大学次之。可见锂离子电池电解质的专利申请主要由企业主导。其中不同类型申请人之间相互合作获得的专利也占据一定的份额，这其中多数为公司-公司合作产生的类型。

7.4.2.4 主要申请人分析

图7-38显示了锂离子电池电解质领域在华申请量居前的主要申请人。需要说明的是，为了

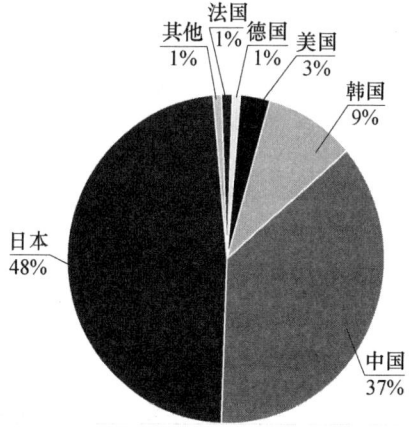

图7-36 锂离子电池电解质领域在华申请的申请人区域分布

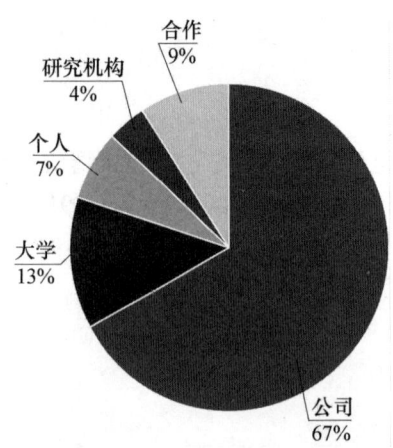

图 7-37 锂离子电池电解质领域在华专利申请人类型

能更加清晰地显示，将申请人的名称进行了简写。从图 7-38 可以看出，申请量排名前四位的申请人均来自国外。排名第一的松下在其申请量上具有较大的优势。我国的申请人中比亚迪的申请量排名居第五位，但是与前四名相比，还有较大的差距。可见在锂离子电池电解质领域，来自国外的公司在技术上占据绝对的优势。

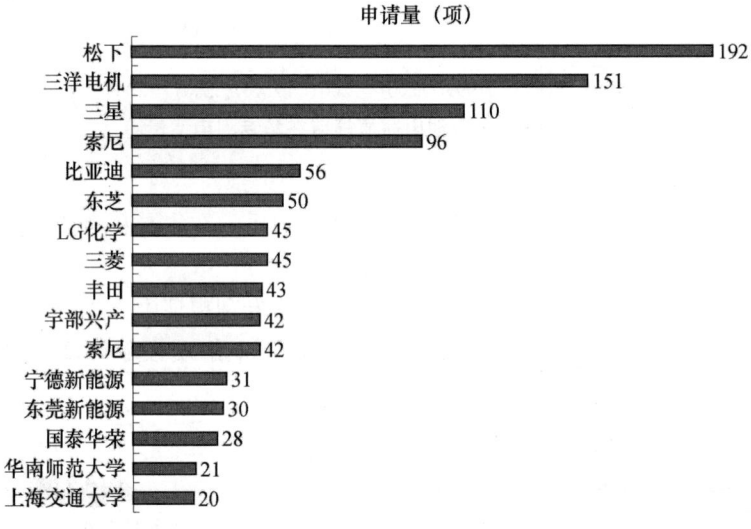

图 7-38 锂离子电池电解质领域在华专利申请的主要申请人

7.5 负极材料专利分析

7.5.1 全球专利申请分析

锂离子电池的电化学性能主要取决于所用电极材料的结构和性能，尤其是电极材料的选择。因此，廉价而性能优良的正负极材料开发一直是锂离子电池研究的重点，碳材料是最早为人们所研究并应用于锂离子电池商品化的材料，至今仍是大家关注和研究的重点之一。碳材料根据其结构特点可分成可石墨化碳、无定形碳和石墨类。可石墨化碳主要有石油焦、针状焦、碳纤维、中间相碳微球等。例如日本特许公开 No. 57-208079，其中用于负极的材料可以基本上全部由碳材料组成。日本特许公开 No. 4-115458 公开了中间相微型珠碳化产品的使用，中间相微型珠是在沥青的碳化过程中形成的。日本特许公开 No. 7-282812 公开了石墨化碳纤维制成的负极，并可通过提高负极中石墨晶格排列层结构的规则性来增大电池的容量。

日本企业在碳负极材料上付出了很多努力，也引导了负极材料的研发和生产。2010年，全球锂离子电池负极材料总产量约为 25000 吨，其中天然石墨约 13000 吨，人造石墨约 9000 吨。

此外，锂可以和多种金属形成合金。由于锂合金的形成反应通常是可逆的，因此能与锂形成合金的金属理论上能够作为二次锂离子电池的负极材料。用作锂离子电池负极的金属材料有 Si、Sn、Sb、Ge、Pb、Bi 等，尤其是 Sn 和 Si 是最具有代表性的。日本特许公开 No. 1996-64239、No. 1991-62464、No. 1990-12768 中公开了在电池充电时，多种金属可与二次电池中的锂形成合金，还公开了这些金属或合金与锂用作负极的二次电池。

负极材料中还包括复合材料，其大都是合金材料和碳材料的复合物，以碳材料作为合金颗粒的隔离物，以达到防止纳米合金再团聚或合金微颗粒粉碎的目的。日本特许公开 No. 2004-185975 记载了锂离子电池用复合碳材料，公开了在石墨粒子表面上通过机械化学处理固定可以吸收和释放锂的金属或金属化合物粒子。

7.5.1.1 专利申请趋势

从 20 世纪 70 年代初到 80 年代中期，锂离子电池均以锂源作为负极，例如金属锂或锂合金作为负极，然而这些材料价格昂贵，能量密度低，锂离子的扩散速率慢，无法高倍率充放电，一度阻碍了锂离子电池的发展，该阶段专利申请量也较低，年申请量基本在 10 项左右。自从 1989 年索尼公司成功开发碳负极锂离子电池以来，锂离子电池迅猛发展。1996 年，年申请量首次突破 100 项（见图 7-39）。各国研究人员相继在碳负极材料、合金、过渡金属负极材料中进行了一系列的尝试。

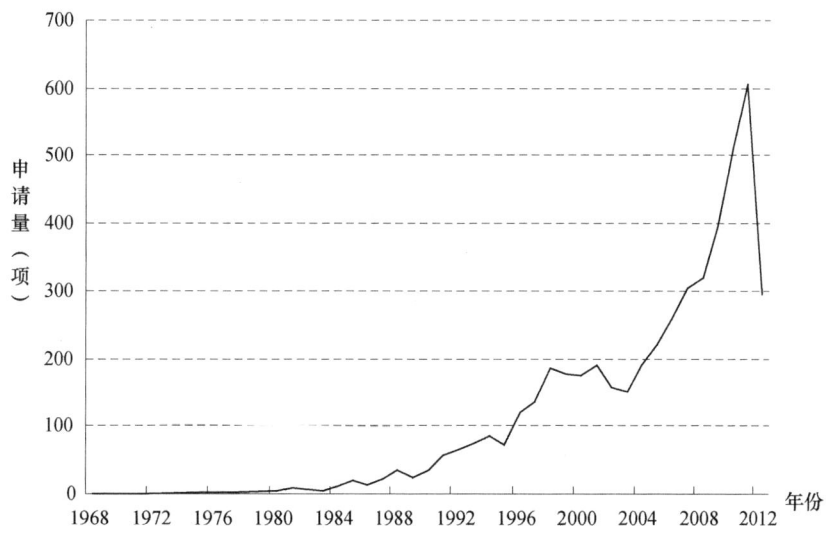

图 7-39 锂离子电池负极材料领域全球专利技术发展趋势

7.5.1.2 负极材料专利申请区域分析

图7-40对锂离子电池负极材料的全球首次申请国家进行了分析。结果表明，排名前三位的分别是：日本占61%；中国占24%；韩国占10%。上述三个国家的总申请量占全球申请量的95%，可见该领域的申请主要集中在上述三个国家。而日本仍然占据明显优势。

如图7-41所示，日本自1990年以来，年申请量逐年增加，自1996年开始，年申请量突破100项，自2010年开始，年申请量突破了200项。日本于1996年迎来了一次申请量的较大幅度的增加，1996~2005年的10年形成了相对平稳的申请趋势，而到了2006年，又出现了一次申请量的较大幅度增加。中国起步虽较晚，但自2002年开始即保持较为高速的增长，到2008年，年申请量突破了100项，而到了2011年，年申请量达到了260余项。韩国自1998年开始，申请量始终保持较小幅度的波动，年申请量基本维持在20~30项。自2007年开始，年申请量产生了小幅度的增加。美国申请总量和年申请量均较低，各年申请量基本维持在较低的水平。

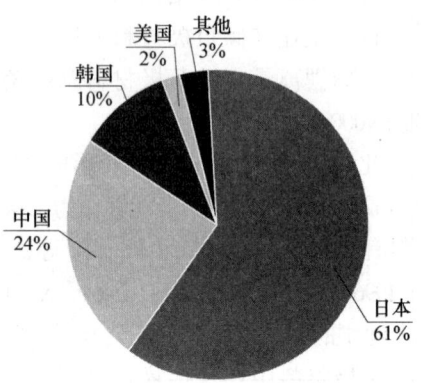

图7-40 锂离子电池负极材料领域全球申请分布趋势

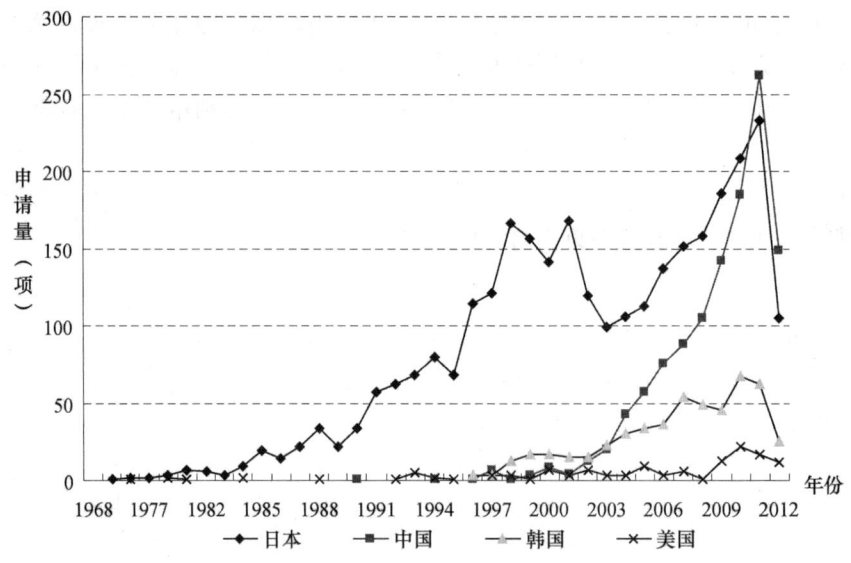

图7-41 锂离子电池负极材料领域主要申请国年申请量趋势

图7-42对涉及负极材料的专利申请的主要目标国进行了分析，数据表明：日本作为目标国占据45%的份额；中国次之，占有25%的份额；而美国和韩国分别为13%和12%。

图7-43对专利申请人的类型进行了分析，数据表明：公司作为申请人的比重最大，为70%，占据主导地位；合作申请人比例次之，达到16%；而大学、研究机构和

个人作为申请人的比例较小。

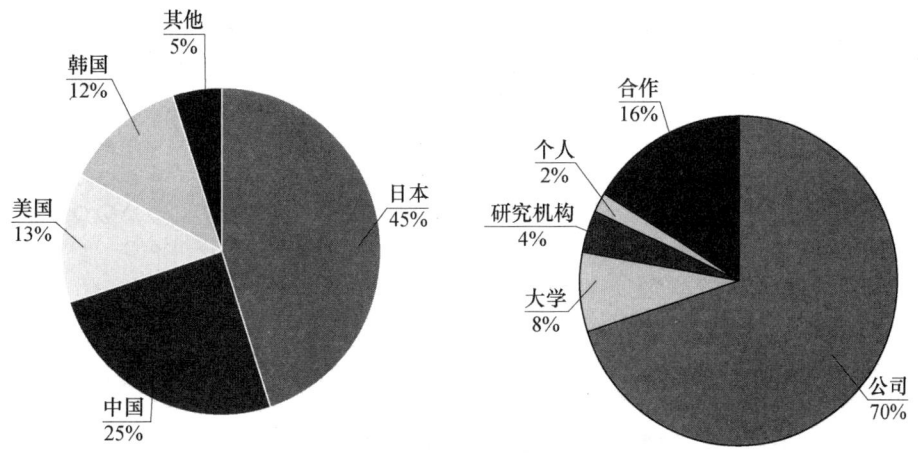

图7-42 锂离子电池负极材料领域专利申请主要目标国分布趋势

图7-43 锂离子电池负极材料领域专利申请人类型分析

7.5.1.3 主要申请人

图7-44对锂离子电池负极材料的主要申请人的申请总量进行了分析,结果表明:排名靠前的申请人仍以日本企业为主,前10位申请人中有7家日本企业、2家韩国企业和1家中国企业。排名前15位的申请人中有12家日本企业、2家韩国企业和1家中国企业。

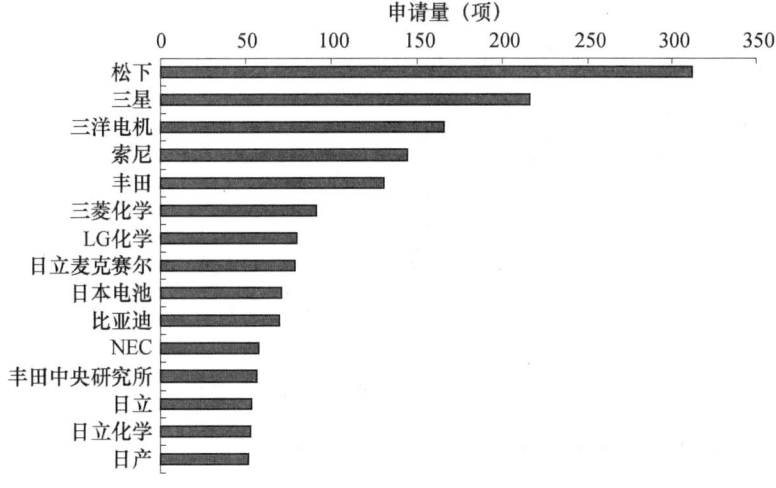

图7-44 锂离子电池负极材料领域主要申请人申请量

7.5.1.4 主要申请人申请趋势

图7-45对锂离子电池负极材料的主要申请人的历年申请量进行了分析,结果表明:日本电池公司和日立麦克赛尔提出申请的时间较早,丰田近年申请量较多,而松下则一直保持较高的申请量。

图7-46对主要申请人的主要目标国进行了分析,数据表明:申请人将其所在国

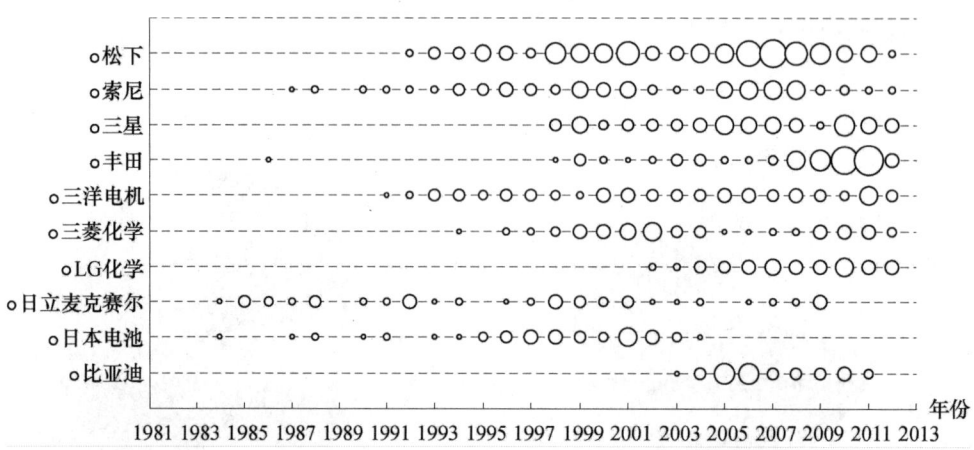

图 7-45 锂离子电池负极材料领域主要申请人历年申请量趋势

作为目标国的比重最大。例如，日本本土公司松下等均重视其在日本本土的专利布局；韩国本土公司三星和 LG 则更加重视其在韩国的专利布局；各主要申请人除本土专利布局之外在其他国家的布局水平较为相当，三星公司除本土之外更为注重在美国的布局。

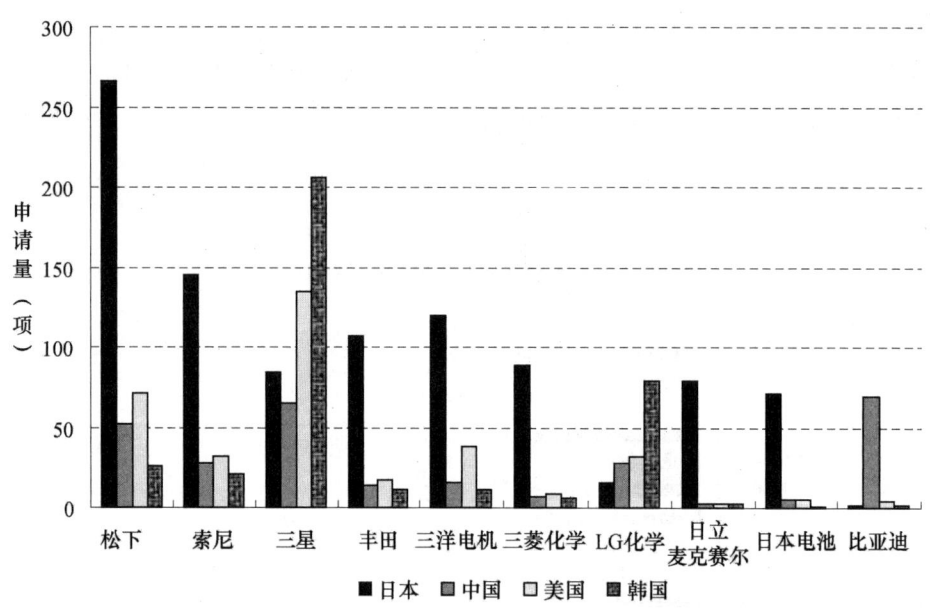

图 7-46 锂离子电池负极材料领域主要申请人主要目标国分析

7.5.2 中国专利申请分析

7.5.2.1 专利申请趋势

图 7-47 显示了锂离子电池负极材料的中国专利申请的年代分布。从该图可以看出，锂离子负极材料中国专利申请从 2001 年开始快速增长，仅仅在 2008 年申请量较前年有一个下降，这可能与 2008 年发生的全球金融危机有关。然而从 2008 年之后，申请

量急剧增长。这可能与近年来锂离子电池得到更加广泛的应用有关（需要说明的是，由于公开滞后，2012 年和 2013 年的数据并不完全）。

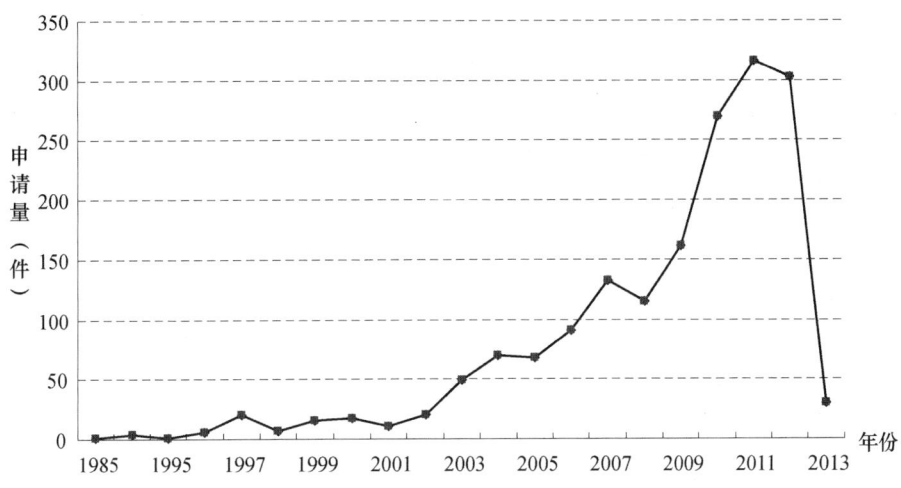

图 7-47　锂离子电池负极材料领域技术发展趋势

7.5.2.2　区域分布

从 CPRS 数据库中提取了锂离子电池负极材料的在华专利申请数据，统计了在华申请中主要国家或地区申请人所占的份额，得到图 7-48。

从图 7-48 中可以看出，锂离子电池负极材料在华专利申请中，中国申请人占了 70%。在申请量上，除中国申请人之外，来自日本和韩国的专利申请量相对较大，分别达到 17% 和 8%，而其他如美国和德国的专利申请量所占比例相对较少。

7.5.2.3　申请人类型分析

以下统计了锂离子电池负极材料的中国专利申请不同类型专利申请人的申请量所占比例，如图 7-49 所示。

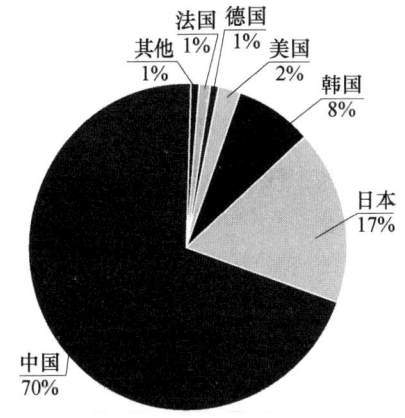

图 7-48　锂离子电池负极材料在华专利申请原创国/地区区域分布

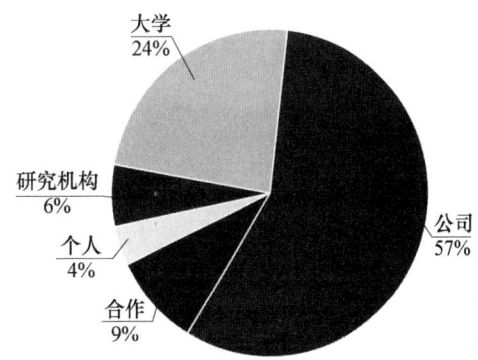

图 7-49　锂离子电池负极材料在华专利申请人类型

从图7-49中可以看出，在华专利申请中，公司申请人的申请量占绝对优势，大学次之。可见锂离子电池负极材料的专利申请主要由企业主导。而个人申请居少，可见锂离子电池负极材料需要的研发技术的投入较多，单独的个人较少能够完成。不同类型申请人之间相互合作获得的专利也占据一定的份额，这其中多数为公司—公司合作产生的类型。

7.5.2.4 重要申请人分析

图7-50显示了锂离子电池负极材料领域中申请量居前的主要申请人，需要说明的是，为了能更加清晰地显示，将申请人的名称进行了简写。从图7-50可以看出，申请量较大的两家公司分别是韩国的三星株式会社和日本的松下电器产业株式会社，我国的比亚迪股份有限公司、浙江大学和东莞新能源科技有限公司的申请量相对居前，在图7-50中所列的主要申请人中，来自我国的申请人中，大学占据了相当大的一部分比例，这说明我国在锂离子电池负极材料方面多处在研发阶段。

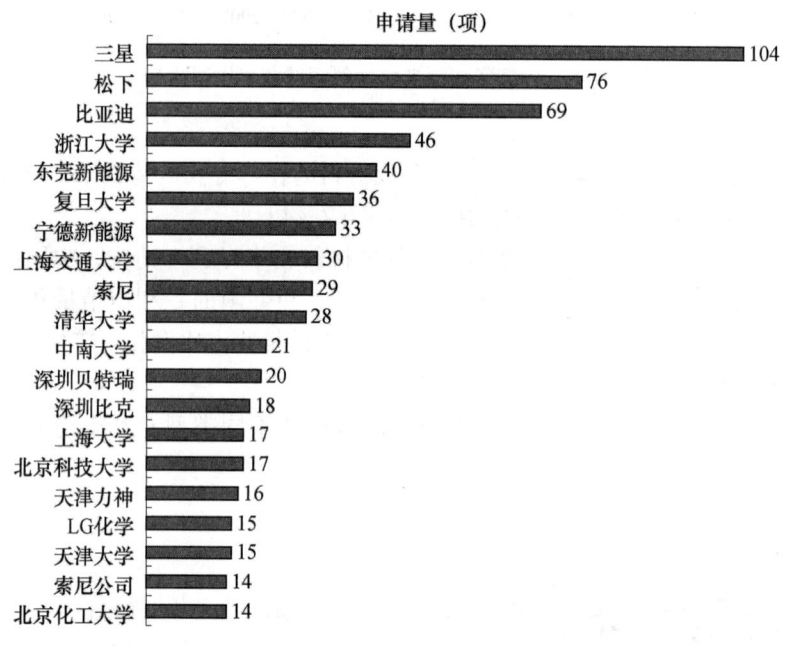

图7-50 锂离子电池负极材料领域重要申请人分布

7.6 正极材料专利分析

7.6.1 全球专利申请分析

7.6.1.1 专利申请趋势

由图7-51可见，锂离子电池正极材料专利技术的发展可以大致分为两个阶段。

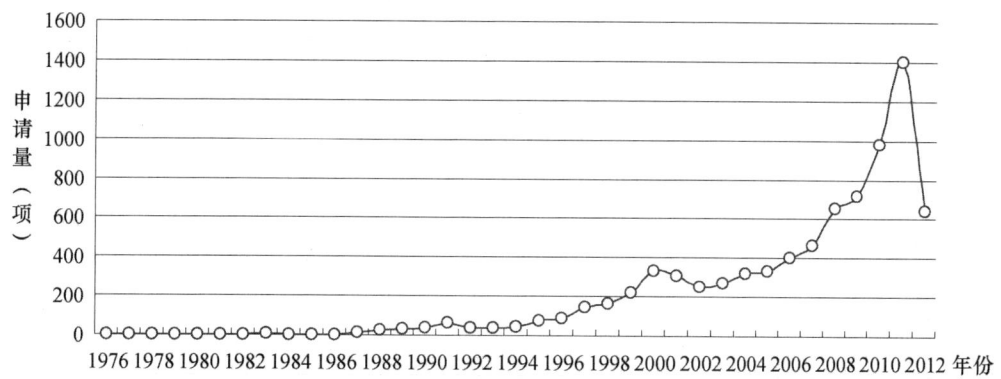

图7-51 锂离子电池正极材料全球专利技术发展趋势

（1）技术萌芽期（1976~1992年）

1992年以前，与锂离子二次电池正极材料相关的专利申请数量较少，1987年以前在10项以下，发展到最高的1991年也仅有65项。这个时期由于锂离子电池正极材料的研发刚刚起步，技术上处于试探性的起步阶段，各大企业都只有零星的专利申请，申请总量也较少。

（2）波动增长期（1993年至今）

从1993年开始，锰酸锂正极材料相关的专利申请数量开始稳步增长，1997年突破100项，1999年突破200项，2008年突破500项，2011年达到最高的1400项，持续增长的势头特别明显。这表明从1993年开始，可能由于全球能源匮乏、环境恶化的影响，世界各国开始重视新能源的开发利用，锂离子电池正极材料受到研究人员的重视。全球申请量在2000年达到一个小高峰，全年申请量达到334项，此后申请量稍有减少，但依然维持在每年200项以上。2007~2011年全球申请量经历了一个飞跃式增长，从2006年的402项暴增到2011年的1400项，增加了3倍多。考虑到2012年提交的专利申请还有较多未公开，可以预期2012年的申请量依然可能保持在一个较高的水平。这个趋势表明近年来锂离子电池正极材料正受到持续升温的关注，可以预见未来若干年，该领域依然会是热门的研究领域。

7.6.1.2 专利申请区域分析

图7-52显示了锂离子电池正极材料专利申请全球排名前五位国家或地区的排名情况。由图7-52可见，中国在申请总量上高居榜首，为2768项；紧随其后的是日本，为2275项；第三至五名分别为美国（983项）、韩国（324项）和欧洲（234项）。中国不算是传统技术强国，但是近年来国内企业专利意识增强，开始大量提交专利申请，为自己的技术寻求专利保护，从而在申请数量上后来居上。日本是传统技术强国，特别是资源匮乏，其在新能源研究领域一直走在世界前列，具有很强的技术实力，其申请量高居第二位也是预料之中。美国是技术大国，同时也是市场大国，不但本国申请量多，外国进入美国的PCT申请量也很多。韩国情形与日本类似，其电池产业也非常发达。欧洲作为经济、技术发达地区，申请量屈居第五位则多少令人有点意外。

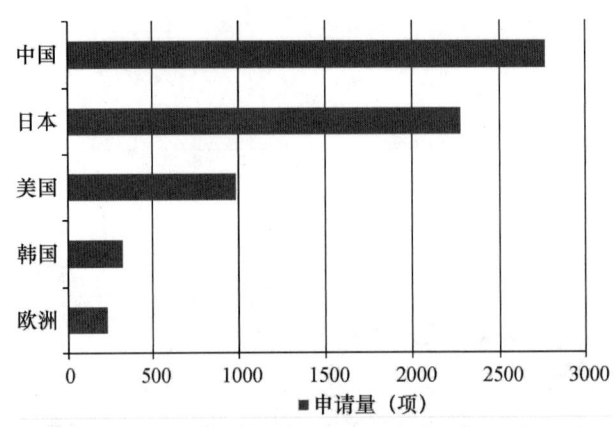

图 7-52　锂离子电池正极材料专利申请总量国家地区排名

图 7-53 显示了锂离子电池正极材料专利产出全球排名前六位国家或地区的排名情况。由图 7-53 可见，与专利申请量相比，前两名位置互换了，日本产出量超过中国大陆成为第一。这表明日本申请人在国外进行专利布局的数量大大超过中国申请人。这从一个侧面反映了日本技术全球领先，日本申请人专利意识强，在全球范围内进行技术、市场的争夺。排名第三至四位的韩国和美国位置也互换了，韩国超过美国位列第三，这也表明韩国申请人倾向于向国外申请专利，而美国申请人较注重国内市场。这跟日本、韩国的外向型经济有关，它们国内的资源、市场容量都有限，国外的市场可能比国内的市场更加重要。排名第五至六位的是德国和中国台湾。德国是传统技术强国，中国台湾则在 20 世纪 70~80 年代实现经济起飞，技术也快速发展，达到可以跟世界强国竞争的水平。

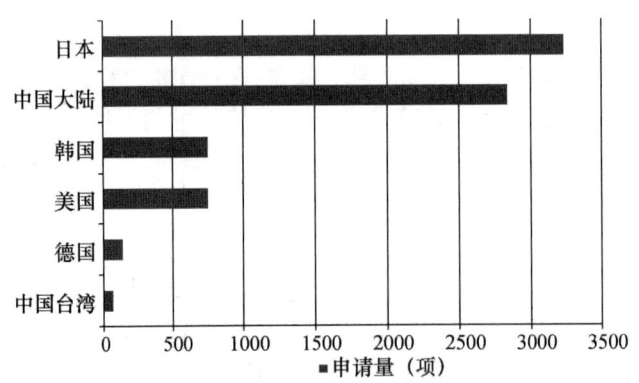

图 7-53　锂离子电池正极材料专利产出全球排名

7.6.1.3　主要申请人

对锂离子电池正极材料的主要申请人的申请总量进行了统计分析（见图 7-54），结果表明：排名靠前的申请人仍以日本为主，前 10 位申请人中有 7 家日本公司，2 家韩国公司和 1 家中国公司。其中日本的索尼和三洋电机的申请量分别位居第一位和第二位，其申请量分别高达 326 项和 250 项，韩国的三星和 LG 化学分别位列第三和第四位，中国的比亚迪公司则排在第八位。

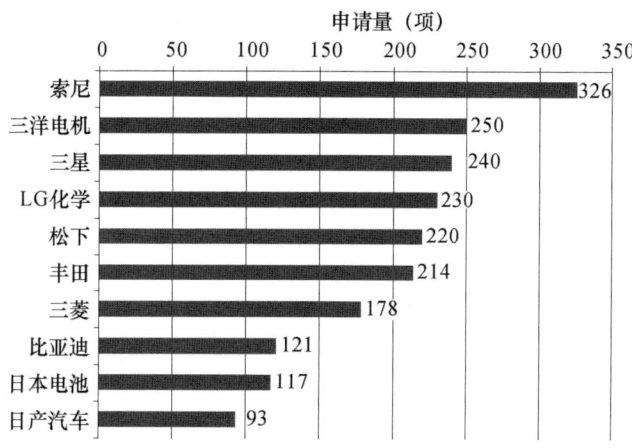

图7-54 锂离子电池正极材料主要申请人申请量

7.6.1.4 主要申请人申请趋势

对锂离子电池正极材料的主要申请人的历年申请量进行了统计分析（见图7-55），结果表明：不同公司的申请量随年代的变化趋势不尽相同。总申请量最多的日本索尼的申请量在1998～2011年之间均有较大申请量的分布，排名第二位的三洋电机和第三位的三星的申请量也有类似的申请量分布，排在第四位的韩国的LG化学的申请量从2002年开始呈现逐年增长的趋势，中国的比亚迪的申请量主要集中在2006～2010之间。

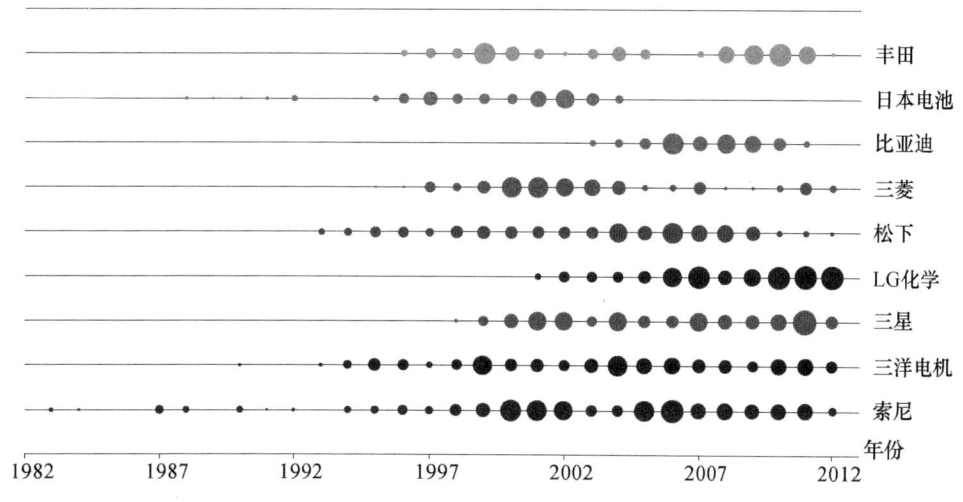

图7-55 锂离子电池正极材料主要申请人历年申请量趋势

对锂离子电池正极材料的主要申请人的主要目标国进行了统计分析（见图7-56），数据表明：申请人将其所在国作为目标国的比重最大，例如申请量较大的日本本土公司索尼和三洋电机等均重视其在日本本土的专利布局，除此之外，它们在美国和欧洲还有相当数量的申请；韩国本土公司三星在美国的申请量则远远超出其在本国的申请量，其在欧洲的申请量也超过本国的申请量；中国的比亚迪除了主要在中国申请专利外，还有少量的专利申请在美国。

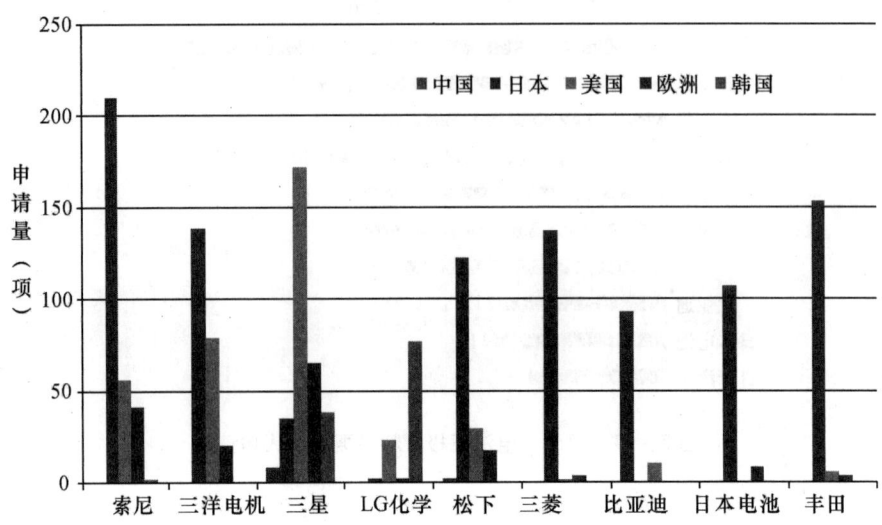

图7-56 锂离子电池正极材料主要申请人主要目标国分析

第8章 锰酸锂正极材料专利分析

8.1 锰酸锂技术简介

锂离子电池经过多年的快速发展,已经成为新一代高效便携式能源,广泛应用于无线电通讯、数码相机、笔记本电脑及空间技术等方面。近几年来随着电动汽车、混合动力汽车快速发展,锂离子电池作为动力电池在电动汽车领域显示出了广阔的应用前景和巨大的经济效益。然而,现有的锂离子电池还无法满足电动汽车对电池高能量密度和低成本的要求,所以研发比能量更高、寿命更长、价格更低廉的动力锂离子电池是电动汽车产业发展的关键。锂离子电池负极主要采用石墨类碳材料,可逆比容量在300mAh/g以上,相比之下正极材料的比容量只有负极的一半,而生产成本远高于负极材料。因此,提高正极材料性能并有效降低其成本成为当前锂离子电池领域的研究重点。

锰酸锂化合物 $LiMn_2O_4$ 的理论容量为148mAh/g,实际容量在120~130mAh/g之间。锂离子在这种尖晶石结构中的扩散系数要比在层状化合物中的扩散系数小2~3个数量级(10^{-11} ~ $10^{-14}cm^2 \cdot s^{-1}$),因此使得电池的充放电电流受到限制,影响其倍率特性。但其突出优点是稳定性好、无污染、工作电压高、成本低廉,是一种被看好的正极材料,近几年其得到了大量的研究。

尖晶石型锰酸锂正极材料的主体结构是由氧离子作规则的立方紧密堆积组成,锂离子和锰离子分别占据在四面体和八面体空隙中,它的最简式为 $LiMn_2O_4$,具有Fd3m(No.227)的空间群。32个氧离子占据立方体的32e位置,它们作立方密堆积(FCC),形成64个四面体空隙和32个八面体空隙。Li^+占据其中8a位置的1/8的四面体空隙,锰离子占据16d位置的1/2的八面体空隙(其中3价锰原子和4价锰原子各占50%)。在该尖晶石框架中立方密堆氧平面间的交替层中,Mn^{3+}阳离子层与不含 Mn^{3+} 阳离子层的分布比例为3:1。因此,每一层中均有足够的 Mn^{3+} 离子,锂发生脱嵌时,可稳定立方密堆氧分布,从而能发生锂的可逆脱嵌和入嵌。在充电过程中,由于 Li^+ 的脱嵌导致部分 Mn^{3+} 转变成 Mn^{4+},完全脱嵌时使4价锰的比例由50%上升到75%。从整体上看,锂离子分布在锰氧八面体周围的三维孔道中,这种尖晶石结构有利于锂离子的入嵌和脱出,从而保证它在孔道中的迁移,使材料具有良好的充放电循环性能,并在大容量高功率动力电池中得到广泛应用。

尖晶石型 $LiMn_2O_4$ 正极材料由于具有资源丰富、价格便宜、安全性高且易合成等优点,在锂离子电池正极材料竞争中极具潜力,有希望成为应用于电动汽车(EV)和混合动力汽车(HEV)上的锂离子电池正极材料。

8.1.1 锰酸锂的制备方法

锰酸锂最早是由 J. B. Goodenough 等于 1983 年进行首次研究的。自 1983 年首次对正尖晶石结构的 $LiMn_2O_4$ 材料的脱嵌锂的电化学性能进行研究以来，由于 $LiMn_2O_4$ 材料具有资源丰富、成本低、合成工艺简单、热稳定性高、耐过充性好、放电电压平台高以及对环境友好等众多的优点而受到世界范围内广泛而深入的研究。该材料也存在比能量低和高温循环与储存性能差等缺点，为解决这些问题，人们在材料合成、结构、相变、物理与电化学性能以及影响结构与电化学性能的各个方面开展了大量的工作。在材料合成方面，人们尝试了许多的合成方法，如简单的固相反应法、溶胶-凝胶法、液相沉淀法等，希望从工艺参数的控制方面去优化材料的性能。以下对锰酸锂材料的制备方法作简要介绍。

（1）高温固相反应合成法：将锂的氢氧化物（或碳酸盐、硝酸盐）和锰的氧化物（或碳酸盐、氢氧化物）混合，在 400~600℃ 或 700~900℃ 下煅烧数小时，即可得到锰酸锂。高温固相反应合成具有操作简便，易于工业化的优点。用这种方法制备的产物存在以下缺点：①能源耗费巨大，生产效率低；②锂盐大量挥发，通常在反应过程中需要添加过量的锂盐来补充，而这又造成配方控制的困难；③物相不均匀，晶粒无规则形状，晶界尺寸较大，粒度分布范围宽。如果在煅烧的预备工程中，让原料充分研磨，并在烧结结束后的降温过程中严格控制淬火速度，可以提高产物的性能。

（2）熔融浸渍法：先将 LiOH 和 MnO_2 混合均匀后，加热至锂盐的熔点，让锂盐充分渗入到 MnO_2 微孔中，然后在 600~750℃ 加热一段时间，制得的产物有比较好的电化学性能。熔融液虽可增加反应物分子间的接触，但仍然无法保证反应物在分子水平上的充分接触，反应过程也会产生副产物。

（3）共沉淀法：通过调整溶液的 pH 值把溶液中的锰离子和锂离子一起沉淀下来，从而达到锂、锰能在原子水平上充分混合。Barbox 等人用乙酸锰与 LiOH 反应，氨水调节 pH 值为 7~8，从溶液中共析出 LiOH 和 $Mn(OH)_2$ 沉淀物，旋转蒸发除去水分得到干凝胶状前驱体。在这过程中 $Mn(OH)_2$ 容易受空气的氧化而成为氧化锰，而且锂往往沉淀不完全。利用 KOH 在乙醇溶液中沉淀 LiCl 和 $MnCl_2$，可使 LiOH 和 $Mn(OH)_2$ 沉淀较完全，但会产生副产物 KCl，需经水洗把 KCl 去除。

（4）溶胶－凝胶法（也称 Pechini 法）：溶胶-凝胶反应是将分子反应物在液相下均匀地混合并发生水解（或醇解）与缩聚反应，形成稳定的溶胶体系，经过适当的处理将溶胶转变为凝胶，再将凝胶产物干燥焙烧形成最终产物。目前，制备 $LiMn_2O_4$ 的溶胶-凝胶法主要有醇盐热解法、柠檬酸络合法、甘氨酸络合法、高分子聚合物络合法、多羟基酸络合法等。溶胶-凝胶法可以在比较低的温度下进行，产物的纯度高，而且产物的组成和结构易于控制。$LiMn_2O_4$ 的溶胶-凝胶合成是将 $LiNO_3$ 和 $Mn(NO_3)_2$ 按一定比例混合，加入柠檬酸在约 75℃ 下反应 1 小时左右，反应产物在 75~150℃ 真空干燥 12 小时，得到凝胶中间产物。将凝胶中间产物在空气中焙烧，温度为 250~900℃，缓慢冷却到室温，经研磨得到活性物质。采用溶胶－凝胶法制备 $LiMn_2O_4$，可以缩短反应时间，但是产物的初始放电容量略低，所以其制备工艺仍有待进一步提高。

（5）快速燃烧反应法：快速燃烧反应法是根据 $CO(NH_2)_2$ 能够与 NO_3^- 迅速反应在短时间内放出大量热的特点进行的。将 $LiNO_3$ 和 $Mn(NO_3)_2$ 的水溶液按一定的比例混合后加入一定量的 $CO(NH_2)_2$，形成均匀透明的溶液，将溶液转移到设置在一定温度的刚玉坩埚中热处理，溶液迅速反应，过滤干燥得到黑色粉末物质在800℃氧化焙烧适当时间，冷却到室温后研磨得到 $LiMn_2O_4$。

此外，$LiMn_2O_4$ 合成还可以采用乳胶干燥法、微波合成法、薄膜合成法等。

8.1.2 锰酸锂的性能改进

对 $LiMn_2O_4$ 的电化学测试结果表明，随着温度的升高与循环次数的增加，虽然电极依然保持其尖晶石结构，但其阳离子的位置混乱度加大。对于 $LiMn_2O_4$ 尖晶石结构来说，阳离子位置混乱度增大，意味着部分 Li^+ 进入八面体的16c位置，这必然使其脱嵌变得困难。一部分锰离子占据了四面体8a位置，不仅阻碍了 Li^+ 的脱嵌，也使它的溶解变得容易。由于 Mn^{4+} 在尖晶石结构中八面体配位的稳定性，以及 Mn^{2+} 离子有较强占据四面体8a空位的趋势，产生阳离子位置混乱的原因最可能是在温度上升时 Mn^{3+} 离子发生歧化反应生成 Mn^{4+} 和 Mn^{2+} 离子。以 $LiMn_2O_4$ 为正极材料的锂离子电池在循环时，尤其是在高温（55℃）条件下循环时，存在着容量衰减问题。另外，由于材料工作电压高，导致电解液易分解，引起材料表面变质从而导致容量衰减。

为了解决这些问题，很多学者对 $LiMn_2O_4$ 进行改性研究。改性方法主要包括阳离子掺杂、阴离子掺杂和表面包覆等，通过这些改性来提高结构的稳定性或阻止电解液与材料接触以防止Mn的溶解。

掺杂改性是优化材料性能的有效方法之一。目前，研究过的掺杂元素有Ti、Ge、Fe、Zn、Al、Ga、Cr、Ni、Co、Li、Mg、Cu、Ca、B、P、Si、F、S等。但结果表明，大部分阳离子改善了材料的循环性能，却使得初始容量有所降低；掺杂 F^- 后，锰的平均氧化价有所降低；掺杂 S^{2-} 后，在循环过程中可保持材料结构的稳定性，克服尖晶石结构发生Jahn-Teller效应。为了进一步探究 $LiMn_2O_4$ 材料的改性掺杂，稀土元素因其特有的一些性质而得到人们的关注。稀土离子掺杂改性的机理是掺杂的稀土离子部分取代 Mn^{3+}，而进入到晶格中，减少 Mn^{3+} 歧化溶解，并控制阳离子混排和抑制Jahn-Teller效应，强固结构。由于稀土离子的半径在0.08~0.11nm，大于锰离子，其掺入扩大了 Li^+ 在材料中的迁移隧道直径，起到支撑三维孔道的作用，从而提高了材料的循环性能及其电化学性能。目前，在材料中掺杂过的稀土元素有La、Pr、Sm、Dy、Nd、Ce、Y、Eu、Yb、Gd等。

（1）镧（La）的掺杂

万传云等采用固相法，将电解 MnO_2、Li_2CO_3、$La(NO_3)_3 \cdot H_2O$ 为原料，低量掺杂合成 $LiM_xMn_{2-x}O_4$（$x=0.02$），经XRD分析，加入稀土元素La的产物与不掺杂的产物比，晶胞参数减小，晶胞发生收缩，其收缩有助于充放电的稳定性，同时也提高了电化学反应的可逆性，但均降低了材料的初始容量。与掺杂稀土元素Pr和Sm相比，离子半径最大的La掺杂的初始放电容量最低，下降了18.6%。彭忠东等采用固相反应法合成了具有尖晶石结构的锂锰氧化合物，对其进行了镧等多种稀土元素的单元掺杂修饰。表征结果表明，掺杂后的材料充电电压在 4.08V 和 4.20V，放电电压 4.00V 和 3.88V，具有较高的可逆容量与良好的循环性能。J. Tu 等以碳酸锂、电解二氧化锰、醋酸镧为原料混合研磨，750℃下煅烧 20 小时，固相法合成 $LiLa_{0.01}Mn_{1.99}O_4$。其研究了 La 的掺杂量对性能的影响，充放电研究表明当镧掺杂质量分数 1% 时，保护了尖晶石的结构，有效改善了循环性能，减缓了电极阻抗的增加，300 次充放电循环后保持 90.5% 的容量，且平均容量大于 110mAh/g。

(2) 钕（Nd）的掺杂

彭正顺采用溶胶-凝胶法通过掺杂稀土元素 Nd，制备尖晶石型 $LiMn_{2-x}Ln_xO_4$（x = 0, 0.05, 0.10, 0.15, 0.20）锂离子电池正极材料，研究了掺杂量与 Mn^{4+} 含量及首次充放电容量的关系。结果表明，随掺杂量的增加，Mn^{4+} 增加，John-Teller 效应降低，循环性能提高但首次充放电容量减少。彭忠东等采用固相反应法合成了具有尖晶石结构的锂锰氧化合物，对其进行了钕等多种稀土元素的掺杂修饰。验证了其具有较高的可逆容量与良好的循环性能。

杨书廷等利用微波加热技术，以 $LiOH·H_2O$、电解 MnO_2、Nd_2O_3 等稀土氧化物为原料，合成锂离子电池正极材料 $LiMn_{2-x}Ln_xO_4$（x = 0, 0.005, 0.01, 0.1），并指出掺杂量与杂相的关系。从而证明只有合适的掺杂量才可以起到扩展锂离子脱嵌通道和稳定骨架结构的作用，有效提高 $LiMn_2O_4$ 材料的电化学循环可逆性及循环稳定性。

(3) 钇（Y）的掺杂

汤昊等采用流变相反应法（一种软化学合成方法），通过掺杂稀土 Y^{3+} 来合成锂锰尖晶石型 $LiY_xMn_{2-x}O_4$，并对其结构和电化学性能进行了初步研究。指出 Y^{3+} 的掺入使材料的循环稳定性能大幅度提高，而这种提高是源于 Y^{3+} 对尖晶石结构的稳定作用。电极材料 $LiY_{0.02}Mn_{1.98}O_4$ 显示了最优的电化学性能。徐茶清等以 Li_2CO_3、电解 MnO_2 和 Y_2O_3 为原料，采用固相法合成了 $Li_{1.02}Y_xMn_{2-x}O_4$（x = 0, 0.005, 0.01, 0.02, 0.04, 0.10）。XRD 测试表明，不同 Y^{3+} 掺杂量的 $Li_{1.02}Y_xMn_{2-x}O_4$ 晶型发育良好，晶格常数和晶胞体积变小，少量 Y^{3+} 的加入没有改变锂离子脱嵌过程，但随着掺杂量的增加，锂离子脱嵌过程趋于容易，能有效地避免能级分裂。这验证了汤昊等的结论。杨书廷等利用微波加热技术合成稀土掺杂锂离子电池正极材料 $LiMn_{2-x}Re_xO_4$（x = 0, 0.005, 0.01, 0.1）。当钇掺杂量 x = 0.1 时，有 Y_2O_3 杂相存在，掺杂离子没有得到完全利用，必然导致材料比容量的减少。当 x = 0.01 时，材料相纯度较高，此时掺杂离子可以完全进入尖晶石晶格中取代 Mn^{3+} 的位置，形成完美尖晶石相。x = 0.01 时，材料的比容量达到最大值；掺杂量减小到 0.005 时比容量减小，循环稳定性较好。彭忠东等采用固相反应法合成了掺杂钇等稀土的尖晶石结构的锂锰氧化合物，具有较高的可逆容量与良好的循环性能。

总体来说合适量的钇离子的掺杂可以起到扩展锂离子脱嵌通道和稳定骨架结构的作用，其引入可以部分取代原有的 Mn^{3+}，由于该离子的半径较 Mn^{3+} 大，因此稀土掺杂锰酸锂材料的晶胞参数比未掺杂材料大，在一定程度上扩充了锂离子迁移的三维通道，更有利于锂离子的嵌入与脱嵌。循环伏安及恒电流充放电测试结果，晶胞参数比未掺杂材料大，稀土掺杂有效提高了 $LiMn_2O_4$ 材料的电化学循环可逆性及循环稳定性。

(4) 其他稀土元素的掺杂

赵雪梅等采用固相分段反应的方法，以 $LiOH \cdot H_2O$、MnO_2、Sc_2O_3 为原料，合成尖晶石型 $Li_{1+x}Sc_yMn_{2-y}O_4$（$y=0.01$，0.02，0.06，0.10）。于军晖等采用类似溶胶 - 凝胶法合成稀土金属氧化物 Dy_2O_3 掺杂 $LiDy_xMn_{2-x}O_4$（$x=0$，0.01，0.02，0.05）。测试分析了稀土金属元素 Dy 的掺杂对正极材料的结构以及电化学性能的影响。万传云等采用固相法除合成掺杂镧的 $LiM_xMn_{2-x}O_4$ 外，还同时合成了掺杂 Pr、Sm 的 $LiM_xMn_{2-x}O_4$，其中 $x=0.02$。经表征，稀土的掺杂均在不同程度上使产物的晶胞发生收缩。掺杂元素的半径越小，产物晶胞收缩越多，掺杂产物的充放电稳定性越好。同时提高了电化学反应的可逆性，但均降低了材料的初始容量。彭正顺合成了掺杂 Ce 的尖晶石型 $LiMn_{2-x}Ln_xO_4$（$x=0$，0.05，0.10，0.15，0.20）锂离子电池正极材料。实验结果表明，随掺杂量的增加，Mn^{4+} 含量增加，首次充放电容量减少。相同掺杂量的样品，掺 Ce 比掺 Nd 容量降低大。彭忠东等采用机械液相活化法合成了掺杂 Eu 的 $LiMn_2O_4$ 化合物。结果表明，掺入铕元素所合成的材料具有标准尖晶石结构，较好的电化学可逆性能，较优良的高温性能、充放电性能，其首次放电比容量达 130mAh/g。室温下经 300 次循环后，容量持有率大于 85%，在 55℃下，经 200 次循环后容量持有率大于 80%。同时运用晶体场理论简要分析了 Eu 在尖晶石结构中的作用机理。彭忠东等还采用固相反应法合成 Ce、Pr、Sm、Sc 等多种稀土元素的掺杂修饰。实验结果表明，掺入 Sm、Pr、Eu 等元素的材料充电电压在 4.08V 和 4.20V，放电电压 4.00V 和 3.88V，具有较高的可逆容量与良好的循环性能。另外，杨书廷等利用微波加热技术合成掺杂 Nd、Y 以及掺杂 Gd、Ce 的 $LiMn_2O_4$ 化合物。测试结果表明，$x=0.01$ 时 4 种材料的比容量达到最大值；掺杂量减小到 0.005 时容量减小，但 4 种材料的循环稳定性均较好。

(5) 多元素掺杂

不同的单一元素的掺杂可以从不同的方向保持材料的充放电容量和改善稳定结构，两种或两种以上的掺杂元素会协同作用，得到优良电化学性能的正极材料。唐致远等用固相法合成了多元掺杂 $Li_{1.02}Mn_2O_4$、$Li_{1.02}Co_{0.02}Cr_{0.01}La_{0.01}Mn_{1.96}X_{0.02}O_{3.98}$、$Li_{1.02}Co_{0.02}La_{0.02}Mn_{1.97}Cl_{0.02}O_{3.98}$ 和 $Li_{1.02}Co_{0.02}Cr_{0.01}Mn_{1.97}O_4$（X 为 Cl、F）。经过 XRD、SEM、TG - DTA、交流阻抗、充放电循环性能等测试结果分析表明：多元掺杂的尖晶石型锰酸锂作为锂离子电池的正极材料具有优良的充放电循环性能，能够较好抑制材料的可逆容量在充放电过程中的衰减。多元掺杂较二元掺杂电化学性能好，阴、阳离子复合掺杂较仅阳离子掺杂电化学性能优异。

8.1.3 锰酸锂的应用情况

目前锂离子电池正朝着两个方向发展，一是在小功率场合的应用，如便携式电器（如手机、笔记本电脑等），对于该类电池而言，提高电池的能量密度是关键；二是在大功率场合的应用，比如混合动力车、燃料电池车的配套电源、无绳电动工具电源等，对于该类电池而言，提高电池的功率密度是关键问题。在现阶段，发展高功率型锂离子电池的动力主要来源于电动汽车的强烈需求。

由于能源和环保问题日益突出，世界各国将电动汽车的发展作为重点。电动汽车的研究和开发是目前解决能源危机和环保问题的最现实和有效的途径，电动汽车的推广和普及不仅可以缓解能源的压力，还能消除汽车尾气的环境污染问题。在能源和环保压力不断增大的情况下，零污染、低噪音和能源来源广的电动汽车市场份额将会不断扩大。电池问题一直是制约电动汽车发展的瓶颈问题。锂离子电池的问世，为该问题的解决提供了最大的可能。

电动汽车主要有三种类型：纯电动汽车（pure electric vehicle，PEV）；混合动力电动汽车（hybrid electric vehicle，HEV）和燃料电池汽车（fuel cel electric vehicle，FCEV）。在这三种类型的电动汽车中，对电池有不同的要求。对 PEV 而言，主要要求电池比能量高，即需要高能量电池；而对后两者而言，则主要要求电池有高的功率密度，即需要高功率电池。因此，高功率型锂离子电池研发就成为人们关注的重点。在锂离子电池产品实现商业化不久，1992 年，日本制定并启动为期 10 年的新阳光计划，由 LIBES（the Lithium Battery Energy Storage Technology Research Association）在 NEDO（the New Energy and Industrial Technology Development Organization）的指导下负责计划的实施。该计划分为两个阶段，第一阶段（5 年）是试制 10Wh 级的锂离子电池，并在试制过程中，对各种相关的工艺过程进行确认和优化；第二阶段是试制大型的锂离子电池，对电池结构、相关的电池材料的性能和电池安全性能进行评价，并最终组装出 nkWh 级的电池组模块投入实际的应用。在这个阶段，通过对各种相关材料性能的研究，最终选定电池的化学体系为：正极采用 $LiNi_{0.7}Co_{0.3}O_2$ 或富锂态的 $LiMn_2O_4$，负极采用石墨和碳材料的复合负极或具有循环性能好的特点的有 Ag 分散的石墨负极，并实现了计划中的性能指标要求。

在该计划的推动下，日本的各大公司纷纷加大动力型高功率锂离子电池的研发投入，并取得了相当的成果。日本索尼于 1995 年开发的用于混合动力汽车（HEV）用锂离子动力电池，电池容量为 22Ah，电池比功率为 800W/kg，电池比能量为 62Wh/kg。日立公司采用富锂的尖晶石 $LiMn_2O_4$ 为正极，硬碳材料为负极制备纯电动汽车和混合动力汽车用锂离子电池，纯电动汽车的电池容量为 90Ah，比能量为 107Wh/kg，单体工作电压为 3.8V；而混合动力汽车电池的容量为 3.6Ah，单体电池工作电压 3.6V，电池的功率密度达到 1350W/kg（50% SOC，State Of Charge），并已在商业车辆中投入使用。此外，日本日立（Hitachi）、新神户电机（Shin－Kobe）、美国威宝 Ultralife 公司与日本 Nippon 公司、加拿大莫利（Moli）等公司也选用富锂的尖晶石 $LiMn_2O_4$ 材料作为动力型锂离子电池的正极材料加以研究和开发，并试制出产品样机，测试了相应的电池性能。

在美国，1990 年加州出台汽车零排放法规，1991 年 1 月，美国福特、通用、克莱斯勒三大汽车公司联合成立了先进电池联合会 USABC（US Advanced Battery Consorium），并制定了动力电池中期技术性能指标。在此基础上，又根据混合动力车的具体要求制定了 PNGV（Partnership for a New Generation of Vehicles）计划。从 2002 年起美国的 USABC 修订了自己的发展计划，并从原先的 PNGV 计划转向了 Freedom Car 计划，该计划在未来 5 年中的总经费为 17 亿美元。该计划重新确定了三种电动车电池的目标，即 EV 电池、HEV 电池和 42V 电池的目标。

在这些相关计划的推动下，美国能源部组织提出了 ATD（Advanced Technology Development）计划，并组织了 Argonne National Lab（ANL）、Sandia National Lab（SNL）以及 Idaho National Engineer And Environment Lab（INEEL）等研究机构对应用于动力型锂离子电池的相关材料进行了研究和评价。研究结果给出了在采用 $LiNi_{0.8}Co_{0.2}O_2$（正极）、MCMB-6-2800（负极）和 $MLiPF_6$ EC：DEC（1:1，w%：w%）（电解液）化学体系条件下，不同温度和荷电态（SOC）时试验电池的内阻变化的数学模型，为电池组系统的管理电路的设计提供了设计依据，也为电池在实际中的应用提供了理论指导。在 ANL 先后研究了两代高功率锂离子电池化学体系，分别为：第一代电池为 $LiNi_{0.8}Co_{0.2}O_2$ 及 MCMB，第二代为 $LiNi_{0.8}Co_{0.15}Al_{0.05}O_2$ 及 MAG Graphite，电解液均采用 $LiPF_6$ 为盐的电解液体系。目前正在开发第三代高功率锂离子电池化学体系，正极计划采用尖晶石结构的 $LiMn_2O_4$，负极采用经过表面修饰的天然石墨材料，电解液采用 LiBOB 为盐的有机电解液。Brookhaven National Lab 在 PNGV 计划的资助下，对锂离子电池的正极材料在不同的荷电状态（SOC）和过充电条件下的稳定性进行了综合考核和评价。研究结果表明，HEV 电池应在 SOC≤50% 的条件下工作，为保证电池的循环寿命，电池应尽量避免过充电，在电池化学体系中，采用 $Li_xNi_{0.5}Mn_{0.5}O_2$ 和 $Li_xCo_{1/3}Ni_{1/3}Mn_{1/3}O_2$ 正极材料要优于采用 $Li_xNi_{0.8}Co_{0.15}Al_{0.05}O_2$ 正极材料。

具体到电池产品方面，SAFT 公司启动 CHPS（Compact High Power Sources）计划，探索了在空间应用、火星探测、混合动力车、军事装备等领域高功率锂离子电池应用的可能性。研究结果表明，SAFT 目前的电池产品能够满足这些领域对电池的高功率要求，这也证明了锂离子电池的高功率应用具有广阔的前景。与此同时，SAFT 公司分为两个阶段参加了 PNGV 计划。第一阶段始于 1996 年，其目的是显示锂离子电池能否达到脉冲功率 1000W/kg、能量密度 46Wh/kg、循环寿命 120000 次（3.3%DOD，Depth of Discharge）的技术要求。经过一年的研究，得到了满意的结果。1997 年初开始第二阶段计划，即开发 50V 的电池模块。用 6Ah 或 12Ah 单体电池，做出 0.3～0.5kWh 的模块，要求其性能为：比能量 60Wh/kg、峰值功率密度 1200W/kg（50%DOD）、循环寿命 150 万次（3.3%DOD）。SAFT 采用的电池化学体系为：正极：$LiNi_xCo_yAl_zO_2$，负极：天然石墨，电解液：有机碳酸酯类混合溶剂和 $1MLiPF_6$ + VC，并根据功率和能量的要求调整电极的组成、孔率等参数。对高功率电池，已开发和正在开发的有 VLP 和 VLV 两个系列。VLP 系列的基本参数为：电池能量密度为 57～85Wh/kg，电池功率密度为 1450W/kg（18 秒脉冲，功率（Power）/能量（Energy）为 16～19）；VLV 系列的基本参数：电池能量密度为 48～60Wh/kg；电池功率密度为 4000W/kg（2s 脉冲）到 12000W/kg（200ms 脉冲），P/E 为 100～160。电池采用 Al 壳，圆柱型卷绕式结构，低电阻连接方式，中空的内部结构，并结合有大电流熔断丝保护电池安全。VL20P 电池采用 PNGV100Wh 方式进行测试，经过 900000 次循环后（70%SOC，217A，18s 脉冲）电池仍然保持 1500W 的功率特性，并且容量基本没有衰减（15A，20℃考核）。VL16P 电池 50%SOC 状态下，在 25℃、40℃、60℃条件下储存 28 个月后，在 25℃条件下测量其峰值功率，除高温略有衰减外，其余的基本没有变化，电池的容量也基本没有变化，显示了电池良好的功率保持能力和储存性能。根据试验数据预测电池在常温条件下可以保证超过 15 年的寿命。根据相关材料和电池的试验数据，还建立了相应的电池寿命模型，能够较精确地预测电池的寿命变化。

此外，德国的 Varta 电池公司采用尖晶石 $LiMn_2O_4$ 正极材料试制了混合型电动车用高功率锂离子电池，当比功率为 480W/kg（10C，100% DOD），电池比能量为 35Wh/kg，当采用脉冲方式工作时（10% DOD），电池比功率可高达 850W/kg。该公司认为，采用尖晶石 $LiMn_2O_4$ 正极材料可以制成高能量型和高功率型锂离子电池，完全适用于 EV 和 HEV。

8.2 全球专利分析

8.2.1 专利申请全球态势

由图 8-1 可见，锰酸锂材料专利技术的发展可以大致分为两个阶段。

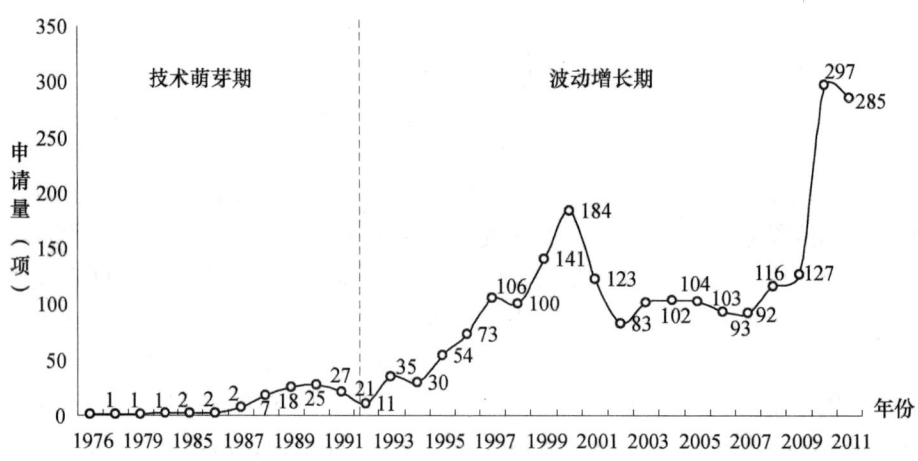

图 8-1 锰酸锂正极材料领域专利申请全球态势

（1）技术萌芽期（1976~1992 年）

在 1992 年以前，与锰酸锂正极材料相关的专利申请数量较少，年均在 30 项以下。这个时期由于锰酸锂正极材料的研发刚刚起步，技术上处于试探性的起步阶段，各大企业都只有零星的专利申请，申请总量也较少。

（2）波动增长期（1993 年至今）

从 1993 年开始，锰酸锂正极材料相关的专利申请数量开始稳步增长，1995 年突破 50 项，1997 年突破 100 项，此后年申请量基本保持在 100 项以上，表明从 1993 年开始，锰酸锂正极材料在锂离子电池领域开始受到研究人员的重视。全球申请量在 2000 年达到一个高峰，全年申请量达到 184 项，此后申请量有所减少，但依然维持在每年 100 项左右。2010 年全球申请量从 2009 年的 127 件陡增到 297 项，增加了一倍多。2011 年为 285 项，虽然稍有减少但依然保持在一个较高的水平。考虑到 2012 年申请的专利还有较多未公开，可以预期 2012 年的申请量依然可能保持在一个较高的水平。这个趋势表明近几年锰酸锂正极材料由于其成本低（为磷酸铁锂的一半不到）、比容量高、安全性和低温性能好等技术上的优势，同时磷酸铁锂等主流正极材料遇到技术上的瓶颈，正受到越来越多的重视。

8.2.2 技术领域分布

图8-2显示了锰酸锂正极材料在不同分类号领域的分布情况。

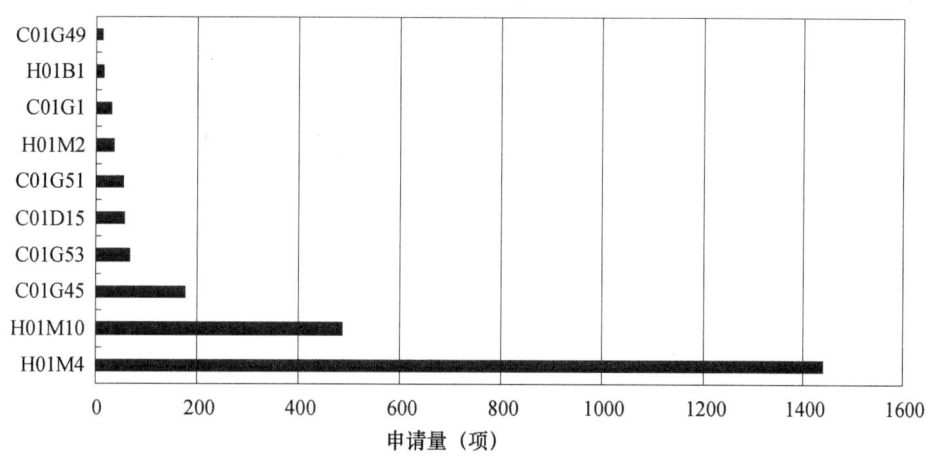

图8-2 锰酸锂正极材料技术领域分布

由图8-2可见，锰酸锂正极材料技术集中分布在前三个分类号中。其中排名第一位的H01M4涉及活性材料制造的电极、电极的一般制造方法等，由于锰酸锂材料本身就是作为正极材料使用的，因此绝大部分申请都涉及这个分类号，其统计数量排名第一在预料之中。排名第二位的H01M10涉及二次电池及其制造，其中有多个小组涉及二次电池的零部件设计、结构的改进以及充电或放电的方法，表明锰酸锂正极材料应用于二次电池中，已经有很大部分专利技术着重于电池结构甚至更高一层的充放电性能的改进了。排名第三位的C01G45涉及锰的化合物。锰酸锂材料显然都涉及锰的化合物，一般情况下，如果锰酸锂材料相关专利可以分到更具有明确技术方向的H部的话，则不会再分配C部的分类号，可以理解为涉及C01G45分类号的专利技术没有明确地涉及排名前两位分类号的领域，其改进不在电极，也不在二次电池本身，涉及该分类号的申请数量较少（数量只有H01M4下的1/10多一点），依然能体现锰酸锂正极材料相关专利申请的技术分部较为集中。

对锰酸锂正极材料相关专利在H01M4技术领域内进一步统计，则分部情况如图8-3所示。

图8-3显示了涉及专利数量排名前七位的分类号。排名第一位的是H01M 4/58，涉及除氧化物或氢氧化物之外的无机化合物作为活性物质、活性体、活性液体制备电极，锰酸锂材料属于复合氧化物，既不属于氧化物也不属于氢氧化物，因此较多涉及该分类号。排名第二位的H01M 4/505是2010年新增的分类号，涉及包括锰作为插入金属或者轻金属的嵌入金属的混合氧化物或氢氧化物，如$LiMn_2O_4$或$LiMn_2O_xF_y$。锰酸

锂正极材料目前应用最多的两种形式就是 $LiMn_2O_4$ 或 $LiMn_2O_xF_y$，作为 2010 年新增的分类号，该领域下的申请量排名高至第二位表明该领域是目前锰酸锂正极材料的一个热点方向。排名第三位的 H01M 4/02 是一个一点组，涉及由活性材料组成或包括活性材料的电极，技术分类较粗，因此也拥有较多数量的专利。排名第四位的 H01M4/525 同样是 2010 年新增加的分类号，涉及包括铁、钴或镍作为插入金属或者轻金属的嵌入金属的混合氧化物或氢氧化物，如 $LiNiO_2$、$LiCoO_2$ 或 $LiCoO_xF_y$。这个分类号下的专利可能涉及锰酸锂与其他材料如钴酸锂、铁酸锂等混合使用的情形，相关专利数量与 H01M 4/505 相差不大，也是一个相对的热点方向。排名第五至七位的分类号都不是新增的分类号，涉及电池一般的制造方法、基于（锰）无机氧化物或氢氧化物的材料等，除前几个分类号外，其他的相关专利一般都涉及这些分类号。

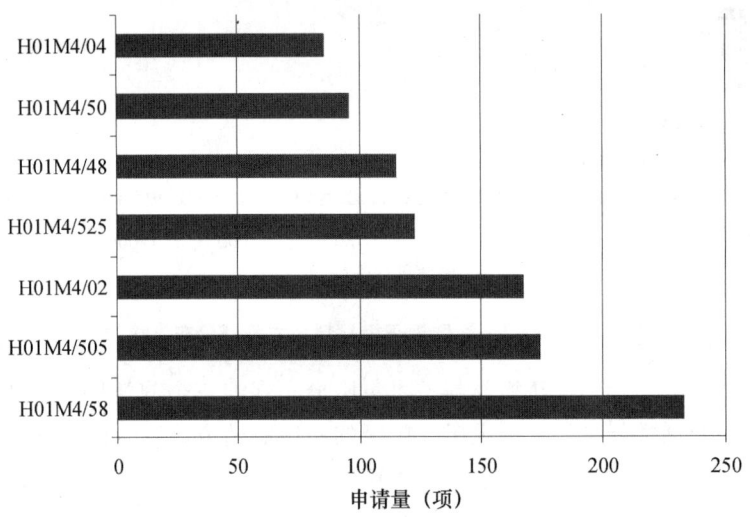

图 8-3 锰酸锂正极材料专利申请在 H01M4 技术领域内的分布

8.2.3 全球份额

由图 8-4 可知，来自日本的申请人占了全球申请量的一半还多，为 52%。紧随其后的是中国申请人，为 23%。排名第三至五位的分别是韩国 11%、美国 9%、德国 1%。日本申请量排名第一并不意外，日本是能源技术大国，由于其本土资源匮乏，日本特别重视能源技术开发，在锂离子电池领域技术领先世界，因此其在锰酸锂正极材料技术方面处于领先地位也就在意料之中了。中国虽然是个资源大国，但是改革开放以后随着经济社会的快速发展，能源不足的矛盾越来越凸显出来，同时传统能源的大量使用也给环境带来巨大压力。此外，中国由于人口众多，人均能源更是大大低于世界平均水平，例如煤炭和水力资源人均拥有量仅相当于世界平均水平的 50%，石油、天然气人均资源拥有量仅为世界平均水平的 1/15 左右，这进一步加剧了中国能源短缺的状况。近年来，我国逐渐重视新能源、清洁能源的开发与利用，锂离子电池作为一种应用前景很好的清洁能源，正越来越多地得到我国政府、企业、研究单位的重视。排名第三的韩国也是电子技术强国，在锂离子电池领域发展也较快。排名第四、第五位的美国、德国都是传统的技术先进的发达国家，其锰酸锂正极材料的申请量也较大。排名前五位的五个国家的申请总量达到96%，表明锰酸锂正极材料的技术集中非常明显，几乎都掌握在几个技术大国手中。

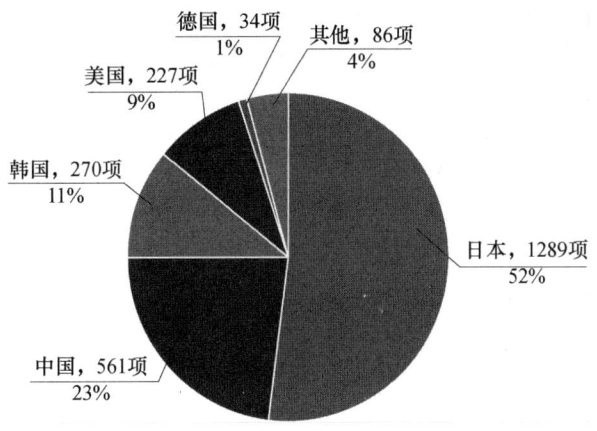

图8-4　锰酸锂正极材料专利申请全球份额

8.2.4　专利申请排名前五位国家的发展趋势

图8-5是锰酸锂正极材料专利申请排名前五位的国家申请量随年代变化的趋势。日本技术起步较早，在20世纪90年代初，其他国家申请量还只是凤毛麟角的1~2项时，日本年申请量就已经稳定在20项左右。20世纪90年代末期，日本申请量大幅增长，到2000年达到了最高的143项，此后稍有下降，2001~2009年稳定在50项左右的年申请量，到2010年又暴增到115项，2011年为106项，这表明近两年锰酸锂正极材料在日本又重新受到重视。中国的发展趋势与日本不同。在2000年以前，中国申请量很少，这一方面是由于技术发展较落后，另一方面是由于专利制度实行时间较短，

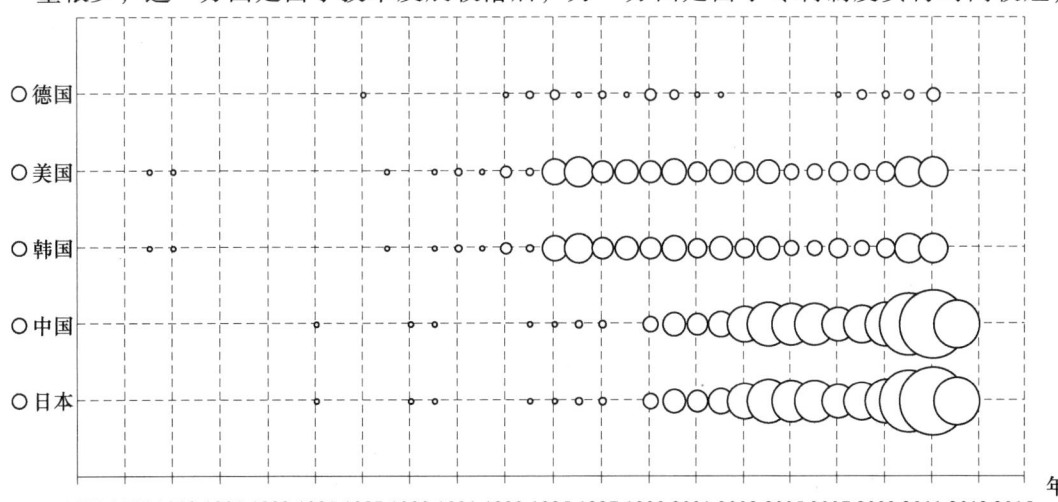

图8-5　锰酸锂正极材料专利申请排名前五位的国家申请量发展趋势

企业、科研院所申请专利的意识不强。从 2000 年开始，年申请量增加到 10 项以上，2004 年前后有一个快速增长，2010～2011 年经历了一个突跃式增长，2011 年达到最高的 105 项。这个增长与日本同期的增长是同步的，有技术上的原因，如前所述，磷酸铁锂等主流材料遇到技术上的瓶颈，锰酸锂材料的优势凸显；另外，中国政府对新能源开发的重视也推动了锰酸锂正极材料相关专利申请的增长。韩国的发展趋势与日本类似，也在 2000 年和 2010 年左右经历了一次较快增长，只是申请量上较日本少。美国的申请量高峰出现在 1996 年前后和 2010 年前后，后一个高峰与日本、中国、韩国相同，而第一个申请量高峰较日本和韩国早，可能是由于其技术起步较早。

8.2.5 专利申请排名前 10 位的申请人

由图 8-6 可见，排名前 10 位的申请人全都让韩国和日本垄断了。值得注意的是，排名前两位的申请人三星和 LG 化学均来自韩国。考虑到韩国申请量排名仅为全球第三，韩国的技术集中情况非常明显，锰酸锂正极材料专利技术都掌握在少数几个大公司手中。除前两位以外，排名前 10 位的其他申请人均来自日本，这与日本申请量排名全球第一的状况也是相应的。这些申请人的申请量都相差不大，均在 50～80 项之间，表明日本技术雄厚的公司较多，技术分部在大公司之间也较均衡。来自中国的比亚迪股份有限公司虽然未排进前 10 位，但是考虑到比亚迪公司在锰酸锂离子电池方向的开发起步较晚，最近两年发展很快，可以预期不久的将来，比亚迪的申请量挤进前 10 位是有希望的。

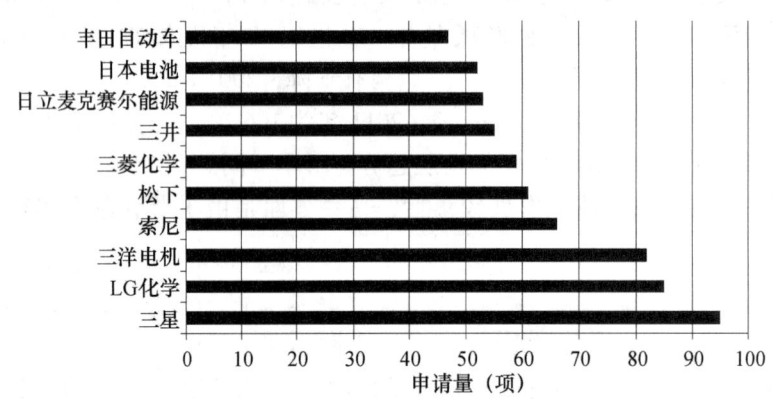

图 8-6　全球申请量排名前 10 位的申请人

下面将统计排名前 10 位的申请人的专利申请的技术分布情况，以获得世界主要申请人技术发展方向的信息。

如图 8-7 所示，首先从整体上看，三星主要的申请都集中在 H01M 4 和 H01M 10 两个领域，分别代表"电极"和"二次电池及其制造"，这是锰酸锂电极材料应用的主要领域。排名前 10 位的分类号中，H01M 4 占了 8 个，H01M 10 只占 2 个，表明三星株式会社研发的锰酸锂材料更多地应用于电极。排名前五位的申请号都属于 H01M 4，分别涉及无机氧化物或氢氧化物、除氧化物或氢氧化物之外的无机化合物、锰的无机氧化物或氢氧化物、由活性材料组成或包括活性材料的电极、镍钴铁的无机氧化物或氢氧化物，表明三星对于锰酸锂正极材料的研发主要集中在传统的氧化物、氢氧化物方面。由于排名前 10 位的分类号下专利申请数量差别并不是太大，排名第八至九位的 2010 年新增的分类号下也有较多数量的专利申请，表明新材料如 $LiMn_2O_4$ 或 $LiMn_2O_xF_y$，$LiNiO_2$、$LiCoO_2$ 或 $LiCoO_xF_y$ 等也是三星的研发重点。

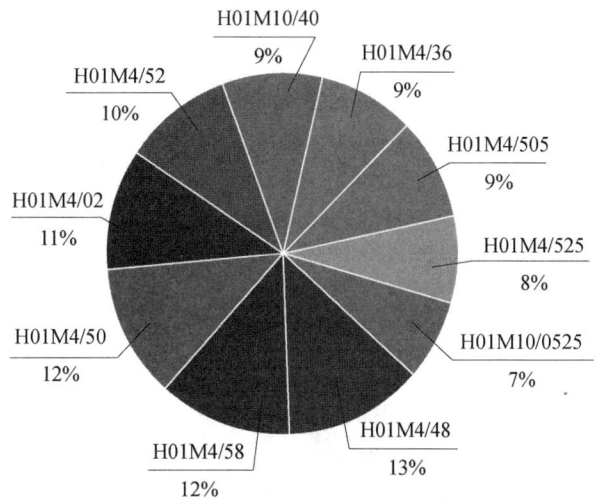

图 8-7 三星锰酸锂正极材料专利申请技术分布情况

如图 8-8 所示，与三星不同，LG 化学专利申请在代表新技术的 H01M 4/505 和 H01M 4/525 两个分类号下比重较大，分别排第一位和第三位。这表明 LG 化学虽然在申请总量上稍逊于三星，但是其对于新技术发展方向的嗅觉要比三星灵敏，其主要研发精力集中在 $LiMn_2O_4$ 或 $LiMn_2O_xF_y$，$LiNiO_2$、$LiCoO_2$ 或 $LiCoO_xF_y$ 等形式的新型锰酸锂材料上。此外还应当注意的是，H01M 10/052 和 H01M 10/0525 两个分类号也排名较高，分列第四名和第五名。这两个分类号也是 2010 年新增的，其中 H01M 10/052 二点组，涉及非水电解质的锂蓄电池，而 H01M 10/0525 则是隶属于 H01M 10/052 的三点组，涉及摇椅式电池，例如锂同时插入两个电极中、锂离子电池等。这更进一步表明

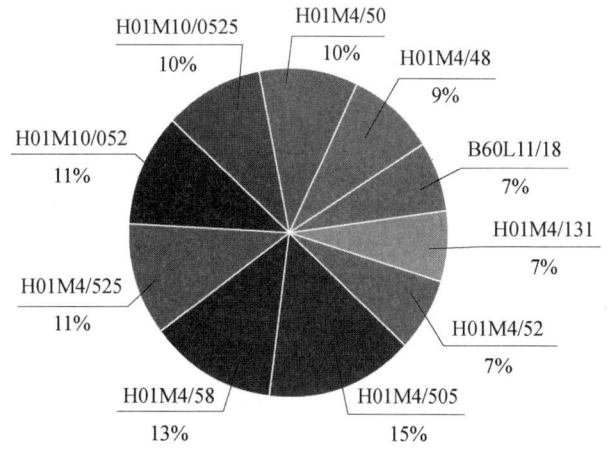

图 8-8 LG 化学锰酸钾正极材料专利申请技术分布情况

LG 不但重视锰酸锂材料研发新动向,而且还深入到宏观的电池构造上来,LG 同时重视电极材料和电池本身的新技术研发,可以预见其将继续站在锰酸锂正极材料开发的最前沿。还有一点值得注意的是,LG 化学专利申请技术领域排名中第 8 名出现了一个 B 部的分类号——B60L 11/18,涉及使用初级电池、二次电池或燃料电池供电的用车辆内部电源的电力牵引,这表明 LG 还致力于将锰酸锂材料应用于汽车动力电池的研发。

如图 8 - 9 所示,三洋电机是日本申请人里申请量最大的一个,与三星比较类似,三洋电机也注重传统锰酸锂的材料研发。前四位均不是新分类号,而第五至六位以及第 10 位则涉及 2010 年新增加的分类号。可以说三洋电机对于新技术的敏感度应该介于三星与 LG 之间,其研发重点不在新领域,但是对于新材料研发也投入了一定的力量。与前两位申请人不同的是,三洋排名前 10 位的分类号中 H01M 10 的分类号占了三个,体现出三洋电机较注重电池本身结构的研发。

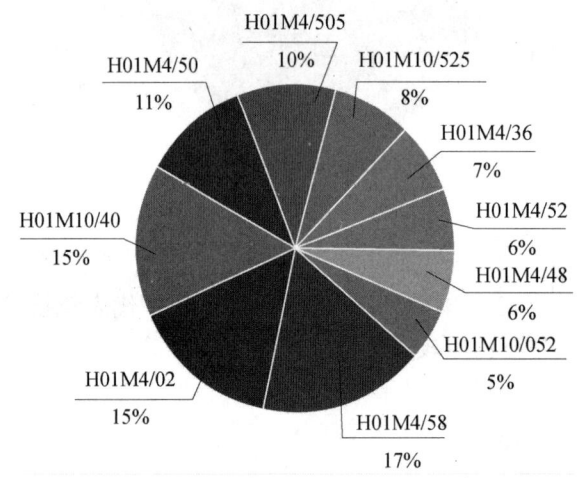

图 8 - 9 三洋电机锰酸锂正极材料专利申请技术分布情况

由图 8 - 10 可知,索尼公司对于电池本身的开发比较重视,涉及带有有机电解质的蓄电池的 H01M 10/40 排到了第二位。总体来说,索尼公司开发的技术也以传统技术

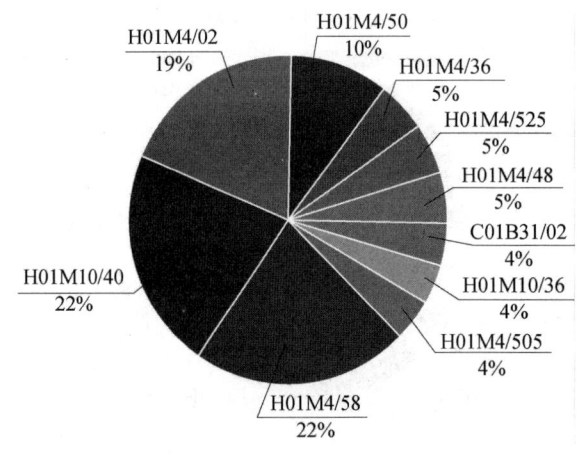

图 8 - 10 索尼公司锰酸锂正极材料专利申请技术分布情况

为主,前五位都不涉及新分类号。专利申请量最大的新分类号为 H01M 4/525,排在第六位,该分类号涉及包括铁、钴或镍作为插入金属或者轻金属的嵌入金属的混合氧化物或氢氧化物,如 $LiNiO_2$、$LiCoO_2$ 或 $LiCoO_xF_y$,表明索尼公司对于铁、钴或镍作为插入金属的锰酸锂材料投入研究较多。索尼公司还有一个特点,就是分布比较集中,前三名占了总申请量的 63%,后七名只占 37%,表明索尼公司的研发方向比较集中。

由图 8-11 可见,松下的情况与索尼公司比较相似,一是技术比较集中,前三名占据总量的 54%;二是较注重电池本身的研发,H01M 10/40 排到了第三位;三是对于新技术的研发也较重视,H01M 4/505、H01M 4/525 分别排到第五位和第七位。此外涉及锰的化合物的 C01G45/00 也排到了第六位,表明有一部分专利技术方向性不是很明确,因此仅根据材料的组成分到了 C 部。

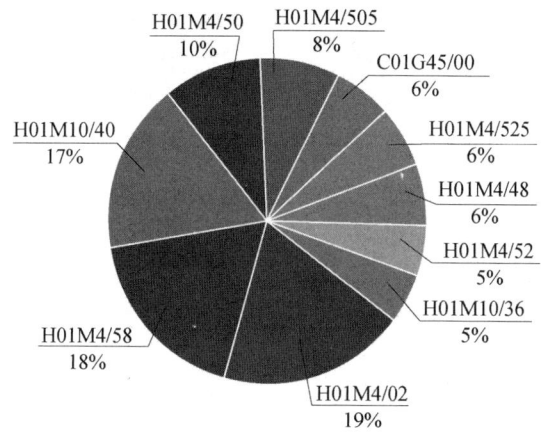

图 8-11 松下锰酸锂正极材料专利申请技术分布情况

如图 8-12 所示,三菱化学专利申请分布也比较集中,前三名占总量的 53%。与其他申请人不同的是,三菱非 H 部的分类号较多,有三个,分别为涉及锰的化合物的 C01G 45/00(第四位)、涉及镍的化合物的 C01G 53/00(第六位)、涉及碳的制备的

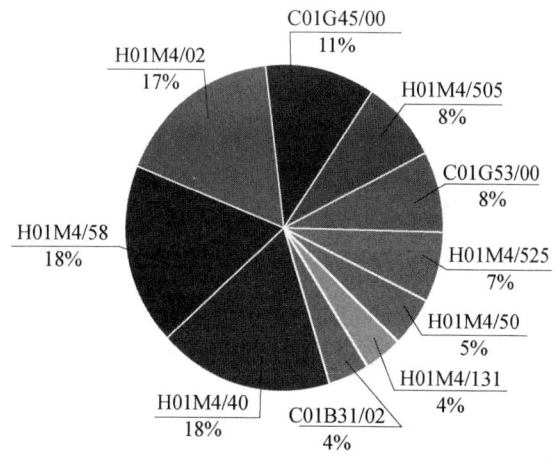

图 8-12 三菱化学锰酸锂正极材料专利申请技术分布情况

C01B 31/02（第10位），由此可见三菱有一部分专利的技术方向比较分散。三菱化学对于新技术方向研发也比较重视，新分类号 H01M 4/505 和 H01M 4/525 分别排至第五位和第七位。

三井非 H 部的分类号较三菱更多，有四个，分别为涉及锰的化合物的 C01G4 5/00（第四位），涉及锰酸盐、高锰酸盐的 C01G 45/12（第六位），涉及锰的氧化物、氢氧化物的 C01G 45/02（第七位），涉及镍的化合物的 C01G 53/00（第九位），分散情况较为明显。与技术方向分散形成对照的是，专利申请量在前三个分类号中较为集中，占了总量的 58%。

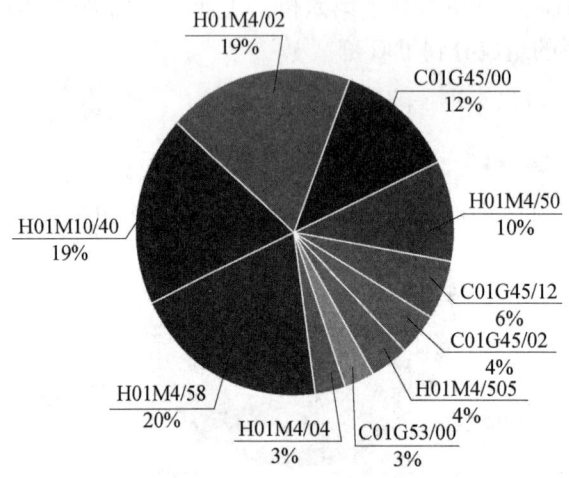

图 8-13　三井锰酸锂正极材料专利申请技术分布情况

日立麦克赛尔最大的特点就是排名第一、第二的技术方向都是 2010 年新增的分类号，分别为涉及包括锰作为插入金属或者轻金属的嵌入金属的混合氧化物或氢氧化物（如 $LiMn_2O_4$ 或 $LiMn_2O_xF_y$）的 H01M 4/505，以及涉及包括铁、钴或镍作为插入金属或者轻金属的嵌入金属的混合氧化物或氢氧化物（如 $LiNiO_2$、$LiCoO_2$ 或 $LiCoO_xF_y$）的

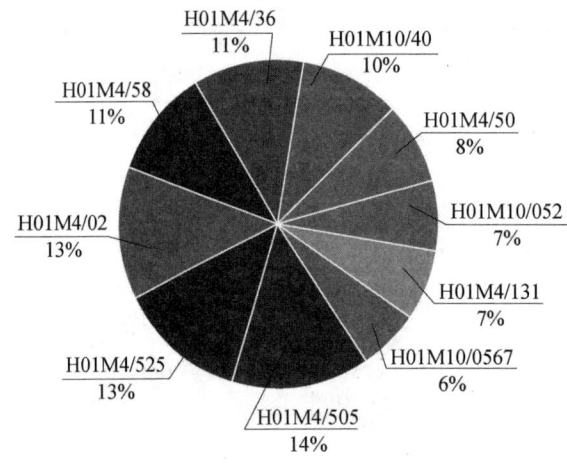

图 8-14　日立麦克赛尔专利申请技术分布情况

H01M 4/525。这个结果表明日立公司很重视新材料的研发,对于锰酸锂正极材料的技术走向非常敏感,把主要的研发力量都投入到新兴的技术方向上了。日立公司还有一个特点是,所有前 10 位的分类号都是 H 部的,没有 C 部的分类号,由此可见日立公司的研发目标比较明确,技术集中。涉及电池本身的 H01M 10 下分类号有三个,表明日立公司对于电池本身的改进也比较重视。

如图 8-15 所示,日本电池专利申请量分布较为集中,前三名分类号下的专利申请量占总量的 64%,分别是涉及无机氧化物或氢氧化物的 H01M 4/48、涉及由活性材料组成或包括活性材料的电极的 H01M 4/02、涉及包含有机电解质的蓄电池的 H01M 10/40。日本电池非 H 部的分类号也较多,有四个,分别为涉及锰的化合物 C01G 45/00(第四位)、涉及镍的化合物 C01G 53/00(第五位)、涉及用喷雾或雾化溶液的氧化或水解法制备氧的 C01B 13/34(第七位)、涉及钴的化合物 C01G 51/00(第八位)。日本电池株式会社对于电池本身的改进也较重视,前 10 位中涉及 H01M 10 的分类号有三个。

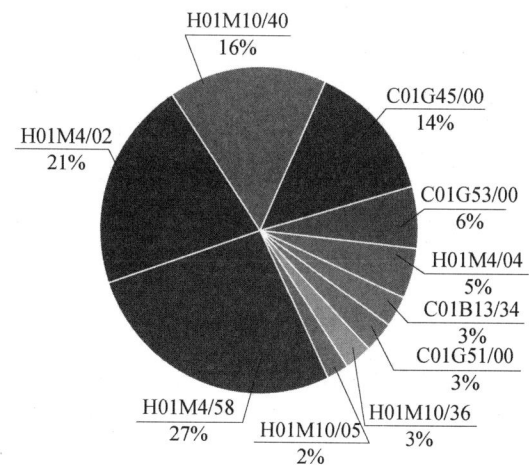

图 8-15　日本电池锰酸锂正极材料专利
申请技术分布情况

丰田自动车专利申请量分布较为集中,前三名分类号下的专利申请量占总量的 67%,分别是涉及除氧化物或氢氧化物之外的无机化合物 H01M 4/58、涉及带有有机电解质的蓄电池 H01M 10/40、涉及由活性材料组成或包括活性材料电极的 H01M 4/02。丰田自动车非 H 部的分类号也较多,有三个,分别为涉及锰的化合物 C01G 45/00(第四位)、涉及钴的化合物 C01G 51/00(第八位)、涉及镍的化合物 C01G 53/00(第 10 位)。丰田自动车株式会社对于电池本身的改进也较重视,前 10 位中涉及 H01M10 的分类号有三个,其中 H01M10/40 排在第二位(见图 8-16)。

图 8-17(见文前彩色插图第 1 页)为锰酸锂正极材料领域全球排名前 10 位的申请人专利申请量随年代变化情况(SMSU:三星;GLDS:LG 化学;SAOL:三洋电机;SONY:索尼公司;MATU:松下产业;MITU:三菱化学;MITG:三井;HITM:日立麦克赛尔能源;NIST:日本电池;TOYW:丰田自动车)。

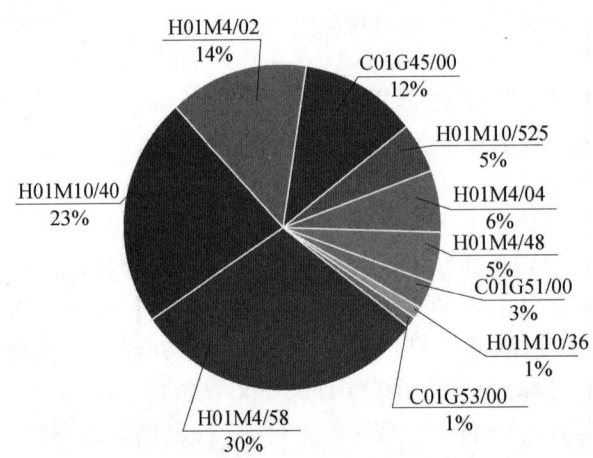

图 8-16 丰田自动车锰酸锂正极材料专利申请技术分布情况

  10 个公司总的申请量分别在 1999~2001 年以及 2010~2011 年两个阶段出现高峰。20 世纪 90 年代初,涉及锰酸锂正极材料的专利申请量较小,之后逐年递增,1998~1999 年申请量有一个突跃,在 1999~2001 年,锰酸锂正极材料的研究进入最热的阶段,这几年中申请量最大的是日本的三菱以及韩国的三星。2001 年以后,申请量有所减少,但依然保持在每年 25 件左右。2010 年申请量再次猛增到接近 60 件,表明锰酸锂正极材料的研究再次受到重视。2011 年申请量依然保持在较高水平。在这一个高峰中,申请量最大的公司是韩国的三星和 LG 化学。日本公司中日立麦克赛尔也有一定数量的申请。

  单独看每一家公司申请量的变化,则可以发现一个明显的现象是,来自韩国的三星和 LG 化学在 2000 年以前申请量都很少,例如三星在 1996 年以前申请量为 0,而 LG 化学更是在 1999 年以前都没有专利申请,表明这两家排名前二位的公司是后来居上,对于锰酸锂正极材料的研究起步较晚。日本公司则起步较早,例如排名第三位的三洋电机 1991 年就已经有 2 件申请,而且各年份分布都比较均匀。日本公司在 2000 年以前的专利申请量并不明显低于 2000 年以后,表明日本公司研究锰酸锂正极材料起步很早,但近年来申请量被韩国公司超过。

  图 8-18(见文前彩色插图第 1 页)显示了锰酸锂正极材料领域世界排名前 10 位的申请人专利申请量份额随年代变化情况。可以看出,1995 年以前,锰酸锂正极材料领域是日本公司的天下,申请量较多的公司包括三洋电机、日本电池以及三井。1996 年前后三星开始有一些申请,1999 年以后三星的份额快速增加,与三菱以及日本电池三分天下。2003 年以后,LG 化学的份额增加,三菱与日本电池两家公司份额大幅减小,三洋电机和日立麦克赛尔的份额增加,最近几年是这四家公司所占份额最大。

8.2.6 专利申请主要目标市场

  图 8-19 显示了锰酸锂正极材料专利申请主要目标市场份额的情况。与图 8-4 申

请量全球份额图相比可知，排名前两位的国家没变，还是日本第一位，中国大陆第二位，申请量大国同时也是目标市场大国。变化的是日本的优势不再那么明显，在申请量份额中日本占到52%，而在目标市场份额中日本只占到35%，下降明显。这表明日本很多申请人倾向于进行技术输出，日本国家小，市场容量也有限，而日本申请人技术优势明显，技术输出就成了理所当然的事情。排名第三位的是美国，第四位为韩国，这个顺序与申请量份额中的第三、第四名相反，众所周知美国的市场比韩国大，因此这个结果也容易理解。值得注意的是美国作为全球第一经济体，科技、经济、社会各方面的发展都全球领先，市场份额排名却在日本和中国之后，原因可能在于美国节约能源的意识较差，美国是世界霸主，在全球攫取能源，其对于能源危机的意识显然要比资源匮乏的日本要弱很多。而中国作为最大的发展中国家，经济快速发展需要大量能源，但走和平发展的道路又不允许其像美国一样在全球扩张势力，因此中国和日本对于锰酸锂正极材料这样的新能源材料较重视，市场份额较大也是可以理解的。排名第五至十名的国家或地区分别为欧洲、德国、中国台湾、澳大利亚、加拿大和法国，均为经济发达国家或地区。值得注意的是中国台湾地区经济起飞也较早，半导体、电子技术发达，台湾资源也匮乏，对于新能源较重视，故占有一定的市场份额。

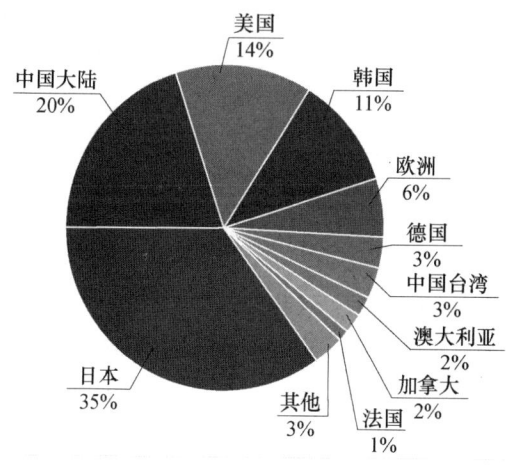

图8-19 锰酸锂正极材料专利申请
主要目标市场份额

图8-20显示了排名前10位的主要目标市场锰酸锂正极材料专利申请的发展趋势。日本从20世纪90年代初开始申请量稳步增长，从1992年的12项增长到2000年的最高157项，在2001年之后申请量有所减少，到2010年又恢复增长到100项左右。中国在1995年以前申请量很少，之后逐渐增长，2003年以后稳定在50项左右，到2010年出现一个增长高峰，比2009年几乎翻番，到2011年到达最高的109项。美国的申请量比较稳定，1995～2009年一直稳定在30项左右，到了2010年出现一个较大的增长，达到最高的60项，2011年又恢复到30项左右的水平。不论是从申请量还是从目标市场来看，2010年都是一个高峰，表明世界各国或地区、各大市场对于锰酸锂正极材料的研发在2010年都有大幅的增长。

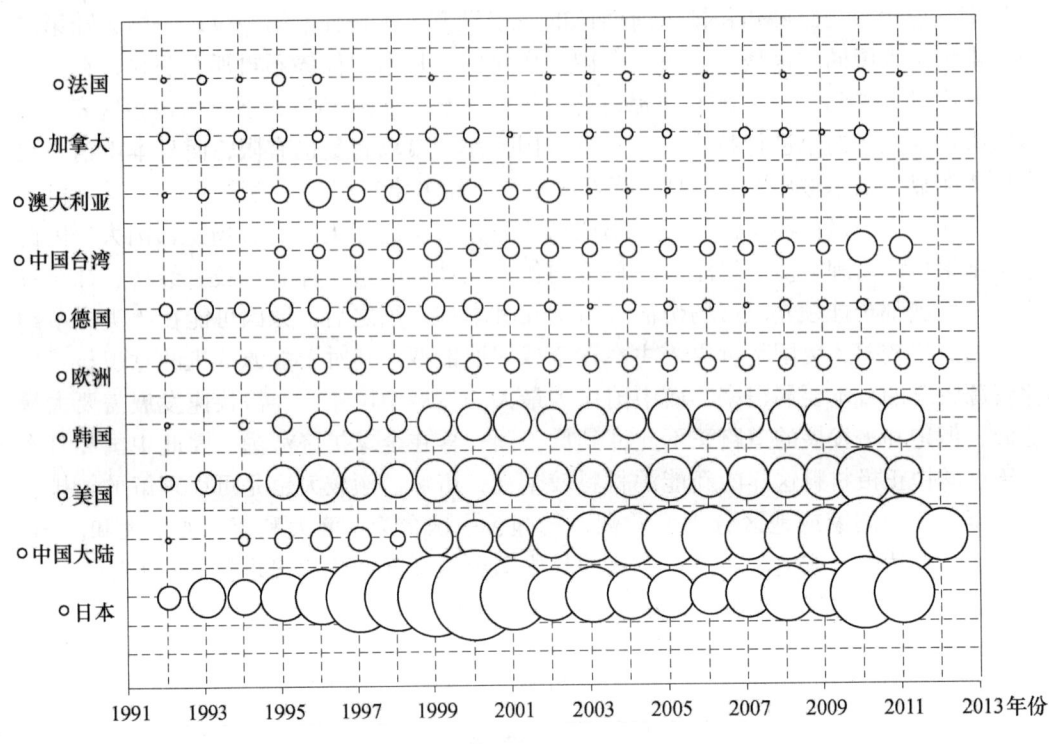

图 8 - 20　锰酸锂正极材料专利申请主要目标市场发展趋势

8.2.7　主要产出国申请流向

由图 8 - 21 可以看出,在向国外输出技术层面,日本依然遥遥领先。日本的最大技术输出国是美国,为 217 项,其次是中国(130 项)、韩国(114 项)、欧洲(101 项)。对日本而言,最大的市场依然是美国市场;随着中国经济起飞,中国的市场容量也在迅速增加,因此日本对中国的技术输出还有可能进一步加强;韩国技术发展较快,然而国土面积小,市场容量有限。

技术输出量仅次于日本的是韩国,其技术输出特点是输出不均衡,其对美国的输出量明显大于其他国家,暗示了美国市场对于韩国电池企业的重要性。除排第一位的美国外,韩国技术输出主要国家或地区依次是日本、中国和欧洲。日本虽然国土面积小,但是电池相关产业非常发达,因此其市场很大。

美国技术输出量排第三位,其特点是向各个国家的输出比较均衡。最大输出国是日本,也就是说,日本和美国互为最大技术输出国,这表明美日两大技术发达国家在电池领域相互依存的程度比较高。美国对于欧洲、韩国、中国的技术输出量相差不大,表明美国的企业对于全球市场都很重视,没有明显的侧重。

中国技术输出量与其他发达国家相比非常少,单个国家或地区的输出量少于 10 件。这一方面是由于中国在锰酸锂正极材料领域的技术研发起步较晚、水平较低,另一方面是由于国内申请人对于在国外进行专利布局、抢占市场的意识较薄弱。

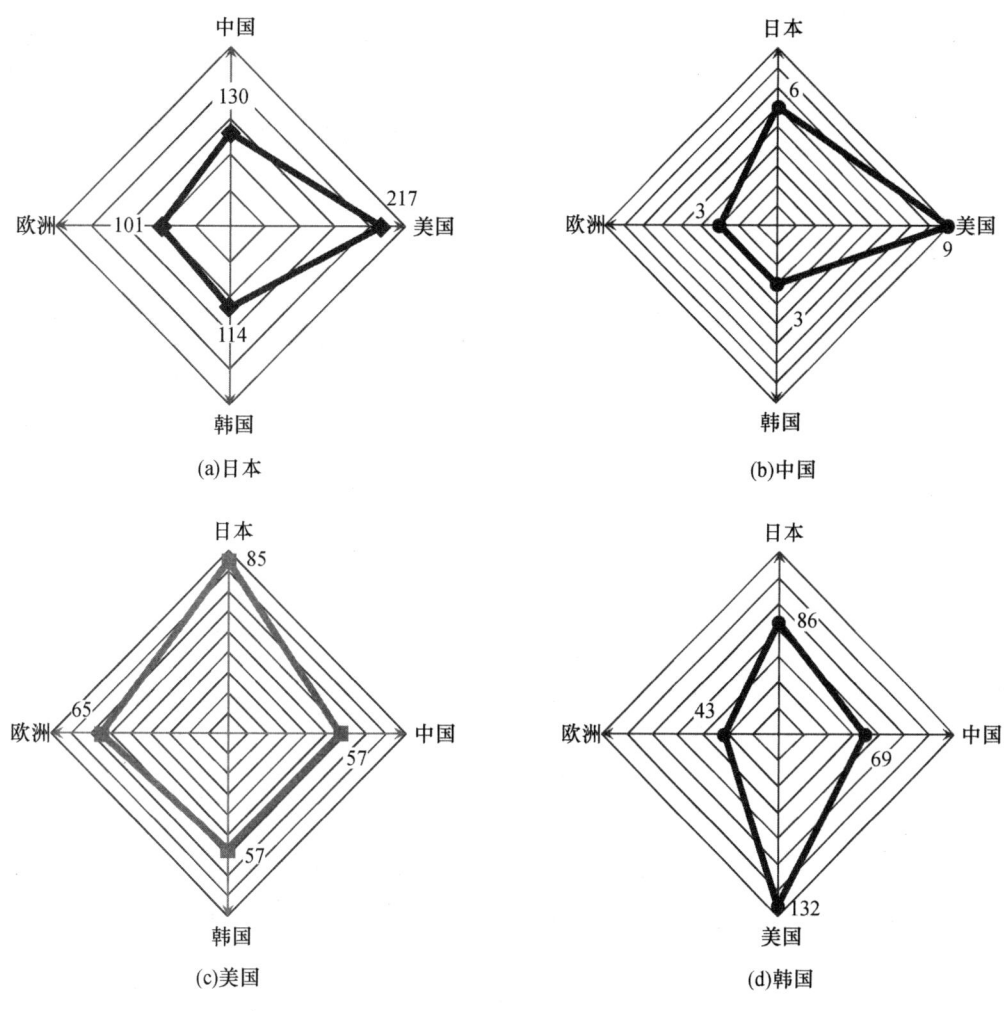

图 8-21 锰酸锂正极材料专利申请主要出产国技术输出流向

8.3 中国专利分析

8.3.1 专利申请在华发展趋势

由图 8-22 可见，在 1995 年以前，国内外申请人在华申请都很少。从 1996 年开始，国外申请人开始在中国申请相关专利，1998 年增长到 12 项，1999 年有所减少，2000 年又恢复到 13 项，之后一直保持在每年 10~20 项的水平，波动不大。中国申请人从 1999 年开始在国内申请量稳步增长，2006 年增长到 48 项，此后稍有减少，2010 年后再次进入稳定增长期，2012 年达到最高的 121 项。从数量上来看，国内申请人后来居上，自 2004 年在申请量上超过国外申请人后，一直处于优势地位。这至少表明国内申请人专利意识的觉醒。当然数量上的优势并不等同于技术上的优势，国内申请人还需要拥有更多的核心专利，才能与国外申请人在技术上一较高下。

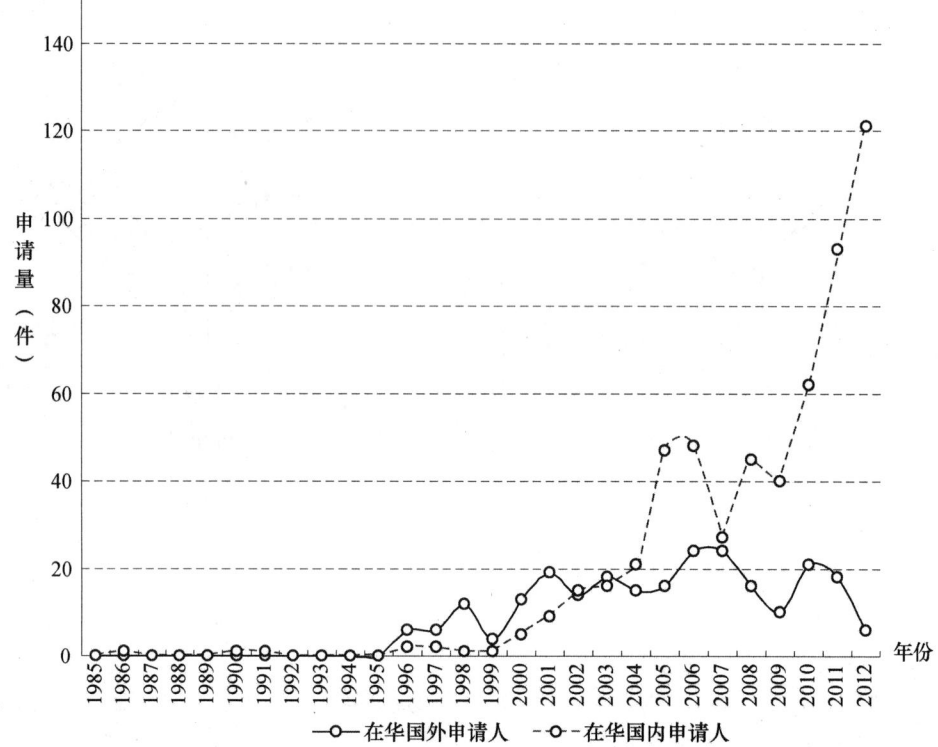

图8-22 锰酸锂正极材料专利申请在华发展趋势

由图8-23可以看出，国内申请的技术萌芽期比全球的技术萌芽期要长。国内申请在2000年以前都处于技术萌芽期，申请量基本为0，偶尔某些年份有一件申请，而全球趋势则在1992年以后就进入了快速发展期，到2000年已经到达一个高峰。这表明国内相关技术研发起步较晚，在全球锰酸锂正极材料的研究成为热点之后才开始起步。2000年以后，国内申请量开始进入波动增长期，波动的趋势也基本与全球趋势一致，如2005年左右形成一个小高峰，2007年左右可能受全球金融危机影响，申请量稍有减少，而到2010年以后又进入快速增长阶段。

8.3.2 专利申请在华技术流向-输入

图8-24显示了锰酸锂正极材料专利申请在华输入情况。当然，中国本国的专利申请占主，为560项，其他国家的共257项。在外国输入中国的申请中，依然是日本高居第一位，几乎占到一半；紧随其后的是韩国67项，然后是美国55项，德国10项。日本作为锰酸锂正极材料专利申请量最大的国家，其与中国相邻，经济往来甚密，因而日本对华申请最多是很好理解的。韩国、美国都是经济、技术发达的国家，韩国电子技术先进，然而国内资源匮乏，因而其大力在中国进行锰酸锂正极材料专利布局符合其国家利益。美国科技世界领先，虽然传统上美国不太注重能源节约利用，但是在全球能源危机的大背景下，美国也需要对中国进行专利布局，要来分新能源发展的一杯羹。

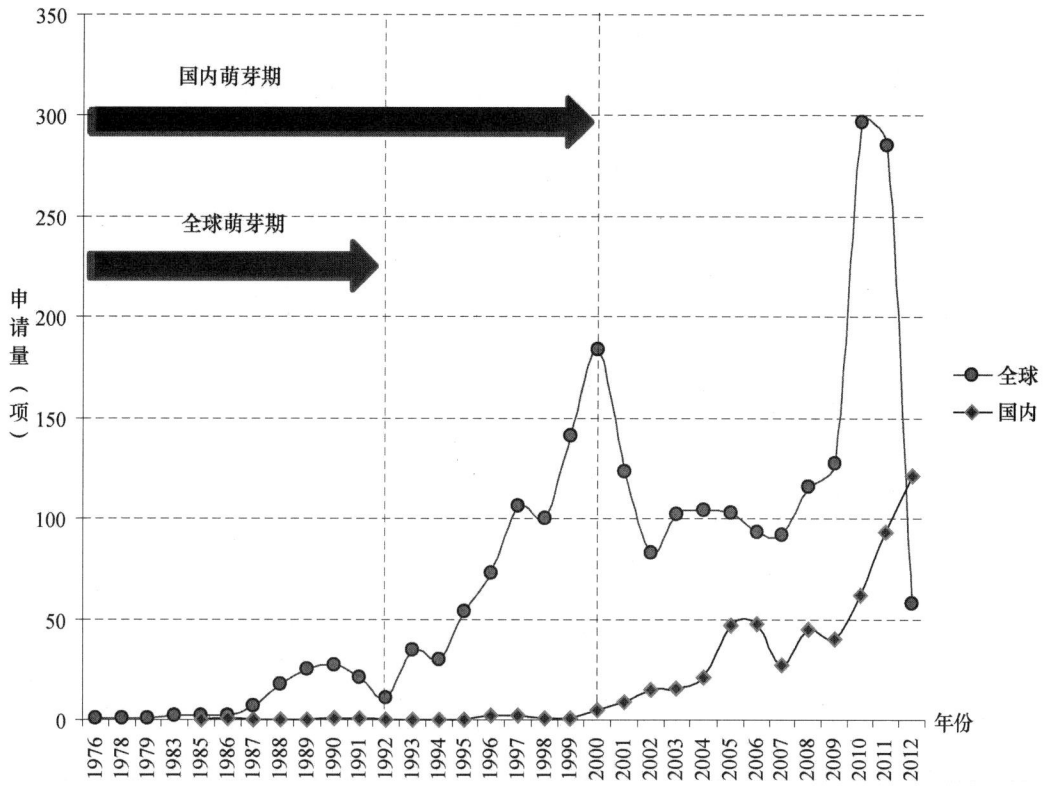

图 8-23 锰酸锂正极材料专利申请全球与在华发展趋势对比

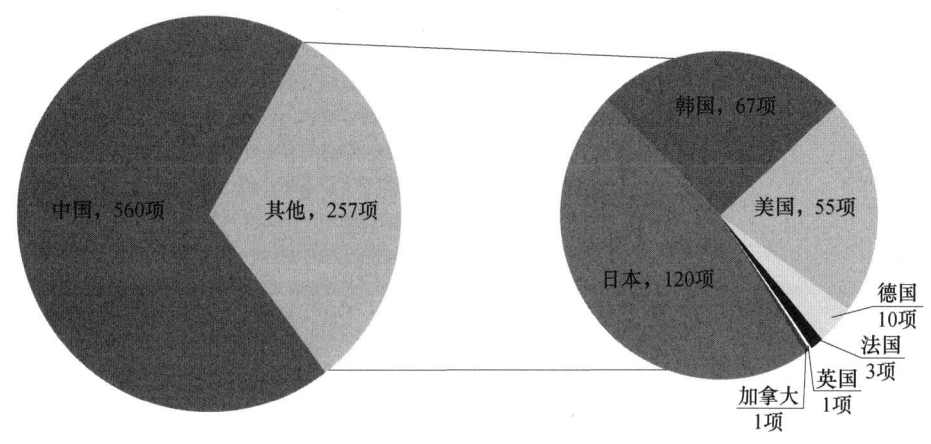

图 8-24 锰酸锂正极材料专利申请在华输入情况

8.3.3 在华申请人排名

图 8-25 表示了锰酸锂正极材料专利在华申请排名前 20 位的申请人情况。整体上看，中国申请人并不少于外国申请人。来自中国的申请人包括排名第一位的比亚迪股份有限公司（38 项）、排名第四位的中南大学（24 项）、排名第五位的奇瑞汽车股份有

限公司（20项）、排名第七的深圳市比克电池有限公司（15项）、排名第八的中国科学院宁波材料技术与工程研究所（15项）、排名第10位的复旦大学（12项）、排名第11位的清华大学（12项）、排名第13位的上海锦众信息科技有限公司（10项）、排名第15位的苏州大学（10项）、排名第16位的中国科学院成都有机化学研究所（10项）、第17位的江苏科捷锂电池有限公司（9项）、排名第19位的西安交通大学（9项），前20名中占了12个。不但申请人个数占优势，申请数量也占优势，比亚迪股份有限公司以38件申请高居榜首，表明国内申请人至少在国内市场的抢占方面占了先机。排名前20位的来华国外申请人均来自日本和韩国，其中排名第二位的三星（33项）、排名第三位的LG化学（31项）来自韩国，表明韩国大企业对于中国市场非常重视。其余的6个申请人都来自日本，申请量彼此之间相差不大，表明日本企业普遍比较重视中国市场，且日本企业之间的技术分布都相对平均。

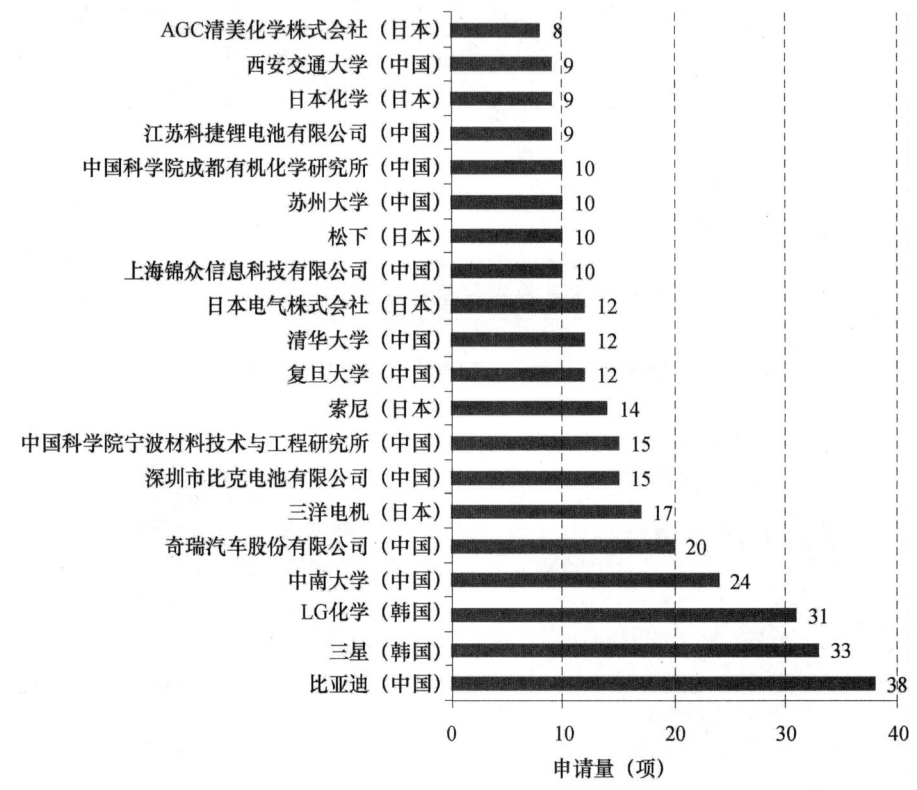

图8-25　锰酸锂正极材料专利申请在华申请人排名

8.3.4　在华国内申请人排名

由图8-26可见，排名前三位的申请人中两个是企业（比亚迪38项、奇瑞汽车股份有限公司20项），一个是高校（中南大学24项），表明锰酸锂正极材料实用性很强，较多地受到企业关注。比亚迪是以电池技术起家的大型企业，比亚迪商品化的电动汽车大多装备了磷酸铁锂离子电池，但是磷酸铁锂离子电池近年来面临一些技术上难以突破的瓶颈，如低温性能差、产品一致性差等先天缺陷，比亚迪也开始重视锰酸锂正极材料技术的研发,其申请量排名第一即是一个明证。奇瑞汽车股份有限公司是一家汽车企业,其锰酸锂正极材料相关申请量居第三位,说明其比较重视电动汽车技术的开发,并已经深入研究到锂离子电池正极材料领域。排名第二位的中南大学在锂离子电池、锂空电池、太阳能电池、储氢、储能、钒电池等领域都有较强的实力,其锰酸锂正极材料申请量排名第二表明其在锂离子电池新型正极材料的研发上面实力较强。排名第4~20位的17位申请人中,公司、企业占7位,高校、科研院所10位,表明国内较多技术还掌握在高校和科研院所手中,若能加强企业和高校、科研院所之间的合作,将这部分技术成果转化,必将大大增强国内企业的实力。

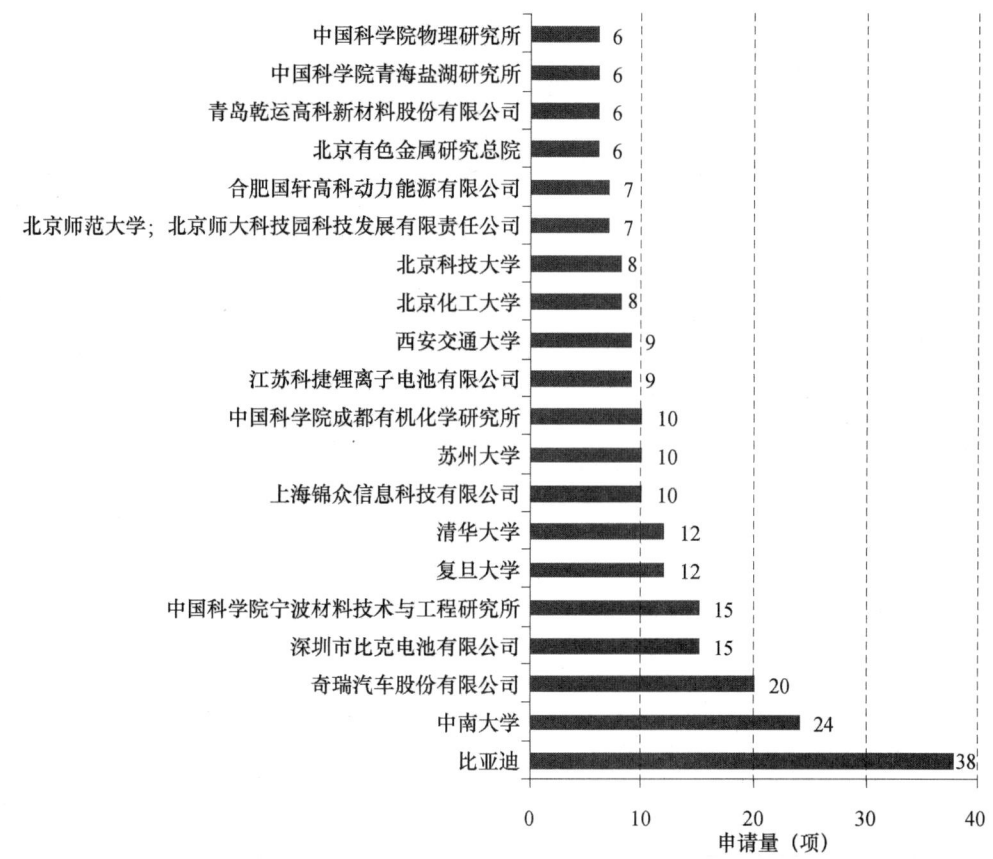

图 8-26 锰酸锂正极材料专利申请在华排名前 20 位的国内申请人

8.3.5 国内地区分布

图 8-27 显示了国内不同地区申请人排名情况。北京地区申请数量为 120 项,排名第一位。北京是全国的科技中心,高校、科研院所、高新企业都很多,实力雄厚,申请量排名第一位容易理解。深圳市有很多汽车、电池企业,如上一小节所示的国内申请人排名第一位和第三位的企业都在深圳,因此深圳的技术实力也很强,以 88 项申请排名第二位。湖南省并不是传统的经济、技术强省,然而其锰酸锂正极材料相关专利申请量排名第三位,说明该省企业、高校等对于锰酸锂正极材料研发比较重视,也拥有一定的技术实力。

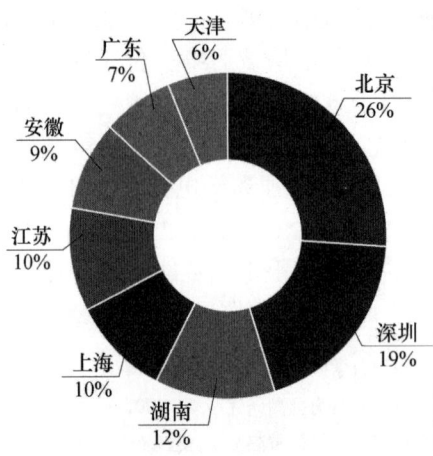

图 8-27 锰酸锂正极材料专利申请国内地区分布

8.3.6 重要申请人分析

为更好地了解国内申请人的申请情况,课题组选取了比亚迪、奇瑞汽车股份有限公司为代表,从专利申请的角度进一步分析它们各自申请总体情况、研发方向以及具有代表性的专利技术,找出共性和差异。

（1）比亚迪

比亚迪创立于 1995 年,是一家拥有 IT、汽车和新能源三大产业群的高新技术民营企业,公司总部位于广东省深圳市龙岗坪山新区比亚迪路。1998 年,比亚迪开始生产锂离子电池,是中国第一家生产锂离子电池的公司,打破了当时日本企业对该领域的垄断。2000 年,比亚迪成为摩托罗拉第一个中国锂离子电池供应商,并陆续成为诺基亚和三星等国际品牌的供应商。目前,公司作为全球领先的二次充电电池制造商,其镍电池、手机用锂离子电池在全球的市场份额均已达到第一位。2003 年,比亚迪收购西安秦川汽车有限责任公司,成立比亚迪汽车有限公司,并逐渐涉足电动汽车和其他新能源领域。

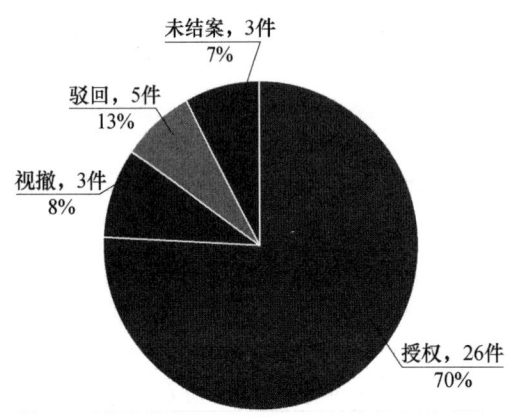

图 8-28 比亚迪锰酸锂正极材料专利申请的法律状态

比亚迪自创立之始便树立"技术为先,创新为本"的自主发展目标,高度重视自主创新和知识产权的保护,在国内企业年申请量排名中稳居前 10 位。就锰酸锂正极材料而言,如图 8-28 所示,比亚迪共申请相关专利 38 件,其中授权 26 件,驳回 5 件,视撤 3 件以及未结案 3 件,授权率 70%。

表 8-1 列出了比亚迪在锰酸锂正极材料领域的代表性专利申请。

表 8-1　比亚迪锰酸锂正极材料领域的代表性专利申请

申请号	发明名称	发明概要	技术方向	法律状态
200410015400	一种锂离子电池正极及其制备方法以及锂离子电池	本发明提供了一种成本低廉、高温下循环容量提高了的锂离子电池正极及其制备方法，以及使用这种正极的锂离子电池。这种锂离子电池正极包括集电体、涂布在该集电体上的一次涂敷层和涂布在该一次涂敷层上的二次涂敷层，而该一次涂敷层的活性材料选自尖晶石型锰酸锂、尖晶石型锰酸锂衍生物中的至少一种，该二次涂敷层的活性材料选自钴酸锂、钴酸锂衍生物、镍酸锂、镍酸锂衍生物中的至少一种	涂覆法制备电极	授权
200410027351	一种锂离子电池	一种锂离子电池，包括正极、负极、电解液及隔膜，所述正极的活性材料由尖晶石型锰酸锂与层状镍酸锂按 1～9：9～1（重量份）的比例混合而成，且尖晶石型锰酸锂与层状镍酸锂的平均粒径比为 1.5～8。本发明将尖晶石型锰酸锂和层状镍酸锂混合使用，通过对混合比例及两种物质平均粒径的控制，从而实现尖晶石型锰酸锂对层状镍酸锂的取向控制和层状镍酸锂对尖晶石型锰酸锂 John-Teller 效应的抑制，从而得到成本低廉、容量高、热稳定性好、大电流放电性能好、高温下容量衰减小的非水锂离子电池	锰酸锂与其他材料复合	授权
200410052329	一种锂离子电池正极及其锂离子电池	一种锂离子电池正极及其锂离子电池，锂离子电池正极是在锂离子电池的正极片或制作正极的浆料中含有锂盐，锂盐含量为正极活性物质重量的 0.01%～15%。锂盐为磷酸锂、磷酸氢二锂、硫酸锂、亚硫酸锂、钼酸锂、草酸锂、钛酸锂、四硼酸锂、偏硅酸锂、偏锰酸锂、酒石酸锂、柠檬酸三锂中的一种或一种以上的混合物。将锂盐引入锂离子电池正极是将锂盐溶液喷涂在正极片表面或将极片浸渍在锂盐溶液中，然后对极片进行真空干燥；或将上述锂盐混合在正极浆料中，然后再均匀涂布在正极集流体上。锂离子电池包括正极、隔膜、负极及非水电解液，其中正极采用上述锂离子电池正极。本发明可有效提高锂离子电池的高温循环性能和储存性能	涂覆法制备电极	授权

续表

申请号	发明名称	发明概要	技术方向	法律状态
200410073672	一种锂离子电池正极材料锰酸锂的制备方法	本发明提供一种锂离子电池正极材料锰酸锂的制备方法，该方法包括：将作为分散/胶凝剂的一种水溶性高分子聚合物配制成浓度为 0.2~20g/100mL 的水溶液，以此作为溶剂；向所得溶剂中加入水溶性锂离子化合物，配制成锂离子浓度为 0.05~2mol/L 的锂溶液；搅拌下向所得锂溶液中按 Li：Mn 摩尔比为（0.8~1.2）：2 的比例加入 MnO_2 固体粉末，然后蒸发水分，得到凝胶体；将得到的凝胶体在 300℃~850℃焙烧 0.7~28 小时。本发明方法制得的锰酸锂材料粉体颗粒均匀，具有高首次充放电效率、高可逆比容量和良好的循环性能	溶胶凝胶法制备电极	授权
200410077439	一种锂离子电池正极活性材料及其制备方法	本发明提供了一种锂离子电池正极活性材料，包括：作为内核的尖晶石型锰酸锂或其衍生物，和覆在所述内核表面上的金属氧化物，所述金属氧化物包括锌、镁、钙、镍、镉或铝元素的氧化物。所述金属氧化物的数量为所述内核颗粒的 2~15 摩尔%。本发明可改善现有技术中锂离子电池锰酸锂正极材料所存在的循环性能、特别是高温循环性能的缺陷。本发明还提供了这种锂离子电池正极活性材料的制备方法	涂覆法制备电极	授权
200410096259	一种球形锰酸锂的制备方法	本发明涉及一种新的用作锂离子电池正极材料的球形锰酸锂的制备方法，该方法采用预先通过溢流法制备出的球形草酸锰作为制备球形锰酸锂的前驱体，然后由其与碳酸锂或氢氧化锂混合制成糊状物，经干燥和焙烧制得球形锰酸锂。本发明方法可以制备出形貌良好的球形锰酸锂，有利于对其进行表面修饰和改性，从而提高锰酸锂的比容量和高温循环性能	电极材料前驱体的制备	授权

续表

申请号	发明名称	发明概要	技术方向	法律状态
200510101266	锂离子电池正极材料的镍钴锰酸锂前驱体的制备方法	一种锂离子电池正极材料的镍钴锰酸锂前驱体的制备方法，它包括如下步骤：a. 将镍、钴、锰的硝酸盐和一定量的硝酸铵配制成第一混合溶液；b. 将适量的氨水添加到冷却后的氢氧化钠溶液中形成第二混合溶液，并在反应器中少量的纯水中配以同等氨浓度的氨溶液作底液；c. 向反应器的底液中连续添加第一混合液和第二混合液，并进行搅拌；d. 反应后所产生的氢氧化物沉淀用含氢氧化锂、氢氧化钠或氢氧化钾中的一种物质所配制的洗液清洗，洗液的 pH 值控制在 10~10.5 之间；e. 将洗涤后的镍、钴、锰的氢氧化物沉淀置于烘箱中干燥，即得到供下一步烧结用的前驱体。本发明易于控制前驱体的粒径和粒度分布，制备速度快，可连续不断地投入原材料和产出制备 $Li_{1.05}Ni_xCo_yMn_{1-x-y}O_2$ 所需的前驱体，且易于实现产业化	电极材料前驱体的制备	授权
200810135389	一种锂离子电池正极材料和锂离子电池正极及锂离子电池	本发明提供了一种锂离子电池正极材料，该正极材料含有正极活性物质、导电剂和黏合剂，所述正极活性物质含有钴酸锂和锰酸锂，其中，所述锰酸锂的 XRD 谱图中 311 峰的相对强度小于 60%。本发明还提供了一种使用该正极材料的锂离子电池正极以及包括该正极的锂离子电池。本发明提供的正极材料中由于含 XRD 谱图中 311 峰的相对强度小于 60% 的锰酸锂，因此，锰酸锂的使用量可以高达正极活性物质总重量的 60%，因而大大降低了电池生产成本，并提高了电池的高温性能，同时，含有本发明提供的锂离子正极材料的锂离子电池具有高温循环寿命长的优点	锰酸锂与其他材料复合	授权

续表

申请号	发明名称	发明概要	技术方向	法律状态
200910107760	一种钛系复合材料及其制备方法和应用	本发明提供了一种钛系复合材料，包括锂钛复合氧化物和锂化合物，锂化合物包覆锂钛复合氧化物，其中锂化合物选自锆酸锂、钒酸锂、偏硅酸锂、偏锰酸锂、碳酸锂、磷酸锂、铝酸锂、磷酸氢锂、氢氧化锂、氯酸锂、硫酸锂、钼酸锂、氯化锂、硼酸锂、柠檬酸锂、酒石酸锂、醋酸锂、草酸锂中的至少一种。此复合材料能够实现电池的高倍率快速充放电，提高材料的循环性能及高温储存性能，特别是提高了使用性能优良的钛系材料的电池的品质安全。本发明同时提供了此种材料的制备方法，制备方法简单易操作，且成品率高，易于规模化生产。本发明的材料具有广泛的应用，可以单独或与其他电极活性材料混合作为各种锂离子电池的负极活性材料或电容器的电极材料	锰酸锂与其他材料复合	授权

由表 8-1 可知，比亚迪公司对于锰酸锂材料的研发主要集中在制备方法上。9 件专利中，除 2 件涉及球形锰酸锂正极材料前驱体以外，其他 7 件都涉及锰酸锂正极材料的制备。在 7 件专利中，涉及"涂覆法制备锰酸锂正极材料"的有 3 件，涉及"锰酸锂与其他材料复合"的有 3 件，涉及"溶胶凝胶法制备锰酸锂正极材料"的有 1 件。可见，比亚迪公司在锰酸锂材料领域的主要研究方向在于涂覆法制备锰酸锂正极材料和锰酸锂与其他材料复合两个方向。

锂离子电池在重复充放电时尤其是充电到 4.2V 以上的高电压时，正极活性物质容易发生晶格变形和分解，产生氧气，一方面使得电池内压增加，另一方面导致非水电解液的氧化分解，电池热稳定性和安全性能下降。锂离子电池使用的非水电解液中的痕量水也会与电解质中的锂盐如 $LiPF_6$ 反应而产生 HF 酸，HF 酸会在电池中的正极活性物质表面与之发生作用，导致正极活性物质的晶体结构破坏，因而降低正极材料的循环性能，在高温下尤其明显。另外，锂离子电池在充电放电过程中，由于锂离子电池在正极材料的晶胞中的扩散速率明显低于在电解液中的扩散速率，导致正极材料与电解液接触的表面锂离子浓度相差很大，离子导电率也较低，因此在电池循环过程中容易使电池容量下降。应对这个问题，日本、韩国等技术先进国家的公司采取在锰酸锂或钴酸锂中掺杂其他材料（如氧化铝）来解决。比亚迪则选择在锰酸锂中掺杂 Mg、Al、Zn、Ca、Ba、Sr、La、Ce、V、Ti、Sn 或 Si、B 中的至少一种元素，通过溶液涂覆蒸发法来制备电极材料，提高了锰酸锂材料的循环性能、高温稳定性能、高倍率放电性能以及抗过充性能。

锰酸锂正极材料虽然容易制备，而且相对于钴和镍而言，锰的价格便宜，来源广泛且无毒性，但是锰酸锂材料也有其固有的缺陷。在较高温度下，锰酸锂正极材料二次电池容量会迅速衰减，高温循环性能和存储性能变差，严重制约了该类电池的应用。因此，如何解决以锰系材料为正极的锂离子电池高温循环和高温储存性能成为锰酸锂正极材料推广应用的难题。行业内解决这一问题主要是在材料表面包覆一层金属碳酸盐如碳酸锂、碳酸钠、碳酸钾等。但这类方法会在电池体系中引入钠离子、钾离子等金属离子，这些离子随锂离子共同嵌入负极碳材料层间，造成电池容量下降，循环性能变差。比亚迪通过将锂盐溶液喷涂在正极片表面或将正极片浸渍在锂盐溶液中，然后对极片进行真空干燥，或将上述锂盐混合在正极材料浆料中，然后再均匀涂布在正极集流体上，将锂盐引入锂离子电池正极。用上述涂覆法在正电极中引入锂盐，能够减少电解液中氢离子量，有效抑止正极 Mn 的溶解，还能改善负极固体界膜的质量，提高电池放电性能；工艺简单可靠，生产周期短，成本低。

（2）奇瑞汽车股份有限公司

奇瑞汽车股份有限公司（以下简称"奇瑞"）于 1997 年 1 月 8 日注册成立，现注册资本为 38.8 亿元。公司于 1997 年 3 月 18 日动工建设，1999 年 12 月 18 日第一辆奇瑞轿车下线；以 2010 年 3 月 26 日第 200 万辆汽车下线为标志，奇瑞进入打造国际名牌的新时期。目前，奇瑞已具备年产 90 万辆整车、90 万台发动机、40 万套手动变速箱及 5 万套自动变速箱的生产能力。

新能源技术和产品研发方面，"十一五"期间，奇瑞共承担了 9 项"节能与新能源汽车"重大项目课题，并全部通过国家科技部专家组的验收，内容包括混合动力汽车、纯电动汽车及燃料电池汽车，新一代轿车用节能环保高效汽油机，压缩天然气、甲醇灵活燃料等代用燃料汽车研发。"节能与新能源汽车"重大项目课题的顺利完成，提升了奇瑞在行业的影响力，加快了中国新能源汽车和节能环保汽车产品的自主研发和产业化步伐，也为奇瑞进一步承担"十二五"课题打下了坚实的基础。

知识产权方面，截至 2011 年 5 月底，奇瑞累计申报各项专利申请 5981 件，获得各项授权专利 4118 件，位居本土汽车企业第一位。

打造"国际名牌"是奇瑞的战略发展目标。2006 年奇瑞被商务部、国家发改委联合认定为首批"国家汽车整车出口基地企业"；奇瑞产品面向全球 80 余个国家和地区出口，已建或正在建的海外 16 个 CKD 工厂，通过这些生产基地的市场辐射能力，实现了全面覆盖亚、欧、非、南美和北美五大洲的汽车市场，累计出口销量已达到 50 万辆，位居国内汽车企业第一位。

与比亚迪等以电池技术起家的汽车企业不同，奇瑞进入电池领域较晚。但是奇瑞对知识产权很重视，且实力雄厚，大有后起居上之势。锰酸锂正极材料方面，奇瑞 2009 年开始提交相关专利申请，已公开的有 20 件，其中驳回 1 件，19 件未结案。

表 8-2 列出了奇瑞在锰酸锂正极材料领域的代表性专利申请。

表8-2 奇瑞锰酸锂正极材料领域的代表性专利申请

申请号	发明名称	发明概要	技术方向	法律状态
201110062483	一种制备高电压正极材料锂镍锰氧的方法	本发明公开了一种制备高电压正极材料锂镍锰氧的方法，方法包括多个步骤：拆解电芯、浸泡电芯、过滤分离、制得酸性滤液、制得共沉淀物、制得锂镍锰氧，采用上述方法，本发明具有以下优点：①本发明实现了废旧锰酸锂、镍酸锂、镍锰酸锂离子电池中Mn、Ni、Li、Al、Cu的综合回收，不需要分离Mn或Ni与Li元素，并直接合成新的、性能较好的高电压正极材料锂镍锰氧；②工艺简单、适合批量处理、成本低，所得产品市场前景可观，附加值高；③电池中锰、镍金属回收率大于96%，碳酸锂回收率为78%	废旧电池材料回收	未结案
201110202839	一种锂镍锰氧材料的制备方法及用该材料所制备的锂离子电池	本发明提供一种锂离子电池用锂镍锰氧（$LiNi_{0.5}Mn_{1.5}O_4$）材料的制备方法及用该材料所制备的锂离子电池。该方法采用流变相反应法及模板法结合，将反应物锂化合物、镍化合物、锰化合物与溶剂、模板剂用球磨机混合均匀，再经两段高温加热及保温处理制得。该锂镍锰氧材料为尖晶石结构，晶型完好，比表面大，电化学性能好	流变相反应法及模板法	未结案
201110277447	一种表面包覆的高电压正极材料$LiNi_{0.5}Mn_{1.5}O_4$及其制备方法	本发明涉及一种表面包覆的高电压正极材料$LiNi_{0.5}Mn_{1.5}O_4$及其制备方法，采用如下步骤：采用镍锰前驱体和锂盐作为原料，按照$LiNi_{0.5}Mn_{1.5}O_4$的化学计量比混合，并进行高温处理；将得到的高电压正极材料$LiNi_{0.5}Mn_{1.5}O_4$粉末置于水中，并用超声波分散；向溶液中添加金属盐，最后向溶液中添加氟化物，保持溶液温度在60~80℃之间，并持续搅拌5~10小时；过滤溶液并用蒸馏水洗涤5~10遍；在120℃烘干，得到包覆的高电压正极材料$LiNi_{0.5}Mn_{1.5}O_4$粉末；将粉末在惰性气体保护下在300~500℃焙烧2~10小时，得到表面包覆的高电压正极材料$LiNi_{0.5}Mn_{1.5}O_4$	粉末烧结法	未结案

续表

申请号	发明名称	发明概要	技术方向	法律状态
201110277449	一种锂镍锰氧复合正极材料及其制备方法	本发明涉及一种锂镍锰氧复合正极材料及其制备方法，按照 $LiNi_{0.5}Mn_{1.5}O_4$ 化学计量比称取 $Ni_{0.5}Mn_{1.5}(OH)_4$ 和 Li_2CO_3；对 $Ni_{0.5}Mn_{1.5}(OH)_4$ 和 Li_2CO_3 进行球磨混合；对球磨混合后的 $Ni_{0.5}Mn_{1.5}(OH)_4$ 和 Li_2CO_3 烧结从而制备 $LiNi_{0.5}Mn_{1.5}O_4$；将 $LiNi_{0.5}Mn_{1.5}O_4$、导电剂、碳源前驱体球磨混合均匀；烧结将 $LiNi_{0.5}Mn_{1.5}O_4$、导电剂、碳源前驱体球制得锂镍锰氧复合正极材料	粉末烧结法	未结案
201110446440	锂镍锰氧材料及其制备方法、含该材料的锂离子电池	本发明提供一种锂镍锰氧材料及其制备方法、含该材料的锂离子电池，属于锂离子电池技术领域，其可解决现有的锂镍锰氧材料振实密度低的问题。本发明的锂镍锰氧材料的制备方法包括：准备镍锰前驱体，镍锰前驱体中镍含量与锰含量的摩尔比为1：3，在400~750℃煅烧镍锰前驱体3~10小时，之后急冷；将经急冷的煅烧产物与锂源混合并粉碎，混合物中锂含量与镍、锰总含量的摩尔比在1：1.95至1：2.1；将粉碎产物在700~900℃下焙烧5~15h，再于600~700℃退火10~24小时，冷却至室温，制得。本发明的锂镍锰氧材料是由上述方法制备的。本发明的锂离子电池包括上述锂镍锰氧材料	粉末烧结法	未结案
201210142090	铬掺杂锂镍锰氧材料及其制备方法、含该材料的锂离子电池	本发明提供一种铬掺杂锂镍锰氧材料及其制备方法、含该材料的锂离子电池，属于锂离子电池技术领域，其可解决现有的锂镍锰氧正极材料和由其制备的锂离子电池的循环性能低下的问题。本发明的铬掺杂锂镍锰氧材料的制备方法包括共沉淀法制备前驱体镍镉锰氧的步骤、混料步骤、三段式烧结步骤。本发明通过共沉淀法制备前驱体镍镉锰氧材料，该前驱体与锂源混料，并对混料所得混合物进行了三段式烧结处理，获得了性能较好的铬掺杂锂镍锰氧材料，从而使铬掺杂锂镍锰氧材料和由其制备的锂离子电池的循环性能得到较大提高。本发明的铬掺杂锂镍锰氧材料是由上述方法制备的。本发明的锂离子电池包括上述铬掺杂锂镍锰氧材料	共沉淀法	未结案

续表

申请号	发明名称	发明概要	技术方向	法律状态
201210142422	锂镍锰氧材料及其制备方法、含该材料的锂离子电池	本发明提供一种锂镍锰氧材料及其制备方法，和含该材料的锂离子电池，属于锂离子电池技术领域，其可解决现有锂镍锰氧材料和由其制备的锂离子电池的比容量、循环性能低下问题。本发明的锂镍锰氧材料的制备方法包括共沉淀制备镍锰复合物步骤、前驱体预处理步骤、固相合成步骤。本发明通过选取适当的工艺参数获得了性能优良的镍锰复合物，并对镍锰复合物进行了高温预处理，获得了性能较好的锂镍锰氧材料，从而使锂镍锰氧材料和由其制备的锂离子电池的比容量和循环性能得到较大提高。本发明的锂镍锰氧材料是由上述方法制备的。本发明的锂离子电池包括上述锂镍锰氧材料	共沉淀法	未结案

从表 8-2 中可以看出，奇瑞公司的发明专利主要都涉及制备方法。7 件重点专利中，3 件涉及粉末烧结法，2 件涉及共沉淀法，1 件涉及废旧电池回收，1 件涉及流变相反应法及模板法。

（1）粉末烧结法。$LiNi_{0.5}Mn_{1.5}O_4$ 充放电过程中电压高达 5V 左右，使得电极表面的电解液不停地被氧化分解，沉积于电极表面，阻碍锂离子的脱嵌，使其循环性能变差、容量衰减，限制了其商业化应用。为了解决这个问题，改善电化学性能，不少研究人员对其进行表面改性处理，即主要是利用其他金属或者非金属的氧化物进行包覆处理，使正极材料和电解液隔离开来，从而减小充放电过程中电解液对材料的溶解、侵蚀等影响；或通过掺杂 Mg、Al、F、Cr、Fe、Co 等得到更加稳定的结构，可以在一定程度上改善其循环稳定性，取得了一定的进展。上述方法虽然在一定程度上改善其循环稳定性，但是这些方法步骤复杂或成本高或有毒污染环境等，且只限于实验室研究，不利于实际应用。并且，已有研究表明 $LiNi_{0.5}Mn_{1.5}O_4$ 材料的电导率为 7.2×10^{-7} S/cm，对于受电导率控制的电极充放电过程而言，也有些限制了其应用。因此，鉴于无污染环境，开发一种工艺简单、改善锂镍锰氧电化学性能（导电性、充放电循环性能）的制备方法，是使锂镍锰氧正极材料商业化的关键。奇瑞公司提供一种锂镍锰氧复合正极材料制备方法，采用的是传统的粉末烧结法，包括将 $LiNi_{0.5}Mn_{1.5}O_4$、导电剂、碳源前驱体球磨混合均匀，低温烧结，进行碳包覆，从而减小充放电过程中电解液对材料的溶解、侵蚀，并且提高其导电性、循环稳定性。粉末烧结法制备工艺简单，易于工业化生产。

（2）共沉淀法。锰酸锂由于其价格低廉、无毒而备受关注。而含有镍的 $LiNi_{0.5}Mn_{1.5}O_4$ 充放电过程中主要存在 4.7V 的平台，对应 Ni^{2+}/Ni^{4+} 的氧化-还原过程，还有极小的 4V 平台，对应于 Mn^{3+}/Mn^{4+} 的氧化-还原过程。由于 $LiNi_{0.5}Mn_{1.5}O_4$ 的理论比容量可达到146.7mAh/g，有希望作为动力电池材料，成为当今锂离子电池材料研究的热点。目前 $LiNi_{0.5}Mn_{1.5}O_4$ 材料的制备方法有很多种，主要有固相法、共沉淀法、共沉淀-固相合成法、复合碳酸盐法、溶胶-凝胶法、熔盐法、乳液干燥法及超声喷雾高温分解法等。在共沉淀-固相合成法中，共沉淀是通过沉淀剂将镍前驱体、锰前驱体转化成共沉淀镍锰复合物，例如 $Ni_{0.5}Mn_{1.5}(CO_3)_2$、$Ni_{0.5}Mn_{1.5}(OH)_4$ 等，该过程中影响镍锰复合物生成的因素很多，例如：反应物的选择、沉淀剂的选择、反应过程的pH值，以及镍锰复合物的高温预处理等，这些处理工艺对获得性能优良的镍锰复合物十分关键，并最终影响到电极材料的性能。固相合成步骤中原料的处理，例如：镍锰复合物和锂源的混合均匀性，以及烧结工艺的控制也是影响制备电极材料循环性能的重要因素。奇瑞公司选取适当的工艺参数获得了性能优良的镍锰复合物，并对镍锰复合物进行了高温预处理，获得了性能较好的锂镍锰氧材料，从而使锂镍锰氧材料和由其制备的锂离子电池的比容量和循环性能得到较大提高。

8.4 高性能锰酸锂正极材料专利分析

高性能锰酸锂材料 Li-M-Mn-O 体系主要针对包括以尖晶石结构为主的 $LiMn_2O_4$ 以及对其进行各种掺杂改性的物质为研究对象，并主要对上述物质通过制备方法、结构主体中金属元素的配比调整、掺杂元素的选择以及其他表面包覆改性手段进行研究。该材料的专利申请量全球范围内共计1478项，其中国内专利有534项，占36.13%。

8.4.1 专利申请趋势

图8-29为高性能锰酸锂材料历年申请量分布，最早起于1976年出现了第一篇专利JPS52147732A，随后专利申请量慢慢增多，该正极材料在锂离子电池领域越来越受研究人员关注，从1994年迅速增加到13项，三年申请量便迅猛增加到80项，专利申请量增加了6倍，达到了申请高峰，此后2000年突破118项，之后申请量略有回落，

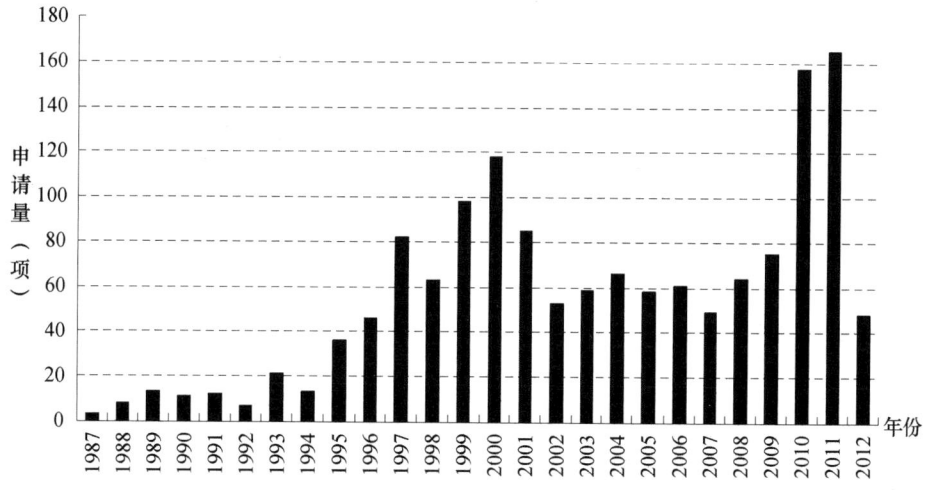

图8-29 为高性能锰酸锂材料历年专利申请量分布情况

但依然维持在 60 项左右。2010 年和 2012 年专利申请量分别为 156 件和 162 件，专利申请量再次引起了研究者们的重视，申请量增加 2 倍多。考虑到 2013 年申请的专利还有较多未公开，可以预期该材料依然可能保持较高的水平。这个趋势表明近几年锰酸锂研究回热，正受到越来越多的重视。

8.4.2 技术领域分布

图 8-30 涉及的是锰酸锂材料分类号分布情况，涉及 H01M4/50 的有 53 项，H01M4/58 有 37 项，还有 C01G45/00 和 H01M10/40 分别为 35 项和 30 项，即涉及锂离子电池活性材料的制备合成方面的研究占专利申请的主体。

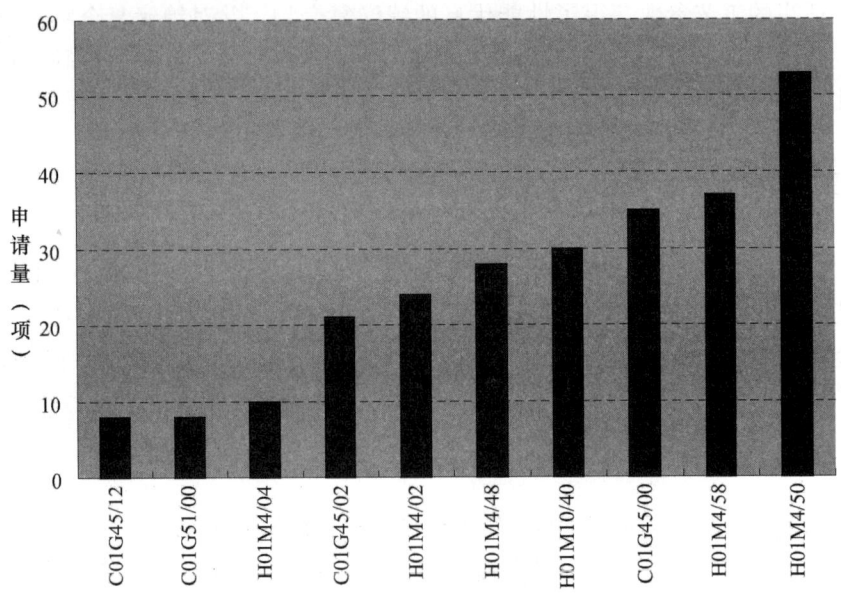

图 8-30 全球范围内各国/地区的高性能锰酸锂材料专利申请量的分布情况

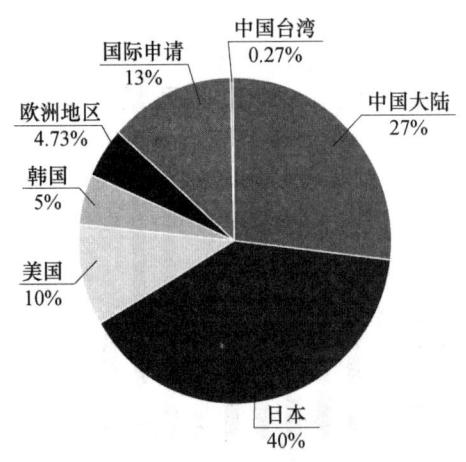

图 8-31 全球范围内各国/地区的高性能锰酸锂材料地域分布情况

图 8-31 涉及的是全球范围内各国/地区的高性能锰酸锂材料地域分布情况。专利申请量排名第一位的是作为能源技术研究大国的日本，占 40%，在锂离子电池高性能锰酸锂正极材料的研究领域始终是技术领跑者；其次是中国（含台湾地区）专利申请量，占 27.27%；其中中国台湾申请量为 0.27%；美国和韩国的专利申请量分别为 10% 和 5%。日本对锂离子电池高性能锰酸锂正极材料非常重视，可见其在电子设备电源、电动车等领域应用广泛的技术优势是不容忽视的。我国的研究人员也非常重视该材料的研究，紧随其后，可能原因是该材料安全性能高、制

备方法易工业生产化、规模化，并且锰资源相对有色金属钴和镍等储备丰富。

8.4.3 主要申请人排名

图 8-32 为锂离子电池高性能锰酸锂正极材料的申请人专利申请量排名情况。申请人以日、韩企业/公司居多，并且包括日本驰名的生产厂商，如丰田、尼桑等世界知名汽车公司，还有日本和韩国的知名电子设备生产厂商，如韩国三星集团、韩国 LG。中国比亚迪申请量位居前 10 位之最末位，申请量为 25 项。比亚迪公司为我国最大的手机电池生产厂家，也是我国第一家电动汽车生产厂家。

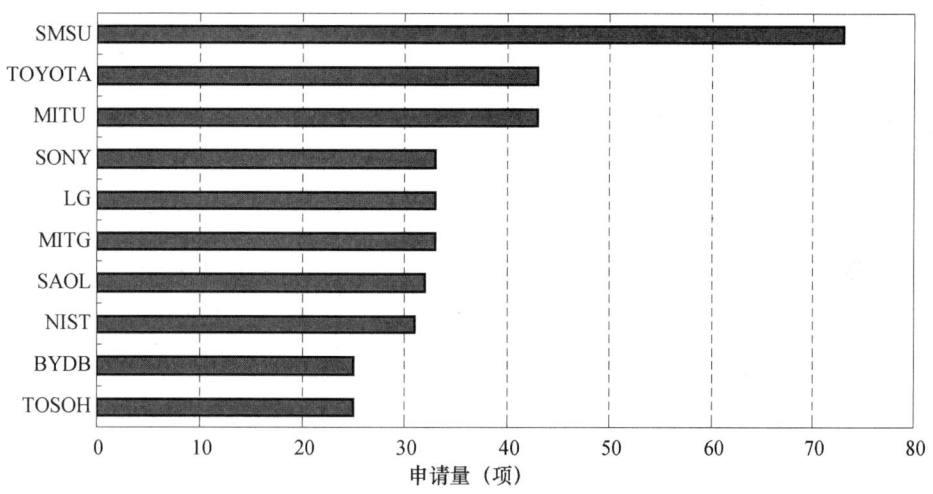

图 8-32 锂离子电池高性能锰酸锂正极材料的申请人专利申请量排名

图 8-33 为申请人前 20 位中各申请人所占的份额，前 20 位中各申请人的申请量份额比较均衡。

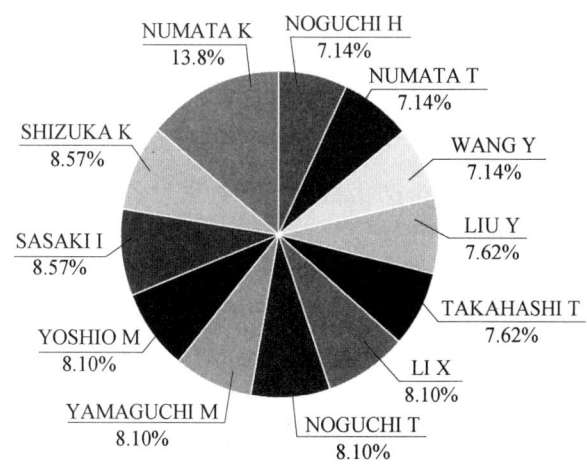

图 8-33 高性能锰酸锂正极材料领域主要申请人所占的份额

表 8-3 为各大公司的专利申请量及其排名（其中三星公司由两个子公司合并为三

星公司的申请量。丰田公司由两个子公司合并而来），居第一位的三星集团，申请量为73项，占前10名的19.67%；其次为三菱MITU和丰田集团，申请量分别为43项，各占11.59%，并列第二位；三井、LG、索尼并列第三位，申请量分别为33项，各占8.9%；紧随其后的是日本三洋电机、日本储能、日本东曹以及中国比亚迪。排名前10名的均为全球手机和汽车生产厂商。

表8-3 高性能锰酸锂正极材料领域主要申请人的申请量及排名情况

排名	申请人	申请量（项）
1	三星	73
2	三菱	43
2	丰田	43
3	三井	33
3	LG	33
3	索尼	33
4	三洋电机	32
5	日本储能	31
6	东曹	25
6	比亚迪	25
7	日立	21
8	NEC	18
9	松下	17
10	特殊陶业	16
10	日产汽车	16
10	日立麦克赛尔	16
10	威能	16

韩国三星公司是全球较大的生产手机等电子数码设备的厂商之一，其主要发明人的专利申请主要集中在1996～2011年。

图8-34为排名前12位的主要发明人申请量分布情况。第一名是日本三井矿业有限公司研发人员NUMATA K，申请量为29项；日本的YOSHIO M位居第二位，申请量为18项；中国申请人Li X最早为中南科技大学的研发人员，近两年其作为比亚迪公司的申请人进行的专利申请，其申请量为18项，并列第二位。总体来看，还是日本和韩国的研究者居多。从排名第二位的日本研究人员YOSHIO M的专利来看，最早在1993年和1994年都是个人申请，1994～1995年、1998年专利的申请人为日本东曹公司，1998年和2000年分别以九州电力公司为申请人申请，其间还有6项为个人申请，最后一次申请专利是2005年的专利申请人是西北电网公司，申请人分布疏散，个人申请

居多。

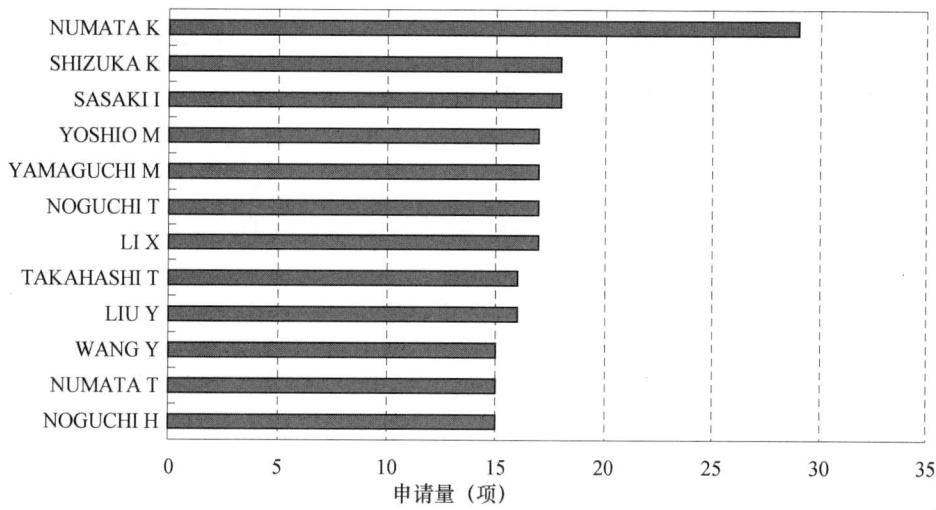

图 8-34　锂离子电池高性能锰酸锂正极材料发明人排名情况

排名第一位的发明人 NUMATA K 的专利申请共计 29 项，其本人也是日本人，专利申请多数为日本申请，在其本国的申请量，最早从 1997 年出现第一件专利，主要技术集中申请在 1997~2001 年，主要涉及的申请人为三井矿业有限公司，主要涉及尖晶石结构的制备方法，还涉及原料的选择，金属阳离子 Na、K、Ni、Cr、Co、Fe 等以及阴离子如卤素 X^- 的掺杂改性，比表面积的改善以及电沉积法和熔岩法制备工艺等方面的专利申请。

图 8-35 为主要发明人的申请量，主要申请量的发明人分布在 10~29 项，所占份额分布比较均匀。三井公司的主要发明人 NUMATA K，基本上 29 项专利申请均有其参与研发，可见其应该是该公司主要负责研发的人员。

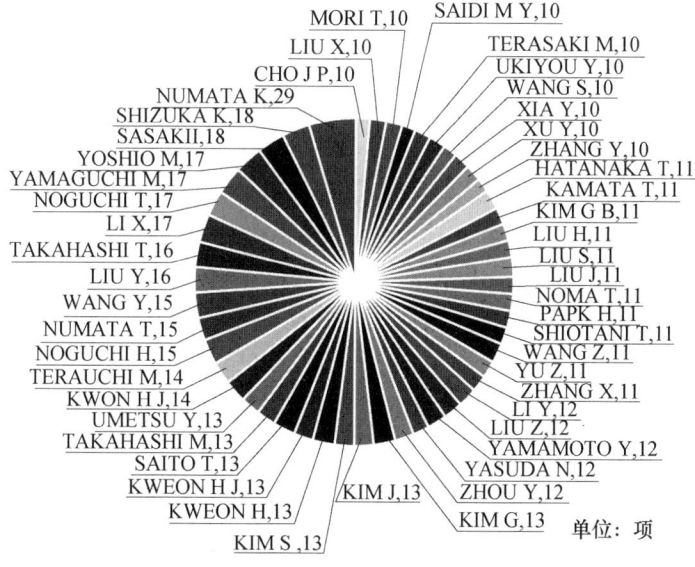

图 8-35　锂离子电池高性能锰酸锂正极材料发明人专利申请情况

8.4.4 技术主题分析

对 $LiMn_2O_4$ 的电化学测试结果表明，随着温度的升高与循环次数的增加，虽然电极依然保持其尖晶石结构，但其阳离子的位置混乱度加大。对于 $LiMn_2O_4$ 尖晶石结构来说，阳离子位置混乱度增大，意味着部分锂离子进入八面体的 16c 位置，这必然使其脱嵌变得困难，一部分锰离子占据了四面体 8a 位置，不仅阻碍了锂离子的脱嵌，也使它的溶解变得容易。由于 Mn^{4+} 在尖晶石结构中八面体配位的稳定性，以及 Mn^{2+} 离子有较强占据四面体 8a 空位的趋势，产生阳离子位置混乱的原因最可能是在温度上升时 Mn^{3+} 离子发生歧化反应生成 Mn^{4+} 和 Mn^{2+} 离子。以 $LiMn_2O_4$ 为正极材料的锂离子电池在循环时，尤其是在高温（55℃）条件下循环时，存在容量衰减问题。另外，由于材料工作电压高，导致电解液易分解，引起材料表面变质从而导致容量衰减。

目前锰酸锂正极材料专利申请主要集中在提高充放电循环性能、改善高温下放电性能、提高放电比容量、提高倍率循环性能、简化制备工艺、提高结构稳定性以及提高导电率七个方面。关于高性能锰酸锂材料的技术问题分布，如图 8-36 所示，其中最突出解决的技术问题就是提高充放电循环性能、提高放电比容量以及改善高温下放电性能这三个方面，申请量分别为 240 件、134 件和 116 件。

图 8-36 为高性能锰酸锂解决技术问题方面的专利申请分布，对于提高倍率循环性能、提高结构稳定性和简化制备工艺这三个方面的技术问题，申请量分别为 70 件、67 件以及 70 件，占比接近。另外对于解决提高电导率这一方面的技术问题，专利申请涉及 25 件。对于其他方面的技术问题，专利申请量为 59 件，涉及颗粒尺寸的控制、安全性等方面。

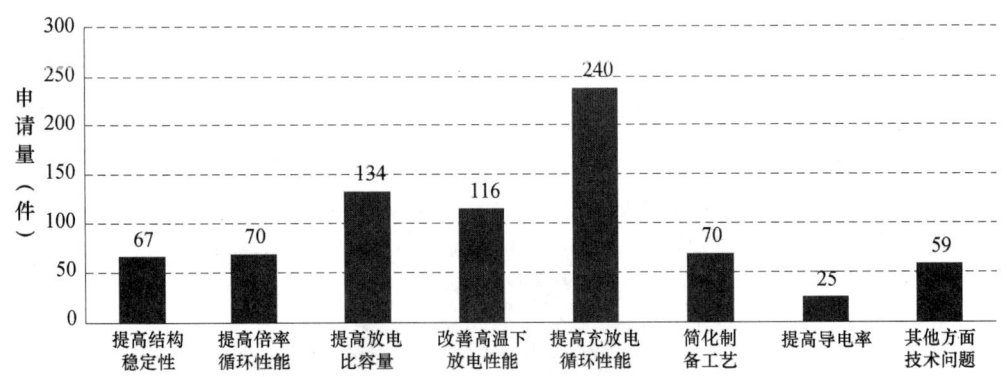

图 8-36 高性能锰酸锂解决技术问题方面的专利申请分布情况

为了解决这些问题，很多学者对锰酸锂进行改性研究。改性方法主要包括阳离子掺杂、阴离子掺杂和表面包覆等，通过这些改性来提高结构的稳定性或阻止电解液与材料接触以防止 Mn 的溶解。

如 8-37 图所示，解决上述技术问题主要涉及制备方法的选择及改进工艺、掺杂元素、表面改性以及元素配比调整等四个方向的技术手段，其他技术手段共计 96 件，比较分散。

第8章 锰酸锂正极材料专利分析

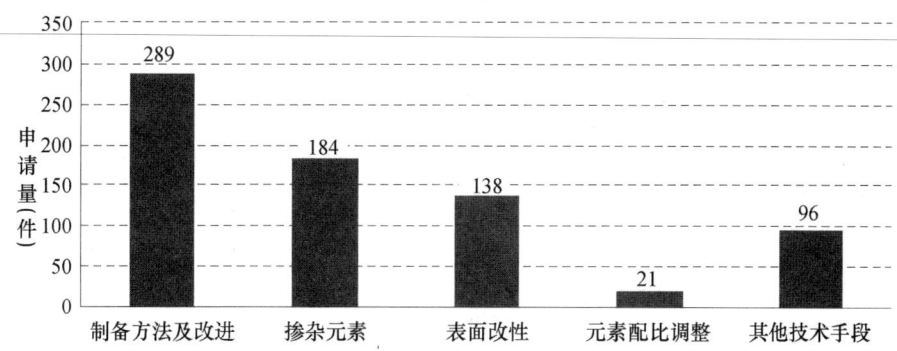

图8-37 高性能锰酸锂采用技术手段方面的专利申请分布情况

图8-38为高性能锰酸锂材料采用的制备方法及改进这一技术手段专利申请状况，其中包括涉及工业生产上常用的固相法占44%、液相法占23%、溶胶凝胶法占8%、喷雾干燥法占5%，原料二氧化锰的改进占5%，涉及的其他方法如水热法等工业上并非常见应用的制备方法占比达15%。总体来看，专利申请侧重传统的固相法和液相法的改进等方面的专利技术保护，占总体申请量的2/3。

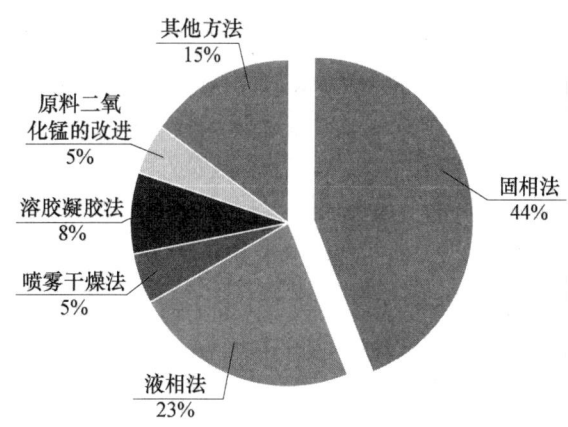

图8-38 高性能锰酸锂的制备工艺专利申请分布情况

图8-39涉及包覆改性专利申请分布情况，具体包括碳包覆、金属氧化物包覆等，各为25件和50件，其中涉及锰酸锂正极材料和其他正极材料的混合/包覆是目前近些年的研究热点，专利申请量达到46件，对于其他包覆手段如聚合物包覆等具有17件。

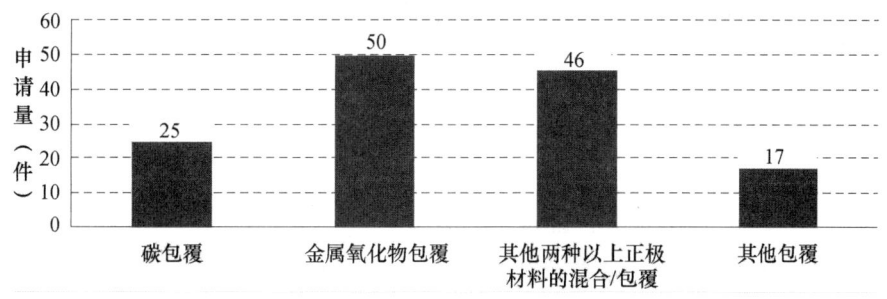

图8-39 采用包覆手段对高性能锰酸锂的改性专利申请量分布情况

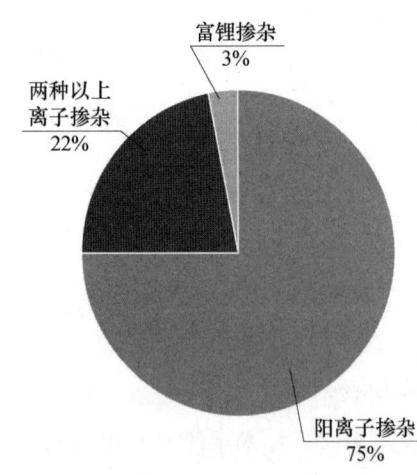

图8-40 采用掺杂对高性能锰酸锂的改性专利申请量分布情况

图8-40为涉及锰酸锂正极材料掺杂改性的几种主要掺杂方式,其中主要的掺杂方式如阳离子掺杂的专利申请量占锰酸锂正极材料掺杂改性研究的75%,目前研究热点的双离子掺杂改性方式占22%,涉及富锂掺杂改进的申请量虽然很少(占3%),但是本领域研究人员非常重视。

国外对锰酸锂正极材料的研究一直领先,申请量是国内的10倍之多,其中最主要的四大公司对锂锰氧化物电极材料研究概况如表8-4所示。由表8-4可知,三洋电机公司对正极材料尖晶石型锰酸锂的掺杂技术研究比较深入、全面,申请量居第一位,另外,也引领了具有层状 $\alpha-NaFeO_2$ 型 $Li_xMn_yO_2$ 氧化物的过渡金属镍、锰阳离子掺杂技术的潮流,索尼公司主要对层状 $\alpha-NaFeO_2$ 型 $Li_xMn_yO_2$ 氧化物的阴离子掺杂等技术申请了40多项专利。松下公司以及日立公司的申请量紧随其后,也涉及了上述两种正极材料的合成与改进技术等方面。

表8-4 国外对锰酸锂正极材料的研究及专利申请概况

公司	涉及材料体系
三洋电机	$Li_xMn_{2-y}M_yO_4$,x: 0~1.2,y: 0~2,M为过渡金属
	$LiNi_{1-x-y}Co_xMn_yO_2$(Ⅰ);$Li_{1+a}Mn_{2-a-b}M_bO_4$(Ⅱ)。x+y=0.5,1;y: 0.1~0.6;a: 0~0.2;b: 0~0.1;M为Al、Co、Ni、Mg或Fe
	$LiMn_{2-x}Mg_xO_4$,x: 0.01~0.08
	锂-过渡金属复合氧化物(镍或锰),层状、尖晶石结构
	$Li_{2+x}Mn_{2-y}M_zO_{4+q}$,x: -1~1,y: 0~0.5,z: 0~0.5,M: Cr、Fe、Co、Ni、Co、Al、Mg
	$Li_aNi_xMn_yO_2$,a: 1~1.5,x+y=0.5~1,x: 0~1,y: 0~1
	$Li_aNi_xCo_yMn_zO_2$,a: 0~1.1,x: 0.1~0.5,z: 0.1~0.5,x+y+z=1
	$Li_{1+x}(Mn_yNi_zCo_{1-y-z})_{1-x}O_2$,x: 0~0.4,y: 0~1,z: 0~1
	$Li_xMn_{2-y}M_yO_4$,x: 0~1.2;y: 0~2,部分锰元素被其他元素取代的锂锰氧化合物
索尼	$Li_xMn_mO_{(x+m)/2}$,x: 0.5~0.8,m: 3.8~4
	掺杂S的锂锰氧化物
松下	$Li_{(x+y-1)}Mn_6O_{12}$,x+y=1.5~4.5
	尖晶石型锰酸锂
日立	锂锰复合氧化物
	尖晶石型锰酸锂

对于锰酸锂阳离子掺杂可稳定材料结构、改善材料的循环性能,引入的掺杂阳离子M的价态和离子半径要与Mn^{3+}的相近,M-O键>Mn-O键,这样才能达到稳定结构、抑制容量衰减的目的。主要掺杂的阳离子有Co、Al、Cr、Ni、Cu、Fe、Mg、Ti等,并且有专家认为引入过量的锂,也是一种阳离子掺杂。

但阳离子掺杂使初始容量下降，许多日本研究者尝试用其他阴离子部分取代氧离子来对锂锰氧化物进行改性。阴离子掺杂主要是以 S 和 F 两种元素部分取代 $LiMn_2O_4$ 尖晶石结构中的 O，提高晶体结构稳定性，从而改善材料的电化学性能。

复合掺杂可分为复合阳离子掺杂和阴阳离子复合掺杂。锰酸锂材料与其他材料复合作为电极材料，锰酸锂可以与钴酸锂、镍酸锂等多种材料复合，提高充放电性能。日本在这方面的专利保护占有领先优势。

在尖晶石结构中引入两种或两种以上的有效离子进行掺杂，效果会明显优于单一离子掺杂，对循环性能有良好的改善作用，是目前研究的一个新趋势。

另外，日本专利申请方面报道了研究针对锰酸锂的组成及含量，以及不同物理性能的材料如粒度、松装密度、比表面积等对于充放电性能以及安全性能的双重影响，可见日本方面也正在积极寻找锰酸锂正极材料充放电性能兼顾安全性能的保障的双赢改进方法。

近年来，国内十分重视该材料的研究，主要研究的大公司有深圳比亚迪、北京中信国安盟固利以及深圳市比克电池有限公司等。具有代表性的为深圳比亚迪有限公司，近 10 年来，其共提交了 11 项专利申请，专利申请中针对现有技术中锂离子电池锰酸锂正极材料所存在的循环性能的缺陷提出了正极活性材料包括：作为内核的尖晶石型锰酸锂或其衍生物，和覆在所述内核表面上的金属氧化物，所述金属氧化物包括锌、镁、钙、镍、镉或铝元素的氧化物。其中，所述金属氧化物优选自氧化锌、氧化镁、氧化钙、氧化镍、氧化镉和三氧化二铝中至少一种。其中，所述金属氧化物的数量为所述内核颗粒的 2mol%～15mol%。针对现有技术中高温循环性能的缺陷，尖晶石型锰酸锂衍生物为掺杂有一种或两种金属元素如镍、钴、铝、镉、钒、铜、铁，或者掺杂少量氟元素的锰酸锂材料，其制备方法包括：①将可溶性金属盐溶于水、乙醇或甲醇中，配成浓度为 0.1～1mol/L 的溶液，所述金属盐包括锌、镁、钙、镍、镉或铝元素的可溶性盐；②向步骤①得到的溶液中加入尖晶石型锰酸锂或其衍生物粉末，进行搅拌或超声波分散形成悬浊液；③将步骤②得到的悬浊液喷雾干燥造粒，得到复合微粉；④将步骤③得到的复合微粒置于马弗炉内升温至 150～400℃后恒温 0～4 小时，再升温至 400～600℃后恒温 2～12 小时，冷却至室温，获得表面覆有金属氧化物的正极复合材料。

其中表面包覆有 ZnO 的锰酸锂正极材料，包覆摩尔比为 0.044。将该正极材料与锂对电极装配成扣式电池。首次放电比容量为 124.7mAh/g，循环 100 周后容量保持率为 95.2%。55℃充放电条件下，放电比容量为 108.1mAh/g，循环 100 周后容量保持率为 85.1%。当锰酸锂材料表面包覆有金属氧化物后，常温及高温下循环后容量保持率与未包覆的锰酸锂材料相比均有大幅上升。

其中公开了一种新的用作锂离子电池正极材料的球形锰酸锂的制备方法，该方法采用锰盐水溶液、草酸或草酸盐水溶液和络合剂乙二胺水溶液分别连续注入到带搅拌的反应器中，通过调节该三种溶液的注入速度使反应体系的摩尔比控制为 $C_2O_4^-/Mn^{2+}$ = 1.9～2.5 且络合剂/Mn^{2+} = 0.2～5，控制反应温度为 50～80℃，使反应器中的沉淀产物自然溢流排出，制备出的球形草酸锰作为制备球形锰酸锂的前驱体，然后由其与碳酸锂或氢氧化锂混合制成糊状物，经干燥和焙烧制得球形锰酸锂。所得产品具有较窄的粒度分布，平均粒径约为 13μm。用 0.2C 电流充放电，测得该电池的初次放电比容量为 125mAh/g。该方法制备出了形貌良好的球形锰酸锂，有利于对其进行表面修饰和改性，从而提高锰酸锂的比容量和高温循环性能。

中信国安盟固利主要申请了球形锰酸锂的制备方法等 3 项发明专利，采用锰盐如硫酸锰或氯化锰或硝酸锰与强氧化剂的高锰酸盐或次氯酸盐或氯酸盐或过二硫酸盐在液相中进行如下氧化还原反应：pH 值为 0.01~3.0，温度 20~90℃，进料速度 15~20L/h，由于原料中存在有害杂质 K、Na，因此在反应过程中加入除杂剂（如可溶性氟硅酸盐）防止 K、Na 离子进入二氧化锰晶体内，从而保证二氧化锰的杂质极低并具有优越的物理化学和电化学性能。该锰酸锂振实密度为 1.8g/cm^3，平均粒径 5.0μm，比表面积 1.5m^2/g，Na、K 离子总含量小于 800ppm，其他杂质含量均小于 200ppm，初始容量 125mAh/g，200 次循环容量保持率 95%。

由于具有资源丰富、价格便宜、安全性高且易合成等优点，尖晶石型 $LiMn_2O_4$ 正极材料在锂离子动力电池正极材料竞争中极具应用潜力，我国企业可以充分利用知识产权抓住机遇推动该材料在动力电池中的应用，从而建立自己的知识产权保护体系。

8.4.5 申请地域分布

锂离子电池正极材料的开发是技术更新的关键，正极材料是整个锂离子电池产业链中最被看好的一个环节，关注正极材料的申请量显得尤为重要。有关高性能锰酸锂材料全球/中国各地专利申请如图 8-41 所示。中国的专利申请量最多，为 442 件；位居第二的是日本，79 件；其次是韩国和美国，分别为 48 件和 24 件专利申请。对于国内专利申请，可以看出，北京居第一位，这与北京的研究机构多、研发公司集中有密切的关系；其次是经济发达的地区如深圳、湖南、江苏、上海等地。其中国内企业和科研机构对于锂离子电池正极的专利申请量自 2000 年以来逐年增加，可见其已经成为我国能源研究和发展的重点领域。国内申请量较大的地区主要是经济较发达地区，而经济欠发达地区的申请量则相对较小。分析其原因，这些经济较发达地区申请量占主要地

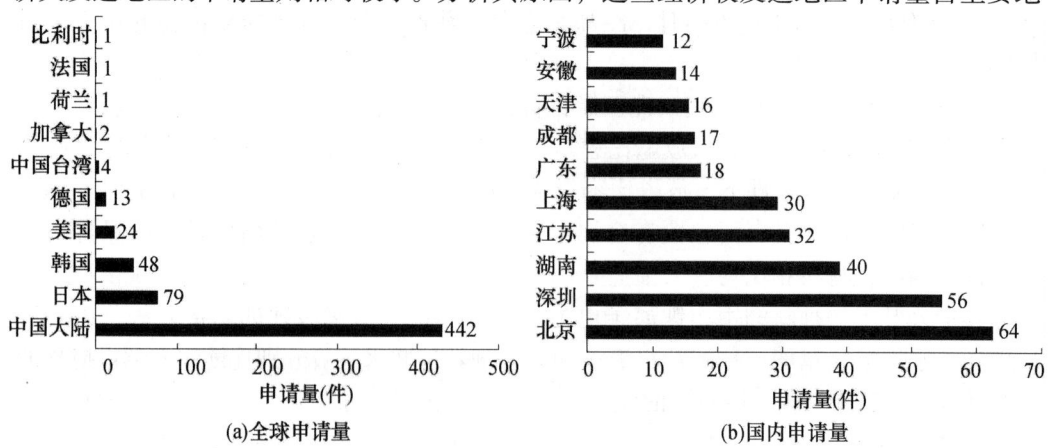

图 8-41 高性能锰酸锂材料全球/中国各地专利申请量分布情况

位在于其产业规模大、技术创新动力足、企业知识产权保护意识强,能够运用专利来保护自身的创新成果;相反,经济欠发达地区的企业申请量较小的原因是技术分散,专利保护意识淡薄,没有形成自身的知识产权战略,难以获得一定程度的专利申请规模,从而很难形成从技术体系、专利技术划分到专利权维护的一条龙的专利战略体系。

8.4.6 技术主题与技术功效分析

图 8-42 为高性能锰酸锂材料技术分布的气泡图,通过主要解决的技术问题所对应采用的技术手段来说明目前研究的状况。专利技术主要集中在采用制备方法的改进、掺杂金属和/或非金属离子以及表面包覆改性这三种技术手段解决提高放电比容量、提高充放电循环性以及简化制备工艺这三种技术问题方面。

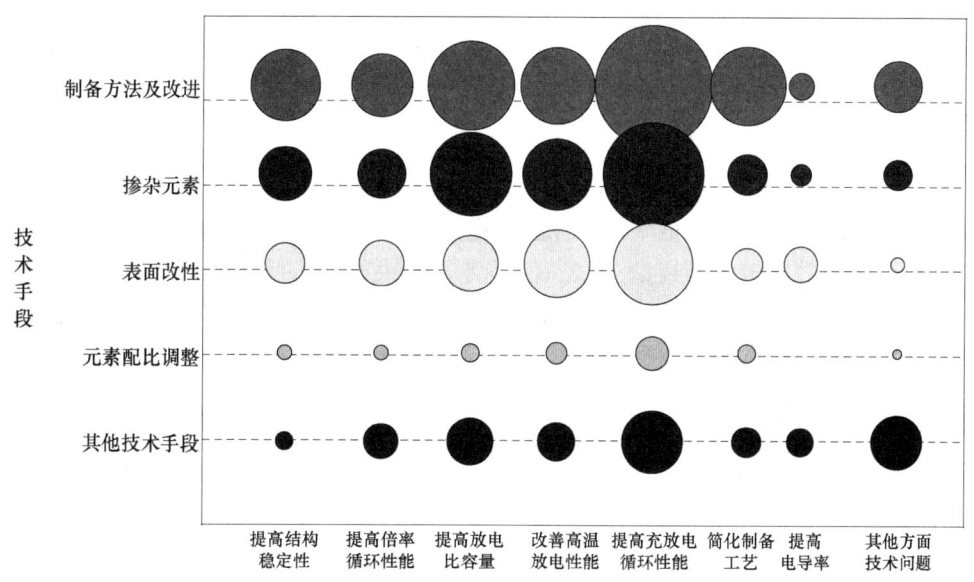

图 8-42 高性能锰酸锂材料技术分布

表 8-5 为主要解决的技术问题所对应采用的技术手段的专利申请状况。

表 8-5 主要解决的技术问题所对应采用的技术手段的专利申请状况

技术问题	制备方法改进	掺杂元素	表面改性	元素配比调整	其他技术手段
提高结构稳定性	41	25	14	2	3
提高倍率循环性能	33	20	18	2	11
提高放电比容量	63	56	26	3	19
改善高温下放电性能	47	42	37	4	13
提高充放电循环性能	119	87	54	10	32
简化制备工艺	49	14	9	3	8
提高电导率	6	4	11	0	7
其他方面技术问题	22	8	2	1	24

涉及制备方法改进的专利主要解决的技术问题是提高充放电循环性能，其次是提高放电比容量以及简化工艺，涉及的专利申请量分别为119项、63项以及49项。

综合图8-42和表8-5可以看出，采用制备方法以及工艺的改进、掺杂元素这两种技术手段是最容易实现的技术手段，也是国内外应用的最多的技术手段，其专利数量占比超过80%。其主要解决问题是提高充放电循环性能、提高放电比容量以及简化制备工艺从而降低生产成本。虽然这两种技术手段主要解决上述电化学性能问题，但用这些技术手段也可以解决其他技术问题。其中，通过制备工艺的改进其效果最为突出，几乎可以解决全部技术问题，因此得到了科研人员的广泛采用。从研发角度出发，通过掺杂元素、改变反应条件（即制备方法的改进）这两种技术手段应当作为优先考虑的对象，原因有二：一是因为已经有众多相关专利文献可以借鉴，因此在研发过程中可以避免走很多弯路，能够省去很多重复工作，提高工作效率；二是因为掺杂元素类型、制备工艺过程的反应条件的改进等对材料的性能影响很大，其中涉及的很多方面对科研人员来说都还未曾涉及。因此，通过上述技术手段来提高结构稳定性、提高倍率循环性能以及提高导电率时至今日仍然可以大有作为。

其次，可以考虑表面改性这一技术手段，其能够解决的技术问题较为全面，包括提高充放电循环性能、提高倍率循环性能、提高放电比容量以及改善高温下放电性能。虽然其专利申请数量较前所述的少些，但是涉及解决的技术问题却很全面，涉及动力锂离子电池生产、应用以及安全方面的问题，有可能作为未来发展的突破口。再次，元素配比调整这一技术手段主要用于提高充放电循环性能，解决其他技术问题涉及的专利相对非常之少。上述技术手段实施起来可能难度并不大，但可以解决的技术问题相对较少，从而限制了其应用。从研发的角度来看，这些技术手段的专利数量不多，可以借鉴的技术少，也有的因产业应用存在障碍等问题，导致专利产出较少。

综上所述，从研发的角度来说，如果可以借鉴的文献较多，即采用掺杂元素改性、改进制备工艺及方法、表面包覆这三种技术手段提高安全性、倍率性、循环性、导电性、充放电性能和比容量是目前研究的热潮，则难免会遇到的专利壁垒也较多，可能会限制对这些手段的具体应用。从专利的数量来看，各专利权人是从提高安全性、倍率性、循环性能、导电性、充放电性能和比容量作为研究的切入点，将这些方面作为研发的切入点是很容易想到的，也可以借助之前的专利文献开发一些外围专利或改进专利。如果选择居于次位的掺杂取代元素，解决的技术问题较为广泛，并且具有进一步的研发空间，研发人员在该方面可以继续关注。相对来说，专利申请量少，遇到的专利壁垒也较少，可开发的空间也很大。当然，这些技术手段如果历年的专利文献涉及某些技术问题很少或没有，可能与进行该方面的研发的难度相对较大也有一定的关系。

虽然上文已经列举了较多的技术问题以及解决相关技术问题的技术手段，但各种技术也是一直在发展变化的。一方面，上述各种技术问题的提出及各种技术手段的应用还有待完善的地方；另一方面，对于同一问题也可以开发出一些新的技术手段，而对同一技术手段的应用也许可以解决上述技术问题中的其他的新的技术问题，这些问题都值得广大研发人员对其进行深入的挖掘和发展。

8.4.7 重点专利技术分析

高性能锰酸锂材料的重点专利是综合考虑了其被引证频率、同族情况以及技术专家的意见筛选确定的。由于主要申请集中在韩国和日本，因此，按照技术来源国分类介绍该重点专利的分布。

韩国的来华申请共计45件，其中韩国三星的专利申请共有24件（见表8-6），申请量居首位，其中包括三星株式会社、三星电管株式会社、三星电子株式会社以及三星康宁精密素材株式会社这四家子公司，主要申请人为权镐真、丁元一、曹在弼等，最早在1996年申请的中国专利CN1155766A，提供了一种掺碳的锂锰氧化物及其制造方法，其中掺碳的锂锰氧化物是细的均匀粉末状的，具有优良的导电性，可以独立地用作锂离子电池的电极材料，不需任何其他导电材料。包括步骤：①配制锂化合物和锰化合物的混合溶液，其中包含的锂离子和锰离子的摩尔比是1:2；②向上述混合液中加入聚乙二醇并在搅拌此混合液的同时使其干燥，直到得到凝胶；③预处理凝胶并加热该经预处理的凝胶，其中，干燥过程在60~80℃下进行18~24小时，预处理过程在200~300℃下进行，加热过程在400~800℃下进行。

优先权年在1999年的专利申请CN1278663A，施引专利计数为3次，该申请除了在韩国本国保护，还将该技术输出到日本、美国和中国等国家进行了保护，具体制备方法是用金属醇盐溶液或金属水溶液涂覆粉末，热处理涂覆过的粉末以使涂覆粉末转化成为涂有金属氧化物的粉末。其在高温下具有良好的寿命。

表8-6 高性能锰酸锂材料在韩国专利申请情况

公开号/施引频次	申请日	优先权	发明人	申请人
CN1278663A（3次）	2000-04-19	韩国 1999年6月17日	权镐真；郑贤淑；金根培	三星
CN1330417A（5次）	2001-06-14	韩国 2000年6月16日	丁元一	三星
CN1348225A	2001-07-25	韩国 2001年5月15日	权镐真；徐畯源	三星
CN1346160A（5次）	2001-09-25	韩国 2000年9月25日	权镐真；徐畯源；丁元一	三星
CN1357932A	2001-09-25	韩国 2000年9月25日	权镐真；徐畯源；丁元一	三星
CN1366363A	2002-01-19	韩国 2001年1月19日	权镐真；徐畯源	三星
CN1379488A（26次）	2002-04-01	韩国 2001年4月2日	权镐真；徐畯源；李相沅	三星
CN1379491A	2002-04-02	韩国 2001年4月2日	权镐真；徐畯源；郑贤淑	三星

续表

公开号/施引频次	申请日	优先权	发明人	申请人
CN1389941A	2002-05-27	韩国 2001年6月5日	权镐真；徐晙源；金根培	三星
CN1414650A（6次）	2002-09-09	韩国 2001年10月24日	曹在弼；朴炳雨；金容呈；金泰俊	三星
CN1458704A	2003-05-06	韩国 2002年5月13日	曹在弼；朴容彻；丁元一；金根培	三星
CN1519966A	2004-01-14	韩国 2003年2月7日	崔荣敏；咸龙男；朴晟浚	三星
CN1619862A	2004-11-22	韩国 2003年11月20日	丁元一；朴容彻；金根培；徐晙源	三星
CN1770516A	2005-10-26	韩国 2004年10月28日	全相垠；刘锡润；尹蕙嫄；金载炅	三星
CN1822414A	2006-02-10	韩国 2005年2月15日	崔荣敏；金庚镐；金圭成	三星
CN1855588A	2006-04-28	韩国 2005年4月28日	朴晟浚；严在哲；辛明孝	三星
CN101043074A	2007-03-21	韩国 2006年3月21日	宋庆焕；张锡钧；金重锡	三星
CN101202362A	2007-06-21	韩国 2006年12月12日	鲁世源；文仁泰；宋义焕	三星
CN101159327A	2007-10-8	韩国 2006年10月4日	朴圭成	三星
CN101188283A	2007-11-21	韩国 2006年11月21日	黄德哲；朴容彻；金点洙；柳在律；李钟和；郑义永；许素贤	三星
CN102683696A	2012-03-09	美国 2011年3月9日	金俊植；李宗勋；金性洙；李栖宰；申政淳	三星
CN102769129A	2012-05-02	韩国 2011年5月2日	赵偣任；李美善；曹海印	三星康宁精密素材
CN1155766A	1996-07-22	韩国 1996年1月19日	权镐真；朴杰范；金健	三星电子
CN1267096A	1999-10-28	韩国 1999年3月10日	权镐真；金根培；朴东坤	三星电管

其中施引频次居首位的专利申请是 CN1379488A，申请日 2002 年 4 月 1 日，其施引频次 26 次，其同族专利有 US20030003352A1、JP2002358953A、KR2002077555A、US6846592B2 等，引用该专利的申请也是甚多，有 26 件，并且均是美国专利。其是一

种用于可再充电锂离子电池的正极及其制备方法。该正极包括集电体，涂布于该集电体之上的正极活性材料层及表面处理层。所述正极活性材料层包括正极活性材料。所述表面处理层包括选自下列的化合物：包含涂层元素的氢氧化物、包含涂层元素的羟基氧化物、包含涂层元素的含氧碳酸盐、包含涂层元素的羟基碳酸盐，以及它们的混合物。所述正极的制备方法包括用正极活性材料的组合物涂布集电体以形成正极活性材料层；用涂布液处理已涂布了正极活性材料层的集电体；并干燥已处理过的集电体。所述涂布液包括涂层元素或包含涂层元素的化合物。其中所述涂层元素为选自Mg、Al、Co、K、Na、Ca、Si、Ti、Sn、V、Ge、Ga、B、As和Zr中的至少一种。其中所述正极活性材料包括$Li_xMn_2O_{4-z}X_z$、$Li_xMn_{1-y}M_yO_{2-z}X_z$、$Li_xMn_{2-y}M_yA_4$，M为选自Al、Ni、Co、Mn、Cr、Fe、Mg、Sr、V或稀土元素中的一种元素，A选自O、F、S和P，而X选自F、S和P。

三星公司在中国的专利申请CN1330417A，施引频次达到5次，涉及一种制备锂蓄电池用的正极活性物质的方法，该法包括通过溶解导电聚合物于溶剂中以制备涂料溶液并使锂络合金属氧化物涂上涂料溶液。由此，该发明提供一种把导电聚合物涂覆在用作正极活性物质的锂络合金属氧化物表面上的方法。使用这种方法，易于涂覆和均匀涂覆导电聚合物。所制备的正极活性物质在高温下具有优良循环寿命特性且也是其活性物质的体积不减少的锂蓄电池用的正极活性物质的制备方法。制备方法包括：通过溶解导电聚合物于溶剂中以制备涂料溶液，然后通过使用附聚器或喷雾干燥器涂覆在锂络合金属氧化物表面上；其中导电聚合物是翠绿亚胺基或掺杂状态的聚合物。即锂蓄电池用正极活性物质的制备方法是在锂络合金属氧化物表面上涂覆液态导电聚合物。

同样，专利申请CN1414650A的施引频次达到6次，也是引用频次较高的专利申请，其同族专利有US20030087155A1、JP2003178759A、KR2003033716A、KR399642B、US6916580B2、JP04316218B2共计6件，即在日本、韩国、美国均有专利保护申请，其施引专利多达10件，均为美国专利申请。其提供一种正极活性物质及其制备方法，可使可充电锂离子电池具有结构稳定性和良好循环寿命特性。正极活性物质包括锂化的嵌入化合物及形成于锂化嵌入化合物上的涂层；涂层包括固溶液化合物和具有至少两种涂层元素的氧化物，氧化物由通式$M_pM'_qO_r$表示，式中M和M'不相同且各自独立地为选自Zr、Al、Na、K、Mg、Ca、Sr、Ni、Co、Ti、Sn、Mn、Cr、Fe和V中的至少一种元素，$0<p<1$，$0<q<1$和$1<r\leq 2$，其中r基于p和q而确定；固溶液化合物是通过锂化的嵌入化合物与氧化物的反应而制备的，且涂层的断裂韧度至少为3.5MPam1/2。其中该锂化的嵌入化合物选自$Li_xMn_{1-y}M'yO_{2-z}X_z$、$Li_xMn_2O_{4-z}X_z$、$0.95\leq x\leq 1.1$；$0\leq y\leq 0.5$；$0\leq z\leq 0.5$；M'是选自Al、Ni、Co、Mn、Cr、Fe、Mg、Sr、V、Sc、Y和镧系元素的元素；A是选自O、F、S和P的元素；X是选自F、S和P的元素。该氧化物是由$Zr_pM'_qO_r$表示：式中M'是选自Al、Na、K、Mg、Ca、Sr、Ni、Co、Ti、Sn、Mn、Cr、Fe和V中的至少一种元素。

日本来华申请共计79件，如图8-43所示为排名前10位的申请人，主要申请人有日本电气、索尼、松下、三洋电机、东芝、日立、AGC清美等31个公司。申请量较为分散,其中日本电气有 7 件,清美 7 件,索尼公司 6 件,日立 5 件,丰田公司 4 件。2002 年株式会社日立制作所的专利申请 CN1431731A 的施引频次最高的为 24 次,其同族专利/技术输出国/地区主要集中在美国、中国大陆、中国台湾、韩国、欧洲等国家/地区。其施引专利涉及多个国家/地区。其提供一种用于锂离子电池的阴极活性材料及其制造方法,可抑制在高温下的充/放电循环过程中电池容量的减少,还提供具有长时间高输出性能的锂离子电池及锂离子电池构成的电池装配模块。用于锂离子电池的阴极活性材料由包括锂和锰的氧化物颗粒构成,其中氧化物颗粒由初级颗粒 (1-1) 和二级颗粒构成,二级颗粒由初级颗粒的结合颗粒构成,初级颗粒在机械接触或静电力作用下聚集形成聚集体 (1-2),初级颗粒的量占氧化物颗粒总量的一半以上;氧化物颗粒是尖晶石结构,其平均粒径为 0.05~5μm,氧化物颗粒总量的 95% 或更多的粒径落入在 0.5~3.0μm 的范围内。所述氧化物颗粒是尖晶石结构的氧化物,其化学式为:$Li_{1+x}Mn_{2-x-y}M_yO_{4-d}$(式中:$0<x<0.33$,$0<y<0.50$,$0<d<0.10$,Mn 和 M 是不同于 Li 的阳离子元素)。

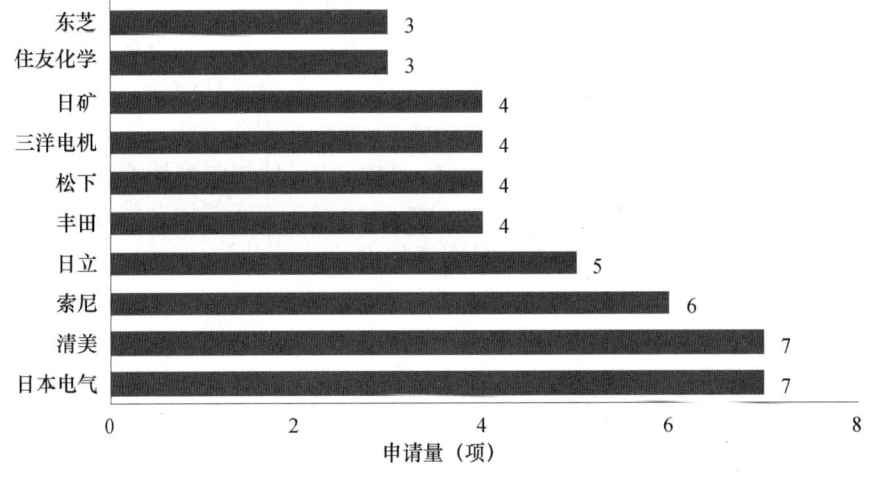

图 8-43 高性能锰酸锂材料日本专利申请人在华申请情况

如表 8-7 所示,日本电气的专利 CN1698220A,其施引频次 14 次。正极活性材料包含锰酸锂和镍酸锂,锰酸锂是一种由式 $Li_{1+x}Mn_{2-x}O_4$($0.15 \leqslant x \leqslant 0.24$)所表示的具有尖晶石结构的化合物,或者该化合物中的一些 Mn 或 O 位被另一种元素所置换。镍酸锂可为一种由式 $LiNi_{1-y}Co_yO_2$($0.05 \leqslant y \leqslant 0.5$)所表示的化合物,或者该化合物中的一些 Co 或 O 位被另一种元素所置换。提供正极活性材料,可抑制二次电池在高温贮存期间及在充电-放电循环期间电阻的增加。对于有效改善锰酸锂的充电-放电循环性能的因素,在贮存前后的内电阻最小化不是必需有效的。富锂化合物可以被用来一致地使电池在升高的温度下贮存后电阻的增加最小化。为了制备锰酸锂,通常以 Li/Mn = 1/2 的摩尔比混合 Mn 源和 Li 源,并且在 700~800℃ 焙烧混合物,以稳定地生成具有尖晶石结构的锰酸锂。但是,当在混合物中的 Li 源比率增加时,观察到在尖晶石中氧的消除温度线性地降低。因此,在上面所述的温度范围内,不能焙烧富锂的组合物。焙烧温度低时,包含作为正极活性材料的锰酸锂的电池在长期贮存时具有更低的稳定性。

这可能是因为较低的焙烧温度导致焙烧产物低的结晶度。

表8-7 高性能锰酸锂材料日本专利在华申请情况

公开号	优先权	申请日	发明人	申请人
CN1305237A	日本 1999年11月30日	2000-11-30	沼田达治；神部千夏； 富冈孝忠；白方雅人	日本电气 株式会社
CN1412872A （4次）	日本 2001年10月18日	2002-10-18	野口健宏；沼田达治	日本电气 株式会社
CN1430298A （6次）	日本 2001年11月27日	2002-11-27	野口健宏；沼田达治； 川崎大辅	日本电气 株式会社
CN1494744A	日本 2001年2月27日	2002-02-15	渡边美树男；沼田达治； 粂内友一	日本电气 株式会社
CN1545743A	日本 2002年3月8日	2003-03-07	川崎大辅；野口健宏； 沼田达治	日本电气 株式会社
CN1698220A （14次）	日本 2003年5月26日	2004-05-26	粂内友一；沼田达治； 川崎大辅	日本电气 株式会社
CN1781202A	日本 2003年3月31日	2004-03-31	沼田达志；富冈孝忠	日本电气 株式会社

2000年昭和电工株式会社的专利CN1360739A，其施引频次23次，其同族专利有WO2001004975A1、AU200058502A、KR2002012295A、JP2001509101X、US20030054248A1、US6699618B2、US20040135128A1、US6890456B2、US20050175899A1、US7090822B2、KR653170B1、JP2011049180A、JP2012074390A，共13件。输出国/地区涉及韩国、美国、日本、澳大利亚以及欧洲等国家或地区，23件专利施引该专利。其提供一种致密的正极活性物质，充填性好，初期容量高，循环特性好，高温条件下反复充放电时容量下降少，二次粒子空隙率低。所述正极活性物质以具有尖晶石结构的Li-Mn系复合氧化物粒子为主，用下式：空隙率（%）=（A/B）×100%表示的前述粒子的空隙率平均值在15%以下，式中，A表示包含在1个二次粒子截面中的孔的总截面积，B表示1个二次粒子的截面积。其振实密度在1.9g/mL以上，微晶尺寸为400~960Å，晶格常数在8.240Å以下。正极活性物质的制备方法：在尖晶石结构的Li-Mn系复合氧化物的烧结品粉碎物中，添加550~900℃下熔融的物质，该物质可为氧化物，或可成为氧化物的元素，或含有该元素的化合物，或与锂或锰固溶，或发生反应而熔融的氧化物，或可成为氧化物的元素，加入烧结促进助剂熔融烧结，造粒后得到正极活性物质。烧结促进助剂可为Bi、B、W、Mo、Pb等元素或其化合物。该发明的正极活性物质粒子致密且呈球状，对电极的充填性优良，用于二次电池时即使在高温环境下也能够显现较高的初期容量及容量维持率。

1994年日本电池株式会社的专利CN1130810A，施引频次为20次，同族专利为EP712173A1、JP8138674A、JP8138675A、US5820790A、EP712173B1、DE69518719D1、JP03611133B2、JP03611134B2，技术输出国/地区涉及美国、德国和欧洲等，解决锂-锰复合氧化物的制造方法存在难以均质地进行复合氧化物的生成反应，并产成Mn_2O_3、$MnCO_3$等杂质，或者是混有未反应的MnO_2，另外由于生成物的表面积较低，充放电时的电流分布不均一等问题,提供一种非水系电池用正极活性物质。非水系电池用正极活性物质由具有氧缺陷型尖晶石结构的锂-锰复合氧化物构成,制备方法:将二氧化锰及锂盐或氢氧化锂,按相对于含有2mol锰的二氧化锰,使用含有1摩尔以下锂的锂盐或氢氧化锂与之混合,将得到的混合物加压至300kg/cm^{2}以上后加热,然后粉碎。其晶格常数可以为8.17~8.22,表面积为30m^2/g以上。

1999年三洋电机株式会社的CN1262532A,施引频次18次,其同族专利为EP1022792A1、JP2000215884A、、KR2000052412A、TW431012A、US6534216B1、JP03754218B2、EP1022792B1、DE60031019D1、KR559104B1、DE60031019T2,技术输出国/地区涉及美国、韩国、中国大陆、中国台湾、德国等多个国家/地区,并且施引专利也达到18件。其提供一种非水电解质电池用正极,用其制备的电池能够抑制自放电,放电保存特性和高温保存特性优异,放电动作电压高并且能量密度高,安全性高。非水电解质电池用正极,其是以尖晶石型锰酸锂为主要正极活性物质,将以通式Li$_{1+x}$Mn$_{2-y}$O$_4$(式中,锂和锰的原子比为$0.56 \leq Li/Mn = (1+X)/(2-Y) \leq 0.62$,并且$-0.2 \leq X \leq 0.2$,$Y \leq 1.0$)所表示的尖晶石型锰酸锂、与从以通式Li$_{1+z}CoO_2$(式中,$-0.5 \leq Z \leq 0.5$)所表示的钴酸锂和以通式Li$_{1+z}NiO_2$(式中,$-0.5 \leq Z \leq 0.5$)所表示的镍酸锂中选出的至少一种、并以尖晶石型锰酸锂的重量为A、钴酸锂和镍酸锂中选择的至少一种的重量为B,按$0.05 \leq B/(A+B) < 0.2$范围的比例进行混合。

8.5 高容量锰酸锂正极材料专利分析

8.5.1 专利申请趋势

高容量锰酸锂材料主要包括通过对物质的结构的改进得到的高容量材料如具有富锂的尖晶石结构(富锂后理论容量高于148mAh/g)或层状结构(富锂后比容量高于目前研究水平的比容量)的含有高价态的Mn的物质,例如,Li$_{1+x}$Mn$_2$O$_4$、Li$_2$MnO$_3$、Li$_{1+x}$M$_y$Mn$_{1-y}$O$_2$以及Li$_{1+x}$Mn$_y$O$_2$等正极材料。

2012年4月18日,温家宝总理主持召开的国务院常务会议讨论通过了《节能与新能源汽车产业发展规划》,提出加快培育和发展节能与新能源汽车产业,而新能源汽车发展的关键在动力电池。锂离子电池成为首选电源,但电池材料是锂离子电池产业链的关键环节,其性能和成本能够在很大程度上影响锂离子电池乃至新能源产业的发展,因而成为引领锂离子电池发展的重要方面。因此,以电动汽车和电网蓄能为重大应用背景的新一代锂离子动力电池关键技术的突破对我国新能源产业的发展影响重大。美国和日本等对下一代锂离子动力电池的要求是能量密度达到250~300Wh/kg,我国"十二五"目标也是能量密度达到250~300Wh/kg。电池的能量密度主要取决于电极材料的能量密度,因而实现这一目标必然要求电极材料的能量密度有大幅度的提高。近年来,锂离子电池富锂锰基正极材料xLi$_2$MnO$_3$·(1-x)LiMO$_2$,因其具有高比容量(大于250mAh/g)、良好的循环性能、较宽的充放电压范围、成本低廉以及新的电化学充放电机制等特点而受到国内外的广泛关注,被认为是新一代锂离子电池的首选正极材料。

富锂锰基固溶体正极材料可用通式 xLi[Li$_{1/3}$Mn$_{2/3}$]O$_2$·(1-x)LiMO$_2$ 表示，具有 α-NaFeO$_2$ 层状结构，属于六方晶系，R-3m 空间群，Li 占据 3a，过渡金属占据 3b 位，其中过渡金属 Ni、Mn 的价态分别为 +2、+4 价，充放电过程中主要发生 Ni$^{2+/4+}$、Mn$^{3+/4+}$ 的氧化还原反应。美国阿贡实验室率先研制出 0.5Li(Ni$_{0.5}$Mn$_{0.5}$)O$_2$·0.5Li(Li$_{1/3}$Mn$_{2/3}$)O$_2$，在 10mA/g、2.0~4.6V 条件下首次放电容量为 170mAh/g、40 次充放电后能达到 210mAh/g。该材料 0.3Li$_2$MnO$_3$·0.7LiNi$_{0.5}$Mn$_{0.5}$O$_2$ 的发现，50℃下具有超高的比容量（大于 300mAh/g）和良好的循环性能。然而，富锂锰基极材料存在首次不可逆容量较大、倍率性能欠佳、循环过程中出现相变等问题有待改善和解决。

目前高容量锰酸锂正极材料申请量分布情况如图 8-44 所示。最早在 1979 年就有专利申请锰酸锂 Li$_2$MnO$_3$ 这种材料，但是当时并没有提出用于锂离子电池正极材料，也就是说，近 30 年来这种材料的研究并没有间断过，2000 年专利申请量达到第一个高峰值，超过了 40 件以上，之后几年略有降低，到 2010 年专利申请量突增至 80 件以上，这是该材料的高容量性能满足社会经济发展需求的必然结果。如何提高材料的容量成为当前正极材料竞争性发展的重要因素之一。

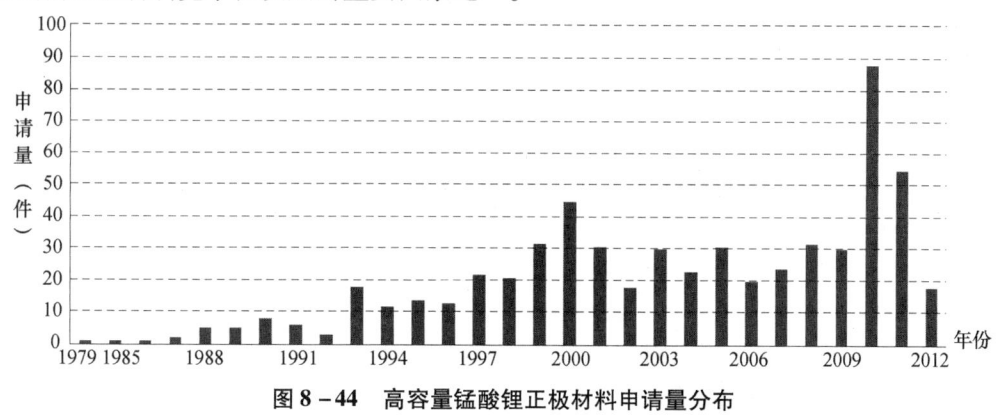

图 8-44 高容量锰酸锂正极材料申请量分布

图 8-45 为高容量锰酸锂正极材料申请量地域分布，主要分布在日本、中国、美国以及欧洲地区，在日本的专利申请量居首位，为 264 项，占 44%，这与该国的电子设备、汽车行业的发达密不可分，其研究水平也是世界领先，在欧洲地区，为 142 项；中国和美国紧随其后，专利申请量分别为 90 项和 80 项。在韩国的专栏保护也不可忽视，其数量上虽然占比不是很大，仅有 32 项，但是其专利申请集中在最近 10 年，可见韩国也非常重视追求高容量正极材料的专利布局。

8.5.2 主要申请人排名

图 8-46 所示为高容量锰酸锂正极材料申请人排名，三星稳居第一，申请量达 37 件；

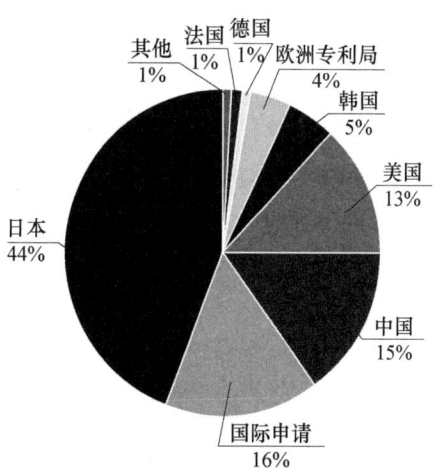

图 8-45 高容量锰酸锂正极材料申请量地域分布

三洋电子紧随其后，申请量达36件；居第三位的是LG，达31件。可见前三位中两个申请人均是来自韩国，日本索尼、三井、丰田等在前10名之列。

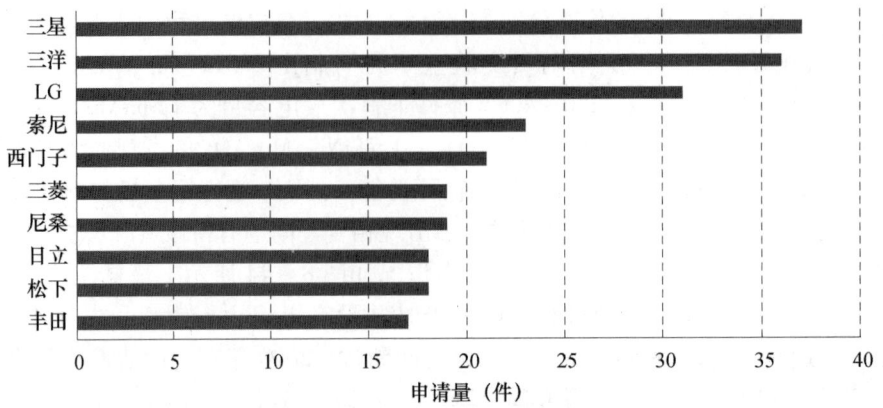

图8-46 高容量锰酸锂正极材料申请人排名

8.5.3 技术产出国申请分析

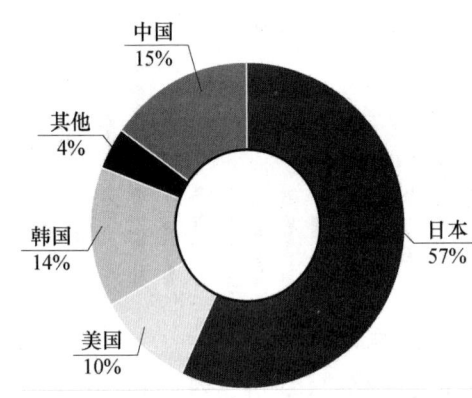

图8-47 高容量锰酸锂正极材料原创国申请量分布

图8-47为高容量锰酸锂正极材料的技术产出国分布情况，反映了主要技术来源的分布，技术产出国拥有的原始产出技术的多少一定程度上反映出其在该技术领域的研发能力和技术创新能力，其中日本、中国、韩国、美国四个国家就占全球申请量的96%。具体来说，日本专利占57%，共有347项，居首位，这与其汽车行业的高度发达以及诸多电子公司重视程度密不可分，其研发方面投入力度大，综合实力强；中国专利占15%，共有93项，紧随其后；韩国和美国专利分别占14%和10%，申请量分别为83项和62项。

8.5.4 技术目标国申请分析

图8-48为高容量锰酸锂正极材料的技术目标国/地区分布情况，其反映的是专利技术的布局以及主要目标市场国/地区的占有情况，不仅宏观上反映出世界范围内的技术以及市场的变化，也能够看出企业的动态、技术力量以及市场空白区，便于我国企业进行有效的布局和技术上的突破。由图8-48可知，日本、中国、韩国、美国以及欧洲地区位列前五位。首先，日本占38%，共有369项，是位居首位。这与日本已成为世界最大的汽车生产商密不可分，其消费能力不容忽视，其作为最大的技术输出国的同时也是重要的目标市场国。日本具有诸多的世界知名汽车厂商，如日本丰田、尼桑、三菱、本田、雷克萨斯等，其本国作为其目标消费市场也是主要市场之一，一方

面可以保护自己公司的产品和技术，另一方面可增强竞争力，稳定自己的市场份额。

其次是中国，共有 167 项，占比达到 18%。锰酸锂正极材料的专利申请布局必然瞄准最大的消费市场国，可以预见未来中国仍然存在申请量的快速递增的趋势。美国占 18%，共有 172 项申请，并列位居第二位，随着国民经济的飞速增长，国内消费能力凸显，并且韩国的汽车行业也是非常的发达，目前有现代、起亚、双龙等，该国也非常重视本国的专利市场的份额占有率的。韩国、欧洲地区是全球最发达、经济最活跃的经济主体之一，占有率分别为 14% 和 12%，市场大、消费能力强也是众所周知的，专利布局经济活跃区也是商家必争之地。

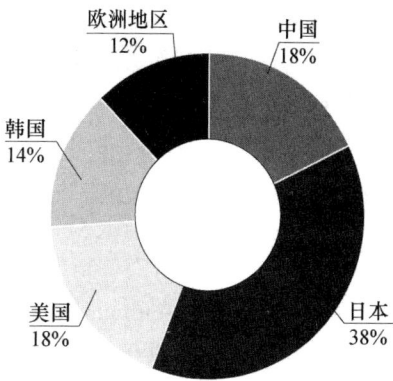

图 8-48　高容量锰酸锂正极材料申请目标国家/地区分布

8.6　高电压锰酸锂正极材料专利分析

高电压锰酸锂材料也叫镍锰酸锂，主要包括含 Li-Ni-Mn-O 体系的镍锰酸锂材料，既有层状结构也有尖晶石结构的镍锰酸锂如 $LiNi_{0.5}Mn_{1.5}O_4$，主要研究镍锰酸锂工作电压达到 4.7V 的正极材料，也就是大家所说的接近 5V 的正极材料。其理论容量 146.7mAh/g，实际比容量在 130mAh/g 左右，通过适量的镍取代部分锰以后，完全消除了 +3 价锰离子，杜绝了引起材料循环性能衰减的因素，因此循环寿命发生了质的改变，热循环性能稳定，纳米尺寸下也很稳定。该材料在提高充放电倍率性能方面大有所为，在动力电池方面应用前景广阔。

动力电池组是目前锰酸锂材料研发的一个重要方向，一些汽车生产商采用锂离子电池驱动混合电动汽车的计划正在发展之中。美国 Tesla 汽车公司已于 2008 年 3 月开始生产 2008 Tesla Roadster 混合电动车，并推出了 2009 年车型。丰田公司与松下公司组建的合资企业松下 EV 能源公司于 2009 年限量生产车用锂离子电池，2010 年转向大规模生产。其他一些锂离子电池生产商如韩国 LG 与韩国现代汽车公司签署合同，自 2009 年 7 月起向该公司 Accent 混合电动车供应锂离子电池。Saturn 公司的 PHEV 和通用汽车公司的 Volt EV 在 2010 年批量生产。三洋电器公司的锂离子产量也将达到 1.5 万~2.0 万块，以供 2011 年 HEV 使用。大众公司的混合电动车也于 2010 年使用三洋电器公司锂离子电池技术。

2009 年车载锂离子充电电池市场正式形成。这是因为日本及海外汽车厂商纷纷开始在乘用车上采用锂离子充电电池。在日本国内厂商中，丰田汽车、富士重工业、三菱汽车已经决定采用，而在欧美，戴姆勒也表示采用。另外，日产汽车、德国奥迪、美国通用汽车也于 2010 年采用。

决定混合电动汽车及纯电动汽车性能最重要的充电电池将发生巨变。原因是丰田汽车、日产汽车等日本顶级厂商在 2009 年以后相继推出配备锂离子充电电池的车型。

对象涉及 HEV、EV、PHEV 等多个领域。丰田公司表示，从 2009 年开始在子公司——松下 EV 能源小批量生产用于 PHEV 的锂离子充电电池，2010 年开始正式量产。2000 年在"Tino Hybrid"款式上率先配备锂离子充电电池的日产公司也于 2010 年量产配备锂离子充电电池的 HEV 和 EV。HEV 预定为后轮驱动车，目前已经公开了变速箱以及横置配备在行李舱内的锂离子充电电池。该电池由日产与 NEC、NEC 东金合资成立的 Automotive EnergySupply（AESC）提供。除丰田、日产以外，其他主要厂商也已陆续采用锂离子充电电池。富士重工 2009 年量产以"Plugin Stella Concept"为原型的 EV，该车与日产一样，采用 AESC 制造的电池。另外，三菱汽车也采购与 GS Yuasa Corporation（GS 汤浅）等合资的 Lithium Energy Japan（LEj）制造的电池，于 2009 年开始量产 EV "i MiEV"。本田也在 2009 年追加了 HEV 新车型，并于 2010 年在"飞度"中追加 HEV 款式，只是尚未表明在普通 HEV 上采用锂离子充电电池。但是，该公司于 2008 年 11 月在日本国内开始租售的燃料电池混合动力车"FCX Clarity"配备了锂离子充电电池，替换了此前一直使用的电容器。

在海外厂商中，大众集团旗下的德国奥迪于 2010 年上市 HEV，其中的锂离子充电池由三洋电机从 2009 年开始量产。而美国通用汽车于 2010 年上市的 HEV 中，锂离子充电电池也由日立车辆能源（Hitachi Vehicle Energy）公司从 2009 年底开始量产。

目前高电压镍锰酸锂正极材料的专利布局是全球各大公司的储备技术，该材料的应用具体在电子设备用锂离子二次电池以及未来新能源混合/纯电动车方面发展前景看好。对该专利技术的分析尤显重要，是商家必争之地。

8.6.1　专利申请趋势

图 8-49 为高电压镍锰酸锂材料的历年申请量分布情况，1999 年日本金属化学公司申请了第 1 项专利申请 JP19990369572A，提出了 5V 电压的锂离子二次电池，其历年申请量未超过 15 项，直到 2010 年，申请量急剧增长，达 28 项，此后每年均呈现递增态势，2011 年达到 36 项相关申请，可见，该高电压材料，在 2010 年以前并未受到各国重视，2010 年以后申请量递增的原因可能与其应用到混合电动车/纯电动车有关，还与该正极材料配套使用的耐高压的电解液的研究获得突破息息相关。

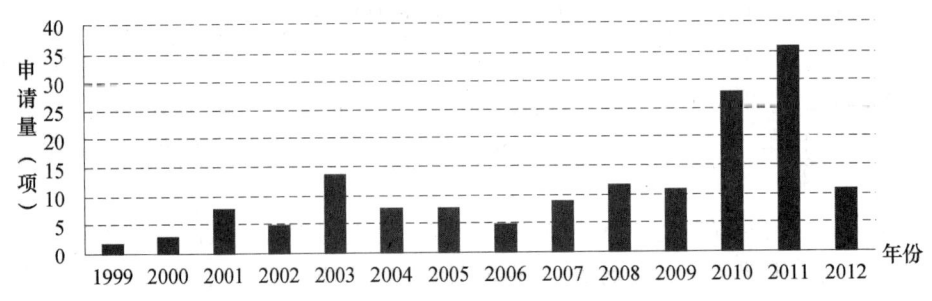

图 8-49　高电压镍锰酸锂材料的历年申请量分布情况

图 8-50 为高电压镍锰酸锂材料地域分布情况，中国位居首位，申请量达到 51 项，占全球申请量的 32%。其次是日本，达到 42 项，占全球申请量的 26%。美国和韩国也

很重视该材料的研发，美国申请量达到19项，占全球申请量的12%；韩国申请量达到12项，占全球申请量的8%。

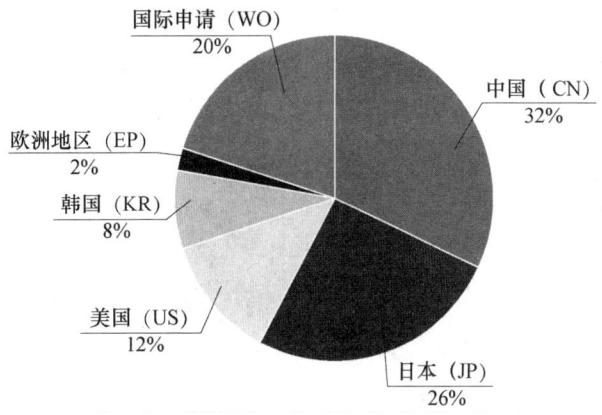

图 8-50　高电压镍锰酸锂材料专利申请地域分布情况

8.6.2　主要申请人/发明人排名

镍锰酸锂正极材料的申请人排名前12位的申请量分布如图8-51所示，日本和韩国的企业居多，日本的杰士汤浅公司和韩国的LG公司申请量并列第一，二者的申请量均为12项；其次是NEC公司和日本化学，其申请量分别为11项和10项；韩国三星电子公司位居第五位，巴斯夫位列第六位，日本丰田公司位列第九位，日本三洋电机公司排第八位。中国奇瑞汽车公司排第七位，是唯一一家中国企业。总之日本公司8家，约占4/5，处于绝对领先地位。

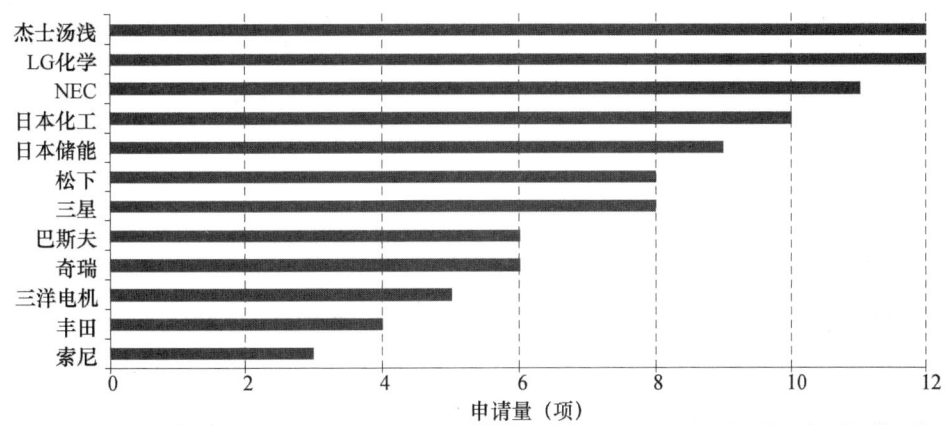

图 8-51　镍锰酸锂正极材料排名前10位的申请人的申请量分布

日本杰士汤浅合资公司是全球最悠久的铅酸电池制造商合资的公司，早在2010年，日本汤浅公司要和三菱商事合资公司斥巨资300亿日元（3.86亿美元）扩大锂离子电池产能，Lithium Energy公司生产的锂离子电池主要用于三菱汽车公司的i-MiEV车型中，此次投资使其滋贺县工厂的锂离子电池年产能提升650万套，可见处于全球领先蓄电池行业的公司非常重视该材料的专利申请。

韩国 LG 化学也非常重视该材料的专利申请，专利申请量达到 12 项。早在 2010 年，丰田公司在全球混合动力车市场占据着明显的领先地位，目前在该材料的专利申请量上并不占优势。

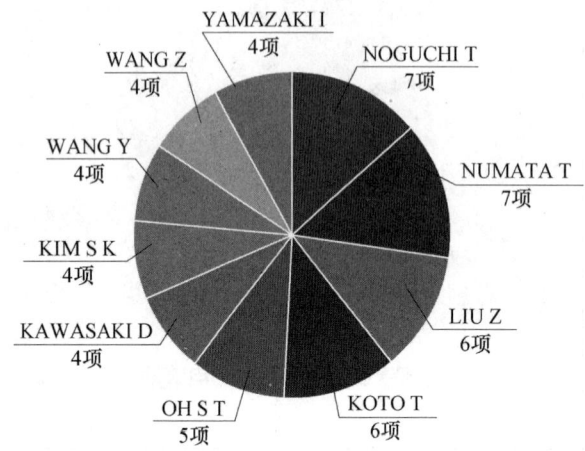

图 8-52　镍锰酸锂正极材料的发明人排名前 10 位的申请量分布

如图 8-52 所示，发明人 NOGUCHI T（第 1 代）是 NEC 公司的主要研发人员，该公司的研发团队中还有 NUMATA T（第 2 代）、KAWASAKI D（4 项，第 4 代）、YAMAZAKI I（4 项，第 4 代）、HATAKEYAMA H（第 3 代）等重要的研发人员。该团队早在 2001 年 11 月就在日本提交了专利申请，该申请又分别进入了中国、韩国、美国等目标国家请求专利保护，集中在 2003~2007 年间以及 2012 年，主要涉及 JP2003229130A、JP2004241339A、JP2012238608A、US2007172734A1、WO2012141301A1、WO03105267A1。

中国奇瑞公司的发明人刘志远为我国在该材料方面的主要研发人员，主要研发专利为 CN102088086A、CN102082290A、CN102324513A、CN102157726A、CN102299310A、CN102324512A 等。

日本储能电池公司的发明人 KOTO T 作为主要研发人员，主要在 2003 年集中提交了 6 项相关专利申请，参与的专利申请有 JP2004335181A、JP2005071718A、JP2005108682A、JP2005116306A、JP2005123074A、JP2005149985A。

8.6.3　技术产出国申请分析

图 8-53 为高电压镍锰酸锂正极材料的技术产出国分布情况，反映了主要技术来源的分布。技术产出国拥有的原始产出技术的多少一定程度上反映出其在该技术领域的研发能力和技术创新能力，其中日本、中国、韩国、美国四个国家就占全球申请量的 96%。具体来说，日本专利占 41%，共有 67 项，居首位，这与该国汽车行业的高度发达以及诸多电子公司重视程度密不可分，其研发方面投入力度大，综合实力强。中国专利占 32%，共有 51 项，紧随其后。韩国和美国专利分别占 15% 和 8%，申请量

不多。

8.6.4 技术目标国申请分析

图8-54为高电压镍锰酸锂正极材料的技术目标国/地区分布情况，其反映的是专利技术的布局以及主要目标市场国/地区的占有情况，不仅宏观上反映出全球范围内的技术以及市场的变化，也能够看出企业的动态、技术力量以及市场空白区，便于我国企业进行有效的布局和技术上的突破。由图8-54可知，日本、中国、韩国、美国以及欧洲位列前五位，进入这五个国家/地区的专利申请量占到整个高电压镍锰酸锂材料的申请量的99%。首先，中国共有75项，占比达到33%，位居首位，这与我国已成为世界最大的汽车消费市场密不可分，其消费能力不容忽视。锰酸锂正极材料的专利申请布局必然瞄准最大的消费市场国，可以预见未来中国仍然存在申请量的快速递增的趋势。

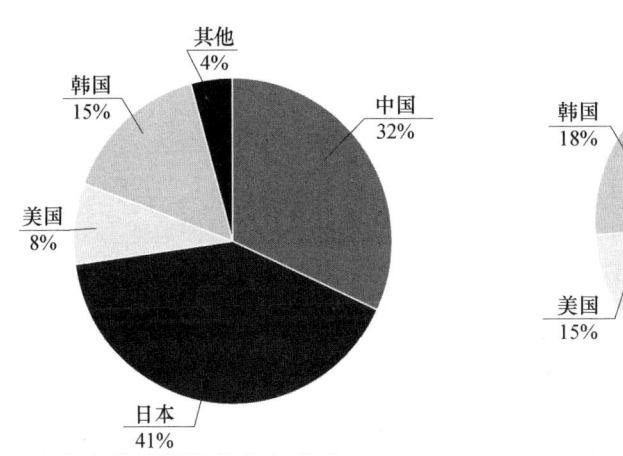

图8-53 高电压镍锰酸锂正极材料的技术原创国分布情况

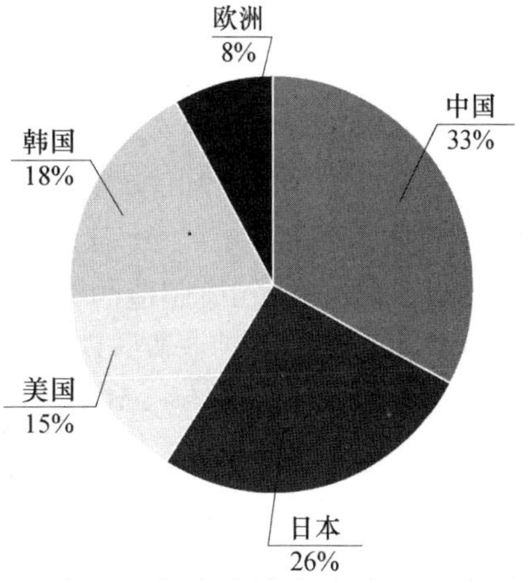

图8-54 高电压镍锰酸锂正极材料的技术目标国/地区分布情况

其次是日本，占26%，共有58项。其作为最大的技术输出国的同时也是重要的目标市场国。日本具有诸多的世界知名汽车厂商，如日本丰田、尼桑、三菱、本田、雷克萨斯等，其本国作为其目标消费市场也是主要市场之一，一方面可以保护自己公司的产品和技术，另一方面可增强竞争力，稳定自己的市场份额。韩国占18%，共有40项专利，位居第三位。随着国民经济的飞速增长，国内消费能力凸显，并且韩国的汽车行业也是非常的发达，目前有现代、起亚、双龙等，该国也非常重视本国的专利市场的份额占有率。美国、欧洲是全球最发达、经济最活跃的经济主体之一，占有率分别为15%和8%，市场大、消费能力强也是众所周知的，作为专利布局经济活跃区也是商家必争之地。

第9章 磷酸铁锂专利分析

9.1 概述

磷酸铁锂（LiFePO$_4$）材料是一种早已开始应用于电池的材料，最先在电池中的应用是在20世纪70年代的钠硫热电池中作为电解质盐，应用于高温状态下，利用Li离子的迁移特性来实现电荷的迁移。1997年美国得州大学（University of Texas）的Goodenough教授首次报道了磷酸铁锂能够可逆地嵌入和脱嵌锂离子，由于其无毒、对环境友好、原材料来源丰富、比容量高、循环性能好等特点，被认为是动力型锂离子电池最有希望的正极材料。

其实，LiFePO$_4$的概念准确来说应该是指分子式为LiMPO$_4$的一类化合物，物理结构为橄榄石结构，而其中的M可以是任何金属，包括Fe、Co、Mn、Ti等。由于最早将LiMPO$_4$商业化的公司所制造的材料是C/LiFePO$_4$，因此大家就习惯地把LiMPO$_4$其中的一种材料LiFePO$_4$当成是磷酸铁锂。然而从橄榄石结构的化合物而言，可以用在锂离子电池的正极材料并非只有LiMPO$_4$一种，据目前所知，与LiMPO$_4$相同皆为橄榄石结构的LiMPO$_4$正极材料还有A$_y$MPO$_4$、Li$_{1-x}$MFePO$_4$、LiFePO$_4$·zMO等三种与LiMPO$_4$不同的橄榄石化合物。

与大多数含铁化合物相比，磷酸铁锂具有较高的电势（3.45V vs. Li/Li$^+$），磷酸铁锂正极材料的理论容量为169mAh/g，如果能利用其所有容量，则将比已商品化的钴酸锂容量大；磷酸铁锂有对环境无污染、原料来源广泛等优势，完全具有作为新一代锂离子电池正极材料的潜质。

磷酸铁锂材料的不足之处主要有：①电导率和锂离子迁移率低，是限制其在电池中应用的关键因素；②制备困难，Fe^{2+}在制备过程中易氧化成Fe^{3+}，及高温合成过程中颗粒生长不易控制，这是磷酸铁锂材料大规模批量稳定生产的关键；③磷酸铁锂材料的理论密度小（3.6g/cm^3，低于钴酸锂的5.1g/cm^3），导致振实密度低，对电池的制造工艺要求比较高。针对磷酸铁锂材料的上述不足，近年来大量的专利问世。以下对应用于锂离子电池中的磷酸铁锂材料的专利申请状况进行分析。

9.2 全球专利分析

9.2.1 申请趋势

截至2013年5月1日，磷酸铁锂的全球专利申请量累计为1938项。专利数据表明，2005 年之前，每年的专利申请量均小于 50 项，2005 年之后，专利申请呈现快速增长的趋势，2009 年的申请量是 2005 年申请量的 4 倍，而 2011 年的申请量是 2005 年申请量的 7 倍。由于发明专利申请 18 个月后公开，所以 2012 年和 2013 年的申请有一部分尚未公开。图 9-1 中 2012 年和 2013 年的数据还不能反映当年真实的专利申请量。磷酸铁锂离子电池领域专利申请量尚未出现峰值，表明这一领域技术正处在高速持续发展之中。1997 年 J. B. Goodenough 申请了第一个关于磷酸铁锂正极材料的美国专利。

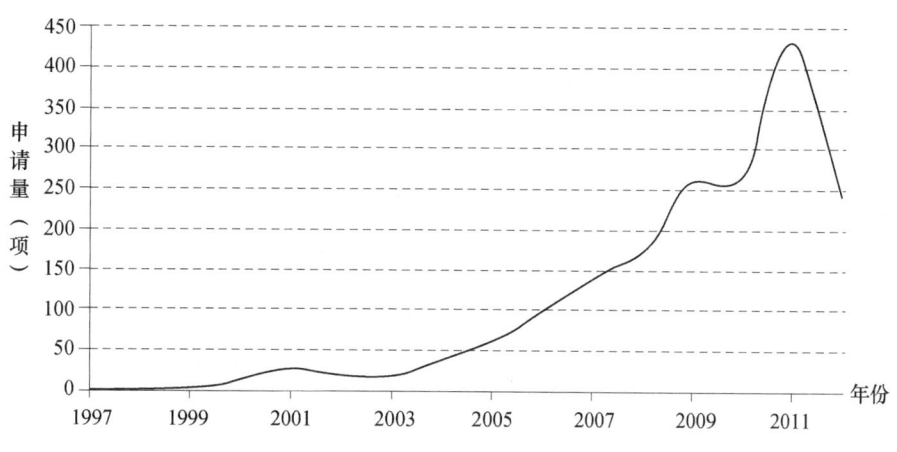

图 9-1 磷酸铁锂的全球专利申请量随年份的变化趋势

9.2.2 技术原创国

从图 9-2 可以看出，目前大部分磷酸铁锂专利技术由中国申请，占总量的 74%；其次是日本，占总量的 15%；美国的申请量排名第三位，占总量的 4%。

由于中国的申请量远大于其他国家，后文将对其作详细分析。此处给出了其他技术原创国，如日本、美国、韩国、德国随年份的申请量的变化趋势。从图 9-3 中可以看出，日本对于磷酸铁锂的研究，经历了两次高峰，第一次是在 2001 年，第二次是在 2009 年；而美国、韩国、德国均是在 2007 年之后专利申请量才有较大幅度的增长。数据表明日本对新技术的敏感度高，在 1997 年的原创技术申请之后，日本也同时提出了相关的申请，并持续研究，在 2001 年达到一个小的高峰。在 2001 年之后，可能是由于磷酸铁锂材料的应用优势还未完全显露，日本对其的研究热度逐渐下降；2007 年之后，由于新能源汽车的大力推动，磷酸铁锂材料显露出其应用于动力锂离子电池的优势，这导致各个国家开始关

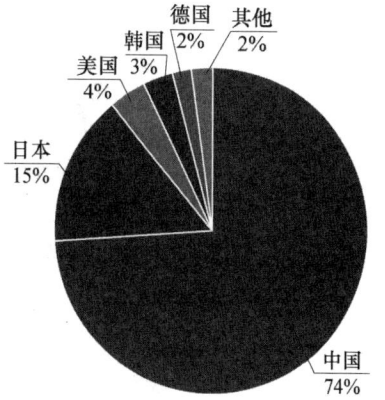

图 9-2 各国关于磷酸铁锂专利申请的份额

注磷酸铁锂的研发，也掀起了日本的又一个磷酸铁锂研究热潮。美国对于磷酸铁锂材料的专利申请并不是连续的，在1997年申请了专利之后，2000年才又有磷酸铁锂的专利申请出现，而2003年、2009年也没有专利申请出现。这也许是由于磷酸铁锂的研究在美国并没有引起研究者的广泛关注。韩国和德国都是在2006年之后才开始磷酸铁锂专利方面的申请。这表明在2006年之前，韩国和德国的研发重点并不在磷酸铁锂材料。2006年之后，随着世界大环境、政策的驱使，韩国和德国也希望在磷酸铁锂领域占有一席之地。

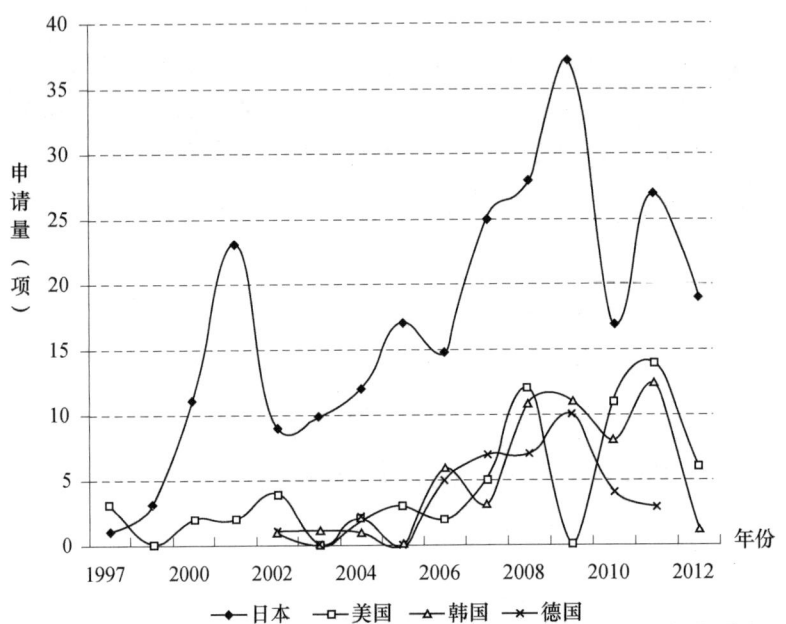

图9-3 日本、美国、韩国、德国关于磷酸铁锂的专利申请量随年份的变化趋势

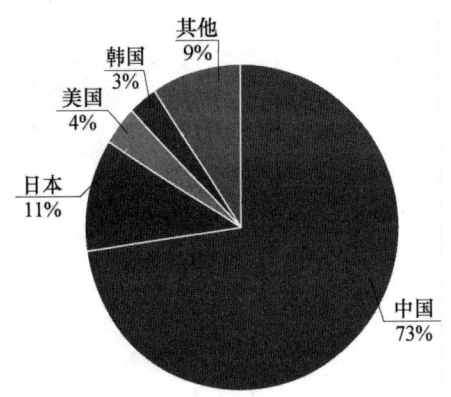

图9-4 磷酸铁锂专利的技术目标国所占的份额

9.2.3 技术目标国

从图9-4可以看出，技术目标国中，中国占有的比例是73%，份额最大；其次是日本，为11%。由于专利申请人首先会选择在自己本国进行专利申请，因此，技术目标国与技术原创国的构成基本相同。中国、日本、美国、韩国是锂离子电池的主要市场，因此主要在这几个国家进行专利的布局。

9.2.4 五局流向图

课题组根据中国、美国、日本、欧洲和韩国五大专利局相互之间的专利申请分布绘制了中、美、日、欧、韩的专利申请流向，如图 9-5（见文前彩色插图第 2 页）所示。

从图 9-5 可以看出，在整个磷酸铁锂电极材料领域的申请中，向中国国家知识产权局提出的专利申请的数量最多，超过了在其他四局提出的专利申请量的总和。其中，在向中国国家知识产权局提出的申请中，本土的申请人占到了绝大多数，达到了 91%，往下依次为日本、美国、韩国、欧洲申请人。在除中国之外的四局的专利申请中，日本申请人都占据了较大的比例。并且，日本向其他四局的专利申请流出量均高于其流入量，日本相对于其他各国/地区处于专利顺差地位，日本成为磷酸铁锂电极材料领域的主要专利申请输出国。美国相对于日本处于专利逆差，但是对中、韩、欧三个国家/地区处于专利顺差。可见日本和美国在全球的专利申请相对完善。

通过以上分析可以发现，日本申请人对磷酸铁锂电极材料领域的专利申请非常重视，同时也很注重向其他四局的专利申请。而中国申请人虽然在磷酸铁锂电极材料领域的专利申请量较大，但申请基本集中在国内。

9.2.5 申请人分析

从图 9-6 可以看出，专利申请量前 10 位的申请人为：比亚迪、彩虹集团、清华大学、索尼、三洋电机、中南大学、比克、丰田、合肥国轩、浙江大学。可见，排名前 10 位的主要是中国和日本两国的企业或高校。日本专利申请主要以企业为主，三家企业的排名分别为第四位、第五位和第八位。而剩余的全部是中国申请人，其中包括四家企业和三所高校，这表明磷酸铁锂技术在中国引起了企业和高校同等的重视。排名第一位和第二位的是比亚迪和彩虹集团，排名第三位的是清华大学。这表明中国的电池企业研发能力增强，专利保护意识提高，企业加强了研发经费的投入强度，逐步成为专利技术创新的主体。比亚迪目前在进行动力汽车的研发，据报道，其动力锂离子电池主要采用磷酸铁锂作为正极材料。因此，比亚迪十分重视磷酸铁锂动力锂离子电

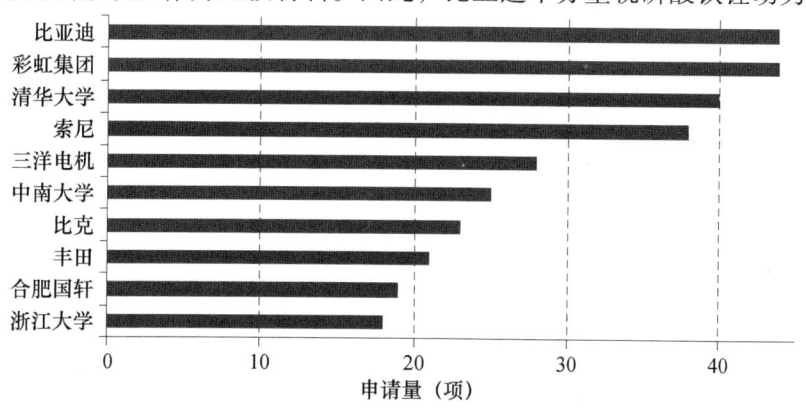

图 9-6 不同申请人关于磷酸铁锂的专利申请量

池的研究。排名第三位的清华大学与排名前两位的企业的专利申请量差距并不大。清华大学作为国内知名学府，具有很强的研发实力。申请人的排名显示出，中国对磷酸铁锂技术十分重视，近年来取得了很多的研究成果。在此基础上，高校应当更加注重基础研究，为企业提供知识人才，加大知识产权保护力度，提高专利质量，加强专利成果的产业化；企业应当注重专利人才和专利技术的引进、消化、吸收，努力提高自身的专利技术创新水平和专利技术国际竞争力。

9.3 中国专利分析

9.3.1 申请趋势

从图 9-7 可以看出，在华磷酸铁锂材料的专利申请趋势与全球磷酸铁锂材料的申请趋势一致。这主要是由于在全球范围内，中国是目前的磷酸铁锂材料的主要申请国。2000 年出现第一个在华的磷酸铁锂专利，而 2002 年才出现第一个由中国申请人申请的磷酸铁锂专利。可见，中国对于磷酸铁锂的研究起步较晚。但是 2007 年之后，磷酸铁锂材料的专利申请出现大幅增加，这可能与国内政策环境的驱动有关。如图 9-8 所示，国外来华申请量一直保持在一个平稳的趋势，申请量较小。其申请量较小，主要是因为目前国外对于磷酸铁锂的专利申请量也不高。

截至 2013 年 5 月 1 日，磷酸铁锂的中国专利申请量累计为 1385 项。

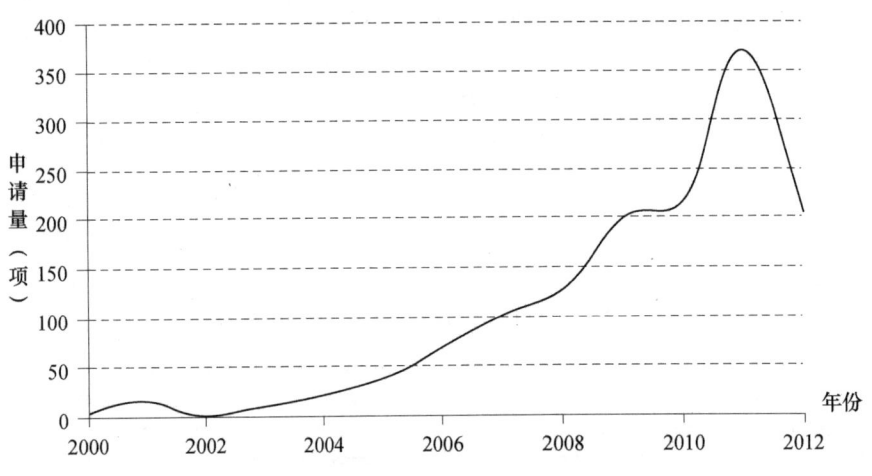

图 9-7 磷酸铁锂的中国专利申请量随年份的变化趋势

9.3.2 地区分布

图 9-9 磷酸铁锂的专利申请的省区市专利申请量分析表明，深圳的申请量最多，为 139 项；其次是上海 101 项，北京 97 项，江苏 94 项。深圳的申请量最多，主要是因为主要的两大申请人比亚迪和比克在深圳。深圳、上海、江苏都是经济发达地区，创业投资环境好，拥有很多能源企业，而且上述地区的政府对专利技术成果较为重视，

鼓励自主创新；而北京作为中国科技文化的中心，拥有数量众多的高等院校和研究机构，国家一直对这些院校和机构的基础研究给予很大的重视，因此在区域创新上表现出很强的优势。可见，政府对于其所在区域的专利发展起重要作用。要提高区域创新能力，需要政府采取有效措施，加大基础研究的投入，关注企业专利技术的创新和生存发展，促进企业实施专利技术发展战略。

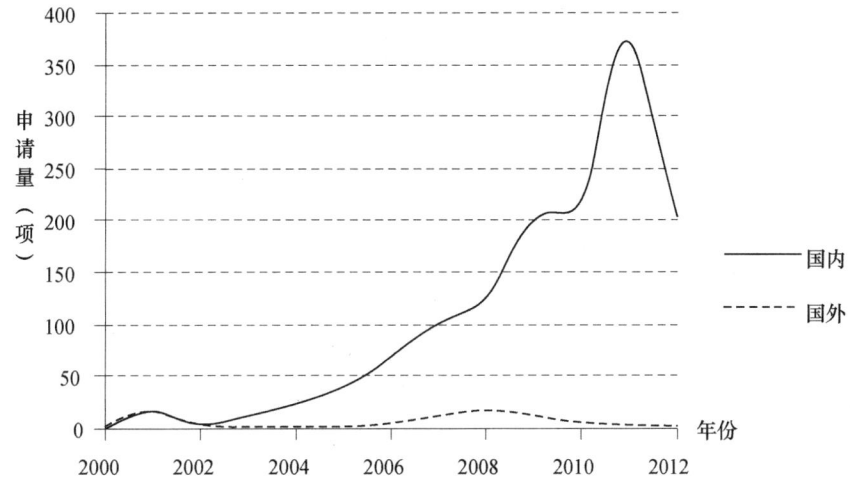

图9-8 国内和国外关于磷酸铁锂专利申请量随年份的变化趋势

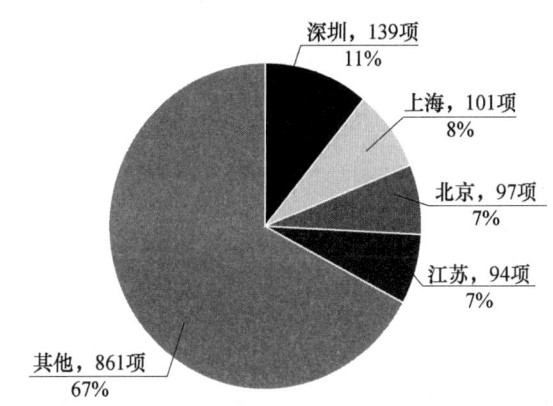

图9-9 磷酸铁锂的专利申请的省区市专利申请量

9.4 主要技术分析

9.4.1 重要专利

随着全球专利申请量的不断飙升，全球专利文献产出量亦呈飞速增长态势。但在每年的海量专利申请中，对技术进步发挥关键或重要作用的往往是为数不多的重要专利技术。有研究表明，专利的平均价值相当小，且价值分布具有很大的集中度，5%~

10%的专利占了专利总体价值的一半。因此，在专利文献分析中，如何有效判断专利技术价值，发现领域内重要专利文献，是进一步展开技术发展路线、精确预见技术发展方向的重要前提，也是借鉴和拓宽技术研发思路、开展技术追踪的必要手段。

9.4.1.1 定义

"重要专利"是个相对性概念。对于"重要专利"的精确定义，在专利分析领域至今尚未达成共识。课题组对研究过程中的心得体会以及收集到的行业和技术专家的意见进行归纳和总结后，认为重要专利是指至少满足下列条件之一的专利技术：

①在本领域某项技术上具有一定的开创性或取得重要突破；
②能够产生实际或潜在经济价值，得到行业认可或关注；
③研发投入大、受重视程度高。

一个行业的重要专利范畴一定是囊括了该行业所涉及技术领域的核心专利或基础专利的。

此外，课题组认为重要专利应当具备如下特性：

①制造本领域的已有（或未来）某种产品时通常（或将要）使用的技术所对应的专利；
②通过设计一些规避手段绕开该专利具有一定难度。

9.4.1.2 评价指标

筛选重要专利的工作，最好由相应技术领域的技术专家通过逐条阅读专利的名称、摘要乃至说明书和权利要求书全文来完成。但是，如果待筛选的专利文献太多，技术专家的人工解读将是一项极其耗时、耗力的巨大工程。此外，这种方式可能会因主观因素带来极大的个人偏见。因此，通过重要专利的评价指标来筛选重要专利不仅能够提高工作效率，同时也可以避免因主观因素而产生的偏差。但对于重要专利文献目前尚没有明确的选取标准，更没有定量的指标及评价体系，其原因主要在于专利文献承载内容的特殊性与丰富性以及技术评价本身的复杂性与多元性为专利文献价值评价带来了诸多难点。

（1）技术价值层面

①被引频次

一般而言，如果被引频次较高，则该项专利可能在产业链所处的位置较关键，为竞争对手所不能回避。因此，被引频次可以在一定程度上反映专利在某领域研发中的基础性、引导性作用。同时，通常情况下，专利文献公开时间越早，则被引证几率就越高。因此，在此引入同年龄专利文献的平均被引频次水平作为参照，旨在消除不同专利年龄带来的影响。此外，很多国家的专利没给出引用信息，或引用信息不可检索。就美国专利而言，其专利制度中规定专利公告时要充分披露该件专利的重要相关引用专利和文献，因此对于美国专利数据库来说，可以提供较为完整的专利引证信息，而中国大陆的专利制度并没有此项规定。

②引用科技文献数量

CHI 学派将专利引用科技文献的平均数量用来考察企业的技术与最新科技发展的关联程度。该数量大，说明企业的研发活动和技术创新紧跟最新科技的发展。但科学关联度与专利价值的相关性随行业不同而不同，在科技导向的领域，例如医药和化学领域，该指标与专利价值显著相关；在传统产业，该指标与专利价值的相关性不显著。这就说明在评价专利的价值时，应根据行业而选用不同的指标。

③技术路线关键节点

技术发展路线中的关键节点所涉及的专利技术不仅是技术的突破点和重要改进点，也是在生产相关产品时很难绕开的技术点。但是在寻找这些节点时，需要行业专家花大量时间画出这个行业的技术线路图，然后按图索骥，找到这个图中的关键技术点。

④技术标准化指数

标准化指数是指专利文献是否属于某技术标准的必要专利，以及该专利文献所涉及的标准数量、标准类别（如国际标准、国家标准、部门标准、行业标准、地区标准、企业标准等）。但无论是根据技术标准查找所涉及的专利，还是从专利文献出发查找其是否涉及技术标准，都需要花费一定的时间。

⑤主要申请人

行业内的主要专利申请人一般来说在本领域技术实力最强，技术发展比较成体系，其所申请的专利技术自然较为重要。但首先需要辨别和筛选出该领域的主要申请人。如果主要申请人的申请量较大，则还需要投入大量精力进一步筛选。

⑥主要发明人

主要发明人是对本行业发明创造作出创造性贡献的自然人，是引领本领域技术进步的主要带头人。因此，主要发明人的专利技术是本行业最需要关注的技术。但主要发明人申请的专利有限，不能反映本领域重要技术的全貌。

（2）经济价值层面

①技术许可情况

一件专利如果被许可给多家企业，则证明该专利是生产某类产品时必须使用的专利技术，其重要性不言而喻。部分地区的专利文献标注有专利许可信息，例如欧洲专利局的专利文献中就会将许可信息列举出来。但大多数地区的专利技术许可信息需要到相关部门进行查询。

②专利实施情况

毫无疑问，在一定时期内专利有效实施率越高，则专利对于技术发展、技术创新作出的贡献越大。但是，一般的发明专利的实施都还要经过一个开发过程，而一些专利就是为了"技术圈地"，因此，不被实施的专利技术并不一定就不重要。

（3）受重视程度层面

①专利族大小

一项发明可以在多个国家和地区申请专利保护，获得专利授权的国家数量定义为一项发明的专利族大小。由于到多个国家申请需要较高的费用，专利族越大，需要的费用越多，故申请人在向他国申请时会根据专利技术和经济价值的大小进行专利地域范围的申请。从这个角度看，专利族越大，其价值越高。对于此衡量指标的准确性仍存在诸多争论。有专家认为专利价值与专利族大小不一定是线性关系，因为许多有价值的专利只要在几个重要的国家和地区受到保护就足够了。有专家则认为专利的价值体现为是否申请国外专利，而不是申请多少国外专利；也有专家通过数据证明专利的价值不仅与专利申请国的数量有关，而且与这些国家的组成有关。

②政府支持

获得政府支持的专利技术其研发自然是有经费和人力资源保障的，专利技术相对重要。例如，美国有些专利是有政府支持的，这种专利一般技术含量都较高。美国专利的政府支持信息可通过美国专利商标局网站的检索字段仪 GOVT（Government interest）进行检索。

③专利维持期限

对专利权人而言，只有当专利权带来的预期收益大于专利年费时，专利权人才会继续缴纳专利年费。

④专利复审、无效、异议及诉讼

专利在复审、无效、异议及诉讼过程中需要花费大量的时间和费用。专利被复审、无效、异议及诉讼，说明该专利一定是得到申请人或行业的重视的，其中"抵御成功"的专利稳定性更强、价值更高。

其他反映受重视程度的评价指标还有申请人及发明人数量、权利要求数量、是否申请加快审查等。

在利用上述指标进行重要专利的筛选时，要根据实际情况和各项指标的各项性能，有针对性地选择评价指标。例如，要查找围绕某一产品的重要专利时，除了要按照技术特征进行大范围检索，还要查找出哪些公司在生产这类产品，以这些公司为申请人入口进行检索。还可以对一些评价指标进行一定的改进来使用。例如，在使用被引频次作为评价指标时，为消除不同专利年龄带来的影响，引入同年龄专利文献的平均被引频次水平作为参照。此外，还应注意对这些评价指标的组合使用。

这里选取重要专利的主要考虑因素为某项专利申请的被引用频次和同族数目。专利申请的被引用频次越高，表明其越受到关注和重视，因而表明其越重要。然而由于某项专利的被引用频次与其公开时间有关，公开的时间越晚，其被引用频次可能就越低，为了消除公开时间的影响，这里引入年均被引用频次，年均被引用频次等于总被引用频次除以公开年限。此处的公开年限为自专利同族中最早的公开时间起至 2013 年止的时间长度。

专利文献的公开日期和同族数目由 WPI 数据库中获得，被引频次数据来自 ISI_Derwent Innovations Index 数据库。

9.4.2　技术发展路线

根据申请人、磷酸铁锂技术发展阶段和重要技术节点、同族数目和年均被引频次等因素，将磷酸铁锂的重要专利列表如表 9-1 所示。

根据重要专利的技术内容，将其分为如下几类：

（1）磷酸铁锂的诞生

WO9740541A 作为磷酸铁锂的基础专利最早公开于 1997 年，其年均被引频次高达 11.06 次，同族数目达 57 个，开创了锂离子电池正极材料研发新的天地。

表 9-1 磷酸铁锂的重要专利列表

序号	专利公开号	最早公开年份	公开年限	同族数目	被引频次	年均被引频次	发明内容
1	WO9740541A	1997	16	57	177	11.06	磷酸铁锂基础专利
2	EP1049182A	2000	13	29	122	9.38	磷酸铁锂包碳
3	WO0153198A	2001	12	36	104	8.67	高温固相法制备
4	WO0154212A	2001	12	29	62	5.17	掺杂其他金属元素
5	CA2344981A	2001	12	13	30	2.50	混合其他正极材料
6	WO0184655A	2001	12	13	32	2.67	掺杂金属与氟
7	CA2320661A	2002	11	16	79	7.18	碳源热解法包碳
8	CN1410349A	2003	10	2	1	0.10	溶胶凝胶法制备
9	CN1469499A	2004	9	2	0	0.00	微乳液法制备
10	CN1547273A	2004	9	2	0	0.00	微波合成法制备
11	WO2005051840A	2005	8	22	48	6.00	水热合成法制备
12	CN1648036A	2005	8	2	4	0.50	喷雾热解法制备
13	CN101152959A	2008	5	2	1	0.20	机械化学法制备
14	CN101475158A	2009	4	2	0	0.00	冷冻干燥法制备
15	CN101607703A	2009	4	1	0	0.00	模板法制备
16	CN102842717A	2012	1	1	0	0.00	自组装法制备

(2) 磷酸铁锂材料的改进

① 包碳

磷酸铁锂自身导电性差，为了提高其导电性能，EP1049182A 公开了采用包碳的方法，最早于 2000 年公开，其年均被引频次高达 9.38 次，同族数目达 29 个，极大地加快了磷酸铁锂技术的发展。

② 掺杂

WO0154212A 公开了在磷酸铁锂中掺杂其他金属元素（包括 Mg、Ca、Zn、Sr、Pb、Cd、Sn、Ba 和 Be 等），在提高容量和容量保持特性方面取得了较好的效果；WO0184655A 公开了在磷酸铁锂中掺杂其他金属元素和氟，不仅提高了容量和容量保持特性，而且还能低成本地用于规模化生产。

③ 混合

CA2344981A 公开了将磷酸铁锂与其他材料（包括 $LiMn_2O_4$ 等）混合作为锂离子电池的正极材料，改进了电池的工作稳定性，对于过放电表现出优良的性能。

(3) 制备方法

① 高温固相法

高温固相法是通过高温使得固体反应物之间进行反应而得到产物的一种方法，

$LiFePO_4$ 材料最早的制备方法始于高温固相法。WO0153198A 早在 2001 年即公开了 $LiFePO_4$ 材料的高温固相法合成工艺，首先混合含有金属化合物、锂化合物及碳的颗粒状原料，然后控制反应温度并在非氧化气氛中加热该混合原料即可得到产物。

此外，CA2320661A 还公开了通过碳源热解法在磷酸铁锂表面上进行包碳的方法，在气体气氛中，通过热力学或动力学反应，以所需的比例使源化合物的混合物进行合成并达到平衡。此方法包括至少一步碳源热解的步骤，制得的材料具有优异的电导率以及改善的电化学活性。

②溶胶凝胶法

CN1410349A 公开了采用溶胶凝胶法制备 $LiFePO_4$ 材料的专利技术，以 $Fe(Ac)_2$、$FeSO_4 \cdot 7H_2O$、$Ba(Ac)_2$ 及有机酸为原料，采用溶胶凝胶法合成。该制备过程时间短、烧成温度低、能耗低、无污染，制备的多晶 $LiFePO_4$ 粉体具有颗粒细小、均匀的特点，直接在还原性气氛下烧成，可得到硬性碳包覆的 $LiFePO_4$ 粉体，故不需进行后期的包覆处理即可改善材料的电子导电性能。

③微乳液法

CN1469499A 公开了采用微乳液法制备 $LiFePO_4$ 材料的专利技术，将 Span80 与 Tween80 配成复合表面活性剂缓慢加入正庚烷中，加入 $FeCl_3$ 和冰醋酸的混和水溶液以及正丁醇制备出 $FeCl_3$ 的反相微乳液，然后加入 $NH_4H_2PO_4$ 和无水醋酸盐的混和溶液，利用微乳液的微反应器沉淀出具有纳米尺度的 $FePO_4$ 颗粒，通过 LiI 进行插锂最后得到纳米 $LiFePO_4$ 粉体。该方法具有合成温度低、合成材料粒径小、比表面大和活性高的优点。

④微波合成法

CN1547273A 公开了采用微波法合成 $LiFePO_4$ 材料的专利技术，该方法采用活性炭作为微波接收体加热原材料合成 $LiFePO_4$ 材料。与固相合成等方法相比，该方法加热迅速，合成时间短，较好地防止了晶粒的长大。

⑤水热合成法

水热法属于液相化学的范畴，水热反应是指在密闭的压力容器中以水为溶剂，在高温高压的条件下进行化学反应。WO2005051840A 公开了采用水热合成法合成 $LiFePO_4$ 材料的专利技术。该方法重复性好，可确保前体物沉淀均匀，避免混合物或悬浮体中形成大的晶状物或晶状物附聚物，减少保护气体的需要量，制备的晶核具有晶核多、尺寸均匀、生长速度快等优点，制得的磷酸盐粒径尺寸小、分布窄且具有良好的电化学性能。

⑥喷雾热解法

CN1648036A 公开了采用喷雾热解法制备 $LiFePO_4$ 材料的专利技术，该方法利用喷雾造粒工艺使纳米颗粒团聚成所需要的小球形态，保证了材料具有较大的比表面积，制备过程时间短、烧成温度低、能耗低、制备的多晶 $LiFePO_4$ 粉体粒径分布窄且可调，材料制备过程简单，材料产率较高。

⑦机械化学法

机械化学法是通过机械力的作用，使颗粒破碎，增大反应物的接触面积，同时使晶格产生缺陷、错位、原子空缺和晶格畸变等，使一些只有在高温等较为苛刻条件下才能发生的化学反应在低温下得以顺利进行。CN101152959A 公开了采用机械化学法合成 LiFePO$_4$ 材料的专利技术。该方法能较好地控制产物的成分和粒度，提高其导电性和均匀性，简化了合成工艺，降低了材料成本，且易于工业化生产。

⑧冷冻干燥法

CN101475158A 公开了采用冷冻干燥法合成 LiFePO$_4$ 材料的专利技术，将亚铁源、磷源和锂源化合物在溶液中混合，采用氮气喷枪将其分散在液氮中预冻后置于冻干机中真空干燥得到粉末，煅烧得到产物。该方法制得的材料粒径小、颗粒分布窄、纯度高，提高了电池的充放电容量和循环性能。

⑨模板法

CN101607703A 公开了采用模板法合成 LiFePO$_4$ 材料的专利技术，先将锂源、亚铁源、磷源和模板剂聚乙二醇和水混合，球磨，氩气保护下反应，洗涤，干燥和粉碎，氩气保护下高温烧结得到产物。该方法得到的 LiFePO$_4$ 的粒径小于 100nm，比表面积高达 250m^2/g，电化学性能优良。

⑩自组装法

CN102842717A 公开了采用自组装法合成 LiFePO$_4$ 材料的专利技术，通过回流法在 LiOH 溶液中实现糖的预碳化，并以此产物作为锂源和结构导向剂，实现 LiFePO$_4$ 的合成及自组装的控制，得到的产物是由约 50nm 平均粒径的 LiFePO$_4$ 颗粒自组装而成的长轴为 0.6~0.7 微米、短轴为 0.18~0.23 微米的纳米结构纺锤体。该方法得到的产物保证了锂离子的传输距离短，可以有效提高正极材料的利用率与充放电性能。

根据上述重要专利，我们将磷酸铁锂的主要技术按照专利的申请时间，绘制了如图 9-10 所示的技术发展路线图。1997 年，出现了第一件磷酸铁锂的基础专利，要求保护磷酸铁锂系列材料的结构组成和制备方法，该件专利在多个主要国家存在同族系列申请，并获得了多项专利权。通过上述专利，申请人获得了磷酸铁锂系列电池正极

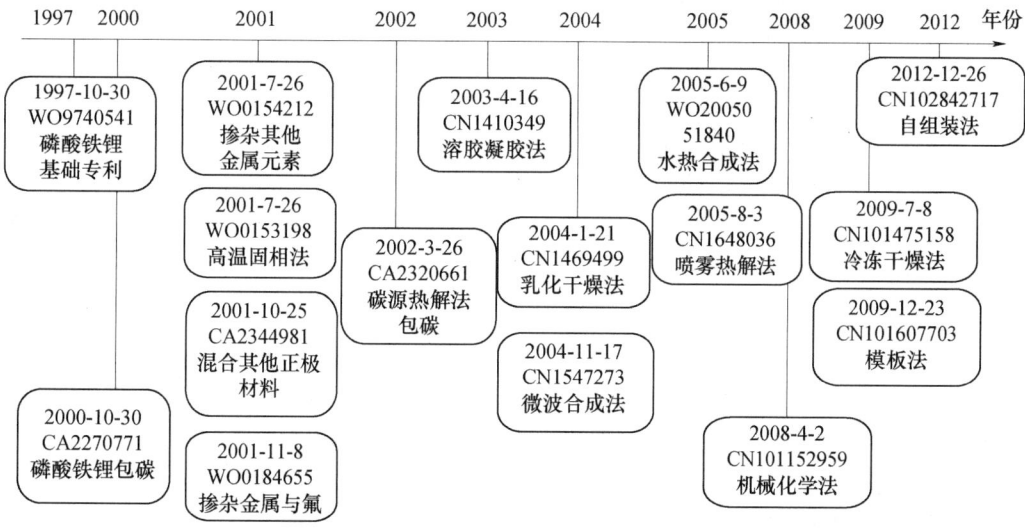

图 9-10　磷酸铁锂的技术发展路线

材料的基本技术垄断,这一点我们随后会进一步分析。

在此基础上,出于对磷酸铁锂正极材料的改进,碳包覆和其他元素掺杂的技术相继出现。2000年,第一件采用包碳的方法改进磷酸铁锂导电性的专利申请被提出。随后,在磷酸铁锂中掺杂其他金属元素、与其他正极材料混合使用等改进方式被一一申请。与此同时,磷酸铁锂材料的制备技术也得到进一步丰富,早期都是采用高温固相法制备磷酸铁锂,2002年,碳源热解法生产包碳磷酸铁锂的专利申请被提出,之后,溶胶凝胶法、乳化干燥法、微波合成法、水热合成法等制备技术被用于制备磷酸铁锂。

综上所述,磷酸铁锂的专利技术主要分为三个层次:首先是磷酸铁锂系列材料的基础专利;其次是在上述基础专利上对磷酸铁锂材料的包覆和掺杂技术;最后是涉及磷酸铁锂多种制备技术。目前本领域的技术热点和专利申请大多集中于第三个层次。

9.4.3 技术分布

磷酸铁锂离子电池技术的专利申请主要集中在以下几个方面:①磷酸铁锂材料的改进,比如采用包覆碳、掺杂金属元素或者与其他材料混合的方式,来改进材料的性能;②磷酸铁锂材料的制备工艺,如固相法、液相合成法、碳热还原法等;③磷酸铁锂材料的应用,如磷酸铁锂离子电池的结构及制备工艺,包括正极配方、电池结构优化、在不同动力装置中的应用、磷酸铁锂材料的检测、磷酸铁锂制造设备的改进等;④磷酸铁锂离子电池的管理,主要涉及充放电方法。上述几个方面的申请量分布如图9-11所示,目前磷酸铁锂材料的研究重点为磷酸铁锂材料的制备工艺,其占总量的39%,以及磷酸铁锂材料的改进,其占总量的38%;其次是磷酸铁锂的应用,其占总量的19%;磷酸铁锂的充放电,其占总量的4%。

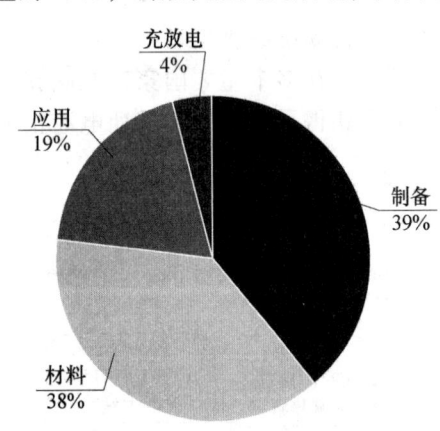

图9-11 磷酸铁锂的主要技术分支所占的份额

磷酸铁锂的各技术分支随年份的变化趋势如图9-12所示。可以看出:在早期(1997~2000年),主要是关于磷酸铁锂材料的专利申请,并保护其在电池中的应用。2000年后,磷酸铁锂材料的申请量与磷酸铁锂的制备工艺的申请量开始同步增长,研发者们关注如何改进磷酸铁锂材料的结构以提高其性能,同时关注如何改进其制备工艺以适应产业发展的需要。2005年,随着结构和制备工艺的不断改进,磷酸铁锂材料已经基本满足在电池中的应用,此时,研发者开始关注如何将其应用在电池中,即在电极、电池的制备过程中,如何改进能够更大程度发挥磷酸铁锂材料的优势。由于磷酸铁锂材料具有非常好的安全性,而且原料价格低廉、环保,因此是很有前途的动力锂离子电池的正极材料。由于动力锂离子电池的需要,因此,在2007年之后,越来越多的专利关注于磷酸铁锂材料的充放电技术,即如何进行充放电可以使电池的性能达到最佳化。

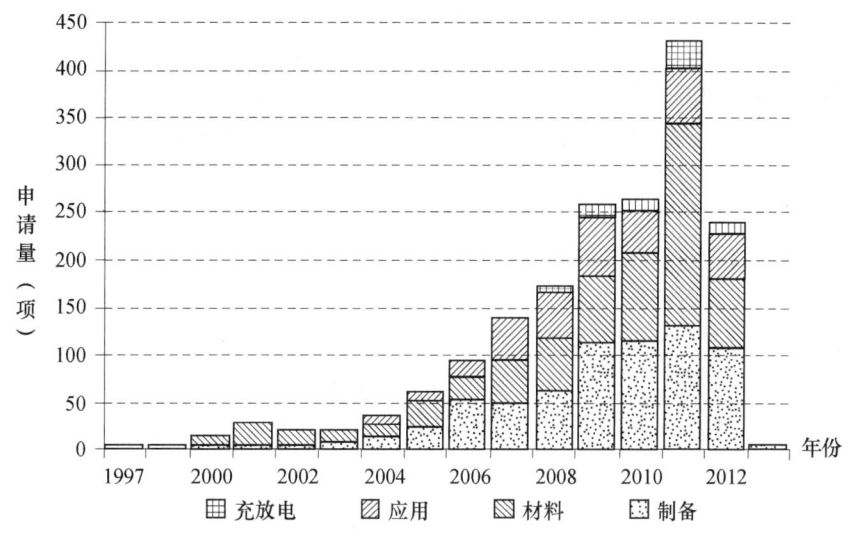

图 9-12 磷酸铁锂的各技术分支随年份的变化趋势

在磷酸铁锂晶体结构中，由于没有连续的 FeO_6 共八面体网络结构，因此其电子导电率不高，同时由于八面体之间的 PO_4 四面体限制了晶格体积变化，使材料的离子扩散率很低，这些问题导致磷酸铁锂的大电流充放电性能不好；磷酸铁锂材料还存在振实密度低、比容量低、循环性能差、热稳定性不好等缺陷。因此研究者们不断研究，通过各种手段来改进磷酸铁锂材料的性能，以提高其在电池中的应用性能。

如前所述，磷酸铁锂离子电池技术的专利申请中，磷酸铁锂材料的改进以及制备工艺的改进占据了重要的位置。课题组根据磷酸铁锂材料的改进和制备工艺技术的专利申请状况绘制了如图 9-13（见文前彩色插图第 3 页）所示的磷酸铁锂技术分布的鱼骨图。

目前，对磷酸铁锂的改性主要采用的技术手段有：包碳（即在磷酸铁锂材料表面包覆碳层）、掺杂（即改变磷酸铁锂的化学组成，最典型的是掺杂过渡金属元素来代替部分铁元素）、混合/复合（即将磷酸铁锂材料与其他材料进行混合或者复合）以及其他的一些改进手段，采用这些手段期望达到的效果主要有提高容量、改善倍率特性、改善循环性能、降低成本、提高安全性等。

对于制备方法的研究，磷酸铁锂的制备方法很多，主要包括高温固相法、水热合成法、共沉淀法、喷雾热解法、微波合成法、溶胶凝胶法、氧化还原法、机械化学法、乳化干燥法、模板法等。这些制备方法的目的主要是控制所得产品的粒径、简化制备的工艺、降低成本等。其中高温固相法、微波合成法、机械化学法都属于固相法；共沉淀法、水热合成法、喷雾热解法、溶胶凝胶法、氧化还原法、乳化干燥法、模板法都属于液相法。液相法相对于固相法，更容易控制材料粒径，但工艺复杂。下文介绍磷酸铁锂的各种改性和制备方法。

（1）对磷酸铁锂的改性

对磷酸铁锂进行包碳主要可以提高材料表面的电子电导率，磷酸铁锂可以直接与碳（例如石墨、炭黑、碳纳米管等）混合，并采用机械球磨的方式来形成碳包覆结构，也可以包覆碳源、热解后形成碳包覆结构，碳源主要为有机碳源：聚乙烯醇、葡萄糖、蔗糖等。其中第二种方法包覆更均匀，并且碳与磷酸铁锂基体结合更紧密。

对磷酸铁锂进行掺杂主要是用来提高磷酸铁锂本体的电导率，例如在铁位掺杂金属离子 Ni^{2+}、Co^{2+}、Mn^{3+}、Mg^{2+}、Al^{3+}、Ti^{4+}、Sm^{3+}、Zr^{4+}、Nb^{5+} 等，在锂位掺杂镧系元素等，在磷位掺杂硼、钨、硫、硅等，氧位掺杂氮、硫、氯、氟等。

对磷酸铁锂材料进行混合/复合是将磷酸铁锂材料与其他材料进行混合或者复合，常见的包括2种或3种不同材料的混合，这些其他材料包括钴酸锂、镍酸锂、锰酸锂、三元材料、碳、金属、金属氧化物、有机聚合物等。

（2）磷酸铁锂的制备方法

高温固相法是目前合成磷酸铁锂最常用的方法，一般采用固相的锂源、铁源、磷源混合后在惰性气体保护下煅烧而成。此方法工艺简单，但材料粒径不易控制、分布不均匀。

水热合成法以高温高压反应釜作为反应容器，将锂源、铁源、磷源溶于溶液中进行高温高压反应直接生成产物。该方法容易控制材料的晶型和晶粒，但反应容器造价高，不适合大规模工业化生产。

共沉淀法是采用沉淀剂将铁离子沉淀生成磷酸铁前驱体后，进一步与锂源再反应生成磷酸铁锂。涉及对pH值的调节，产物纯度高、均匀性好，但能耗较大、废液处理难。

喷雾热解法是将锂源、铁源、磷源溶于溶液中配制成混合液，采用喷雾干燥机喷雾热解得到前驱体，经过烧结合成磷酸铁锂。该方法得到的材料分布均匀，结晶度好。

微波合成法是采用微波烧结，原材料在微波的作用下吸收电磁能加热而合成磷酸铁锂。该方法加热时间短、分布均匀。

溶胶凝胶法是将锂源、铁源、磷源溶液配置成凝胶，然后加热煅烧得到磷酸铁锂。该方法得到的材料粒径小、分布均匀，但所需时间长，不利于大规模工业化生产。

机械化学法是将锂源、铁源、磷源在高能球磨罐中进行球磨，使它们反复碰撞、破碎、分离、碰撞，最后烧结得到磷酸铁锂。该方法制备工艺简单，材料均匀性好。

氧化还原法是将二价铁源、磷源和氧化剂（例如 H_2O_2）混合，二价铁被氧化得到 $FePO_4$ 沉淀，再将沉淀与具有还原性的锂源发生还原反应，得到前驱体，最后烧结得到磷酸铁锂。该方法得到的材料粒径分布均匀、电化学性能优良，但工艺复杂，不适合工业化生产。

乳化干燥法是将可溶性的原材料以及添加剂（例如表面活性剂）溶解后得到乳液，将乳液干燥得到前驱体，最后烧结得到磷酸铁锂。该方法得到的材料粒径小，纯度高，工艺简单，但振实密度低。

模板法是以具有一定孔状的介孔材料为模板，在孔内合成得到磷酸铁锂。该方法得到的材料粒径可控、分布均匀、充放电性能良好。

9.4.4 材料的改进

前面述及，磷酸铁锂材料存在诸多缺陷，如电导率不高、振实密度低等。因此研究者们不断研究，通过各种手段来改进磷酸铁锂材料的性能，以提高其在电池中的应用性能。目前，主要采用的技术手段有包碳、掺杂、混合/复合以及其他的一些改进手段，采用这些手段期望达到的效果主要有提高容量、改善倍率特性、改善循环性能、降低成本、提高安全性等。从图9－14可以看出，目前研究最多的是采用掺杂来提高磷酸铁锂材料的容量；其次是采用碳包覆技术来改善磷酸铁锂材料的倍率性能，包碳也可以在一定程度上提高其容量；而采用混合/复合的技术手段，可以提高容量、改善倍率性能。

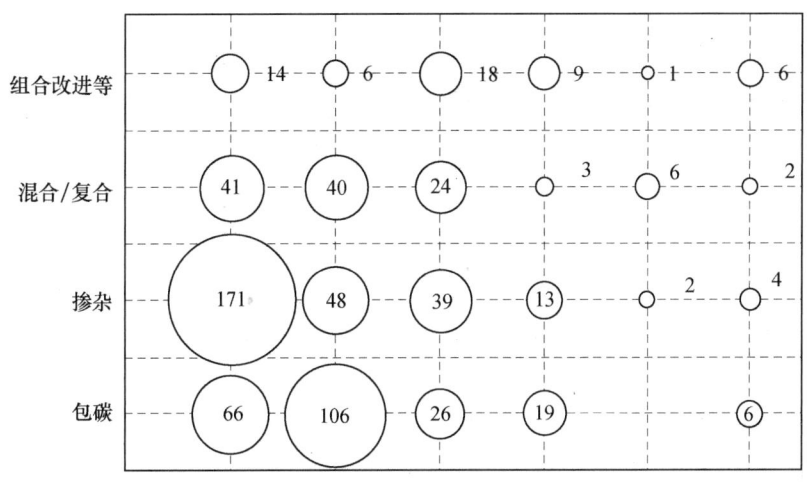

图9－14　改进磷酸铁锂材料性能的技术手段的分布

表9－2更直观地显示了各技术手段随年份变化的趋势。可以看出，各种技术手段申请量随年份均在增加。这表明各种技术都还处于发展阶段。表中采用包碳和掺杂来提高磷酸铁锂材料的容量并改善其倍率特性是目前研究的热点。提高磷酸铁锂材料安全性方面的专利文献很少，这一方面是由于磷酸铁锂材料本身具有很好的安全性，因此研究的重点并不关注磷酸铁锂材料的安全性能，另一方面可能是由于目前还没有找到进一步提高其安全性的技术手段。

表9－2　改进磷酸铁锂材料性能的技术手段随年份变化的趋势

功效	包碳				掺杂				混合/复合				组合改进等			
	1997~2000	2001~2004	2005~2008	2009~2013	1997~2000	2001~2004	2005~2008	2009~2013	1997~2000	2001~2004	2005~2008	2009~2013	1997~2000	2001~2004	2005~2008	2009~2013
提高容量		10	14	42	7	16	26	122	1	2	16	22			4	10
改善倍率特性		3	14	89		1	15	32		2	11	27			1	5
改善循环性能		3	9	14	1	3	13	22		1	8	15	2	4	1	11
降低成本			4	15		3	5	4			1	2		1	1	6
提高安全性能							1	1		1	2	3		1		
其他			1	5				2						2	3	1

9.4.5 制备方法的改进

从表9-3可以看出，制备方法中高温固相法涉及的专利文献项数最多，其最主要的功效是为了简化工艺，其次是为了控制粒径和降低成本，并且是近年来项数增长最迅速的，反映出该制备方法发展迅猛、日趋成熟。其次是水热合成法和喷雾热解法，它们最主要的功效是为了控制粒径，其次才是简化工艺和降低成本，这两种方法近年来发展较快，是最近的研究热点，显示出近年来对粒径控制的需求。模板法作为新兴的制备方法，项数总共才达到9件，因此发展空间巨大。

表9-3 磷酸铁锂的制备方法随年份变化的趋势

功效	高温固相法			共沉淀法			喷雾热解法			溶胶凝胶法			水热合成法		
	1999~2004	2005~2008	2009~2013	1999~2004	2005~2008	2009~2013	1999~2004	2005~2008	2009~2013	1999~2004	2005~2008	2009~2013	1999~2004	2005~2008	2009~2013
简化工艺	4	18	70		4	11		5	7		3	3		3	20
控制粒径	3	24	41	3	16	17	1	3	23			3	2	10	23
降低成本	3	31	36	6	8	6					1	2	2	6	7
保护环境		2	12			1			2						1
其他	7	9	34			4	1		7		2	2			7
功效	微波合成法			氧化还原法			机械化学法			模板法			乳化干燥法		
	1999~2004	2005~2008	2009~2013	1999~2004	2005~2008	2009~2013	1999~2004	2005~2008	2009~2013	1999~2004	2005~2008	2009~2013	1999~2004	2005~2008	2009~2013
简化工艺		5	6	1	1	1		1	3			3			4
控制粒径		3	8		4	3		3	1		3				2
降低成本	1	2			2	5		3	1						
保护环境		1	1						3						1
其他			5						1		3				

9.5 主要厂商分析

在锂离子电池正极材料磷酸铁锂技术领域，主要厂商掌握了该领域的核心技术。通过对主要厂商拥有的重要专利进行分析，可以清晰地发现主要厂商的以下信息：①针对某一项技术的研发策略；②针对某一项技术的研发重点；③针对某一项技术的专利申请策略。这些都会给其他申请人或研发人员带来有益的启示。

目前全球磷酸铁锂的主要供应商有加拿大的Phostech、美国的Valence和A123（目前已被中国万向集团收购，更名为B456）以及中国台湾的立凯等公司。其中Valence和A123都已在苏州建厂。中国大陆涉足磷酸铁锂材料的企业已达百家以上，主要有北大先行、天津斯特兰、天津巴莫、苏州恒正、新乡华鑫、深圳贝特瑞等,但目前企业的生产规模都很小,产品的主要性能与国外产品仍存在一定差距。以下介绍磷酸铁锂主要供应商及其专利申请状况。

9.5.1 Phostech 系

国际上第一个明确的磷酸铁锂的专利是得州大学 J. B. Goodenough 教授为发明人的专利,核心专利号为 US5910382 和 US6514640。加拿大的魁北克水电公司是从得州大学获得的独家授权的单位,魁北克水电公司是加拿大皇冠公司,魁北克省是唯一股东,公司主要业务是发电和分配电力。然后得州大学和魁北克水电公司将专利商业授权给加拿大企业 Phostech,Phostech 是魁北克水电公司旗下的转投资子公司,其背后有个大股东,是全球排名第一的德国化学磷肥大厂南方化学(Süd-Chemie)。

9.5.1.1 发展历程

Phostech 及其他相关公司、机构的发展历程及关联关系如下:

1994 年,得州大学的 J. B. Goodenough 教授及其研究小组在位于奥斯汀的得州大学发现了锂金属磷酸盐材料。

1996 年,J. B. Goodenough 教授及其研究小组在得州大学就锂金属磷酸盐材料提出专利申请。

1997 年,魁北克水电公司从得州大学取得 J. B. Goodenough 教授发明的独家专利权。

1999 年,蒙特利尔大学(Universite de Montreal,UDM)、魁北克水电公司、法国国家科研中心(CNRS)共同发明了碳包覆磷酸铁锂并获得专利权。

2001 年,Phostech 在加拿大魁北克省 St. Bruno 成立,随后从得州大学、魁北克水电公司、蒙特利尔大学、CNRS 获得制造和销售用于锂离子电池的磷酸锂的授权。全球著名的南方化学在德国独立启动磷酸铁锂研究项目,成立 Moosburg 研发中心。

2003 年,南方化学取得磷酸铁锂湿法工艺的专利。蒙特利尔大学开展橄榄石型正极材料 $LiMPO_4$(M = Co、Ni、Mn 和 Fe 等)熔融法合成方面的研究并与 CNRS 和 Phostech 一起取得相关专利。

2004 年,Phostech 在魁北克开始用固态工艺进行商业生产,南方化学在德国初步探索湿法工艺实际生产,并与 Phostech 开始建立合作关系。

2005 年,南方化学初次投资 Phostech。

2008 年,Phostech 成为南方化学的全资子公司。

2011 年,南方化学(通过其子公司 Phostech)与魁北克水电公司、蒙特利尔大学和 CNRS 成立一个专利许可联盟 $LiFePO_4$ + C Licensing AG,共同推广碳包覆磷酸铁锂技术。

鉴于上述公司、机构的关联性,本报告将 Phostech 及其关联公司、机构统称为 Phostech 系。

可见,Phostech 为专利先导型企业。我们可以将其发展历程概括为以下五个阶段:

①购得首个专利:2001 年公司成立,并于同年获得获得磷酸铁锂授权;

J. B. Goodenough 教授于 1994 年发现锂金属磷酸盐材料，并于 1996 年提出专利申请；为世界上首个磷酸铁锂专利。

②进一步改善：2003 年与蒙特利尔大学、CNRS 合作取得磷酸铁锂熔融法合成工艺的专利。

③商业化推广市场：2004 年进行固态工艺商业生产，并与南方化学建立合作。

④投靠南方化学：2005 年，南方化学初次投资 Phostech；2008 年，Phostech 成为南方化学的全资子公司。

⑤成立专利许可联盟：2011 年，与魁北克水电公司、蒙特利尔大学、CNRS 成立一个专利许可联盟 $LiFePO_4$ + C Licensing AG，进行技术推广。

9.5.1.2 主要产品

Phostech 的 St. Bruno 工厂 2006 年开始生产磷酸铁锂，当时拥有每年 400 吨的产能。Phostech 的专利产品磷酸铁锂锂离子电池具有安全性能高、高倍率充放电、使用寿命长、适用温度宽、成本低、环保好等特点，正取代铅酸电池、钴酸锂、锰酸锂锂离子电池成为应用在电动自行车、电动工具、电动汽车等领域的新一代产品。

Phostech 主要生产和销售基于 J. B. Goodenough 教授专利的 $LiFePO_4$ 材料。与其他电极材料相比，$LiFePO_4$ 是一种新型的锂离子电池用正极材料。由 $LiFePO_4$ 材料制成的锂离子电池的理论容量为 170mAh/g，放电平台为 3.4V。早期的实际容量约为理论容量的 60% 左右，经过加入碳粉和其他添加剂后，可实现理论容量的 90% 左右，具有高的能量密度、低廉的价格、优异的安全性能。

Phostech 的磷酸铁锂系列主要产品包括：

（1）Life Power® P1 品级的产品是通过固态工艺生产的碳包覆磷酸铁锂微粒，用于制造锂离子电池阴极。Life Power® P1 是理想的锂离子电池材料，适用于电动自行车、电动滑板车、不间断电源等领域。该系列产品具体参数如下：包覆层成型性能好，比容量约为 140mAh/g，碳含量 1wt% ~ 2 wt%，平均粒度（D_{50}）2 ~ 4 μm，表面积（BET 法）10 ~ 15 m^2/g，水汽含量 < 1000ppm。

（2）Life Power® P2 品级的产品是由先进的湿法工艺生产的亚微米级碳包覆磷酸铁锂微粒，用于制造锂离子电池阴极。Life Power® P2 是一种理想的适用于锂离子电池的材料，可用于动力工具、SLI（起动、照明、点火）电池、混合电动汽车（HEV）、插电式混合电动汽车（PHEV）、大型蓄电池等。该系列产品具体参数如下：比容量约为 150mAh/g，碳含量 2 wt% ~ 3 wt%，亚微米级的微粒，平均粒度（D_{50}）0.5 ~ 1μm，水汽含量 < 1000ppm。

从 2001 年成立，到 2004 与南方化学初次合作，再到 2008 年成为南方化学的全资子公司，Phostech 获得源源不断的资金支持。来自得州大学、蒙特利尔大学、CNRS、魁北克水电公司的多项专利授权以及加拿大国内和德国母公司两个研发中心的技术支持成就了 Phostech 颇具实力的研发团队，使其 Life Power® 系列产品具备了公认的品质和性能。

9.5.1.3 主要技术

碳包覆磷酸铁锂是 Phostech 的一项重要技术。根据锂离子在三维结构中扩散的一维模型可知，纯磷酸铁锂的电导率比较低，低固态扩散系数和电子电导率是限制纯磷酸铁锂应用于电池的主要技术瓶颈。提高磷酸铁锂电导率和倍率特性有两种思路：①碳包覆，蒙特利尔大学的 Ravet 等人在 1998 年发明了在磷酸铁锂上沉积纳米热解碳的技术，并获得了专利；②纳米化，减小锂离子进出磷酸亚铁的的路径。

Phostech 系拥有以下三种合成碳包覆磷酸铁锂的方法。

①通过蓝铁矿合成碳包覆磷酸铁锂。首先通过六水合硫酸亚铁铵、七水合磷酸氢二钠以及作为缓冲剂的乙酸铵合成蓝铁矿（八水磷酸亚铁）。所有工艺均在惰性气氛下进行。上述产物再与磷酸锂和碳先驱体共同球磨，然后经 350℃ 和 700℃ 热处理得到最终产物。该工艺可通过廉价的先驱体合成粒度为微米量级的碳包覆磷酸铁锂，其电化学性能优良。但由于蓝铁矿易氧化，导致工艺重复性差。

②水热法合成碳包覆磷酸铁锂。原料由铁、锂和磷酸根源三部分组成。铁由七水合硫酸亚铁或二水合草酸亚铁提供，碳酸锂提供锂离子，而磷酸根则由磷酸提供。水热反应条件为 160～240℃，压强 90～485 磅/平方英寸（Psi），惰性气氛。得到的磷酸铁锂颗粒与含碳溶液混合，在惰性气氛下 700℃ 热处理得到最终产物。该工艺可由廉价的先驱体制成碳包覆磷酸铁锂粉末，且可通过改变碳溶液来控制微粒的形貌和粒度，工艺重复性好。缺点是设备昂贵、需要后处理、有些是非化学计量的化合物。

③通过三价铁合成碳包覆磷酸铁锂。基本流程如下：二水合硫酸铁、碳酸锂和碳先驱体混合后，在球磨机上球磨，然后在还原气氛下 350℃ 和 700℃ 热处理，得到最终产物。该工艺具有以下优点：流程简单、先驱体廉价、重复性好、得到的碳包覆磷酸铁锂电化学性能优异。缺点是设备昂贵、需要后处理、有些是非化学计量的化合物。

9.5.1.4 主要专利

Phostech 的磷酸铁锂专利引文分析如表 9－4 所示。

表 9－4 Phostech 的磷酸铁锂专利引文分析

序号	专利公开号	最早公开年份	公开年限	同族专利数目（项）	被引频次	年均被引频次
1	WO9740541	1997	16	57	177	11.06
2	EP1049182	2000	13	29	122	9.38
3	WO0227823	2002	11	16	79	7.18
4	WO02099913	2002	11	15	39	3.55
5	WO2004001881	2004	9	21	26	2.89
6	WO2005062404	2005	8	23	11	1.38
7	WO2005051840	2005	8	22	48	6.00
8	DE102005012640	2006	7	16	15	2.14
9	EP1722428	2006	7	10	7	1.00
10	DE102005015613	2006	7	10	7	1.00
11	WO2007085082	2007	6	11	1	0.17
12	WO2007000251	2007	6	16	16	2.67

续表

序号	专利公开号	最早公开年份	公开年限	同族专利数目（项）	被引频次	年均被引频次
13	WO2008062111	2008	5	14	6	1.20
14	WO2008113570	2008	5	9	2	0.40
15	WO2008077448	2008	5	13	2	0.40
16	CN101276909	2008	5	7	1	0.20
17	CA2614634	2009	4	1	2	0.50
18	WO2009105863	2009	4	9	3	0.75
19	WO2009071332	2009	4	11	1	0.25
20	US2010327223	2010	3	1	1	0.33
21	WO2010012076	2010	3	9	5	1.67
22	WO2011091525	2011	2	6	0	0.00
23	FR2955573	2011	2	2	0	0.00
24	CN102097650	2011	2	3	3	1.50
25	WO2011092279	2011	2	7	0	0.00
26	WO2011045050	2011	2	9	2	1.00
27	WO2011045067	2011	2	9	1	0.50
28	WO2012029329	2012	1	3	0	0.00
29	WO2012147837	2012	1	2	0	0.00
30	WO2012061934	2012	1	2	1	1.00

公认的有关 $LiFePO_4$ 电极材料的最基础的专利为 J. B. Goodenoug 教授等发明的、得州大学申请的题为 "Cathode materials for secondary (rechargeable) lithium batteries"（用于二次/可充锂离子电池的正极材料）的专利，专利号为 US5910382。该专利的最大保护范围为："用在可充式电化学电池单元上的正极材料，包含一种化学式为 $LiMPO_4$ 的化合物，其中 M 是至少一种第一周期过渡金属离子。"其中 M 可以为 Mn、Fe、Co 或者 Ni。也就是说，假定该专利有效，则任何在美国制造、销售、进口用于二次电池上的 $LiFePO_4$ 等材料的行为都属于侵犯得州大学专利权的行为。该专利于 2011 年转让给魁北克水电公司。

该专利基于在美国的 2 件临时申请：1996 年 4 月 23 日在美国专利商标局提交的临时申请 No. 60/016060、1996 年 12 月 4 日提交的临时申请 No. 60/032346。1997 年 4 月 21 日提交的正式申请 No. 08/840523 要求了前述 2 件临时申请的优先权（该正式申请的优先权日即为 1996 年 4 月 23 日）。No. 08/840523 于 1999 年 6 月 8 日在美国专利商标局公告授权，专利号即为 US5910382。基于该专利，在美国进行了多次继续申请、部分继续申请，得到授权的专利包括 US6391493B1、US6514640B1、US7955733B2、US7960058B2、US7964308B2、US7972728B2、US7998617B2 和 US8067117B2 等。

基于 No. 08/840523，1997 年 4 月 23 日提交了国际申请 PCT/US 1997/006671（公

开号：WO1997/040541A1，公开日：1997 年 10 月 30 日），该国际申请后来进入日本、加拿大、欧洲等，得到授权的专利包括 JP4369535B2、CA2251709C 和 EP 0904607B1。也就是说，该基础专利的权利延伸至日本、加拿大和欧洲。

不过要注意的是，在欧洲，Valence 就得州大学持有的欧洲专利的授予问题，于 2005 年 7 月 27 日向欧洲专利局（EPO）提起异议程序，认为该专利缺乏新颖性；2008 年 12 月 9 日，欧洲专利局异议处的裁决撤销了授予得州大学的有关 $LiMPO_4$ 的欧洲专利 EP0904607B1。不过，得州大学在欧洲后续申请的有关 $LiMPO_4$ 的专利并没有受到影响，其他企业在欧洲的侵权风险仍未完全解除。

另外，在日本，在此之前的 1995 年 11 月 17 日 NTT 向日本特许厅提出一项专利申请，首次披露了 A_yMPO_4（A 为碱金属，M 为 Co Fe 两者之组合：$LiFeCoPO_4$）的橄榄石结构的锂离子电池正极材料，申请号 JP9134725，1997 年 5 月 20 日公开，2004 年 1 月 4 日获得授权（专利号为 JP3484003）。不过，由于 1993～1994 年，NTT 科学家冈田重人在 J. B. Goodenough 研究小组任客座教授，得州大学于 2001 年向美国得州地方法院提起商业秘密侵权诉讼。经过数年的诉讼，2008 年 10 月 NTT 宣布与美国得州大学在日本最高民事法庭外达成和解，NTT 要支付得州大学高达 3000 万美元的和解金，尽管得州大学同意 NTT 并未发生过窃取得州大学营业秘密的说辞，但是 NTT 却被迫将所拥有之专利 JP3484003（注意，该专利仅在日本申请，未进入其他国家）专属授权给得州大学。

碳包覆磷酸铁锂（C–$LiFePO_4$）主要专利

碳包覆磷酸铁锂（C–$LiFePO_4$）技术是 Phostech 系 $LiFePO_4$ 合成的主要技术。2011 年它们成立的专利许可联盟（$LiFePO_4$ + C Licensing AG）的名称即明示了该技术。之后日本的住友（Sumitomo Osaka Cement Co. Ltd）、三井造船（Mitsui Engineering & Shipbuilding Co. Ltd）、中国台湾地区的立凯（Advanced Lithium Electrochemistry（Cayman）Co.，Ltd，ALEEES）等都与该专利许可联盟达成协议。

CA2270771 及其专利族

CA2270771 是碳包覆磷酸铁锂技术最早的专利，于 1999 年 4 月 30 日在加拿大申请，2000 年 10 月 30 日在加拿大首次公开，没有进入中国。该项专利的主要技术特点是：①强调掺入的碳是包覆形式，在这个专利中，提到了碳包覆的作用是增加电极的导电性，且强调这种碳包覆的方法是不同于已有技术中的掺杂形式的碳；②强调碳包覆来源于有机物等的热分解，这个应该是为了实现包覆的需要。另外在这项专利中关于含碳的比例以及涂敷的面积要求等都作了详细的叙述。

CA2320661 及其专利族

魁北克水电公司此后还有一项相关的专利是 CA2320661，这项专利应该是延续着前一项专利的路线所进行的开发。它后来进入了中国，在中国有 2 件申请：CN1478310 和 CN101453020（名称均为：控制尺寸的涂敷碳的氧化还原材料的合成方法），其中 CN1478310 已经于 2008 年 9 月 24 日获得授权（授权公告号：CN100421289C），CN101453020 处于实质审查阶段。在该专利中，强调了在有还原气氛的情况下，由于动力学的原因，三价铁主要是通过还原气还原到二价的铁，而"固体碳还原铁在动学上没有得到促进"。从技术上来看，它有别于碳热还原法；从专利上所揭示的内容来看，碳的涂敷就是增加导电性。这样做的好处还在于，可以对于成品中碳含量进行精确控制。

值得注意的是，2010年中国电池工业协会对Phostech持有的"磷酸铁锂离子电池"专利向国家知识产权局专利复审委员会提出无效申请。所涉专利为优先权日为2001年9月21日并于2008年9月24日在中国获得授权的CN1478310（控制尺寸的涂敷碳的氧化还原材料的合成方法）。

图9-15是Phostech历年申请专利的情况。

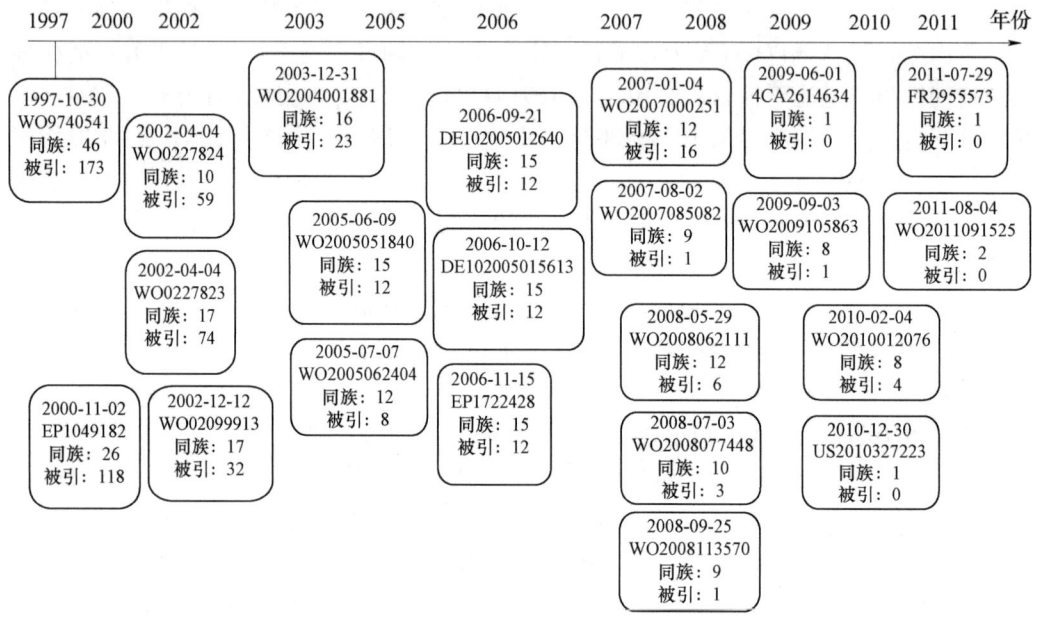

图9-15 Phostech历年申请专利情况

9.5.2 Valence

Valence是一家历史悠久的电池企业，1989年成立于美国，1992年上市。其具备以下特点：

①产品完整：车辆电池、航运电池、固定电池、工业电池和军用电池；

②产品全球化：2003年开始产业化，并且在中国市场发展，与中国锂离子电池厂家合作并且在苏州建立生产基地，在内华达州建立了研发中心，在北爱尔兰设立欧洲/亚太销售办事处，在北美和欧洲设有全球交付中心在全球范围内开展生产、销售、商业合作；

③进军动力电池领域：2010年5月，Valence与单、双层客车及微型客车制造领域的全球领先企业Optare PLC签署为期3年的独家供应协议。

下面对其进行详细介绍。

9.5.2.1 发展历程

Valence是开发安全耐用的磷酸锂铁储能解决方案的全球领先企业，公司成立于

1989 年，1992 年在纳斯达克资本市场挂牌交易，Valence 总部设在得克萨斯州奥斯汀，下设五大战略业务部门：车辆电池、航运电池、固定电池、工业电池和军用电池。Valence 2003 年开始 LiFePO$_4$ 的产业化生产，解决了其电池的倍率放电及低温性能等问题，并和中国的部分锂离子电池厂家进行合作，生产 4~10Ah 的聚合物电池，同时在中国苏州建生产基地（威能和威泰），自己生产聚合物电池。除了得克萨斯州的企业总部，Valence 还在内华达州建立了研发中心，在北爱尔兰设立欧洲/亚太销售办事处，在北美和欧洲设有全球交付中心。Valence 是磷酸铁锂能量存储解决方案的全球领导者之一，其已经成为安全的大批量产品供应商之一。

2010 年 5 月，Valence 与单、双层客车及微型客车制造领域的全球领先企业 Optare PLC 签署为期 3 年的独家供应协议。Optare 将 Valence 指定为其最新款零排放客车——全电动 Optare Solo EV（电动汽车）的独家电池供应商。Optare Solo EV 客车采用了 600V 的 Valence Technology U – Charge® 磷酸铁锂锂离子电池系统来为电力传动系统提供动力。Valence 先进的蓄电池组被安装在中置式传动系统的每一侧，提供 85kWh 的总容量，并可在行驶期间通过再生制动进行再充电，也可在到站期间通过插入式电源进行再充电。

9.5.2.2 主要专利

Valence 的磷酸铁锂专利引文分析如表 9 – 5 所示。

表 9 – 5 Valence 的磷酸铁锂专利引文分析

序号	专利公开号	最早公开年份	公开年限	同族专利数目（项）	被引频次	年均被引频次
1	WO0031812	2000	13	12	37	2.85
2	WO0057505	2000	13	18	44	3.38
3	WO0153198	2001	12	36	104	8.67
4	WO0184655	2001	12	13	32	2.67
5	US2002039687	2002	11	2	22	2.00
6	WO03077335	2003	10	13	33	3.30
7	US2003027049	2003	10	17	45	4.50
8	US2004197654	2004	9	10	32	3.56
9	WO2005043647	2005	8	9	4	0.50
10	US2005196334	2005	8	7	10	1.25
11	US2005260494	2005	8	9	9	1.13
12	US2007141468	2007	6	7	5	0.83
13	US2008241043	2008	5	3	1	0.20
14	US2011068296	2011	2	8	0	0.00

从 Valence 关于磷酸铁锂的主要专利来看，其主要的技术创新点集中在碳热还原法

（Carbothermal Reduction Technology，CTR），比较基础的专利如 CA2395115（Valence 曾以该专利对魁北克水电公司提起侵权诉讼）。该专利技术在全世界多个国家和地区提出了申请，在美国的申请是 US09484919（申请日：2000 年 1 月 18 日），授权号是 US6528033；在中国的申请是 CN00818499.2（公开号：CN1424980），该申请 2006 年 4 月 5 日获得授权，授权号 CN1248958C。

Valence 的技术从专利来看，它强调了是用碳是来还原三价的铁，同时碳又是过量的，这些过量的碳又有两个作用，一是提高导电性，二是为产品的晶体的生产提供了晶核形成的基础。它强调在非氧化或者惰性气体或者真空条件下反应，不需要还原气氛，当然，在还原气氛下效果更佳。

CA2395115 在随后的演变中，有进一步的发展。

US6528033 专利公开了使用过量碳在 700～900℃ 制备锂混合金属化合物。US6716372 明确提出了保护含镁、钙、钴、铁的磷酸锂盐，制备方法与前相同。US6702961 的材料是碳颗粒和锂混合金属材料的混合物，且锂混合金属材料晶体是覆于碳核上的结构。US20050255026 公开了一种碱金属化合物合成方法，碳热还原法所用碳源不仅仅是碳粉，还包括有机物，反应可以在氢气等还原气氛中进行。US20070001153 公开了一种碱金属活性材料 $A_aM_bO_c$，包括碳源（碳、有机物、碳水化合物等），形成高度分散的电化学活性材料和碳的混合物。US20050255383 公开了合成还原无机金属化合物的固态方法。US20080020277 公开了活性材料 $A_aMb(XY_4)_cZ_d$，其采用碳热还原法合成。

图 9-16 是 Valence 历年申请专利情况。

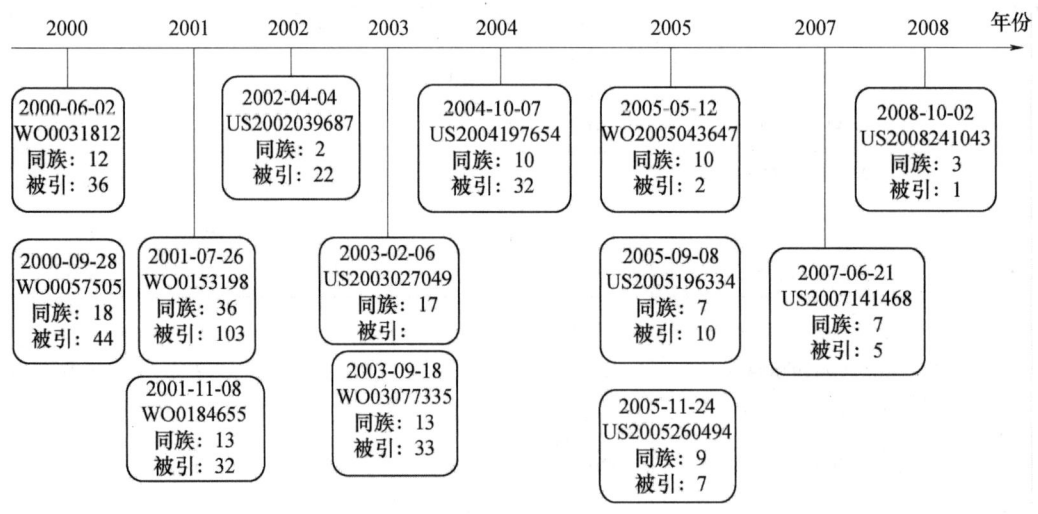

图 9-16　Valence 历年申请专利情况

9.5.3　A123

A123 是一个学院派公司，其发展历程具有以下特点：

①大学公司：2001 年成立于麻省理工学院；

②技术领先：正极材料纳米化，效果突出；

③商业突破：2006 年，A123 取得美国能源部和 USABC 一起提供的 1500 万美元混合动力车用电池发展合约；

④政界明星：2009 年成为美国政府重点资助对象；

⑤市场落败：持续亏损，濒临破产，价格缺乏竞争力；

⑥被收购：2013 年被中国万向集团收购，改名为 B456 系统公司。

9.5.3.1 发展历程

A123 于 2001 年在麻省理工学院成立，最初总员工数 5 人，资金来源只有美国能源部的科技项目经费 10 万美元，其余的只有从 MIT 拿出来的 0.5 克材料而已。A123 厉害之处是将锂离子电池的磷酸锂铁正极材料制造成均匀的纳米级超小颗粒，因颗粒和总表面面积剧增而大幅提高了电池的高放电功率，而整体稳定度和循环寿命皆未受影响。凭借新的技术优势，A123 很快顺利筹集了 2000 万美元作为前期资本。

A123 在商业上的突破主要来自 2006 年。当时，A123 取得美国能源部和 USABC 一起提供的 1500 万美元混合动力车用电池发展合约，由于 USABC 是由戴姆勒奔驰集团、福特汽车和通用汽车合组的研究单位 USCAR 的联合组织，这是获得国家单位和国际汽车大厂重视与信任的重要象征。同时，它还获得了 GE、摩托罗拉、高通和宝洁等知名企业和机构的支持。一堆大公司捧着钱不得其门而入，就连让 A123 翻身的 Black & Decker 也被 A123 婉拒。

2009 年奥巴马政府上台之后，推行新能源政策，A123 迅速被包装成电动汽车锂离子电池制造业的一颗明星。2009 年 8 月，A123 从奥巴马政府获得 2.491 亿美元的援助，相当于整个电动车电池和零配件开发援助款项的 1/10。2009 年 9 月，A123 进行首次公开募股（IPO），上市前两次调高发行价格，由最初的 9~9.5 美元调至 13.5 美元。上市两天，股价上涨 50%，一个星期内股价几乎翻了一番，突破 23 美元，融资规模达到 4.38 亿美元。

A123 的业务虽然覆盖全球范围的客户，但是随着市场的消极走势，签订的一些合作协议并没有转化为最后的生产合同，或者最终生产合同相比协议存在明显的缩水。克莱斯勒 2009 年宣布 A123 为供应商，但是在随后终结了合作，转而选择了其他更具价格竞争力的产品。GM 在车展上首次展出的 Volt Concept 概念电动车，其电源系统中的磷酸锂铁充电电池便由 A123 生产，量产时最终选择的却是 LG 化学。

在新能源车用电池这一块，A123 极度依赖于豪华电动跑车 Fisker 这一单一客户，然而 Fisker 的销售未能达到预期，大大地缩减了订单数，使得 A123 完全未能达到规模生产的效应。分析师多尔蒂指出，A123 每从 Fisker 上获得 1 美元的收入，要为之付出 1.57 美元的成本。A123 也尝试着把业务向储能电网等方面转移，然而这些领域相比新能源汽车更为雏形，盈利的希望也更为渺茫。

事实上，A123 自上市以来，没有一个季度完成目标，紧随而至的是无法遏制的持续亏损。在 2006~2010 年，A123 归属于普通股东的亏损已经累计达到近 3.66 亿美元，2011 年净亏损为 2.577 亿美元。2012 年 5 月，搭载 A123 产品的 Kama 电动跑车出现安全隐患，A123 不得不采取大规模产品召回措施，而超过 6000 万美元的召回金额让这家长期负债的公司更是雪上加霜。在贷款付息日到来之际，无力偿债的 A123 正式宣布破产。

2013 年 1 月 28 日，美国外国投资委员会宣布同意中国最大的汽车零部件制造商万向集团收购 A123 除军工合同以外的所有资产。1 月 29 日，万向集团以 2.566 亿美元成功收购 A123。万向集团获得了 A123 汽车、电网储能和商业业务资产，不仅包括其所有技术、产品和客户合同及其在美国密歇根州、马萨诸塞州和密苏里州的工厂设施，同时也包括 A123 在中国的阴极电池制造业务以及与上汽合资的上海捷新动力电池系统的股权等。万向集团收购后宣称 A123 的美国公司将会整合成三个部分：储能、汽车和技术中心。2013 年 4 月，万向集团迈出了对 A123 重组的第一步，将公司改名为 B456 系统公司。

9.5.3.2 主要产品

A123 核心竞争优势是将锂离子电池的磷酸铁锂正极材料制造成均匀的纳米级超小颗粒，然后通过高价金属离子掺杂的专利技术提高材料的导电性，所掺杂的高价金属离子将材料的导电性提高了 8 个数量级。在制片过程中，通过对铝箔表面的腐蚀和碳包覆处理大大提升了电池的大电流放电能力，而整体稳定度和循环寿命皆未受影响。此外电池以特殊材质的石墨为负极，极大地提高了磷酸铁锂离子电池的倍率性能和使用寿命。现在一般的锂离子正极材料粉体颗粒比 A123 的大了约 100 倍，若要制成小颗粒便会产生稳定性和安全性同时减弱的副作用，以致必须面对放电功率难以提高的先天极限。用 A123 的电池材料制成的电池比传统的锂离子电池寿命长 10 倍，且要结实得多，即使在事故中受挤压也不易着火。由于 A123 的电池兼具高功率、高可靠性、高安全性和长寿命等诸多优点，因此使 A123 的锂离子电池技术用于汽车工业成为现实。据 A123 预计，这种电池的使用期限会超过典型的汽车寿命。由于 A123 的纳米磷酸铁锂离子电池具有非常广阔的 EV、HEV、PHEV 应用前景，所以得到世界各大汽车厂商的追捧，也得到风险资本的青睐。

A123 意识到即将到来的运输工具革命需要特定的工业解决方案。为此，该公司开发了 HEV 用高功率 AHR32113M1Ultra 电池，该电池每瓦时的成本非常低。它使用新型超级极板设计，具有比之前 ANR26650M1 更高的功率。目前 32113 电池的容量已经达到 4.4Ah，成本大幅降低，已投入大批量生产，并且通过了所有的 USABC 滥用测试实验，其中包括短路、过充、过放、热箱、针刺（常温）、针刺（55℃）、受控挤压、机械振动和热冲击。北美、欧洲、亚洲的汽车制造商将把该电池用在新型汽车上，客车和重型商用车也将使用该电池。

26650 型电池是 A123 最早的产品，初期主要用于电动工具。目前适用于多种系统设计，已经批量生产，具有很好的性价比。其具体参数如下：

额定电压：3.3V；

额定容量：2.3Ah；

电池质量：70g；

内阻抗（1kHz AC）：8mΩ；

内阻（10A, 1s DC）：10mΩ；

典型标准充电方法：3A 充电至 3.6V，恒流恒压 45min；

典型快速充电方法：10A 充电至 3.6V，恒流恒压 15min；

最大持续放电电流：70A；

脉冲放电：120A，10s；

10C 放电，100% DOD：循环寿命超 1000 次；

存储温度：$-50 \sim 60$℃；

工作温度：$-30 \sim 60$℃；

建议脉冲充/放电截止电压：$3.8 \sim 1.6$ V；

比功率：大于 3000W/kg 和 5800W/L。

PHEV、EV 和 ReEV 用高能量 20Ah 方型电池，每瓦时的成本非常低。20Ah 方型电池使用新型 HD 极板设计，可提供比 ANR26650M1 设计更高的容量。其额定电压：3.3V；额定容量：20Ah。

9.5.3.3 主要专利

A123 的磷酸铁锂专利引文分析如表 9-6 所示。

表 9-6 A123 的磷酸铁锂专利引文分析表

序号	专利公开号	最早公开年份	公开年限	同族专利数目（项）	被引频次	年均被引频次
1	WO03056646	2003	10	23	56	5.60
2	WO2005076936	2005	8	20	34	4.25
3	US2006093919	2006	7	11	9	1.29
4	US2007031732	2007	6	17	18	3.00
5	US2007190418	2007	6	2	4	0.67
6	WO2007030816	2007	6	10	8	1.33
7	WO2008109209	2008	5	7	0	0.00
8	WO2009092098	2009	4	9	1	0.25
9	WO2009009758	2009	4	11	10	2.50
10	US2011068298	2011	2	2	1	0.50
11	US2011195306	2011	2	2	0	0.00
12	WO2011025823	2011	2	6	3	1.50
13	US2011068295	2011	2	6	1	0.50
14	US2011195306	2011	2	2	0	0.00
15	WO2011035235	2011	2	6	1	0.50
16	US2012199784	2012	1	1	0	0.00
17	US2012270109	2012	1	1	0	0.00
18	US2012199784	2012	1	1	0	0.00
19	WO2013052494	2013	0	1	0	0.00

A123 的主要技术是使用 $Li_{1-x}FePO_4$（LFP）材料，主要特征是纳米级的 LFP，借由纳米物理性质的改变以及在正极材料当中添加贵金属，在晶格中留下"空洞"，促进锂离子的迁移和材料的导电性能，后来又提出用其他材料取代部分铁的观点。A123 的 $Li_{1-x}MFePO_4$ 并辅佐特殊材质的石墨为负极，使得原本导电能力较差的 $LiFePO_4$，可以

成为商业化应用的产品。

①US10329046：关于掺杂、提高导电性

A123 的创始人蒋叶明于 2002 年 12 月 23 日在麻省理工学院申请了美国专利 US10329046（公开号 US20040005265），该专利申请于 2004 年 7 月 19 日进入中国（申请号：CN02827276.5，公开号：CN1615554），并于 2008 年 8 月 27 日获得授权（授权公告号：CN100414746C）。该申请公开了使用碳酸锂、草酸亚铁、磷酸铵和镁、铝、铁、锰、钛、锆、铌、钨的醇盐或者氧化物来制备掺杂的磷酸铁锂。这项专利非常详细地介绍了掺杂对于提高导电性的影响。其中提到用铝、钛、锆、铌、钨、镁、锰、三价铁离子掺杂的样品可以达到 10^{-4} S/cm 的电导率。另外对于碳的掺杂量也有一定的分析。

②US60542550：关于高充放电倍率能力

美国专利 US60542550（申请日：2005 年 2 月 7 日）于 2005 年 6 月 7 日进入中国（申请号：CN200580000019.5，公开号：CN1806355），现处于实质审查阶段。该申请中进一步公开了微粒尺寸小、比表面高的磷酸铁锂材料不仅表现出高的热稳定性、低反应性和高的充放电倍率能力，而且表现出高倍率循环中的良好脱出/插入锂容量的保持力，同时还提到了负极材料对提高充放电倍率能力的影响。

③US60436340：关于高能量和高功率密度

美国专利 US60436340 公开了阴极电活性材料的导电性和比表面的增加使其在给定的充电/放电电流倍率下充电容量增加，而不明显改变该材料相对于锂金属的电位，也就是说通过提高导电性和减少微晶尺寸，这些阴极材料和使用这些阴极材料的电池可以相对于非掺杂的磷酸铁锂具有更大的能量密度。

图 9-17 是 A123 的历年申请专利情况。

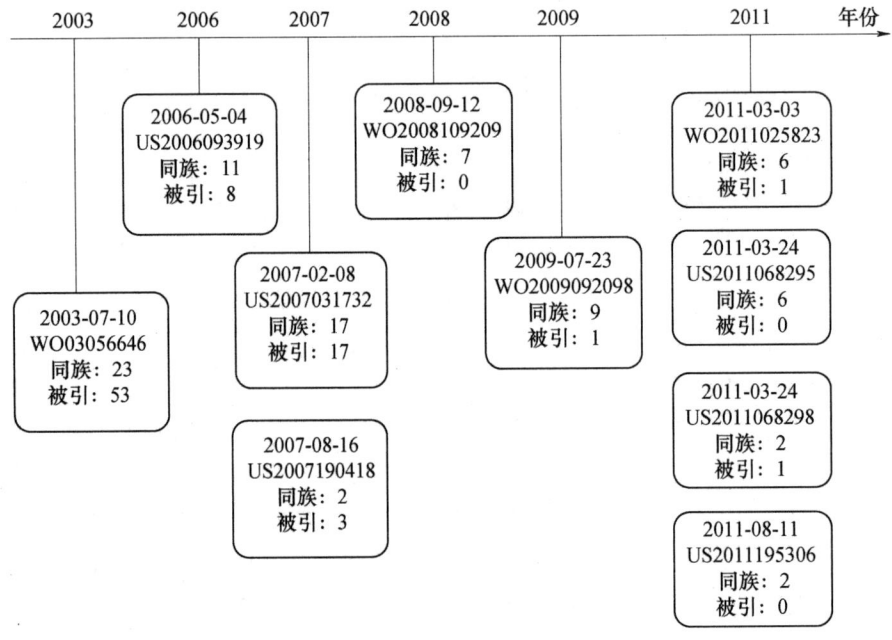

图 9-17　A123 历年申请专利情况

9.5.4 台湾立凯

台湾立凯,其前身为台湾上市公司鸿运电子,于2005年成立,专注于研发、生产锂铁电池正极材料,是全球最大磷酸铁锂材料供货商,客户遍及中、日、韩及欧美国家。

9.5.4.1 发展历程

立凯以其磷酸铁锂正极材料的优异质量表现,进行电动车辆的研究开发,目前以电动巴士的研发与生产及模块化电池电控系统整合为主,并着手换电站发展规划设计,是台湾唯一从原材料质量掌握到产品应用端设计、制造的电动巴士整车厂。

立凯开发出一种崭新的磷酸铁锂正极材料:LFP – NCO（Nano – Co – crystalline Olivine）。该公司的磷酸铁锂添加有微量金属氧化物,不过并不是掺杂和涂布,而是与磷酸铁锂形成共晶。所有金属氧化物都均匀地分散于粒子当中,显示金属氧化物非以包覆或掺杂的形式存在于粒子间,而是以共结晶的方式存在。此项技术所研制的LFP – NCO材料可大幅改善传统磷酸铁锂材料低电导率、杂质多的问题,使动力电池上的应用能产生优异的性能提升。

该公司彻底改变了以往的工艺路线,采用喷雾法工艺,通过电池厂家的测试表明其材料的加工性能比较理想,低倍率情况下克容量较高。制备的LFP – NCO的粒径分布非常均一,D_{50}粒径大小在6μm以下,D_{95}粒径在10μm以下且为单一峰的表征,另外从电子显微镜观察,所有的颗粒粒子大小展现良好的一致性。其材料特点与A123的相似,其材料比表面高达$50m^2/g$,极片涂布面密度最大低于$100g/m^2$（单面）,加工难度较大,但容量非常高,0.1C放电时,克电容量发挥可达155 mAh/g,而0.2C时克电容量发挥可达130mAh/g,倍率性能良好,适合于做大功率放电材料。

立凯于2007年在上海成立亚以士贸易公司,面向大陆厂商供应容量型磷酸铁锂正极材料。于2011年7月1日正式与$LiFePO_4$ + C Licensing AG专利联盟完成签约,被选为全球四家被许可的公司之一。

9.5.4.2 主要专利

立凯磷酸铁锂专利引文分析如表9 – 7所示。

表9 – 7 立凯磷酸铁锂专利引文分析表

序号	专利公开号	最早公开年份	公开年限	同族专利数目（项）	被引频次	年均被引频次
1	US2006257307	2006	7	12	7	1.00
2	CN1876565	2006	7	2	0	0.00
3	EP1850409	2007	6	10	8	1.33
4	EP1855334	2007	6	12	12	2.00
5	US2007238021	2007	6	2	2	0.33
6	US2008138710	2008	5	31	7	1.40
7	CN101841020	2010	3	6	0	0.00
8	WO2013010505	2013	0	2	0	0.00

US2008138710A1 专利族在中国有 3 件申请：CN200810125660.7（公开号：CN101345099）、CN200810128653.2（公开号：CN101345307）、CN200810177316.2（公开号：CN101436664）。其中，CN200810128653.2、CN200810177316.2 已经获得授权。

该专利技术主要涉及一种分子式为 M_yXO_4、$A_xM_yXO_4$ 或 $A_xMO_{4-y}XO_y \cdot MO$ 表示的共晶化合物，其中 A 为选自碱金属中至少一种金属元素，M 和 M′可相同或相异，并且为选自过渡金属及半金属中至少一种，X 为 P 或 As，M 主要为铁，M′主要为镁、钛或钒。该材料的主要特点就在于其为一种共结晶纳米化颗粒复合物，共晶结构能使材料形成纳米级的均匀颗粒，大大提高了材料的导电性能，同时，材料的比容量也得到了提高。

图 9-18 是立凯历年申请专利情况。

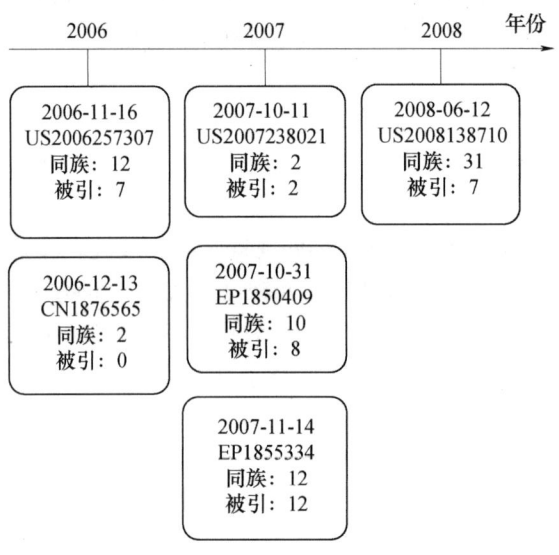

图 9-18 立凯历年申请专利情况

9.5.5 台湾台塑

台塑配合全世界"节能减碳"的发展趋势，积极跨入下一代的绿能产业发展，于 2008 年 5 月 20 日成立"台塑长园能源科技公司"，全力投入新一代绿色能源材料——氧化锂铁磷正极材料的研发、生产与销售。

9.5.5.1 发展历程

台塑成为目前全世界少数几家具有氧化锂铁磷正极材料自主研发、正式量产能力与专利（含材料与制程）的公司，于台湾中部设置 8600m² 生产厂房，产能 440 吨/月。

台塑于 2005 年成功发展出氧化锂铁磷正极材料，2006 年成功量产氧化锂铁磷正极材料，2007 年成功发展出高功率能量应用系统（如堆高机及汽车启动器），2008 已量产可供家庭或工业用大型能量储存系统。

9.5.5.2 主要产品

台塑称,其开发的氧化锂铁磷的正极材料,提高体积能量密度至260Wh/L以上,重量能量密度可到145Wh/kg以上,且具有非常高的电导率。台塑开发的氧化锂铁磷产品,本身因制备过程不需要大量使用黏结剂及助导剂,活性物质含量高,使得比容量较高,在高温下因键结较强,化学特性比较稳定、安全。相较于其他磷酸铁锂正极材料的成本普遍高于氧化锂铁磷正极材料,主要是因为铁容易氧化,所以磷酸铁锂制备过程必须在密封炉中进行合成,另外还需加入惰性气体,惰性气体价格十分昂贵;并且制备温度要求达到700℃的高温,除了更高的电费消耗外,另外在高温下也容易使加入的碳产生变化,因而增加控制质量的难度。

台塑的氧化锂铁磷($LiFe_xM_yPO_z$)正极材料,拥有美国专利(US7494744等),其主要为缺陷性(defective)的橄榄石结构氧化锂铁正极材料,不同于磷酸铁锂的结构,因此可以在空气中烧结制造,并且可在较低温度下进行,甚至基本材料也可采用氧化铁,而不用纯铁制造,使其成本远低于其他同业。

台塑在其公司网站上对磷酸铁锂与氧化锂铁磷正极材料作了比较,如表9-8所示。

表9-8 台塑关于磷酸铁锂和氧化锂铁磷技术对比

比较项目	磷酸铁锂 $LiFePO_4$	氧化锂铁磷 $LiFe_{(1-x)}M_xP_{(1-x)}O_{2(2-x)}$,$0.01 \leq x \leq 0.3$
原料	纯铁	氧化铁
分子结构	橄榄石	缺陷性的橄榄石
烧结制程	惰性气体密封	空气
碳	需要	不需要
成本	高	低

本报告认为,台塑的氧化锂铁磷正极材料,总体上是属于磷酸铁锂正极材料的范畴,其实就是涉及一种金属掺杂磷酸铁锂材料的技术。台塑作此种划清界限的宣称,主要可能是为了避免专利问题。

9.5.5.3 主要专利

台塑磷酸铁锂专利引文分析如表9-9所示。

表9-9 台塑磷酸铁锂专利引文分析

序号	专利公开号	最早公开年份	公开年限	同族专利数目(项)	被引频次	年均被引频次
1	WO2007103179	2007	6	22	11	1.83
2	US2008056978	2008	5	13	1	0.20

台塑磷酸铁锂主要专利见9-10。

表 9-10 台塑磷酸铁锂主要专利列表

序号	专利信息	专利权人
1	名称：用于锂离子电池应用的阴极材料 专利族：WO2007103179A2；US2007212606A1；WO2007103179A3；EP1992027A2；KR2008077412A；US7494744B2；CN101401230A；TW200740690A；CA2636380A1；US2009145536A1；US2009146102A1；US2009146103A1；JP2009523309W；IN200803555P4；US7585593B2；US7629084B2；TW315297B1；RU2382442C1；US7718320B2；CN101401230B 保护范围：一类用于锂离子电池的阴极材料，其基本上包含 $LiFe_{(1-x)}M_xP_{(1-x)}O_{2(2-x)}$ 形式的有缺陷的结晶锂过渡金属氧化物，其中 $0.01 \leq x \leq 0.3$，并且 M 为选自由镍、钛、钒、铬、锰、铁、铁、钴和铝组成的过渡金属组中的一种或多种元素	张惇杰 （长园科技高管）
2	名称：制备用于锂离子电池应用的空气敏感性电极材料的方法和装置 专利族：US2008056978A1；WO2009064265A1；EP2209925A1；CA2705260A1；KR2010112551A；CN101855371A；IN201003407P1；JP2011505536W；TW200920691A 保护范围：一种用于在高温使前体进行合成以形成合成产物的合成工艺中，在没有受控气氛的加热炉中使用的部件，所述部件包括：容器，所述容器具有至少一个开口，所述容器用于容纳所述合成工艺的材料和固体还原材料其中所述合成工艺的材料通过所述容器或所述还原材料与所述加热炉的所述气氛分离	张惇杰

9.5.6 天津斯特兰

天津斯特兰是一家拥有自主研发的国际先进磷酸盐正极材料工艺技术和生产制造能力的高新技术企业，是目前国际上少数几家专业生产磷酸盐系列锂电正极材料的公司之一。

9.5.6.1 发展历程

天津斯特兰率先在国内实现磷酸铁锂的大规模产业化，从而推动了中国动力电池（磷酸铁电池）的发展和应用。目前产品性能及产能在国际上位居前列，现阶段年产能达到 2000 吨，并计划达到年产 4000 吨的规模。

天津斯特兰宣称，以自己独特的、世界领先的特有技术（中国专利公开号：ZL200810152450.7），克服了磷酸铁锂合成条件苛刻，均一性、稳定性差，密度低，低温性能差等问题，为全球提供高安全、高容量、低成本、高性能的橄榄石结构的磷酸铁锂复合正极材料。

9.5.6.2 主要专利

天津斯特兰磷酸铁锂专利引文分析及主要专利分别如表 9-11、表 9-12 所示。

表 9-11 天津斯特兰磷酸铁锂专利引文分析表

序号	专利公开号	最早公开年份	公开年限	同族数目	被引频次	年均被引频次
1	CN101388454	2009	4	2	0	0.00
2	CN101997118	2011	2	1	0	0.00

表 9-12 天津斯特兰主要专利列表

序号	专利信息
1	名称：利用超临界流体制备锂离子电池的碳包覆磷酸盐正极材料的方法 专利族：CN101388454 保护范围：一种利用超临界流体制备锂离子电池的碳包覆磷酸盐正极材料的方法，包括以下步骤：（1）预处理：在密闭的高压搅拌反应釜中，将磷酸盐正极材料、有机高分子物质和超临界流体按化学计量混合，在 0~100℃、1~10MPa 的环境下，搅拌 30 分钟以上，然后将混合浆料通过喷嘴在膨胀分离室快速喷出，形成预包覆有机高分子的磷酸盐正极材料；（2）烧结反应：将所述预包覆正极材料放入高温炉中，在非氧化气氛下，在 500~850℃ 恒温焙烧 3~20 小时，使有机高分子材料裂解，在磷酸盐正极材料表面形成均匀的碳包覆层，然后冷却到室温，制得均匀碳包覆的磷酸盐正极材料
2	名称：一种锂离子电池正极材料磷酸铁锰锂及其制备方法 专利族：CN101997118 保护范围：一种锂离子电池正极材料磷酸铁锰锂，其特征是：正极材料磷酸铁锰锂的化学组成为 $Li_{1-y}M_yFe_{1-x}Mn_xPO_4$，其中掺杂离子 M^{n+} 为 Mo^{6+}、Mg^{2+}、Zn^{2+}、V^{5+}、W^{6+}、Ru^{4+} 中的一种或几种，x 的范围为 $0.4 < x \leq 0.7$，y 的范围为 $0.01 \leq y \leq 0.1$

9.5.7 主要厂商比较

为提高 $LiFePO_4$ 材料的性能（特别是导电性方面），几家主要公司陆续发展出了上述多种技术路线，也派生出了更多的专利，并引发起更多的后来者的大力跟进。台塑天津斯特兰、比亚迪、比克等中国地区的锂离子动力电池厂商在这些方面做了很多的工作，产生了更进一步的各种技术工艺和大量的外围型、跟随型专利。以下对各主要供应商作一比较。

表 9-13 列出了各供应商专利数量、被引证总数以及平均被引证数。可以看出，目前，Phostech 和 Valence 的平均被引证数最高。这表明这两个公司的磷酸铁锂技术比较重要。

表 9-13 主要供应商磷酸铁锂专利比较表

公司名称	重要专利总数（项）	被引证总数（次）	平均被引证数（次）
Phostech	22	581	26.41
Valence	13	372	28.62
A123	10	84	8.40
立凯	3	36	12.00
台塑	2	12	6.00
天津斯特兰	2	0	0.00

全球主要磷酸铁锂供应商的专利技术情况如表9-14所示。

表9-14 主要供应商磷酸铁锂专利技术

公司	代表性专利	技术产业概述
Phostech	$LiMPO_4$ WO1997040541 纳米包碳技术专利 WO2005062404 WO2006120332 WO2002027824	磷酸铁锂材料获得州大学和魁北克水电公司取得独家商业授权，大股东是南方化学。通过适当Mn、Ni、Ti的掺杂，并且通过在粉体外层进行碳包覆，来增加电容量与导电性。Phostech的敷碳技术，已在我国申请专利。产能达到了1100吨
Valence	碳热还原法包碳的技术专利 CA2558637 CA2466366	于2005年在欧洲专利局对J. B. Goodenough的专利提出异议，导致此专利于2009年1月被取消，因此Valence在欧洲销售磷酸铁锂离子电池专利风险大幅降低。2012年达到电池产能1000MWh
A123	$Li_{1-x}MFePO_4$ WO2005076936 US20070031732 US20070190418	纳米级粉体，然后通过高价金属离子掺杂提高材料的导电性，在制片过程中，通过对铝箔表面的腐蚀和碳包覆处理大大提升了电池的大电流放电能力。并辅佐特殊材质的石墨为负极，实现了商业化应用。电池产能将可达到760MWh
立凯	LFP-NCO材料的技术专利 $LiFePO_4 \cdot zMO$ CN101304083 US7524529	$LiFePO_4 \cdot zMO$的主要特征是以氧为共价键，通过高过饱和度的前驱物的激烈机械搅拌，造成金属氧化物与磷化物的剧烈的结晶作用，从而产生金属氧化物共晶的磷酸铁锂晶核，解决了二价铁与晶相成长的控制难题。已占据中国国内40%的市场，产能约1500吨
台塑	氧化锂铁磷的技术专利 $LiFe_{(1-x)}Mx P_{(1-x)}O_{2(2-x)}$ US7494744 US7585593	其氧化锂铁磷材料通过美国专利认证，并已在日本、韩国、中国大陆、中国台湾、欧盟等国家或地区申请。是比亚迪的供应商之一。产能达到了1500吨，计划扩到4800吨。
天津斯特兰	CN101388454	由碳酸锂、磷酸二氢铵、草酸亚铁合成。其路径是不掺杂高价位元素，而是将锂减少，留出锂的空位，进一步提高了导电性。是比亚迪的供应商之一，产能扩产到2000吨

9.6 主要发明人

9.6.1 J. B. Goodenough简介

J. B. Goodenough（约翰·巴尼斯特·古迪纳夫），1922年出生于德国，就读于美国名校耶鲁大学，原本学的是文学和数学，后转去读物理硕士和博士。现为美国固体物理学家，在美国得州大学奥斯汀分校任机械工程和材料科学教授，是二次电池产业的重要学者,当前所有商品化锂离子电池正极材料钴酸锂、锰酸锂及磷酸铁锂的发明人,被誉为国际"锂电之父"。

1952 年,J. B. Goodenough 教授在林肯实验室接触到了 Li^+ 在固体中的迁移。后来开始做固态陶瓷的基础研究,在麻省理工学院的 12 年间,他开始了固态化学的学习和研究,并撰写了两本书:《*Magnetism and the Chemical Bond*》和《*Metallic Oxides*》。1974 年 J. B. Goodenough 和伊朗沙力夫理工大学一起建立了一个实验室,但由于政治原因只能放弃计划。然后开始在牛津大学从事氧化物表面光电解水和、锂离子电池嵌入 – 脱出材料以及甲醇燃料电池的研究。在此期间,J. B. Goodenough 研究小组发现在 Co 和 Ni 的氧化物中,Li 几乎可以完全脱出,50% ~ 60% Li 脱出的时候,结构还能够保持稳定,并且对 Li 有接近 4V 的电压。而索尼正好开发出储锂的碳材料,于是他们合作,就有了现在的锂离子电池。现在 20% 的 Co 都被用来做电池了,价格较高,J. B. Goodenough 教授觉得必须要开发廉价的材料。之后其研究小组又发现了嵌 Li 过程中尖晶石结构和 rock – salt 结构之间的相互转化。他们先研究 $LiMnO_2$ 的尖晶石结构,但是这个材料在电化学过程中发生相变,有 Jahn – Teller 效应。于是,又想到了一些具有稳定的骨架结构的聚阴离子型的材料,如硫酸盐、磷酸盐、硅酸盐、钼酸盐、钨酸盐等。在这一理论的指导下,做出了磷酸铁锂。

J. B. Goodenough 教授在 1994 年研究得到磷酸铁锂材料,在 1996 年取得专利并在 1997 年 1 月生效,专利权归属于得州大学,魁北克水电公司从得州大学获得独家授权的单位,Phostech 又从得州大学和魁北克水电公司取得独家商业授权。然而,磷酸铁锂相关专利问题从 2000 年开始,牵涉单位众多、涉及区域广泛。

9.6.2 专利文献

9.6.2.1 专利申请情况

在 DWPI 中以 "Goodenough JOHN B" 作为发明人进行检索,共得到 10 篇专利文献,涉及的专利公开号如下(同族专利保留一项),涉及电池的专利文献共有 8 篇(除第 1、2 项外),其中涉及磷酸铁锂材料的专利文献 3 篇(第 3、4、8 项),如表 9 – 15 所示。

表 9 – 15 J. B. Goodenough 作为发明人的电池相关专利

	专利公开号	公开日
1	GB2187880A	1987 – 09 – 16
2	GB2164785B	1988 – 02 – 24
3	CA2610706A1	2006 – 12 – 07
4	JPS52156200A	1977 – 12 – 26
5	GB2122412A	1984 – 01 – 11
6	US6004688A	1999 – 12 – 21
7	US4302518A	1981 – 11 – 24
8	US2007117019A1	2007 – 05 – 24
9	US6221812B1	2001 – 04 – 24
10	WO2012016185A3	2012 – 08 – 09

9.6.2.2 基础专利各国同族分析

J. B. Goodenough 于 1996 年在美国提出了两件临时申请:No. 60/032346(1996 年

12月4日）No.60/016060（1996年4月23日）。以此作为优先权，于1997年4月提出了国际申请PCT/US97/06671；同时以此为优先权于1997年4月在美国提出了US19970840523A（公开号即为US5910382）的申请。除在美国申请外，通过PCT途径和《巴黎公约》，分别提出了欧洲、日本、加拿大等国家或地区的专利申请，从而在世界范围内完成了该基础专利的基本布局。

除上述在世界范围内进行申请布局外，该专利在后续审查过程中不断提出同族申请。以美国为例，早期的申请如US5910382、US2003082454没有直接获得专利权，但在后续的2005~2013年间，以上述申请为基础，申请人共提出了16项同族系列申请，已获得了近10项专利授权。在欧洲、日本等地情况同样如此。正是通过上述系列申请和获得的专利权，该基础专利在各国形成了牢固的专利壁垒和技术垄断，如表9-16所示。

表9-16 J. B. Goodenough磷酸铁锂基础专利各国申请情况

	专利号	公开日
美国申请	US5910382A	1999-06-08
	US2003082454A1	2003-05-01
	US2005003274A1	2005-01-06
	US2005244321A1	2005-11-03
	US2007117019A1	2007-05-24
	US2007166618A1	2007-07-19
	US2007281215A1	2007-12-06
	US2010310935A1	2010-12-09
	US2010314577A1	2010-12-16
	US2010316909A1	2010-12-16
	US2010314589A1	2010-12-16
	US2011006270A1	2011-01-13
	US2011006256A1	2011-01-13
	US2011039158A1	2011-02-17
	US2011017959A1	2011-01-27
	US2011068297A1	2011-03-24
	US2012039784A1	2012-02-16
	US2013029223A1	2013-01-31
美国授权	US6391493B1	2002-05-21
	US6514640B1	2003-02-04
	US8067117B2	2011-11-29
	US7972728B2	2011-11-29
	US7964308B2	2011-06-21
	US7998617B2	2011-08-16
	US7955733B2	2011-06-07
	US7960058B2	2011-06-14
	US8282691B2	2012-10-09

续表

	专利号	公开日
国际申请	WO9740541A1	1997-10-30
日本申请及授权	JP2000509193A	2000-07-18
	JP2007294463A	2007-11-08
	JP2007214147A	2007-08-23
	JP2009110967A	2009-05-21
	JP2010056097A	2010-03-11
	JP2012043811A	2012-03-01
	JP4850126B2	2012-01-11
	JP4369535B2	2009-11-25
	JP4769225B2	2011-09-07
欧洲申请及授权	EP0904607A1	1999-03-31
	EP0904607B1	2004-10-27
	EP1501137A2	2005-01-26
	EP1755183A1	2007-02-21
	EP1755182A1	2007-02-21
	EP2357694A1	2011-08-17
	EP2282368A1	2011-02-09
其他国家或地区情况	CA2755356A1	1997-10-30
	CA2803760A1	1997-10-30
	CA2543784A1	1997-10-30
	CA2251709C	2006-08-01
	CA2543784C	2012-01-03
	CA2755356C	2013-04-16
	HK1148611A0	2011-09-09
	HK1162752A0	2012-08-31
	DE69731382D1	2004-12-02
	DE69731382T2	2006-02-23
	DE10186105T8	2013-04-25
	DE10184223T8	2013-04-25

9.6.3 非专利文献

关于磷酸铁锂，J. B. Goodenough 一共在期刊上发表了 20 篇文章：最早在 1997 年提出了橄榄石型 $LiFe_{1-x}Mn_xPO_4$ 作为锂离子电池正极材料，并研究了 Fe^{3+}/Fe^{2+} 在 $Li_3Fe_2(PO_4)_3$、$LiFeP_2O_7$、$Fe_4(P_2O_7)_3$ 和 $LiFePO_4$ 这 4 种材料中的特性；2003 年采用溶胶凝胶法制备得到小粒径的磷酸铁锂，并与碳复合，获得了优异的电化学特性；2006 年采用 PPy 裂解的碳包覆磷酸铁锂，并研究了磷酸铁锂和碳包覆的磷酸铁锂在 60℃ 时的电化学特性；2007 年将磷酸铁锂与导电聚合物复合提高了充放电容量，在合成磷酸铁锂的过程中通过添加聚合物添加剂来完全还原原料中的 Fe^{3+}，并研究了磷酸铁锂的电学、光学和磁力特性，比较分析了锂离子电池的阴极材料 $Li_{1-x}MO_2$、$Li_{1-x}M_2O_4$、$Li_{1-x}MPO_4$ 各自的优势和劣势；2008 年研究了通过电化学活性聚合物提高磷酸铁锂的高倍率性能和增大容量；2010 年通过电沉积的方法合成了 $C-LiFePO_4/PP_y$ 复合正极材料，其具有优异的充放电特性；2011 年提出了磷酸铁锂的发展前景和挑战，并制备得到高容量的分散性多孔磷酸铁锂微球；2012 年对磷酸铁锂表面的特性进行了理论方面的研究；在 2013 年对锂离子电池的发展进行了总结并提出了更多发展的方向，例如氧化物（包括纳米结构的磷酸铁锂）、聚合物、石墨烯等，并研究了温度对掺杂 V 元素的磷酸铁锂的影响，利用原位拉曼光谱研究了磷酸铁锂在充电和自放电过程中粒度大小与形态的相关性。

第10章 三元正极材料专利分析

10.1 三元正极材料简介

10.1.1 层状 Ni-Co-Mn 三元正极材料的研究背景

在现有层状锂离子电池正极材料中，$LiCoO_2$ 已在小型电池中得到广泛应用，但因过充限制，其比能量远没达到理论容量，且受到钴资源的制约。$LiNiO_2$ 的稳定性差，容易引起安全问题，需在氧气气氛下合成。层状 $LiMnO_2$ 是一种热力学不稳定材料，容量高，但是在充放电过程中层状结构会向尖晶石型结构转变，导致比容量衰减快，电化学性能不稳定。$LiMn_2O_4$ 在循环过程中容易发生晶型转变以及锰离子的溶解和 Jahn-Teller 效应，导致电池容量衰减。$LiFePO_4$ 在价格和安全性方面具有优势，但该材料电导率低，且振实密度小，因而，其应用领域依然受到很大限制。

由于镍钴锰单独层状材料都有自身的优缺点，科学界试图研究合成镍钴锰之间的二元或者三元复合材料来优化材料性能。T. Ohzuku 等人通过复合材料形成的热力学基础及晶胞参数变化的 Vegard 定律对不同镍钴锰比例的材料进行了可行性研究。通过计算发现 $LiCoO_2$ 和 $LiNiO_2$ 以任何比例形成 $LiCo_{1-x}Ni_xO_2$ 固溶体的 ΔE 都是负值，有利于晶体稳定，且形成固溶体后晶胞参数变化符合 Vegard 定律，即 $LiCoO_2$ 和 $LiNiO_2$ 可以以任何比例形成 $LiCo_{1-x}Ni_xO_2$ 固溶体，并得到大量实验的验证。$LiCoO_2$ 和 $LiMnO_2$ 以任何比例形成 $LiCo_{1-x}Mn_xO_2$ 固溶体的 ΔE 都是正值，不利于晶体稳定，从热力学上不能形成 $LiCo_{1-x}Mn_xO_2$ 固溶体。T. Ohzuku 等人首次提出了新的二元复合材料 $LiNi_{1/2}Mn_{1/2}O_2$，但是认为 $LiNi_{1/2}Mn_{1/2}O_2$ 并不是 $LiNiO_2$ 和 $LiMnO_2$ 的固溶体，因为 $LiNiO_2$ 和 $LiMnO_2$ 以任意比例形成固溶体的晶胞参数变化不符合 Vegard 定律，所以不能形成 $LiNi_{1-x}Mn_xO_2$ 固溶体，但是由于 Ni^{3+} 与 Mn^{3+} 之间可以通过电子转移转变为 Ni^{2+} 和 Mn^{4+}，使得 $LiNi_{1/2}Mn_{1/2}O_2$ 的晶格能量下降 19.3kJ/mol，稳定了 $LiNi_{1/2}Mn_{1/2}O_2$ 结构。

1999 年，Liu 等首次提出三元材料可以作为锂离子电池的正极材料。他们用 Co、Mn 取代 $LiNiO_2$ 中的 Ni，用氢氧化物共沉淀法制备了 $LiNi_{1-x-y}Co_xMn_yO_2$（$0 \leq x \leq 0.5$，$0 \leq y \leq 0.3$）系列材料，发现该材料的电化学性能更为优异，开启了锂离子电池三元正极材料的序幕。

2001 年 T. Ohzuku 和 Y. Makimura 首次合成了 Ni：Co：Mn = 1：1：1 的三元复合材料 $LiNi_{1/3}Co_{1/3}Mn_{1/3}O_2$，与此同时加拿大 Dahn 等研究了组分变化对正极材料晶体结构、容量、倍率放电及热稳定性的影响。虽然 $LiNi_{1/3}Co_{1/3}Mn_{1/3}O_2$ 研究时间不长，但因其与

LiCoO$_2$ 具有相似结构,具备较好的研究基础,一经提出即被认为最有可能代替 LiCoO$_2$,获得各国政府大力支持,美国能源部也在 2004 年将动力材料的研发重点由低成本的 LiFePO$_4$ 逐步转向 LiNi$_{1/3}$Co$_{1/3}$Mn$_{1/3}$O$_2$。目前,三元材料的研究热点主要集中在 LiNi$_{1/3}$Co$_{1/3}$Mn$_{1/3}$O$_2$、LiNi$_{0.4}$Co$_{0.2}$Mn$_{0.4}$O$_2$、LiNi$_{0.8}$Co$_{0.1}$Mn$_{0.1}$O$_2$、LiNi$_{0.5}$Co$_{0.2}$Mn$_{0.3}$O$_2$ 等典型比例材料上。

10.1.2 层状镍钴锰三元正极材料的结构特性和反应机理

三元材料体系的结构和电化学反应特性较为相似,下面以 LiNi$_{1/3}$Co$_{1/3}$Mn$_{1/3}$O$_2$ 材料为例进行详细介绍。

T. Ohzuku 等利用第一性原理计算研究表明,LiNi$_{1/3}$Co$_{1/3}$Mn$_{1/3}$O$_2$ 具有单一的 α-NaFeO$_2$ 型层状结构,属于六方晶系,空间群为 R3m,其晶体结构图如图 10-1 所示。理论计算的晶胞参数为:a = 2.831Å,c = 13.884Å,而实验测定的晶胞参数为:a = 2.867Å,c = 14.346Å。在三元晶胞中,氧离子面心立方密堆积构成结构骨架,位于 6c 位置,锂离子与过渡金属离子占据八面体间隙位,分别位于 3a 和 3b 位置。其中,镍、钴、锰的价态分别是 +2、+3、+4 价。

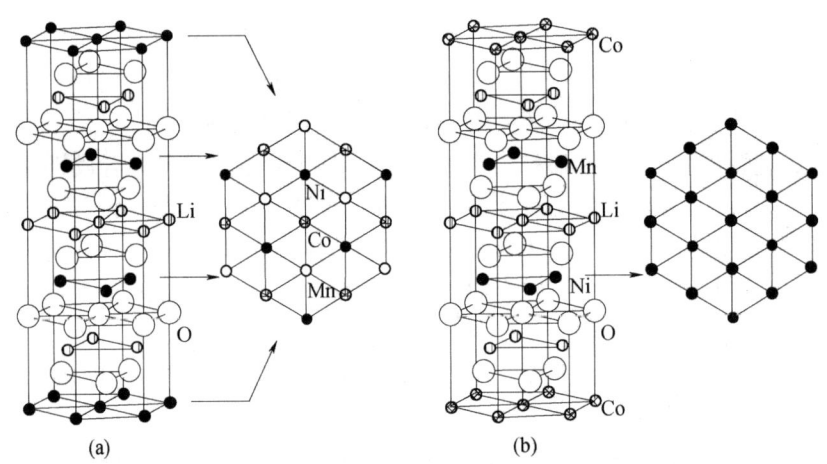

图 10-1 超晶格 LiNi$_{1/3}$Co$_{1/3}$Mn$_{1/3}$O$_2$ 结构模型

LiNi$_{1/3}$Co$_{1/3}$Mn$_{1/3}$O$_2$ 充放电反应为:

$$\text{LiNi}_{1/3}\text{Co}_{1/3}\text{Mn}_{1/3}\text{O}_2 \leftrightarrow \text{Li}_{1-x}\text{Ni}_{1/3}\text{Co}_{1/3}\text{Mn}_{1/3}\text{O}_2 + x\text{Li}^+ + xe^-$$

LiNi$_{1/3}$Co$_{1/3}$Mn$_{1/3}$O$_2$ 中,当 $0 \leq x \leq 1/3$ 时主要是 Ni^{2+}/Ni^{3+} 的氧化还原反应,当 $1/3 \leq x \leq 2/3$ 时是 Ni^{3+}/Ni^{4+} 的氧化还原反应,当 $2/3 \leq x \leq 1$ 时是 Co^{3+}/Co^{4+} 的氧化还原反应,锰在整个过程中不参与氧化还原反应,电荷的平衡通过氧的电子得失来实现。在充放电过程中,Mn^{4+} 不参与反应,能提供稳定的母体,从而解决循环和存储稳定性问题,没有 Jahn-Teller 效应,因此不会出现层状结构向尖晶石结构的转变,LiNi$_{1/3}$Co$_{1/3}$Mn$_{1/3}$O$_2$ 既具有层状结构较高的容量的特点,又保持层状结构的稳定性。

对于其他的层状镍钴锰三元材料而言,LiNi$_{0.4}$Co$_{0.2}$Mn$_{0.4}$O$_2$ 拥有较高的 Mn 含量,热稳定性能优越,同时还有一定的价格优势,商业化前景良好。但是该材料的放电比容量相对较低，循环稳定性稍差；$LiNi_{0.8}Co_{0.1}Mn_{0.1}O_2$ 拥有较高的 Ni 含量，放电比容量高，安全性能以及循环性能不是十分理想，影响了该材料在工业中的大规模应用；$LiNi_{0.5}Co_{0.2}Mn_{0.3}O_2$ 在高比容量和热稳定性方面表现均衡。

10.1.3 层状镍钴锰三元正极材料的制备方法

目前，三元材料的制备方法主要包括：高温固相法、溶胶凝胶法、共沉淀法、水热法、喷雾干燥法、聚合物分解法、熔融盐法、燃烧法和微乳液法等。下面对几种常用的制备方法进行介绍。

（1）高温固相法

高温固相法是指将原料按一定的计量比混合，研磨均匀后，在一定的温度下焙烧一段时间，得到所需材料的一种方法。反应的原料通常采用金属氧化物、氢氧化物或易分解的金属盐类（如醋酸盐、碳酸盐等）。高温固相法是将各种原料直接以固态形式混合、烧结反应得到材料，其工艺流程可简述为：原料的混合、研磨—高温焙烧—产物粉碎—筛分—最终产物。

高温固相法工艺简单且对设备要求低，适宜规模化生产，但由于很难保证混料均匀，易生成非计量比化合物，产品的一致性和重现性较差。此外，传统的固相法焙烧温度高、反应时间长，生产成本也相对较高。

（2）溶胶凝胶法

溶胶凝胶法通常是采取适当的无机化合物或有机醇盐作为母体原料，用化学反应方法（加入配位剂等）使母体在一定条件下形成溶胶，然后制成凝胶，凝胶经干燥和高温热处理后制得产品的方法。溶胶凝胶方法制备的产物具有组分均匀、纯度高、颗粒粒径小、化学计量比可以精确控制等优点。但其工艺复杂、周期较长、生产率低、成本高，多数工艺流程在实际生产中的可操作性较差，不适宜规模化生产。

（3）共沉淀法

共沉淀法是指在混合的金属盐溶液（含有两种或两种以上的金属离子）中加入合适的沉淀剂，使得金属离子按照化学计量比均匀共沉淀出来的方法。按照其合成工艺的不同，可分为直接共沉淀法和间接共沉淀法。直接共沉淀法是将锂盐与 Ni、Co、Mn 的盐同时共沉淀，经过滤洗涤干燥后再进行高温烧结得到正极材料。间接沉淀法是先合成 Ni、Co、Mn 三元混合共沉淀前驱体，经过滤洗涤干燥后，与锂盐混合高温烧结得到正极材料；或者在生成共沉淀前驱体之后，不经过滤直接将包含锂盐和共沉淀前驱体的溶液蒸发或冷冻干燥，再对干燥物进行高温烧结得到正极材料。按沉淀剂不同，共沉淀法可分为氢氧化物共沉淀法，碳酸盐共沉淀法和草酸盐共沉淀法等。

与传统高温固相法相比，共沉淀法可以通过控制沉淀反应调整不同组分之间的比例，实现分子/原子水平的均匀混合，从而有效地控制各组分的含量，制备出物相组成均匀、纯度高、颗粒形貌规则、粒度分布均匀、分散性好和振实密度高的产品。

（4）水热法

水热法是指以水为溶剂，在密封的高温高压体系下发生反应的合成方法。由于在高温高压下反应物的活性较高，反应的活化能相对较低，可以加速反应的进行。水热法合成材料纯度较高,晶体粒度易于控制,可以合成取向规则、晶型完整的材料,在三元正极材料制备中有其特有的优势。

(5) 喷雾干燥法

喷雾干燥是将溶液喷雾至热风中,使之急剧干燥的方法。在干燥室里,用喷雾器把可溶性盐水溶液或浆料雾化成 10~20μm 或更细的球状液滴,在与燃料或电加热的热气体混合时,瞬间完成水分蒸发干燥,在雾化的过程中,溶液或浆料成球形液滴,因此可获得球形粉料。喷雾干燥过程是个物理干燥的过程,不涉及物料的化学分解,温度一般不超过400℃,生产过程中不需粉磨工序,所以只要在初始溶液或浆料中无不纯物,就有可能得到化学成分稳定、高纯度的、性能优良的超细粉料。

制备三元正极材料的其他方法还包括:聚合物分解法、熔融盐法、燃烧法和微乳液法等。但是,高温固相法、共沉淀法及喷雾干燥法是目前最具产业化前景的制备方法。

10.1.4 层状镍钴锰三元正极材料的改性研究

经过各国学者的多年努力,三元正极材料已取得了长足发展。目前,$LiNi_{1/3}Co_{1/3}Mn_{1/3}O_2$ 已正走向实用化。但对该材料而言,尚有如下问题需要解决:①由于 Ni^{2+} 半径与 Li^+ 接近,合成过程中 Ni^{2+} 易进入锂位引起位错,导致首次放电效率不高,第一次放电容量损失较大;②锂离子扩散系数小,高电位下容量衰减较快,大电流充放电性能较差及脱锂后化合物的热力学稳定性还不够理想,易引起失氧和相变;③相比商业化的 $LiCoO_2$,存在放电电压偏低、振实密度较小等不足。针对这些问题,借鉴已有研究成果,相关学者对 $LiNi_{1/3}Co_{1/3}Mn_{1/3}O_2$ 正极材料进行了广泛而细致的体相掺杂、表面包覆和共混改性等研究。

(1) 体相掺杂

体相掺杂是改善锂离子电池正极材料性能的最常用方法之一。按掺杂元素性质不同,可分为阳离子掺杂、阴离子掺杂和多元素共掺杂。一般来说,对 $LiNi_{1/3}Co_{1/3}Mn_{1/3}O_2$ 进行体相掺杂,可提高其晶体结晶度,影响晶体结构中电荷排布及 M-O 键强度,提高正极材料的晶体结构稳定性,抑制晶格中阳离子混排,提高晶体电导率,从而改善其电化学性能。但有时也会以牺牲部分放电比容量为代价。

阳离子方面,主要是采用与 Ni、Co 和 Mn 金属离子半径相近的 Cr、Al、Zr、Zn 和 Mo 等元素对三元材料进行掺杂。

阴离子方面,研究较多的是 F 元素掺杂。Shin 等用 F^- 部分取代 $LiNi_{1/3}Co_{1/3}Mn_{1/3}O_2$ 中的 O^{2-}。结果表明,掺杂 F^- 后的材料有更好的循环稳定性、倍率性能和热稳定性。

(2) 表面包覆改性

一般认为,表面包覆可起到如下作用:①防止正极材料与电解液之间的直接接触,减少副反应发生;②由于正极材料表面性能的改善,减少了充放电循环过程中产生的热量;③抑制相变,提高晶体结构的稳定性。通常采用的包覆材料有 $LiZrO_3$、ZrO_2、TiO_2、Al_2O_3、$AlPO_4$ 和石墨烯等。

（3）共混改性

虽然 $LiNi_{1/3}Co_{1/3}Mn_{1/3}O_2$ 成本低廉，具有高的初始放电容量，良好的热稳定性，但是大倍率下以及高充电截止电压下的稳定性及电化学性能仍有待提高。其他正极材料也有各自的优缺点，若将它们混合，使其发挥各自的优势也是提高正极材料综合性能的一种途径。于是，正极材料的共混改性逐渐受到研究人员的关注，日本的三洋电机公司将具有良好填充性的 $LiCoO_2$ 与 $Li(Ni, Co, Mn)O_2$ 按一定比例混合，不仅提高了电池的充电电压和容量，还使放电电压控制到与 $LiCoO_2$ 相同的水平。

总体而言，通过合成工艺创新，采用体相掺杂、表面包覆或共混改性等复合改性技术以及应用纳米技术对 $LiNi_{1/3}Co_{1/3}Mn_{1/3}O_2$ 进行表面修饰和改性，不断优化 $LiNi_{1/3}Co_{1/3}Mn_{1/3}O_2$ 正极材料的化学组成和晶体结构，控制过渡元素的价态分布及锂层中镍离子的含量，提高充放电过程中晶体结构稳定性和振实密度等物理特征是镍钴锰三元复合正极材料今后的研究方向，也是加速其实用化的关键所在。

10.1.5 层状镍钴锰三元正极材料的应用

由于 Ni、Co、Mn 三种过渡金属的协同效应：Co 元素能够有效地减弱离子混排，稳定材料的层状结构，提高材料的电导率；Ni 元素则是保证材料高容量的基础；Mn 元素则主要起稳定结构作用，提高材料的安全性，$LiNi_xCo_yMn_zO_2$ 综合了三者的优点，如 $LiCoO_2$ 良好的循环性能、$LiNiO_2$ 的高比容量和 $LiMn_2O_4$ 的高安全性及低成本等特点，因此得到的电极具有高的充放电容量（150～200mAh/g）和高的能量密度，被认为是最有应用前景的新型正极材料，也被认为是用于纯电动汽车（EV）和混合型动力汽车（HEV）的理想选择之一。$LiNi_xCo_yMn_zO_2$ 电极材料的电化学性质主要取决于粒径、形貌、比表面积、计量比以及均匀性等，其中粒径对于电化学性能的影响较大。通过掺杂和包覆等各种纳米结构的处理，$LiNi_xCo_yMn_zO_2$ 电极材料的电化学性能可以得到进一步提高，如更高的容量、提高的倍率性能以及长时间循环后容量的保持，也将得到更为广泛的应用。

10.2 全球专利申请分析

10.2.1 全球专利申请量趋势

为了解全球三元正极材料专利申请的整体态势，本节重点研究全球三元正极材料专利申请量态势、主要产出国、目标国、申请人及其技术发展历程。目前，三元正极材料技术、市场快速发展，相关企业应时刻关注最新申请情况，把握行业动态，紧随主流技术发展趋势，有侧重地部署技术力量，重点突破，实现高效率的技术研发和创新。

众所周知，Liu 于 1999 年在非专利文献中首次提出三元正极材料可以作为锂离子电池的正极材料。但是，三元正极材料在专利文献中出现的时间较早。图 10-2 给出了全球三元正极材料专利申请量随着年份变化的趋势图。从图 10-2 可以看出，三元正极材料的全球专利申请发展经历了两个阶段。

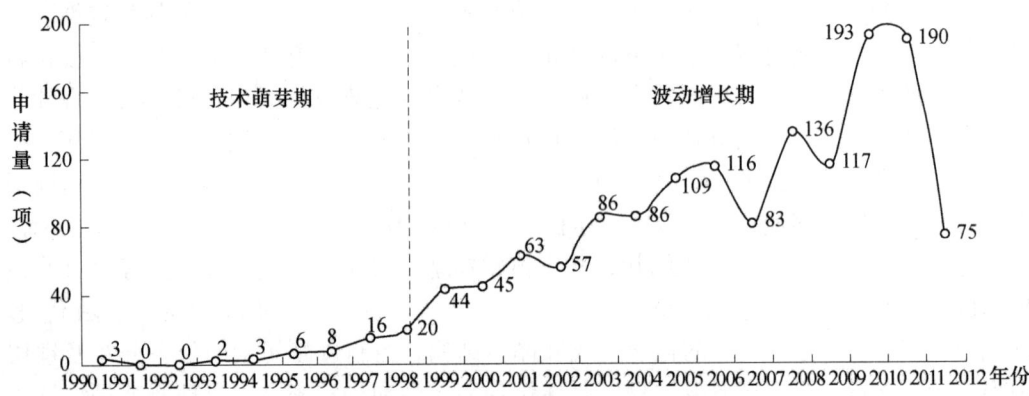

图 10-2 三元正极材料全球专利申请量态势

(1) 技术萌芽期 (1990~1998年)

1990年, 日本索尼公司和加拿大 MOLI ENERGY 公司分别申请了关于三元正极材料的专利技术。随后, 三元正极材料的申请数量呈现一个缓慢增长的态势, 1998年全球专利申请量只有20项。

(2) 波动增长期 (1999年至今)

随着1999在非专利文献中的公开, 三元正极材料开始逐渐进入研究者的视野, 专利申请数量开始呈波动性增长。日本继续在研发、申请方面独占鳌头, 而来自中国、韩国以及美国的申请数量则快速增长。2010年和2011年的申请量维持高位, 这表明三元正极材料相关专利技术处在一个活跃期, 后续将会出现更多的专利申请。2012年由于部分专利尚未公开, 因此数量有所下降。

10.2.2 产出国/地区申请分析

专利申请产出国家/地区是指一项技术的原始产出国家/地区, 一个国家/地区拥有的原始产出技术的多少一定程度上反映出其在该技术领域的研发能力和技术实力。

从图 10-3 (见文前彩色插图第4页) 可以看出, 全球三元正极材料申请高度集中, 三元正极材料的研发和技术创新主要集中在日本、中国、韩国和美国。这四个国家的专利申请量占全球总申请量的97.9%。

具体而言, 日本在三元正极材料技术领域的专利申请量排名第一位, 占该领域全球总申请量的50.6%, 这与日本重视绿色环保能源技术发展有关。1991年, 日本索尼公司发布首个商用锂离子电池, 并在该领域一直处于领先地位。此外, 三洋电机、三菱、松下、日立、东芝等众多世界知名的跨国公司涉足该领域, 这些企业在生产、研发方面投入力度大, 综合实力强, 同时, 也注重运用专利手段来保护研发成果。而日本的电子移动产品和电动汽车产业也飞速发展, 直接带动了包括三元正极材料在内的锂离子电池产业的发展。

中国的专利申请量排名全球第二位, 占该领域全球总申请量的28.6%。韩国以占总申请量12.9%的比例排名第三位。排名第四、第五位的是美国和欧洲等其他国家/地区，与前三名的差距较大。

图 10-4 给出了全球申请中日、中、韩、美四国申请量的趋势分布图。由图 10-4 可以看出，日本和美国最早于 1990 年开始了三元正极材料的研究，同时，日本三元正极材料的申请量和持续研究时间均明显高于美国。在 20 世纪 90 年代，其他国家还未出现相关申请时，日本年申请量就已经开始稳步增长。其中，日本 1998 年的申请量为 18 项，占当年总申请量的 90%。从 1999 开始，日本申请量大幅增长，到 2010 年达到了最高的 89 项，其间年申请量均稳定在 50 项左右。中国和韩国的发展趋势与日本不同。在 2000 年以前，中国没有三元正极材料相关申请，这一方面是由于技术发展较落后，另一方面是由于专利制度实行时间较短，企业、科研院所申请专利的意识不强。2001 年出现首件相关申请，之后进入快速增长阶段，2011 年达到最高的 89 项。这个增长与日本同期的增长是同步的，有技术上的原因，比如磷酸铁锂在电动汽车等主流领域遇到技术上的瓶颈，三元正极材料的优势凸显；另外，中国政府对新能源开发的重视也推动了三元正极材料专利申请的增长。韩国的发展趋势与中国类似，1998 年出现了首件相关申请，之后稳步增长，只是申请量上较日本和中国少。2010 年前后，随着世界经济的复苏，钴资源价格逐渐上升，三元正极材料相对于钴酸锂的竞争优势更加明显，市场占有率提升。日本、韩国一些知名电池厂商已经从 2010 年开始全面使用三元正极材料，这也促成了各国近年来专利申请量的快速增长。

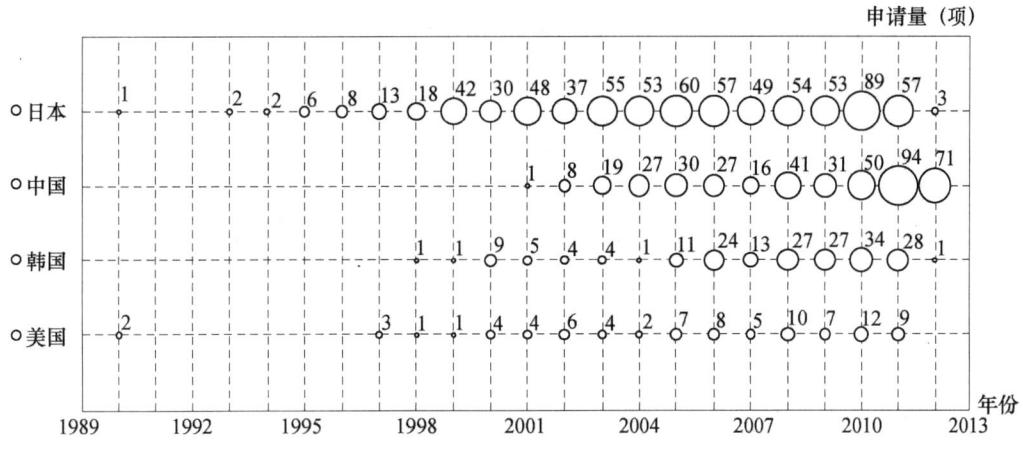

图 10-4 日、中、韩、美四国三元正极材料全球申请趋势

10.2.3 目标国/地区申请分析

技术产出国/地区分析反映了主要技术力量的来源分布情况，而目标国/地区分析则反映了这些技术力量的战略意图，例如技术布局、市场占有等。这不仅从宏观层面上体现了全球范围内技术和市场的变化，也能够为企业寻觅技术力量、嗅探市场空白点、实现技术和产业的有效布局提供帮助。

如图 10-5 所示，日本、中国、美国、韩国以及欧洲分列目标国/地区的前五位，进入这五个国家/地区的专利申请占到整个三元正极材料领域申请量的 98%。首先，日本、中国、韩国不仅是全球排名前三位的技术产出国，也是专利技术重要的目标国；

其次，与技术产出构成相比，美国取代韩国成为全球第三大目标国，而进入欧洲的申请数量也远大于其产出数量，占比10%。众所周知，美国、欧洲均是全球最发达、最活跃的经济体之一，市场容量大，消费能力强，因此也必然成为兵家必争之地。各大三元正极材料生产商纷纷在美国和欧洲布局专利，一方面可以保护自己公司的产品、技术，另一方面也可以打击竞争对手，稳定自己的市场份额。

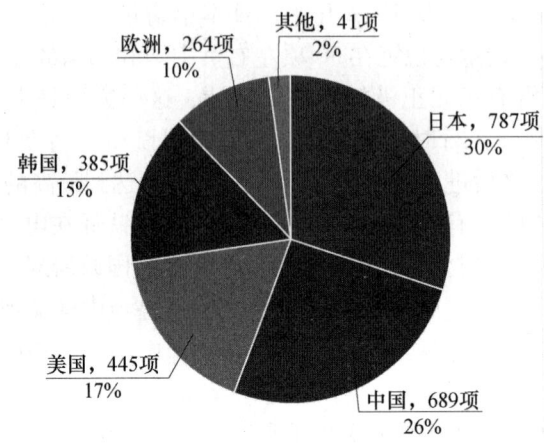

图10-5　三元正极材料专利申请全球目标国/地区构成

与技术产出国/地区情况相似，我国作为目标国排名第二位，总计689项，占比26%，与第一名日本仅有4%的差距。最近几年，随着经济快速发展，我国已成为全球最大的移动电子产品消费市场，其容量和消费能力不容忽视。全球三元正极材料的专利布局也必然随着市场的变化而变化，在可预见的未来，中国作为目标国家的申请量仍然会呈快速增加的趋势。

从图10-6中日、中、韩三大产出国流向上看，日本除在本土大量申请专利外，还在美国、中国、韩国和欧洲申请了数量可观的专利。一方面，日本国土面积少，市场容量有限；另一方面，日本申请人技术优势明显，因此需要对外进行技术输出，以利于进入这些国家和地区的锂离子电池市场。韩国除在本土申请专利外，还在美国、中国、日本和欧洲申请了一定数量的专利。与日本相同的是，美国是其最重要的技术

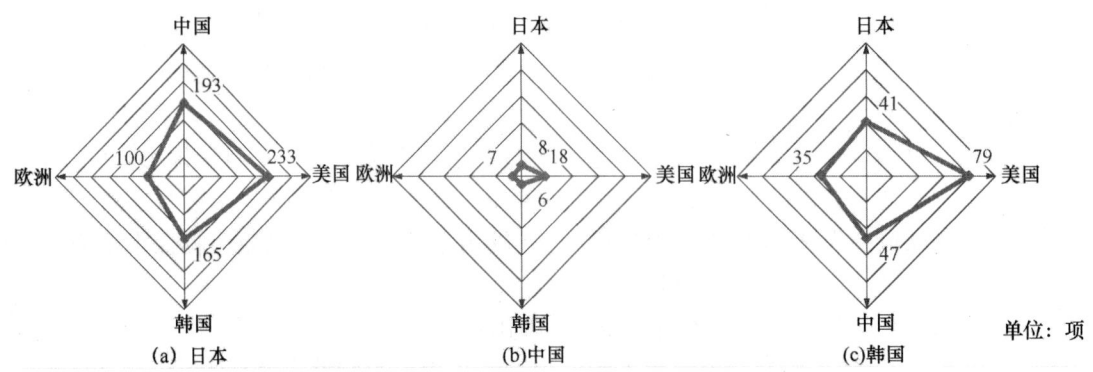

图10-6　日、中、韩三大三元正极材料专利申请产出国申请流向

输出市场。中国申请则主要集中在国内，在美国为 18 项，在日本、韩国和欧洲仅为个位数。海外发明专利申请是企业走出国门、积极参与国际竞争的钥匙。我国企业在国外申请专利少，与企业海外专利意识淡薄有关，同时也反映出我国申请人的技术研发实力相对较弱，难以将市场开拓到海外。日本、韩国拥有的大量海外专利也必然会对我国企业未来进入国际市场设置障碍。

10.2.4 申请人分析

图 10-7 列出了全球排名前 10 位的申请人。其中，日本的三洋电机和韩国的 LG 化学处于专利申请量的第一集团，申请量分别为 76 项和 73 项；日本的索尼以及韩国的三星分列第三、第四位，分别为 61 项和 60 项；其余申请人的申请量则与前四名的申请量存在较大的差距。

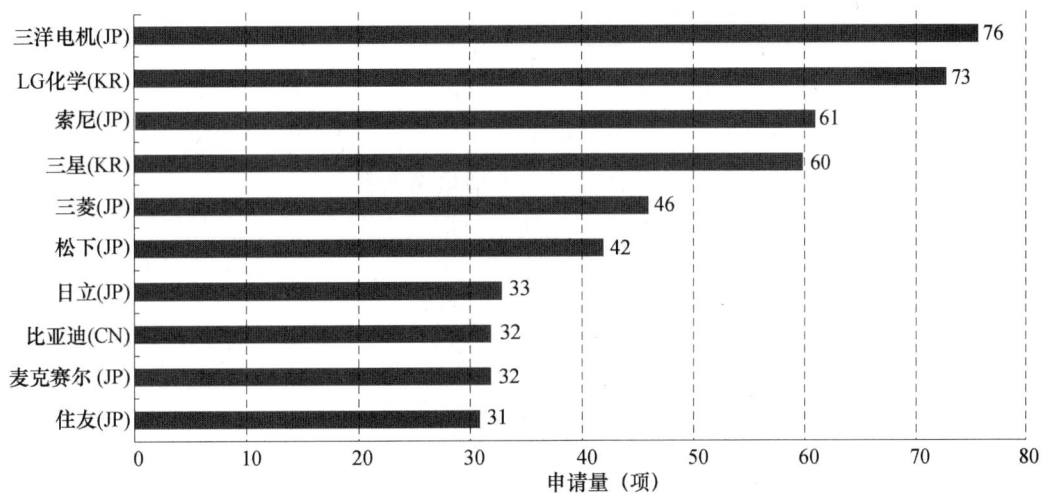

图 10-7 三元正极材料领域全球主要申请人排名

值得注意的是，前 10 名中的申请人有 7 名来自日本，2 名来自韩国，我国仅有比亚迪 1 家公司上榜，表明日、韩企业在三元正极材料领域具有垄断性优势，在该领域已经进行了大量的专利布局。而我国在该领域的发展相对落后，亟须得到我国企业和科研机构的重视。

从全球前 10 大申请人的申请量随年份变化趋势可以看出，日本的索尼公司不仅是最早开展锂离子电池商业化的公司，而且也是最早对三元正极材料进行战略布局的企业。相比之下，其余申请人起步较晚，韩国的三星和 LG 化学则分别在 1998 年和 2001 年开始三元正极材料的专利申请，我国的比亚迪较之更晚，为 2002 年。

专利申请在不同时间阶段上的排名可以反映企业与企业之间相对实力的变化，从而为评估企业技术实力、预测市场潜力提供参考，进而便于企业挑选技术跟随和技术合作对象。从图 10-8（见文前彩色插图第 5 页）可以看出，在 1990~2012 年的短短二十九年中，全球前 10 大三元正极材料申请人的排名处在不断变化中。三洋电机作为三元正极材料总申请量排名第一位的企业，起步虽然晚于索尼，但在不同时间阶段排名上始终处于前列，体现出该公司在技术投入和研发上的一贯性。而索尼的排名则一路下跌，1991年，日本索尼发布首个商用锂离子电池。作为锂离子电池技术的开拓者，索尼早期将研发领域覆盖到几乎所有电极活性材料，采用专利进攻战略，并取得了领先地位。但是，出于后期发展需要，公司逐渐转移了研发重点，并淡出三元正极材料领域的竞争。与之相比，两家韩国公司LG化学和三星则在2000年后异军突起，最终占据总申请量第二位和第四位的排名，反映出公司对三元正极材料发展前景和市场潜力充满信心，以及相应研发投入的迅速增加。根据上述趋势分析，未来三元正极材料的竞争可能主要集中在三洋电机、LG化学和三星之间。当然，目前三元正极材料的研究仍处于高速发展阶段，对于我国企业来说，当务之急是制定正确的专利策略，扬长避短，苦练内功，在自己所属技术领域取得革命性突破，这样就有机会打破目前市场格局，实现弯道超车。

为了更好地分析主要申请人的申请特点，我们选取了三洋电机、LG化学和索尼三家公司作为代表，从专利申请的角度进一步分析它们各自申请总体情况、研发方向以及具有代表性的专利技术，找出共性和差异。其中，三洋电机是日本小型二次电池产业的三大领导厂商（三洋电机、索尼、松下）之一，历年位居全球小型二次电池市场第一位。从图10-8所示的全球主要申请人申请量及阶段排名上看，三洋始终位居前列，这与其市场地位相称；相比之下，LG化学可谓"后起之秀"，依靠2000年后的不断努力，公司最终占据总申请量第二位的排名；索尼则是世界上第一家将锂离子电池商品化量产上市的企业，其早期申请在技术方面具有前瞻性，但涉及三元正极材料的后续申请数量却逐渐减少。由此可见，三家企业各具特色，具有较强的代表性。

10.2.4.1 三洋电机（SANYO ELECTRIC CO. LTD.）

三洋电机位于日本大阪，目前总资本额在1722亿日元左右，从业人员高达20000余人，是日本电器行业中最年轻的电器制造商。该公司自1950年成立以来，致力于开发及生产各种电子零组件（电池、电感、电晶体、电容器等）、电子产品、多媒体和专业器械等。三洋电机的电池产品有各种一次电池、二次电池（含镉镍、氢镍、锂离子与锂聚合物电池等）、燃料电池、太阳能电池等，是目前全球最具影响的全方位小型二次电池制造者之一。

在现有技术中，通过改变活性材料的结构形貌、改进制备工艺条件以及掺杂改性是提高三元正极材料综合性能的主要途径。

在制备方法方面，三洋电机的所有专利均只涉及高温固相法和共沉淀法。高温固相法工艺简单且对设备要求低，适宜规模化生产，但由于很难保证混料均匀，易生成非计量比化合物，产品的一致性和重现性较差。此外，传统的固相法焙烧温度高、反应时间长，生产成本也相对较高。相比之下，共沉淀法可以通过控制沉淀反应调整不同组分之间的比例，实现分子/原子水平的均匀混合，从而有效地控制各组分的含量，制备出物相组成均匀、纯度高、颗粒形貌规则、粒度分布均匀、分散性好和振实密度高的产品。从追求产品质量和控制成本的角度考虑，高温固相法和共沉淀法更适合企业生产的要求。

掺杂改性是三洋重点关注的领域，如图10-9所示，其中涉及阳离子体相掺杂35

项、共混掺杂24项、表面包覆14项、富锂改性8项、阴离子体相掺杂4项。体相掺杂是改善锂离子电池正极材料性能的最常用方法之一。而相对于阴离子体相掺杂，阳离子体相掺杂在实际生产中更易控制，成本更低，掺杂改性效果也比较明显。而共混改性也是目前锂离子正极材料的研究热点之一，通过与其他正极材料共混，可以获得有较高放电比容量和优异高温稳定性能的复合正极材料，并降低其生产成本。此外，共混改性可以通过球磨、液相搅拌等多种途径实现，简单易行。

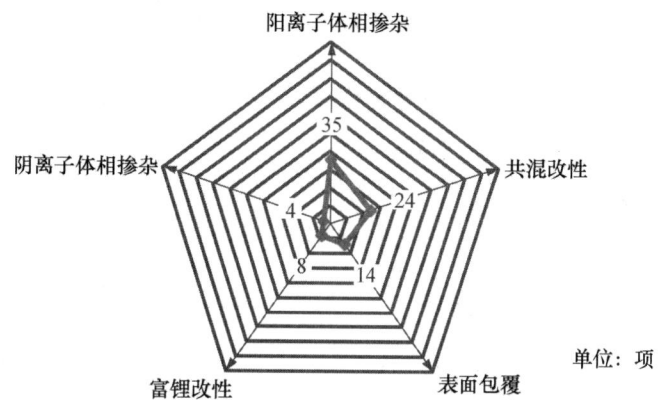

图10-9　三洋电机掺杂改性手段分布

如图10-10所示，1997年，三洋电机出现了首件以阳离子体相掺杂手段改性三元正极材料的专利（JP10289731A），1999年，又相继出现了首件涉及共混改性（JP2000215884A）和表面包覆（JP2001006672A）的专利。在其后的技术发展过程中，阳离子掺杂和共混改性一直受到三洋研发团队的重视，申请量较为稳定。而在出现首件表面包覆申请后的第7年，即2006年，才又出现了第二件相关申请。在2006～2011年，涉及表面包覆的代表性申请和出现时间如下：氧化钼和氧化钨（JP2007265668A，2006）、稀土氧化物（JP2008084736A，2006）、无定形碳（WO2010035681A1，2008）

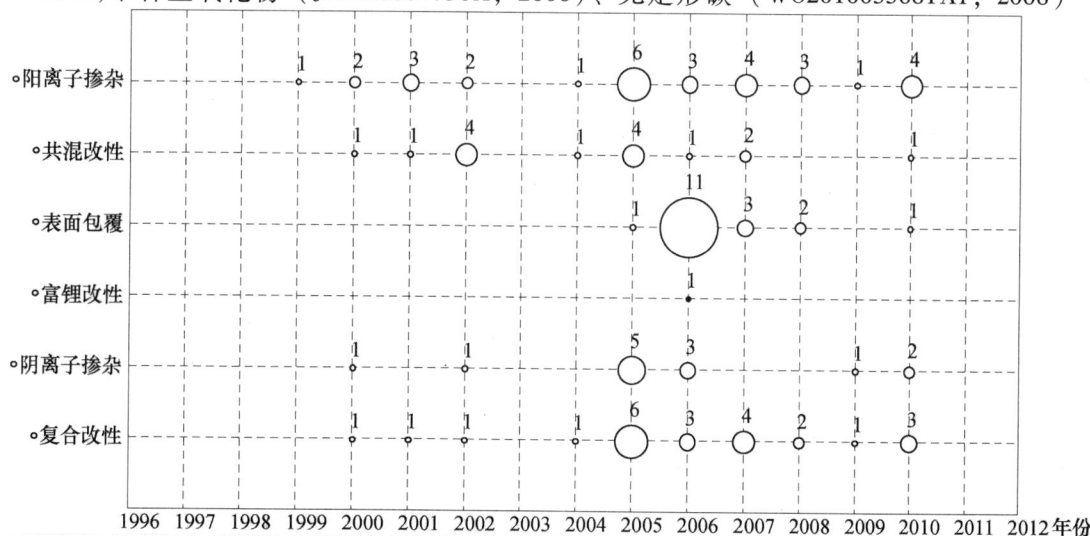

图10-10　三洋电机掺杂改性手段随年份分布

和氧化钛（JP2009217981A，2008）。

三洋电机首个涉及阴离子体相掺杂（JP2005267956A）和富锂改性（JP2007273448A）的申请分别出现在 2004 年和 2006 年。此外，在 2004 年之前，三洋电机主要采用单一手段改性三元正极材料，而在 2004 年，出现了首件"阳离子体相掺杂 + 共混改性"涉及复合改性的申请（JP2005267956A），在 2004～2011 年，涉及复合改性的代表性申请和出现时间如下：阳离子体相掺杂 + 共混改性（JP2007095354A，2005）、共混改性 + 富锂改性（WO2008081839A1，2006）、阳离子体相掺杂 + 富锂改性（JP2007273448A，2006）、阳离子体相掺杂 + 表面包覆（JP2009217981A，2008）。由此可见，两种以上改性手段相结合的复合改性技术是三洋电机未来的研究重点之一。

10.2.4.2　LG 化学（LG CHEM LTD.）

LG 化学隶属于韩国三大集团之一 LG 集团，是其最重要的支柱产业之一。自 1947 年成立以来在半个世纪的时间里，LG 化学通过不断的革新和研究开发活动，成长为领导韩国化学工业的最大的综合化学公司。LG 化学以石油化学、信息电子材料、二次电池三个部门为中心，通过国内外数十个生产法人、研究所和营销组织，大力开展国际化经营活动。早在 2004 年，LG 化学就为全球首款电动跑车 Venturi Fetish 提供电池，雷诺、通用汽车以及福特汽车均与 LG 化学有电池方面的合作。目前，LG 化学已成为电动汽车电池市场中最具影响的制造者之一。

在制备方法方面，LG 化学与三洋电机一样，所有专利均只涉及高温固相法和共沉淀法。而在掺杂改性方面则略有不同，如图 10 – 11 所示，其中涉及阳离子体相掺杂 12 项、共混掺杂 28 项、表面包覆 11 项、富锂改性 1 项、阴离子体相掺杂 6 项。与三洋电机相比，LG 化学更加重视共混改性技术。

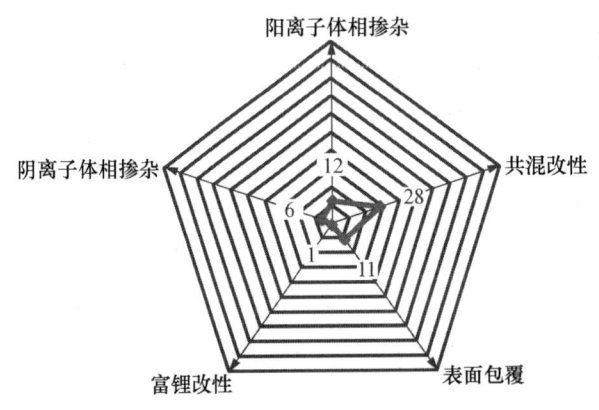

图 10 – 11　LG 化学掺杂改性手段分布

如图 10 – 12 所示，2001 年，LG 化学出现了首件以表面包覆非晶氧化物手段改性三元正极材料的专利（KR2002066548A），2002 年和 2003 年，又相继出现了首件涉及阳离子体相掺杂（KR2003083476A）和共混改性（KR2004088292A）的专利。在其后的技术发展过程中，共混改性一直受到 LG 研发团队的重视，申请量稳中有增。而涉及表面包覆的代表性申请和出现时间如下：锂镍氧化物（KR2002072833A，2001）、氧化铝（KR2010070181A，2008）、聚合物（KR2010081950A，2009）和碳（KR2010081456A，

2009)。

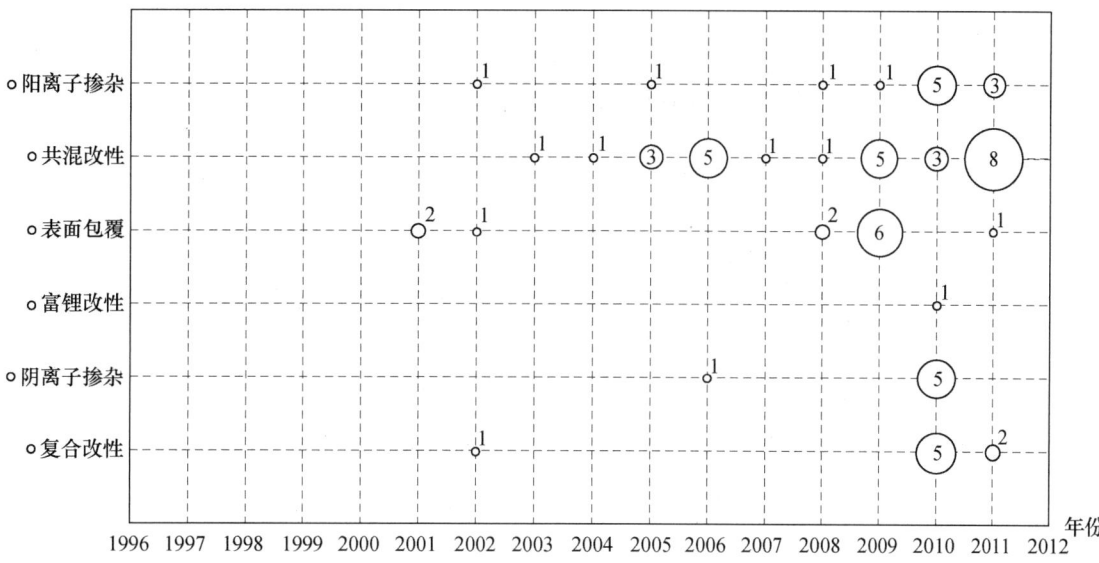

图 10-12　LG 化学掺杂改性手段随年份分布

LG 化学首件涉及阴离子体相掺杂（KR2007083384A）和富锂改性（KR2011121554A）的申请分别出现在 2006 年和 2010 年，晚于三洋电机。此外，首件"阳离子体相掺杂+表面包覆"涉及复合改性的申请（KR2003083476A）出现于 2002 年，早于三洋电机。并于 2010 年和 2011 年出现了后续的复合改性申请，主要涉及：阳离子体相掺杂+阴离子体相掺杂（共 5 项，2010）、阳离子体相掺杂+共混改性（共 2 项，2011）。

10.2.4.3　索尼

索尼是一家全球知名的跨国集团企业，为横跨数码、家电、生活用品、娱乐、金融领域的世界巨擘，总部设在日本东京。索尼是世界 10 大专利公司之一，拥有超过 3000 项的专利技术。1992 年索尼公司发布首个商用锂离子电池。随后，锂离子电池革新了消费电子产品的面貌。此类以钴酸锂作为正极材料的电池，至今仍是便携电子器件的主要电源。

与前两家公司类似，在制备方法上，索尼沿用了工业上较为成熟的高温固相法和共沉淀法，而在掺杂改性手段上也以体相掺杂、共混掺杂和表面包覆为主。如图 10-13 所示，其中涉及阳离子体相掺杂 30 项、共混掺杂 16 项、表面包覆 18 项、富锂改性 1 项、阴离子体相掺杂 13 项。

如图 10-14 所示，1999 年，索尼出现了首件以阳离子体相掺杂手段改性三元正极材料的专利（JP2001148241A）；2000 年和 2005 年，分别出现了首件涉及共混改性（JP2002063904A）和表面包覆（JP2007066839A）的专利。

索尼首件涉及阴离子体相掺杂（JP2002151080A）和富锂改性（JP2007220630A）的申请分别出现在 2000 年和 2006 年，相比于前面两家公司，索尼的研发团队更早关注了阴离子体相掺杂和复合改性技术,其持续研发时间也最长。其中,涉及复合改性的代表性申请和出现时间如下:阴、阳离子体相掺杂(JP2002151080A,2000),阳离子体相掺杂+共混改性(JP2003173776A,2001),阴、阳离子体相掺杂+共混改性(JP2006252894A,2005),阳离子体相掺杂+表面包覆(JP2007242284A,2006)。

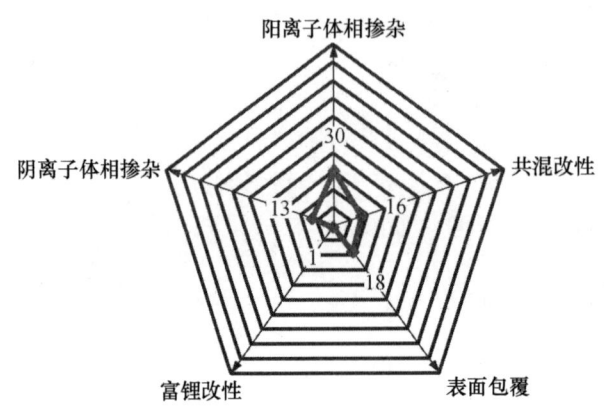

图 10-13　索尼掺杂改性手段分布

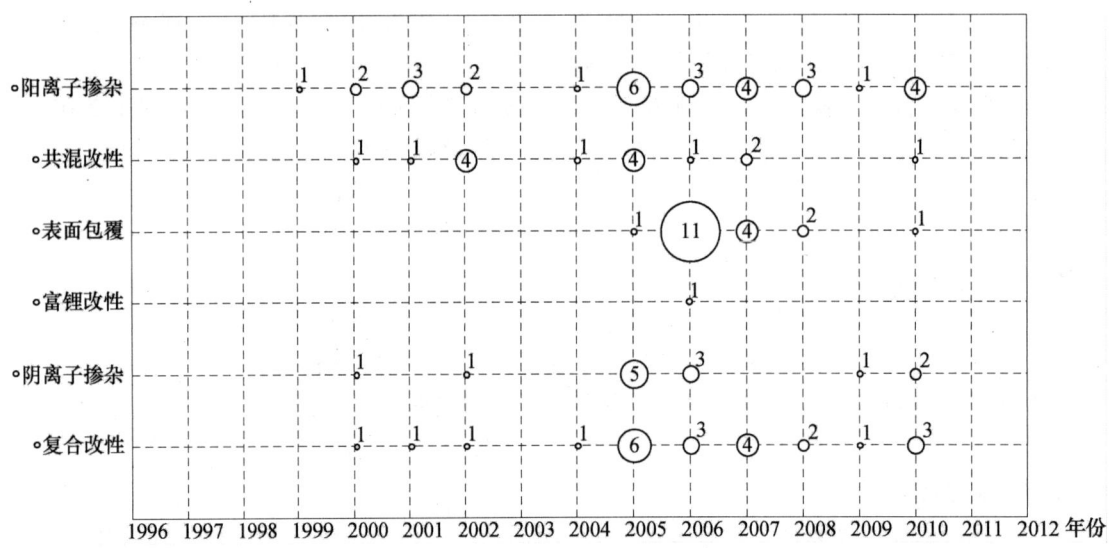

图 10-14　索尼掺杂改性手段随年份分布

10.3　中国专利申请分析

本节重点研究中国三元正极材料专利申请总体状况,国内、来华申请人构成及其技术发展趋势。

10.3.1 申请量态势

图 10-15 给出了国内三元正极材料专利申请量随着年份变化的趋势。截至 2012 年,在三元正极材料领域,中国国内申请人一共申请专利 403 项,高于国外来华申请的 286 项。中国专利申请趋势大致可以分为以下四个阶段。

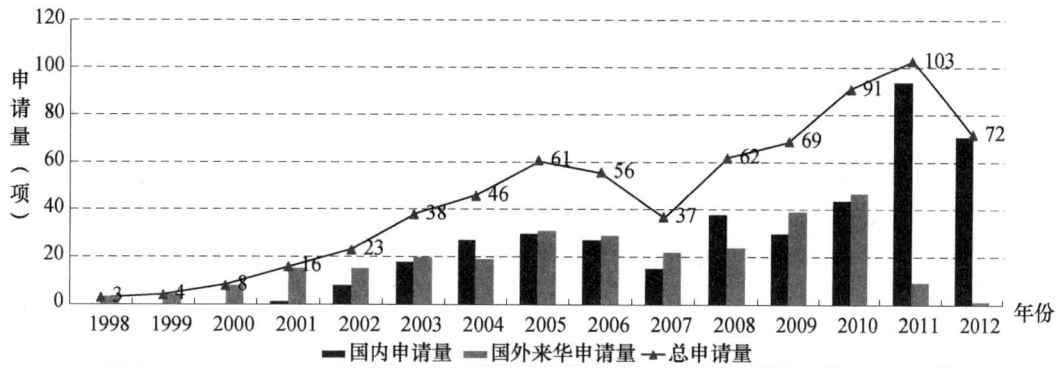

图 10-15 三元正极材料领域国内专利申请量态势

（1）缓慢发展期（1998~2001 年）

从图中可以看出,我国首件三元正极材料的专利申请出现于 1998 年,为国外来华申请,首个国内申请出现于 2001 年。在这一时期,少数国外企业已经开始布局我国市场,而国内研发机构对于三元正极材料的认知度还不高。

（2）第一增长期（2002~2005 年）

2001 年以后,我国申请量开始稳步增长,到 2005 年出现第一个申请高峰,并且出现了国内、来华申请并驾齐驱的局面。这一时期,三元正极材料的探索更趋深入,随着制备、改性和掺杂技术的发展,三元材料开始表现出独特的竞争优势,我国企业也开始逐渐介入三元正极材料研发,并加大申请力度,占领国内市场。

（3）第一调整期（2006~2007 年）

在经历了几年快速发展后,2006 年、2007 年,国内和国外来华申请同时下降。这可能与这一时期三元正极材料研发领域缺乏技术突破有关。

（4）第二增长期（2008 年至今）

这一时期,材料和工艺技术得到大幅度改进。同时,2010 年前后,随着世界经济的复苏,钴资源价格逐渐上升,三元正极材料相对于钴酸锂的竞争优势更加明显,市场占有率提升。在这样的背景下,国内申请和日、韩等来华申请的同时增加促成了这一阶段申请量的快速提高。在 2011~2012 年,由于部分专利尚未公开以及部分 PCT 申请未进入中国国家阶段的原因,国内申请量远远大于国外来华申请的数量。

10.3.2 申请人分析

图 10-16 为三元正极材料领域来华前 10 位申请人排名。其中,三洋电机和 LG 化学处于专利申请量的第一集团,两者的申请量相差不大,分别为 32 项和 31 项；索尼、

日立、清美化学以及松下分列第三至六位。同时，可以看出，来华的主要申请人以日、韩企业为主，作为全球重要的技术产出国，日、韩企业在三元正极材料研发和专利布局方面，都具有较大的优势。

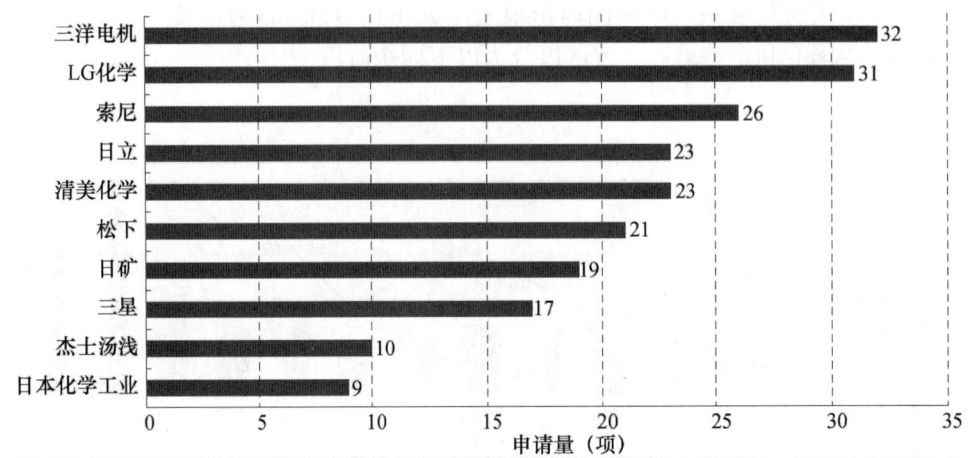

图10-16　三元正极材料领域来华主要申请人排名

图10-17为国内三元正极材料领域前10位申请人的排名。其中，比亚迪和深圳比克电池有限公司处于专利申请量的第一集团，申请量分别为31项和19项，表明在我国的申请人中，公司或企业对于三元正极材料领域的研发投入力度较大，在重视技术创新的同时，也注重运用专利手段来保护已有的研发成果。

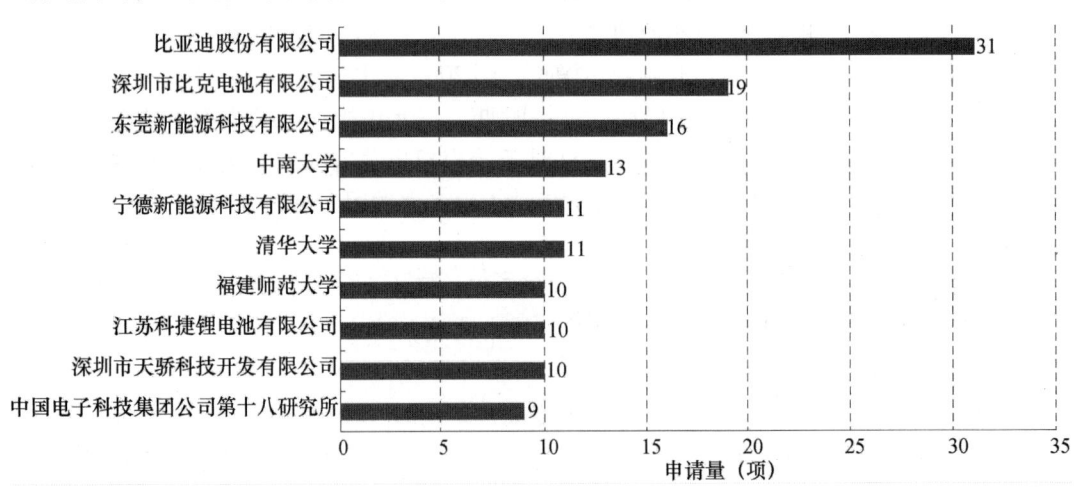

图10-17　三元正极材料领域国内主要申请人排名

另一方面，与国外的创新主体为公司相比，排名前10位的国内申请人中有四家高校或科研院所。我国长期以来往往更关注科研院所和高等院校。但在市场经济中，企业具有其他各类创新机构无法替代的地位和作用。近百年来世界产业发展的历史表明，真正起作用的技术几乎都来自企业。如通信领域的贝尔实验室、汽车领域的福特、化工领域的杜邦和拜耳。但目前我国以企业为主体的创新体系尚未完全形成，在"产、学、研"结合中,企业基本处于从属地位,自主创新能力不足。在现阶段,促进企业和科研机构之间的合作,提高共同研发能力是未来提高我国三元正极材料技术核心竞争力的有效手段之一。

图 10-18(见文前彩色插图第 6 页)为国内三元正极材料领域申请量地区分布情况("其他"为国内其他省份,包含台、港、澳地区)。从地域分布上看,除北京和天津外,国内三元正极材料申请主要集中在东、南部沿海地区,以及与之毗邻的湖南、河南和安徽,而中西部、东北地区的申请量相对较少。此外,广东、北京、湖南、江苏四省市申请量之和占全国申请量的 52%,其中广东的申请量排名第一,占国内申请量的 24%,这与广东省深圳市、东莞市发达的电子行业有很大关系,如深圳比亚迪、比克公司以及东莞新能源科技都是我国锂离子电池行业中的龙头企业。同时,该排名也显示出广东省在三元正极材料技术研发、保护方面的优势地位。

表 10-1 为三元正极材料领域其他省份的申请量情况。

表 10-1 三元正极材料领域其他省份申请量情况

省　　份	申请数量(项)	省　　份	申请数量(项)
四川	13	甘肃	4
吉林	11	辽宁	4
陕西	11	台湾	4
山东	9	贵州	3
黑龙江	7	重庆	3
云南	7	广西	2
湖北	6	河北	1
江西	5	新疆	1
青海	5		

注:未列省份申请量为 0。

10.3.3 比亚迪股份有限公司

为了更好地分析国内申请人的申请特点,我们选取了比亚迪、比克两家公司和中南大学一家高校作为代表,从专利申请的角度进一步分析它们各自申请总体情况、研发方向以及具有代表性的专利技术,找出共性和差异。

比亚迪股份有限公司创立于 1995 年,是一家拥有 IT、汽车和新能源三大产业群的高新技术民营企业。1998 年,比亚迪开始生产锂离子电池,是中国第一家生产锂离子电池的公司,打破了当时日本企业对该领域的垄断。2000 年,比亚迪成为摩托罗拉第一个中国锂离子电池供应商,并陆续成为诺基亚和三星等国际品牌的供应商。目前,该公司作为全球领先的二次充电电池制造商,其镍电池、手机用锂离子电池在全球的市场份额均已达到第一位。2003 年,比亚迪收购西安秦川汽车有限责任公司,成立比亚迪汽车有限公司，并逐渐涉足电动汽车和其他新能源领域。

比亚迪自创立之始便树立"技术为先，创新为本"的自主发展目标，高度重视自主创新和知识产权的保护，在国内企业年申请量排名中稳居前10位。就三元正极材料而言，如图10-19所示，比亚迪共申请相关专利31项，其中授权23项（含4项PCT申请）、驳回1项、视撤2项以及未结案5项，授权率74%。在国内申请量排名第一的背景下，如此高的授权率更加体现出该公司雄厚的科研实力。在经过多年努力和积累后，公司逐渐拥有了属于自己的研究重点领域和核心成果。

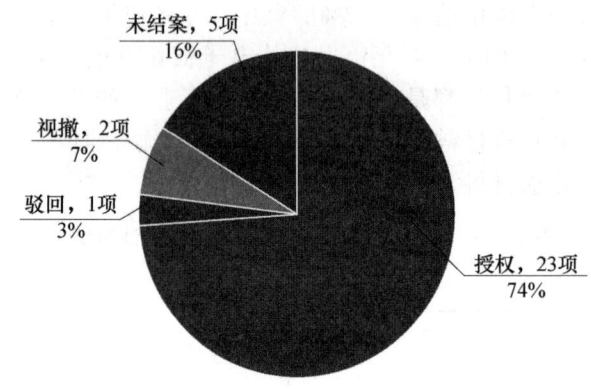

图10-19 三元正极材料领域比亚迪国内申请的法律状态

在现有技术中，通过改变活性材料的结构形貌、改进制备工艺条件以及掺杂改性是提高三元正极材料综合性能的主要途径。从图10-20统计的具体数据来看，比亚迪公司的研究方向主要集中在制备方法和掺杂改性手段上，借以提高三元正极材料的比容量、循环稳定性、材料振实密度以及热稳定性等安全性能。

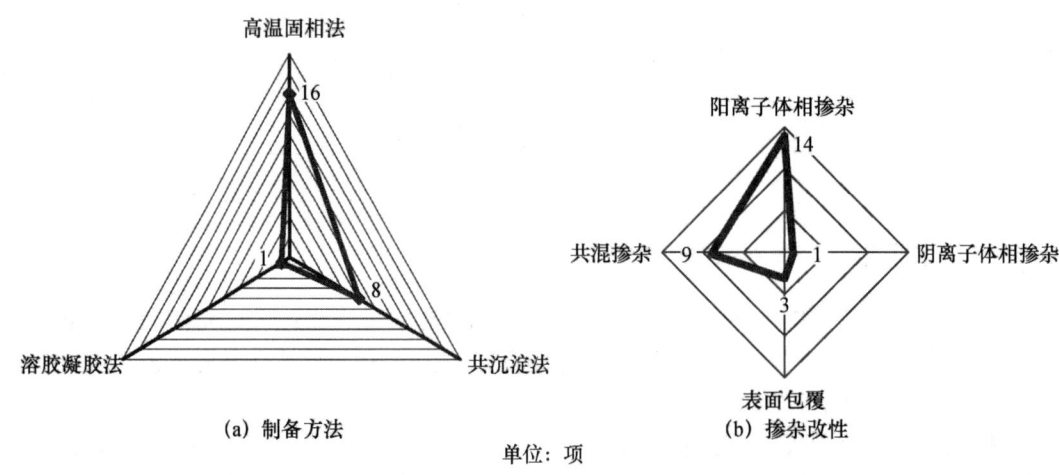

图10-20 三元正极材料领域比亚迪的重点研究方向

（a）在制备方法改进方面，涉及高温固相法16项、共沉淀法8项、溶胶凝胶法1项。高温固相法和共沉淀法工艺简单且对设备要求低，适宜大规模工业化生产。但是，高温固相法很难保证混料均匀，易生成非计量比化合物。相比之下，共沉淀法可以通过控制沉淀反应调整不同组分之间的比例,实现分子/原子水平的均匀混合,从而有效地控制各组分的含量,制备出物相组成均匀、纯度高、颗粒形貌规则、粒度分布均匀、分散性好和振实密度高的产品。而溶胶凝胶法工艺复杂、周期较长、生产率低、成本高,多数工艺流程在实际生产中的可操作性较差,不适宜规模化生产。从追求产品质量和控制成本的角度考虑,高温固相法和共沉淀法更适合企业生产的要求。

(b) 在掺杂改性手段方面,涉及阳离子体相掺杂 14 项、共混掺杂 9 项、表面包覆 3 项、阴离子体相掺杂 1 项。体相掺杂是改善锂离子电池正极材料性能的最常用方法之一。而相对于阴离子体相掺杂,阳离子体相掺杂在实际生产中更易控制,成本更低,掺杂改性效果也比较明显。而共混改性也是目前锂离子正极材料的研究热点之一,通过与 $LiCoO_2$ 等材料共混,可以获得有较高放电比容量和优异高温稳定性能的复合正极材料,并降低其生产成本。此外,共混改性可以通过球磨、液相搅拌等多种途径实现,简单易行。

(c) 在形貌结构改善方面,除 1 项专利涉及核 – 壳结构外,其余均为粒径在纳米至微米级的普通颗粒。这说明活性颗粒的形貌、结构控制在比亚迪研发和生产过程中受关注度较小。同时,这也可能成为该公司未来技术创新点之一。

比亚迪的代表性专利如表 10 – 2 所示。

表 10 – 2　比亚迪在三元正极材料领域的代表性专利

申请号	发明名称	发明概要	法律状态
02151991.9	由碳酸盐前驱体制备锂过渡金属复合氧化物的方法	由碳酸盐前驱体制备锂过渡金属复合氧化物的方法是先配制含有钴、镍、锰混合离子的 A 溶液与含有碳酸根离子的 B 溶液,A 溶液与 B 溶液混合得到碳酸盐前驱体,与 Li_2CO_3 混合均匀后,在空气中高温煅烧,经冷却、粉碎后,再在空气中高温煅烧,经冷却、球磨、筛分即可得到化学式为 $LiNi_{1-x-y}Co_xMn_yO_2$ 的锂过渡金属复合氧化物;其粒度分布、颗粒大小平均为 $10\mu m$,放电容量达到 150mAh/g,循环寿命长,适合锂离子电池使用	授权
200510114482.4	锂离子电池正极材料锂镍锰钴氧的制备方法	一种锂离子电池正极材料锂镍锰钴氧的制备方法,该方法包括将含有锂化合物和镍锰钴氢氧化物的混合物进行一段烧结和二段烧结,其中,该方法还包括在一段烧结后加入黏合剂和/或黏合剂溶液,所述二段烧结是将黏合剂和/或黏合剂溶液与一段烧结产物的混合物进行二段烧结。用该发明方法制得的正极材料锂镍锰钴氧的振实密度达到 $2.4g/cm^3$,体积比容量也高达 $416.4mAh/cm^3$。而且用该发明方法制得的正极材料锂镍钴锰氧具有比容量高和循环稳定性好的优点	授权

续表

申请号	发明名称	发明概要	专利状态
200710307044.9	一种锂离子电池正极活性物质及其制备方法	正极活性物质含有由式（1）表示的氧化物 IA 和由式（2）表示的氧化物 IB：$$LiNi_{1-x-y}Co_xM_yO_2 \quad (1)$$ 式中：x 和 y 为摩尔分数，$0 \leq x+y < 1$，M 为 Al、B、Mn、Fe、Ti、Mg、Cr、Ga、Cu、Zn、Y、Sr 和 Nb 中的一种或几种；$$Li(NiMn)_{(1-a-b)/2}Co_aX_bO_2 \quad (2)$$，式中：a 和 b 为摩尔分数，$0 \leq a+b < 1$，X 为 Al、B、Fe、Ti、Mg、Cr、Ga、Cu、Zn、Y、Sr 和 Nb 中的一种或几种。该发明的正极活性物质具有优良的热稳定性、倍率放电性能、循环性能、过充性能	授权
200910105111.8	一种正极材料及其制备方法以及使用该正极材料的电池	该发明提供了一种锂离子二次电池正极材料，其通式为 $LiNi_aMn_bCo_cO_{2-x}F_x$，其中 $0.1 \leq a \leq 0.45$，$0.1 \leq b \leq 0.45$，$0.1 \leq c \leq 0.45$，且 $a+b+c=1$；$0.001 \leq x \leq 0.2$。该发明还公开了其制备方法：将镍盐、钴盐、锰盐的混合溶液和含氟离子的沉淀剂溶液加入到反应釜中反应沉淀，待反应完毕后，将沉淀生成产物洗涤、干燥；制成前驱体；将所述前驱体和含锂化合物以物质的量 1:1~1.1 的比例混合，在含氧环境气氛中高温烧结。该发明提供的正极材料循环性能好，金属离子沉淀易控制	授权
200910238962.X	一种正极材料及其制备方法	该发明具体公开一种正极材料的制备方法。该方法包括：将镍系材料、Mo_6S_8 以及锂源球磨，然后在保护气下 830~870℃烧结 10~16 小时；所述镍系材料的通式为 $Li_xNi_{1-y}M_yO_2$，其中 $0.9 \leq x \leq 1.1$，$0 \leq y \leq 0.5$，M 选自稀土元素、Co、Mn、Fe、Mg、Cr、Sr 或 Ti 中一种或几种。该发明还公开了一种上述方法制成的正极材料。该发明所提供的正极材料的循环性能好，比容量高。并且制备方法简单，易操作并且无污染	未结案
201010166592.6	一种正极活性材料及其制备方法	该发明具体公开了一种正极活性材料及其制备方法。该正极活性材料包括三元复合氧化物，其通式为 $Li_aNi_bCo_cMn_dM_eO_2$，其中 M 为掺杂元素，$0.97 \leq a \leq 1.06$，$b+c+d+e=1$，$0.05 \leq e/d \leq 0.15$。该发明所提供的元素掺杂的三元材料，其首次充放电效率有了大幅的提高，并且循环性能也有大幅增进。该发明的制备方法简单易行，可以大规模生产	未结案

10.3.4 中国比克电池股份公司

中国比克电池股份公司（以下简称"比克"）成立于2001年，是一家集锂离子研发、生产、销售为一体的高新技术企业。该公司产品和服务包括圆柱和方形电芯、聚合物电芯以及电池的封装，产品运用于手机、数码相机、笔记本、后备电源等日常数码用品以及电动工具、电动自行车、电动汽车等。

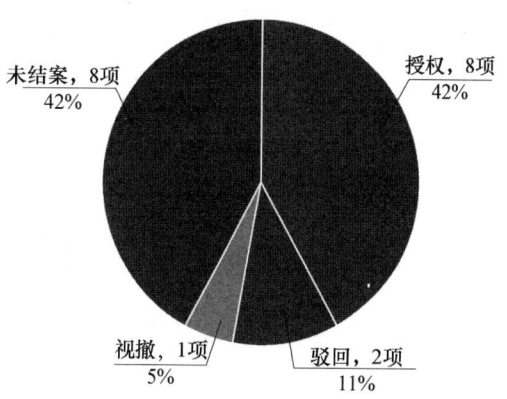

图10-21 三元正极材料领域比克国内申请的法律状态

在三元正极材料方面，如图10-21所示，比克共申请相关专利19项，其中授权8项、驳回2项、视撤1项以及未结案8项。授权率42%，低于排名第一的比亚迪，而未结案件比例偏高。

从图10-22统计的具体数据来看，比克的研究方向主要集中在制备方法和掺杂改性手段上，借以提高三元正极材料的比容量、循环稳定性、材料振实密度、高低温稳定性以及材料性价比、电极加工性等方面。

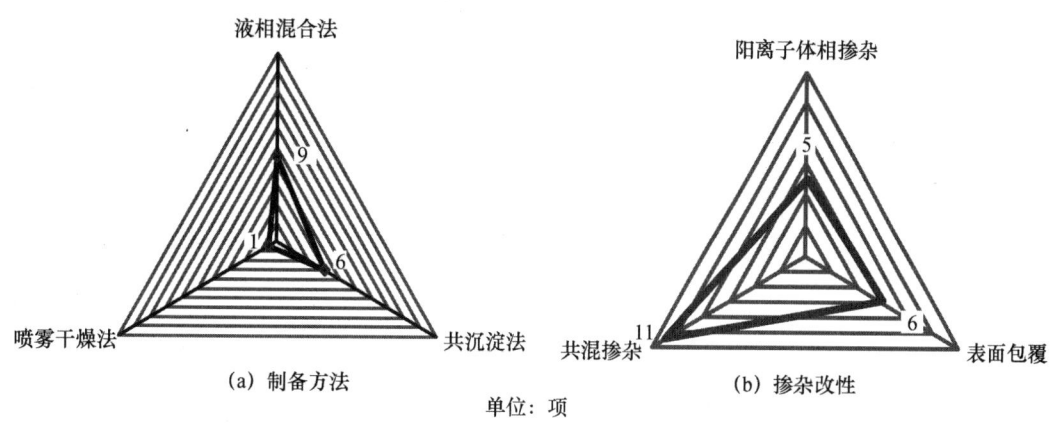

图10-22 三元正极材料领域比克的重点研究方向

（a）在制备方法改进方面，涉及液相混合法9项、共沉淀法6项、喷雾干燥法1项。液相混合法工艺简单，对设备要求低，多用于共混改性正极材料的制备过程。而喷雾干燥法也是目前最具产业化前景的制备方法之一，该法可得到化学成分稳定、高纯度的、性能优良的超细粉料，并且可以自动化控制，可连续生产，制备能力强。该方法暂时无法大规模产业化应用的主要缺陷在于工艺过程复杂，在仪器设备设计、实际工艺操作和控制中具有相当大的难度。

（b）在掺杂改性手段方面，涉及阳离子体相掺杂5项、共混掺杂11项、表面包覆6项。同样作为锂离子电池生产企业，比克将注意力集中在了易于产业化的阳离子体相掺杂和共混改性技术上，只是涉及共混改性的申请量稍大。与此同时，比克也在表面包覆技术上投入了一定的研发力量,并获得了"碳表面包覆"和"纳米膜表面包覆"等多项专利技术的授权。

比克在三元正极材料领域的代表性专利如表 10 – 3 所示。

表 10 – 3　比克在三元正极材料领域的代表性专利

申请号	发明名称	发明概要	法律状态
200410088546.3	锂离子电池正极材料及其制备方法	一种锂离子电池正极材料,包括基材和涂覆在基材粒子表面的包覆材料纳米膜,基材为 $LiNi_{1-x-y}Co_xM_yO_2$,其中 M 为选自 Mg、Al、Ti、Mn、Y、Fe 中的至少一种元素,$0 < x$、$y < 0.4$,包覆材料为氧化物或快离子导电玻璃。该正极材料的制备方法包括:(1) 将镍盐、钴盐和至少一种第三金属元素的盐水溶液,以碱液共沉淀,制备前驱体混合氢氧化物;(2) 将前驱体氢氧化物与含锂化合物烧结,制得颗粒状正极材料基材;(3) 在基材粒子表面涂覆一层包覆材料的纳米膜。该发明的锂离子电池正极材料不但具有优良的电化学性能,也能保持良好的加工性能	授权
200610020441.3	一种锂离子电池正极材料及其制备方法	该发明公开一种锂离子电池正极材料,在镍基材料中掺杂有至少一种复合金属氧化物,镍基材料的通式为 $Li_aNi_xCo_yMn_zO_2$,$0.97 \leq a \leq 1.07$,$0.3 \leq x \leq 0.9$,$0 \leq y \leq 0.5$,$0 \leq z \leq 0.5$,复合金属氧化物包括钴酸锂、钴酸锂的掺杂化合物、锰酸锂或者锰酸锂的掺杂化合物。该发明还公开了上述正极材料的制备方法。该发明的正极材料较钴酸锂价格更便宜、性能却更优越,并且该发明的正极材料制备方法简单、易于工业化生产和控制	授权
200810066073.5	一种锂离子电池电芯体系	该发明公开了一种锂离子电池电芯体系,包括正极材料体系、负极材料体系及电解液体系,其中正极材料体系包括 D50 为 10~15μm 的 $LiCoO_2$ 及 D50 为 5~8μm 的 $LiNi_xCo_yMn_{1-x-y}O_2$,$0.6 \leq x \leq 0.9$,$0.05 \leq y \leq 0.3$;负极材料体系选用人造石墨;电解液体系包括 DMC、EMC、DEC 及 EC,并且 DMC:EMC:DEC:EC = 0.5~1:50~80:0.5~1:30~50。该发明的锂离子电池电芯能够增强锂离子电池的循环性能,实现锂离子电池长循环寿命,节约了能源	授权
201010155837.5	一种锂离子电池、正极复合材料及其制备方法	该发明公开了一种锂离子电池及其正极复合材料,以及该锂离子电池和正极复合材料的制备方法,该正极复合材料包括正极活性物质和表面包覆膜,所述正极活性物质包括 $LiCoO_2$ 和 $LiCo_{1-x-y}Ni_xMn_yO_2$,其中,x、y 和 x+y 的取值范围均为 0~0.9,所述表面包覆膜的组成成分包括碳以及金属或非金属氧化物。该发明在保证复合材料高比容量、循环好、成本较低的同时能够提高正极复合材料高温下的稳定性、安全性,方法简单,制程容易控制,易于工业推广应用	未结案

10.3.5 中南大学

中南大学是教育部直属的综合性全国重点大学，国家首批"211工程"和"985工程"院校，同时也是首批"2011计划"高校。2013年3月，该校"有色金属先进结构材料与制造协同创新中心"和"轨道交通安全协同创新中心"获批，成为首批通过认定的协同创新中心。该校实力雄厚，有"中国有色金属最高学府"之称。其冶金工程、材料科学与工程专业在国内排名居前，同时，该校也是我国锂离子电池活性材料领域专利申请量最多的高等院校之一。

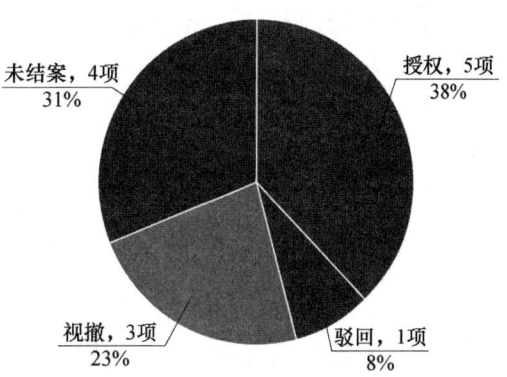

图10-23 三元正极材料领域中南大学国内申请的法律状态

在三元正极材料方面，如图10-23所示，中南大学共申请相关专利13项，其中授权5项、驳回1项、视撤3项以及未结案4项。授权率38%，低于排名第二的比克，而视撤和未结案件比例偏高，分别为23%和31%。

从图10-24统计的具体数据来看，中南大学的研究方向主要集中在制备方法和掺杂改性手段上，借以提高三元正极材料的比容量、循环稳定性、材料振实密度、电极稳定性等方面。

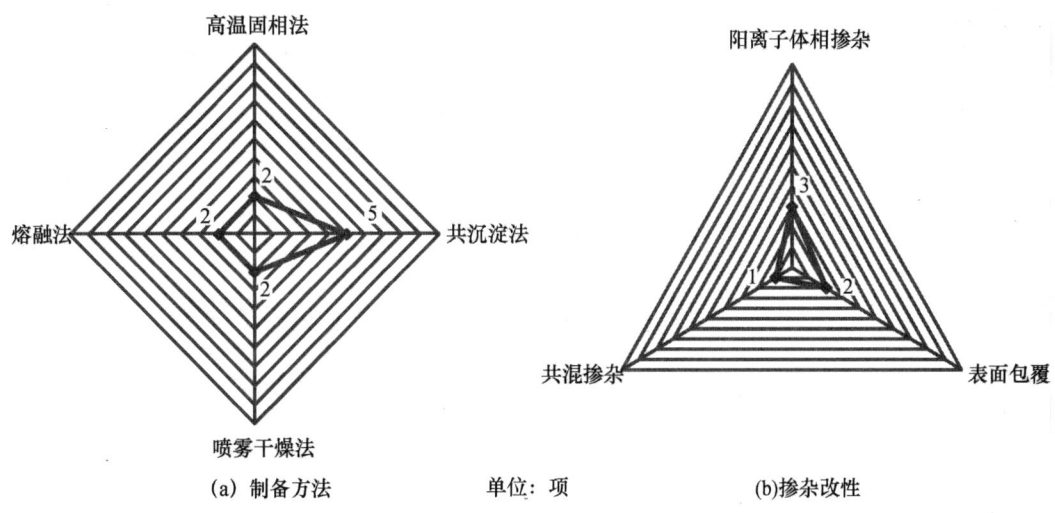

图10-24 三元正极材料领域中南大学的重点研究方向

在制备方法改进方面，涉及高温固相法2项、共沉淀法5项、喷雾干燥法2项、熔融法2项。在掺杂改性手段方面，涉及阳离子体相掺杂3项、共混掺杂1项、表面包覆2项。作为综合性研究机构，中南大学在制备方法和掺杂改性手段方面表现得比较均衡，没有像比亚迪、比克两家企业一样更加偏重于技术的产业化应用，而是进行了多方面的尝试和探索。这一点在形貌结构改善方面表现得更加明显，有多件申请涉及纳米、核壳以及聚合物共混等特殊结构的三元正极材料，比例明显偏高。这说明活性颗粒的形貌、结构控制在研究型机构中受关注度相对较高。

众所周知，活性材料特殊的形貌、结构与制备方法以及反应条件密切相关，影响因素复杂，若想在实际生产中达到控制目的，不仅要增加设备的投资成本，还要增加相应的研发投入。此外，将实验室技术产业化的过程中，还要面临多种因素的考验，困难重重。因此，许多企业不愿承担上述投资风险，转而开发工业中较为成熟的生产技术。但是，活性材料的形貌结构是提高其充放电比容量、循环稳定性等电化学性能的捷径之一，在该项技术上畏缩不前，势必影响三元正极材料的技术创新工作，并制约我国在该领域的产业升级。比较而言，高校、科研机构则不存在上述问题，依托人才和项目资金优势，它们有能力、也有动机在相对前沿的领域作更多尝试和技术创新，并取得科研成果。由此看来，促进企业和科研机构之间的合作，将已有科研成果产业化是解决现有问题的有效途径。

中南大学在三元正极材料领域的代表性专利如表10-4所示。

表10-4 中南大学在三元正极材料领域的代表性专利

申请号	发明名称	发明概要	法律状态
200510031354.3	一种锂离子电池正极材料锂镍钴锰氧及其制备方法	一种锂离子电池正极材料锂镍钴锰氧——富锂型层状结构锂离子电池正极材料，其化学分子式为：$Li_{1+\delta}Ni_xCo_yMn_zO_2$，其中$1.02<1+\delta<2$，$0.5<x+y+z<1$。其制备方法包括镍钴锰复合氧化物的制备，镍、钴、锰混合盐溶液的共沉淀、热处理。采用该发明可以获得镍钴锰分子级均匀分布和高密度球形前驱体，从而提高电池的体积能量密度；工艺操作和控制简单。该发明的锂镍钴锰氧正极材料可以在较宽的电势范围内（2.75~4.6V）可逆充放电，并具有较高的比容量	授权
200710035972.4	一种有机自由基聚合物锂离子电池的制备方法	该发明提供一种有机自由基聚合物锂离子电池的制备方法。其步骤如下：（1）正极极片的制备；（2）负极极片的制备；（3）有机自由基聚合物锂离子电池的装配。采用该发明制备的锂离子电池，在10C的充电速度下6分钟能充满电池容量的85.5%、10C放电时的容量为1C放电时的99.5%，经过300次充放电循环后电池的放电容量相对于最大放电容量只衰减了2.0%。采用该发明技术方案制作的锂离子电池，改善了锂离子电池的循环性能、大电流充放电性能、高低温性能和安全性能，与电解液相溶性较好，具有生物降解性，对环境友好	视撤

续表

申请号	发明名称	发明概要	法律状态
201110331881.1	一种制备三元复合正极材料 $LiNi_xCo_yMn_{1-x-y}O_2$ 的方法	该发明公开了一种制备三元复合正极材料 $LiNi_xCo_yMn_{1-x-y}O_2$ 的方法，其包括共沉淀、有机硅包覆、高温煅烧、用氢氧化钠溶液去除硅包覆层。具体包括以下步骤：将镍源、钴源与锰源按摩尔比混合，加水搅拌形成溶液，加入氨水和氢氧化钠溶液调节pH值，共沉淀得到 $Ni_xCo_yMn_{1-x-y}(OH)_2$ 氢氧化物前驱体；加入聚乙烯吡咯烷酮，再加入有机硅试剂，得到有机硅-聚乙烯吡咯烷酮包覆的氢氧化物前驱体；与锂源混合，所得混合物在空气或氧气气氛中高温煅烧，所得产物用氢氧化钠溶液去除硅包覆层，即可得到纳米级或准纳米级的锂离子电池三元复合正极材料 $LiNi_xCo_yMn_{1-x-y}O_2$。该发明制备的正极材料颗粒尺寸在 80~180nm 之间，首次充放电性能达 194.4~210.3mAh/g，电化学性能优异	授权
201210124012.6	一种具有浓度梯度的锂离子电池正极材料的制备方法	该发明公开了一种具有浓度梯度的锂离子电池正极材料的制备方法，通过利用合适的分散剂将球形高镍材料分散到含锂镍钴锰的溶液中，再用喷雾干燥的方法制备具有核壳结构的前驱体，并结合适当的煅烧制度使前驱体核层的镍元素向壳层扩散形成一层浓度梯度层。该正极材料性能稳定，具有较高充放电容量、优异的循环性能、很好的热稳定性，可适应低、高温工作环境，安全稳定	未结案

第 11 章 钴酸锂专利分析

11.1 概述

钴酸锂（$LiCoO_2$）的理论容量为274mAh/g，实际容量为140mAh/g左右，具有α-$NaFeO_2$型层状岩盐结构，这种层状结构十分稳定，使钴酸锂具有畅通的Li^+脱嵌通道，因而性能稳定、放电平稳、循环性能优越。钴酸锂是最早商业化的锂离子电池正极材料，也是目前成熟大量使用的锂离子电池的正极材料，其占据着市场的主要地位，目前主要用于制造手机、笔记本电脑及其他便携式电子设备使用的锂离子电池。

钴酸锂材料的可逆嵌入脱嵌晶格的锂离子摩尔百分数为55%，在过充电条件下，由于锂含量的减少和平均金属离子氧化水平的升高，降低了材料的稳定性。而且钴资源稀有，这导致钴酸锂成本比较高。目前钴酸锂的合成方法主要有：固相反应法、溶胶凝胶法、水热合成法、微波合成法等。

钴酸锂传统生产方法主要是高温固相反应法，由碳酸盐或氢氧化物（如$LiOH \cdot H_2O$、Li_2CO_3、$CoCO_3$）在800~960℃条件下经长时间煅烧固相反应生成。高温固相反应法操作及工艺路线设计简单，工艺参数易于控制，对设备的要求不高，制备的材料性能稳定，易于实现工业化大规模生产。但是，常规的高温固相反应法也存在颗粒混合不均匀、结晶性较差、粒径分布较宽、颗粒形貌不规则、导致材料的电化学性能不易控制等缺陷。

液相法可以实现原料在分子水平上混合，有利于钴酸锂晶体的生成和生长，可有效地降低反应温度和缩短反应时间，减少能耗。目前研究较多的湿化学方法制备钴酸锂的工艺过程简单、易控制，钴酸锂具有完整的层状晶体结构、良好的电化学性能和循环稳定性能等特点，其具有相对好的循环寿命和较高的比能量。钴酸锂的湿化学合成方法有络合法、共沉淀法、溶胶凝胶法、喷雾干燥法等。

溶胶凝胶法是近年来新兴的一种材料合成法，在含有金属源的溶液中加入高分子等物质使之形成凝胶，干燥脱水，然后进行热处理可得到正极材料的粉末。该方法得到的产品纯度高、均匀性好、颗粒小，反应过程易于控制。

对钴酸锂材料的固相合成以及湿法合成的研究一直是商家的共识，国内企业主要结合上述方法从颗粒形貌、掺杂改性、表面修饰等几个方面进行改进研究。目前电化学性优异的钴酸锂正极材料，充放电电流密度为$0.25mA/cm^2$，充放电限制电压3.0~4.25V，首次放电比容量161mAh/g，振实密度为$2.47g/cm^3$，循环100次后比容量可达144mAh/g。

本章分析钴酸锂全球与中国专利概况，内容包括技术发展趋势、主要技术产出与目标地域、重要申请人的分布情况等。

11.2 全球专利申请分析

11.2.1 申请趋势

截至2013年5月1日，钴酸锂的全球专利申请量累计为1102项。如图11-1所示，全球钴酸锂专利申请处于波浪式上升的态势。

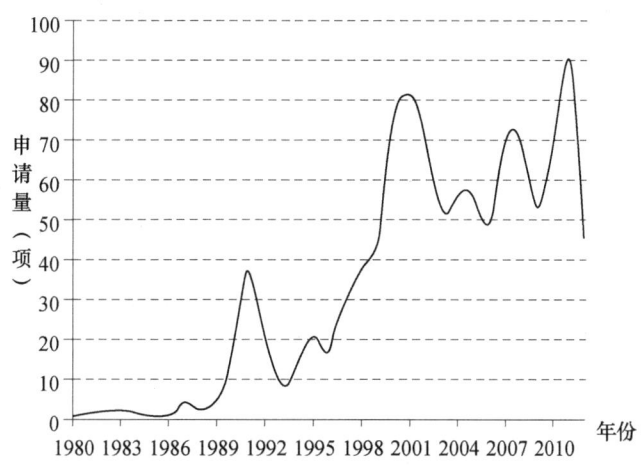

图11-1 钴酸锂全球专利申请量随年份变化趋势

在20世纪80年代全球开始出现关于钴酸锂的专利申请，但是数量比较少，年专利申请量在5项以下，此时对于钴酸锂的研究处于萌芽状态。1991年，钴酸锂的专利申请量突然增加至38项，专利快速增长，与此同时，索尼公司商用锂离子电池开发成功。随着锂离子电池商业化的发展，研发者们将更多的力量投入到钴酸锂的研发中来。2000年左右，钴酸锂的研发热潮达到顶峰，2000年全年申请量达到82项。经历了快速的发展，钴酸锂的性能已经可以基本满足电池的需求。20世纪90年代末，磷酸铁锂作为有潜力的锂离子电池正极材料受到研究者的青睐，一部分研发重点转移到磷酸铁锂的研究，这对钴酸锂的研发产生了一定的影响。2000～2005年，钴酸锂的专利申请量有所回落。2006～2012年，钴酸锂的专利申请量一直保持在一个较高的水平，年专利申请量一直维持在50项以上，申请增长速度开始放缓。这表明，钴酸锂在经历了长时间的发展后已经走向成熟。

11.2.2 技术原创国

分析发现，在1980～2012年的30年间，日本和美国是技术储备的最大受益者。对检索出的专利文献的优先权信息统计发现，如图11-2所示，日本以628项申请位居技术原创国排名首位，该国拥有以三洋电机、松下、索尼为首的一批老牌电子企业，在钴酸锂领域领跑全球是顺理成章的。美国以144项申请位居第二位。作为传统的科技

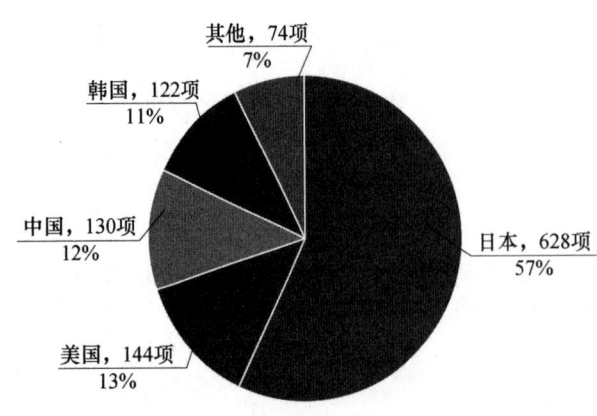

图 11-2 各国钴酸锂专利申请的份额

强国,美国拥有大量研发能力很强的高等院校、科研机构和企业,因此,美国拥有如此多的原创技术也在情理之中。中国和韩国的原创专利数量接近,中国为 130 项,韩国为 122 项。

如图 11-3 所示,美国和日本分别在 1986 年和 1987 年开始进行钴酸锂的专利申请,而韩国和中国直到 1996 年和 1998 年才开始申请钴酸锂专利,比美国和日本晚了整整 10 年。在对于钴酸锂的研究中,日本不仅起步早,而且一直处于绝对优势,经历了两次迅猛发展时期,第一次在 1989~1991 年,第二次是在 1997~2000 年。2000 年之后申请量开始回落,并在 2000~2010 年基本处于平稳发展阶段。这表明日本对钴酸锂的研究开展较早,并较快进入了技术成熟期,并一直持续进行研发,因此,日本一直在锂离子电池市场表现出很强的竞争优势。

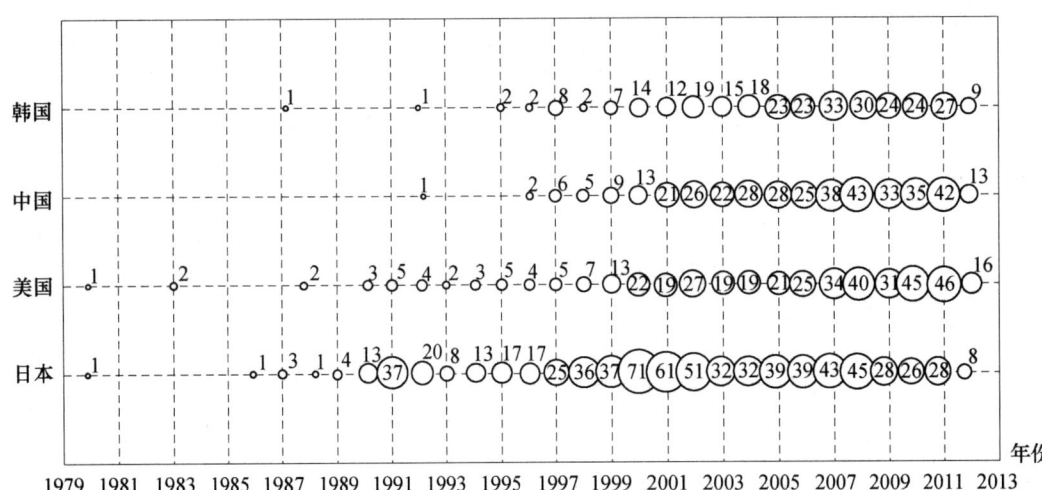

图 11-3 各国钴酸锂专利申请量随年份分布

11.2.3 技术目标国/地区

如图 11-4 所示,在技术目标国/地区方面,日本、美国、中国和韩国是企业争夺的重点,四者的专利进入量总和达到了 72%。

对于日本而言,其首次申请的发明专利最多,由于发明专利一般首先在本国寻求保护,因此作为目标国的申请量也是最多的。在美国的申请量居第二,占 17%。这说明美国是钴酸锂锂离子电池比较重要的消费市场。在中国提出的专利申请为 390 项,

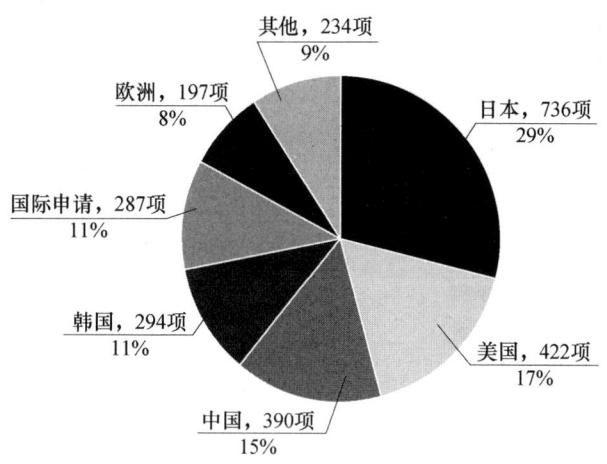

图 11-4　钴酸锂专利申请的技术目标国/地区所占的份额

在日本和美国之后居第三。这表明中国已经成为全球范围内备受重视的目标市场之一，众多企业已经认识到中国市场的发展潜力。

11.2.4　主要申请人

11.2.4.1　申请人类型

对钴酸锂申请人类别进行分析，如图 11-5 所示。

78%的专利申请为公司独立申请，10%为公司与公司联合申请，7%为研究机构和大学的申请。可见，企业比较重视钴酸锂的研究，这与目前锂离子电池的广泛商业化密不可分。

11.2.4.2　全球申请量排名

如图 11-6 所示，在钴酸锂领域全球专利申请上，三洋电机占据了比较大的领先优势，形成了第一集团；松下和索尼在总申请量排名中位于第二集团；而 LG 化学、日本化学两家企业位于第三集团。三洋电机进行了 103 项与钴酸锂相关的申请，其申请量超过松下的 59 项和索尼的 42 项的总和。

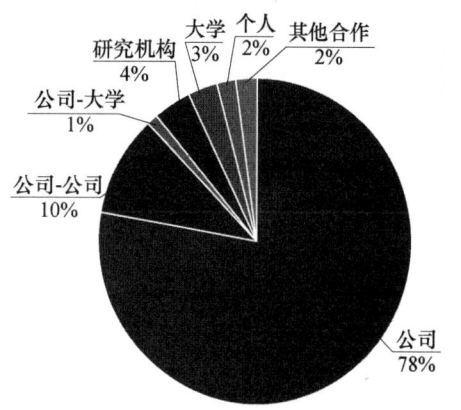

图 11-5　钴酸锂申请人类别

11.2.4.3　申请趋势

对排名前三位的三洋电机、松下和索尼的申请趋势进行分析，如图 11-7 所示。

索尼从 1987 年开始钴酸锂的专利申请，是三家企业中最早开始申请钴酸锂专利的企业。索尼在 1991 年和 1992 年分别申请了 3 项和 7 项专利，在 2001~2005 年没有申请钴酸锂方面的专利。2005 年之后，索尼每年有少量钴酸锂方面的专利申请。可见，索尼对于钴酸锂的研究持续时间长，一度中断。

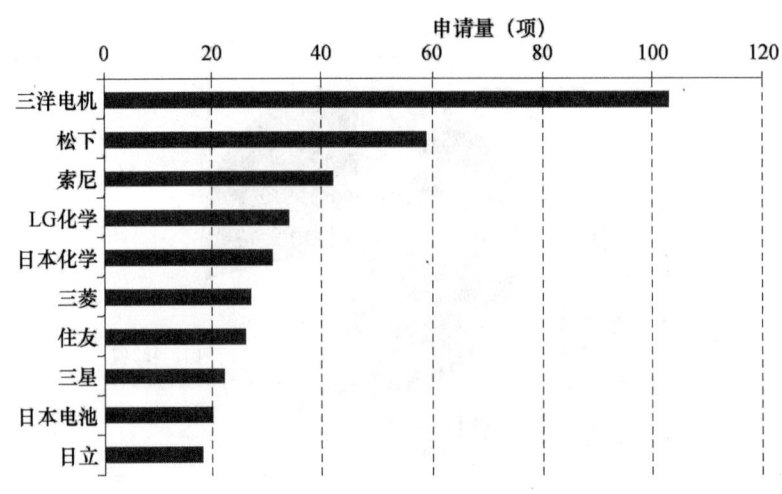

图 11-6 钴酸锂全球申请量排名

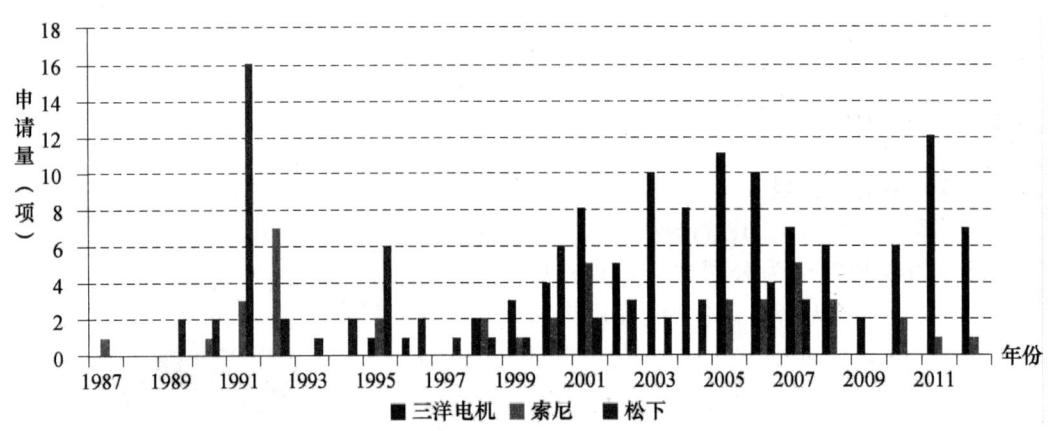

图 11-7 三洋电机、松下、索尼的钴酸锂申请趋势

松下从 1989 年就开始申请钴酸锂方面的专利，其对钴酸锂的研究开始的比较早。而且松下在 1991 年钴酸锂的专利申请量很高，达到 16 项。这表明松下具有很好的钴酸锂技术储备。但松下 2007 年之后没有再进行钴酸锂方面的专利申请。这表明，松下已经转移了研发重点。

尽管三洋电机从 1995 年才开始进行钴酸锂方面的专利申请，但其对于钴酸锂的研究特别活跃，2001 年之后，其每年的专利申请量都高于松下和索尼。目前，钴酸锂方面的大量技术掌握在三洋电机的手中。

11.2.4.4 目标国分布

三洋电机的主要专利布局在本国，其次是美国、中国和韩国。索尼和松下与三洋电机的专利布局完全一致。这表明，这 3 家日本企业都比较重视美国、中国和韩国市场（见图 11-8）。

11.2.4.5 专利授权情况

如图 11-9 所示，三洋电机的专利授权量也是最大的，其三国、四国、五国的授

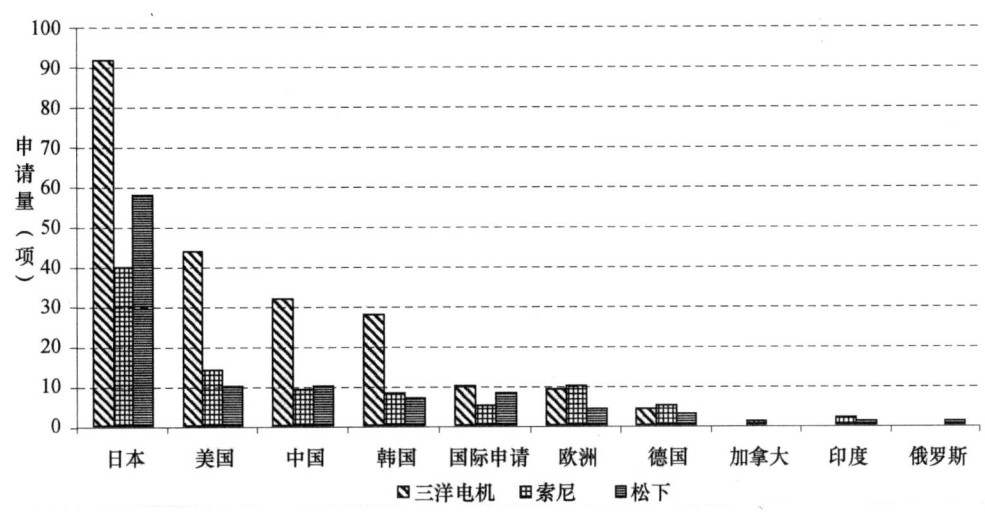

图 11-8　三洋电机、松下、索尼的钴酸锂专利目标国/地区分布

权量也很高，这表明三洋电机的申请量不仅很大，其专利的质量也较高。

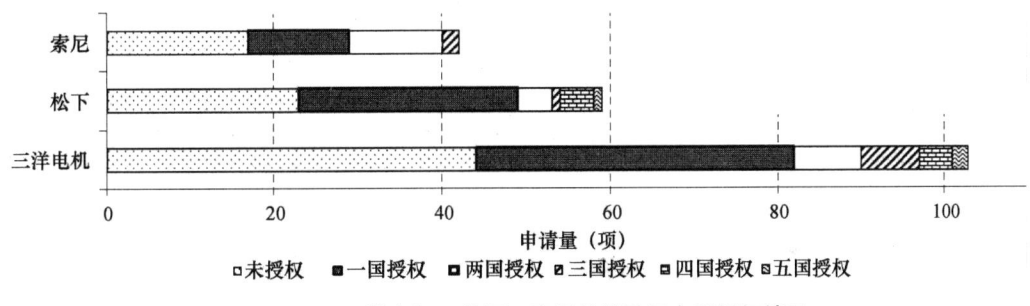

图 11-9　三洋电机、松下、索尼的钴酸锂专利授权情况

11.3　中国专利申请分析

11.3.1　申请趋势

如图 11-10 所示，中国钴酸锂专利申请的总体发展趋势与全球钴酸锂的发展趋势基本相同。1996～2005 年，专利申请整体呈上升趋势，2005 年之后专利申请量趋于平稳，2005～2012 年，钴酸锂的年申请量均在 30 件以上。至 2003 年之后，全球钴酸锂专利申请中，中国专利申请的比例在 50% 以上。

截至 2013 年 5 月 1 日，钴酸锂的中国专利申请量累计为 430 件。

对中国钴酸锂专利申请量进行分析：1996～2003 年，国内和国外申请人的申请趋势相同，申请量相当；2005 年，国外申请人在中国的申请量有一个突然的增长；2006 年之后，国外申请人的申请量逐渐下降，而国内申请人的申请量逐年递增，专利申请呈两极分化的趋势。这表明，国外申请人在早期已经完成了在中国的专利部署，目前已经逐渐减少了在中国的申请量。

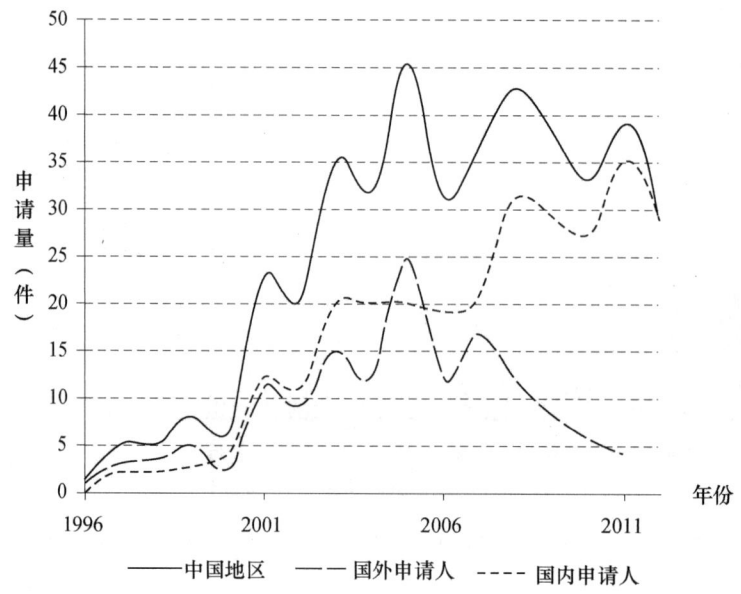

图 11-10　钴酸锂中国专利申请量随年份变化趋势

11.3.2　技术来源国

如图 11-11 所示，就钴酸锂中国专利申请而言，国内申请占据了总量的 66%，国外申请占 34%。

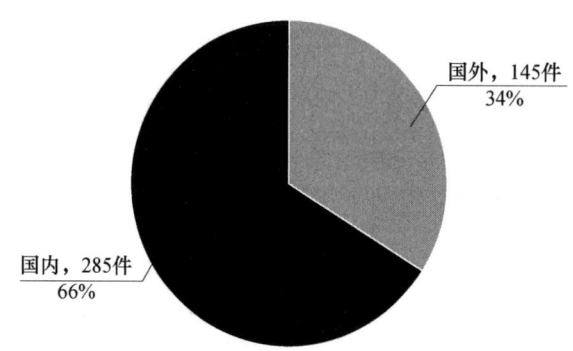

图 11-11　钴酸锂中国专利申请国内外申请比例

如图 11-12 所示，国外来华申请的主要国家是日本，占国外申请总量的 72%；其次是美国和韩国，都是 17 件，占国外申请总量的 12%。由此可以看出，日本对中国钴酸锂市场非常重视。

11.3.3　主要申请人

在钴酸锂中国专利申请中，三家国内企业已经跻身于国内全体申请人排名的前 10 位中。它们分别是申请量位列第二的比克，位列第三的比亚迪和位列第九的天津巴莫。在全体申请人中，占据主要优势的申请人为三洋电机，这与全球钴酸锂专利申请的分

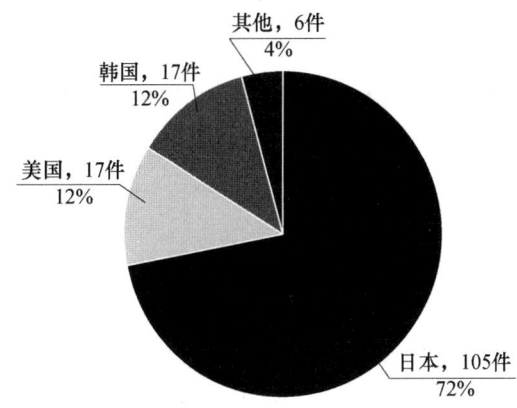

图 11-12 钴酸锂国外来华申请比例

析是一致的。如表 11-1 所示,三洋电机的优势明显,申请量和授权量领跑于其他公司。比克虽然申请量也比较多,但大部分专利申请处于处理中的状态,授权的专利量并不大。

表 11-1 钴酸锂国内申请专利申请量排名　　　　　　　单位:件

法律状态	三洋电机	比克	比亚迪	索尼	LG化学	清美	松下	东莞新能源	日本化学
授权	28	6	10	8	5	8	5		5
处理中	4	19		2	6			6	
驳回			4	1		1			1
视撤	4		2					2	1
终止	2		1				3		

第 12 章 中国电池行业专利纠纷

12.1 前言

对于已进入知识经济时代的现代商业社会，专利作为合法的垄断性技术，由于具有一定程度上将竞争对手排斥出市场之外而取得独占权益的天然优势，已成为企业在激烈的市场竞争中立于不败之地的利器。其中，专利的无效及侵权诉讼不仅是专利授权后的司法救济，更是企业打击竞争对手和保护自身权益的重要商业手段。

进入 21 世纪以来，全球诸多行业专利纠纷出现剧增的态势，美国专利咨询公司 General Patent 的主席 Alexander Poltorak 曾形象地比喻："如果你画一幅谁在起诉谁的地图，你将看到这是一个混战的星球。"透过一幕幕专利战的硝烟，我们既看到了苹果诉三星专利侵权，豪取 10.5 亿美元罚金的辉煌胜利，也看到了曾经风光无限的国内 DVD 企业因遭受国外"专利风暴"，而使整个行业沦为国外专利权人提款机后迅速衰退的惨痛失利。作为技术快速发展、知识产权聚集的电池行业，其不可避免会成为专利诉讼高发的领域，而中国作为最具潜力的消费市场，近年来为抢占中国电池市场而发生的重大专利战也早已屡见不鲜。前事不忘，后事之师，本章我们着眼于中国电池行业部分重要的专利无效及侵权诉讼案例，以期为中国电池企业今后参与专利技术竞赛、洞悉和规避专利侵权风险、防范和应对专利纠纷提供借鉴，从而促进我国电池产业的良性发展。

12.2 中国电池行业专利纠纷

电池自 1799 年被伏特发明以来，已经历经了若干代技术改进，而现在电池技术正从铅酸电池、锌锰电池等传统电池过渡到锂离子电池、燃料电池等新一代电池。电池技术的不断更新换代除了使商业竞争日趋激烈以外，知识产权的竞争也日渐凸显出来，而其中最为突出的是电池企业之间的专利无效宣告案件和专利侵权诉讼。

12.2.1 专利无效

图 12-1 示出了近 10 年中国电池领域的专利（发明、实用新型）无效宣告请求的年度总体态势。为了便于统计，年代时间为无效案件的无效决定时间。

由图 12-1 可以看出，我国电池领域的相关专利的无效请求量呈较快增长态势，从 10 年前的年均 5 件左右增至 2012 年的 15 件，年度无效宣告请求量增至 3 倍，不难预见，随着新一代电池技术的加快改进和应用，特别是专利技术对电池市场格局的影

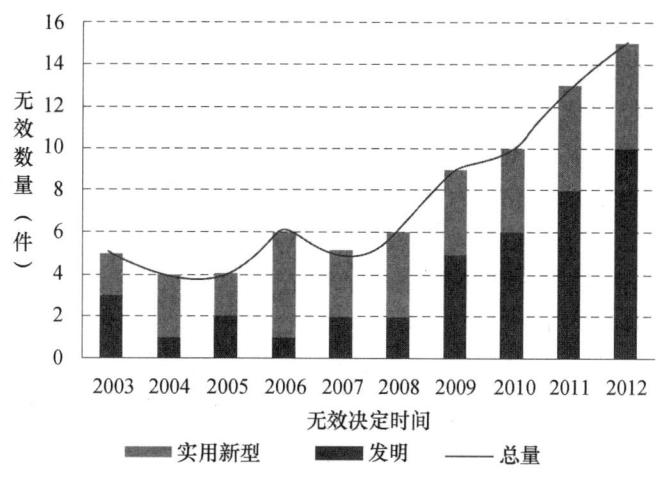

图 12 −1 中国电池领域专利无效宣告请求态势

响力不断加大,相关电池专利的申请量和无效请求数量都将继续提升。此外,从近 10 年专利无效请求中发明专利与实用新型专利的比例来看,发明专利被提起无效的比例有所增加,这一方面是因为近年来国内专利权人越发重视发明专利的申请和维权,使卷入专利纠纷的发明专利比例增加;另一方面也是因为近年来国外电池专利权人加快对我国电池市场的专利布局,而国外企业在中国的专利申请以及提起的专利无效宣告请求基本都是发明专利。

图 12 −2 和图 12 −3 分别示出了我国电池领域近 10 年发明专利和实用新型专利的

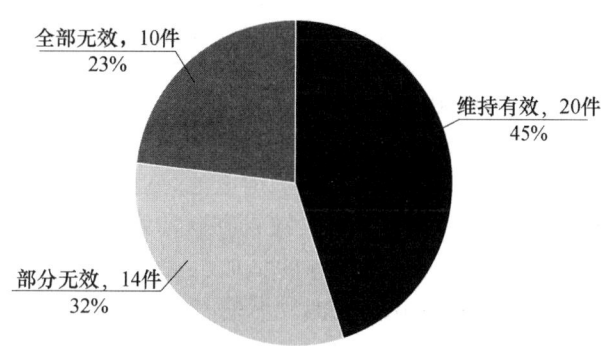

图 12 −2 中国电池领域近 10 年发明专利无效宣告情况

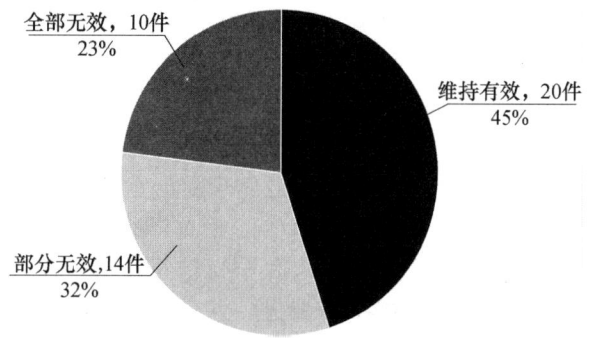

图 12 −3 中国电池领域近 10 年实用新型专利无效宣告情况

无效结果概况。可以看出，虽然我国电池相关发明专利与实用新型专利在被提起无效后维持全部有效的比例接近，但发明专利仅有 23% 被宣告全部无效，而实用新型专利被宣告全部无效的比例达到了 52%，这也体现了发明专利权相比实用新型专利权更为稳定的特点。

12.2.2 专利诉讼

12.2.2.1 中国电池领域专利诉讼概况

专利诉讼在我国分为民事侵权诉讼和无效行政诉讼，图 12-4 示出了近 10 年中国电池领域的专利（发明、实用新型）诉讼（包括民事侵权诉讼和无效行政诉讼）的年度总体态势。为了便于统计，年度时间为诉讼案件的判决时间。

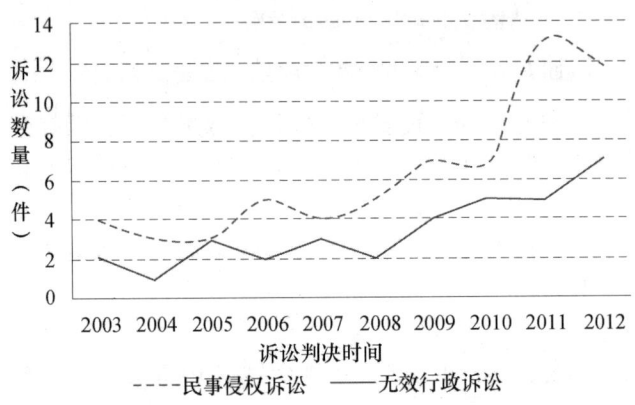

图 12-4 中国电池领域专利诉讼总体态势

由图 12-4 可以看出，我国电池领域两类诉讼的趋势线都是波浪向上，其中民事侵权诉讼相比无效行政诉讼的增长幅度要更大些，近年来已突破了 10 件/年。以日本索尼公司为例，其 2004 年以来在中国与多个国内电池企业发生的专利侵权诉讼案件就多达 10 余件。专利权人起诉其专利被侵权，被告方通常就会请求宣告对方专利无效作为侵权指控的抗辩，因而专利侵权诉讼案件的增加也会相应引发更多的专利无效宣告请求案件以及无效行政诉讼案件。我国电池领域的专利侵权诉讼和无效行政诉讼的持续增加，表明我国电池领域的知识产权纷争日趋激烈。我国电池企业正处于发展壮大的关键时期，日益增加的专利纠纷案件将会使企业面临更多的专利技术竞争压力，这也对我国电池企业的技术创新和专利保护能力提出了更高的要求。

12.2.2.2 中国电池领域专利侵权诉讼区域分布分析

图 12-5 示出了的中国电池领域近 10 年发生专利侵权诉讼数量排名前 10 位的省区市。可以看出，近 10 年广东省的专利侵权诉讼数量和所占份额遥遥领先其他省区市，份额接近了全国总量的一半。这一方面是因为广东沿海地区作为经济发达地区聚集了大量的电池企业，其中包括国内的大型企业如比亚迪、深圳比克等，且国外电池企业进入中国后也往往以电池产业发达的广东地区作为首要市场，例如索尼在中国针对电池企业发起的一系列专利侵权诉讼就基本都集中在广东；另一方面，当地政府对新兴产业发展及知识产权保护较为重视，如 2007 年颁布的《广东省知识产权战略纲要

（2007～2020）》，有力地推动了广东省企业对知识产权的运用和保护，使得当地企业间的专利纠纷较为活跃。

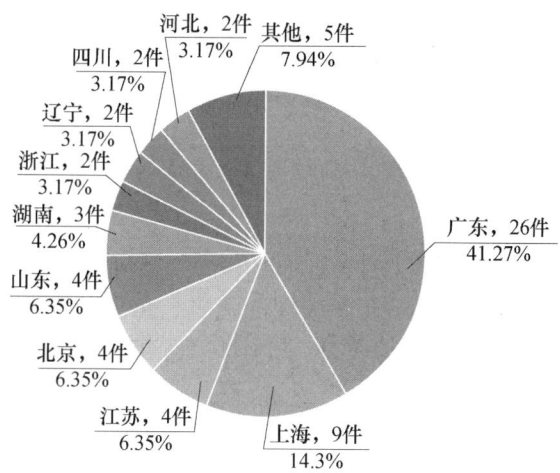

图 12-5　中国电池领域近 10 年专利侵权诉讼区域分布

12.2.3　中国电池专利纠纷所涉技术领域分析

通过统计近 10 年来中国电池领域各项专利纠纷案件（包括专利无效请求、专利侵权诉讼和无效行政诉讼），分析得出了如图 12-6 所示的相关专利纠纷所涉及的技术领域分布比例。可以看出，出现频次前三位的技术分类领域依次是 H01M 4/02（由活性材料组成或包括活性材料的电极）、H01M10/05（非水电解质蓄电池）和 H01M2/10（电池装置安装架、保持装置等）。这反映出近年来二次电池的电极材料，特别是正极材料技术成为我国电池领域相关企业研发和竞争的热点，而近年来技术快速发展的以锂离子电池为代表的非水电解质蓄电池也同样不出所料地成为专利纠纷的重要技术领域；与此同时，电池安装/保持装置的相关专利纠纷排名第三，这主要是与索尼近年来以其分类号为 H01M2/10 的相关专利"电池装置和用于电池装置的安装装置""电池组合件"同多个企业发生专利无效及侵权诉讼等专利纠纷有关。

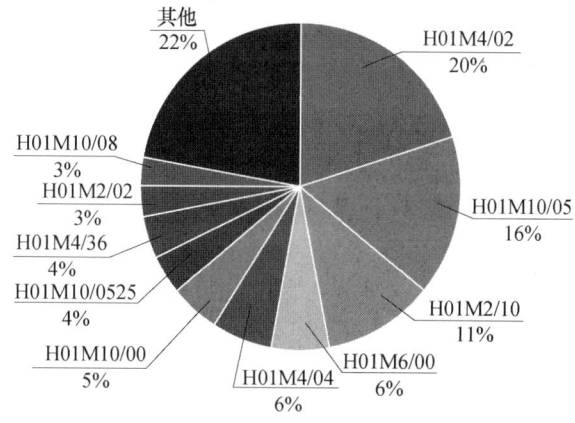

图 12-6　中国电池领域近 10 年专利纠纷的技术领域分布

12.3 中国电池行业典型专利纠纷案件剖析

本节从我国近 10 年来电池专利纠纷案件进行甄选，选出了不同专利纠纷主体的典型案件作为切入点，分析我国电池企业专利化生存所面临的挑战与机遇。

12.3.1 磷酸铁锂电池专利的无效行政诉讼

12.3.1.1 案件背景

采用磷酸亚铁锂作为正极材料的锂离子电池通常被称为磷酸铁锂电池，由于其具有寿命长、安全性高、高温性能好、循环性能稳定、可快速充电、环境友好等优点，被广泛应用于电动自行车、混合动力汽车、电动工具等诸多领域，是目前最受关注的锂离子电池种类之一。

磷酸铁锂电池从发明至今实际上只有短短十几年时间，但如图 12-7 所示，其专利纠纷早已在全世界展开。伴随着磷酸铁锂电池技术的每一步发展，相应的专利纠纷似乎总会如期而至，一场场旷日持久的跨国磷酸铁锂电池专利诉讼有愈演愈烈之势，而在我国"2012 年度全国十大知识产权保护重大案件"中排名第一的"磷酸铁锂专利无效行政诉讼案"也只是其中的一个缩影，这也反映出了相关专利对磷酸铁锂电池这个新兴产业的重要影响力及其背后隐含的重大商业利益。

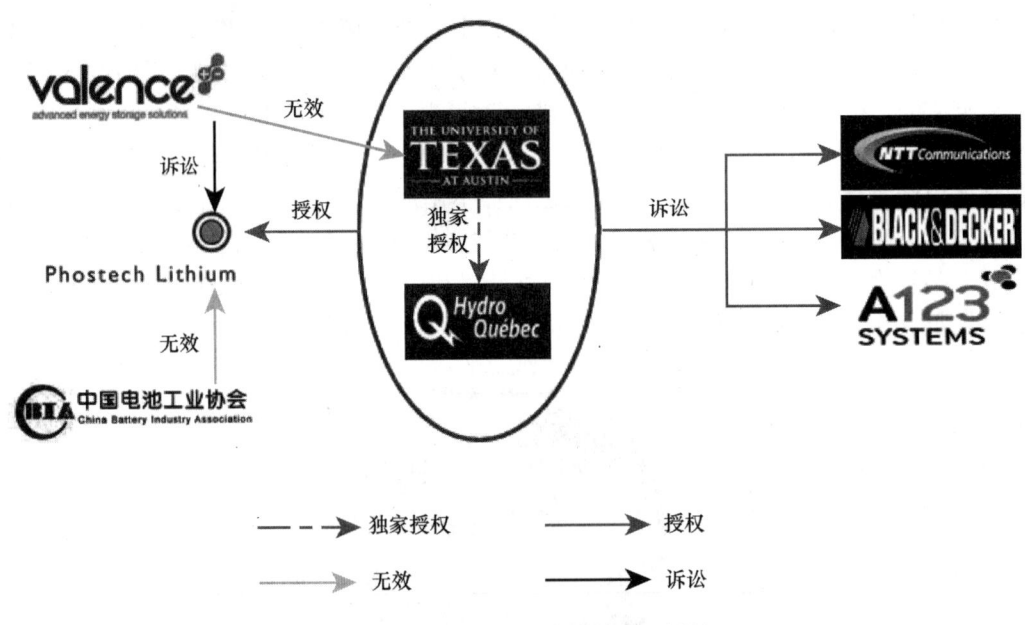

图 12-7 磷酸铁锂电池全球专利纠纷

目前来看，磷酸铁锂电池的专利纠纷主要围绕以下三个核心专利展开：磷酸铁锂用于电池正极材料使用的基础专利、磷酸铁锂碳包覆技术专利和磷酸铁锂碳热还原技术专利。

(1) 磷酸铁锂用于锂离子电池正极材料的基础专利

1997 年，美国得州大学的 John B. Goodeoungh 教授及其合作者作为发明人申请了磷酸铁锂离子电池在国际上的第一项核心专利 US5910382，并连续申请了包括另一项核心专利 US6514640 在内的数十项涉及 20 多个国家或组织的系列专利，形成了布局全球的磷酸铁锂离子电池原始专利池。得州大学之后将专利独家授权给了魁北克水电公司及其子公司 Phostech。

在上述专利技术发明后不久，全球多地就围绕该专利技术发生了多起重要的专利纠纷。

① 2001 年，得州大学和魁北克水电公司向日本电报电话公司（NTT）提起诉讼，称 NTT 的磷酸铁锂离子电池专利为以非法手段从得州大学窃得。2008 年，在 NTT 支付 3000 万美元和解金后诉讼双方达成庭外和解，并且将其所拥有磷酸铁锂离子电池材料的专利授权给得州大学。该专利技术的首个重要诉讼案件就使专利权人获得高达 3000 万美元的和解金，该专利所蕴含的巨大商业价值不言而喻。

② 2005 年，全球最大的电动工具厂商 Black&Decker（B&D）推出一款使用磷酸铁锂离子电池的电动工具，该电动工具在上市后的第二季度就创下 2000 万美元的销售成绩，这也引起了得州大学的注意。紧接着，得州大学起诉 B&D 公司及此款电动工具的电池供应商美国 A123，指控两公司侵犯得州大学所拥有磷酸铁锂离子电池技术专利，败诉后得州大学于 2010 年与获得得州大学独家授权的魁北克水电公司一起就该案继续提起诉讼。2011 年，专利诉讼达成和解，A123 缴纳 500 万美元权利金、从 2012 年 1 月 1 日起就所销售的电池支付权利金，并且诉讼双方就专利权达成交互授权。

值得注意的是，A123 作为全球清洁能源汽车产业的标杆性企业，已于 2013 年初被中国万向集团以 2.566 亿美元的价格成功收购。因此此案诉讼双方和解后达成专利交互授权，将有助于提高中国企业今后在磷酸铁锂离子电池全球市场上的话语权。

③ 2005 年，Valence 在欧洲就得州大学的磷酸铁锂离子电池基础专利 EP0904607B1 提起异议程序，经过三年的审理，得州大学的该磷酸铁锂专利于 2008 年被欧洲专利局撤销，降低了其他磷酸铁锂离子电池企业在欧洲市场专利侵权的风险。

(2) 碳包覆技术专利

磷酸铁锂正极材料同样存在一些性能缺陷，如电导率不高、振实密度低等。1999 年，蒙特利尔大学的 Ravet 等人首先提出在 $LiFePO_4$ 正极材料颗粒表面引入导电性很好的碳材料从而改善其导电性能，实验结果表明增加电导率可以显著提高材料的实际循环容量。随后蒙特利尔大学、魁北克水电公司、法国国家科研中心共同申请了国际上第二个磷酸铁锂离子电池的核心专利——碳包覆技术专利，并在多个国家或地区都申请了此项技术专利（其中中国同族专利 CN1478310A 在 2008 年获得授权）。2001 年，加拿大的 Phostech 公司获得上述碳包覆专利技术的商业授权。

如图 12-8 所示，2011 年，德国南方化学、魁北克水电公司、蒙特利尔大学和 CNRS 成立一个专利许可联盟"$LiFePO_4$ + C Licensing AG"，以专利联盟的形式共同推广磷酸铁锂碳包覆技术，并于当年 7 月将该专利联盟拥有的磷酸铁锂正极材料基本专利和碳包覆技术改进专利打包许可授权给多家企业，其中包括住友大阪水泥和三井造船两家日本企业以及尚志精密化学和立凯电能两家台湾企业。专利联盟及其专利许可授权的出现反映出磷酸铁锂离子电池的专利壁垒已经开始在全球形成，相关企业如果要获得专利联盟的专利授权，就要付出巨额专利许可授权费的代价。

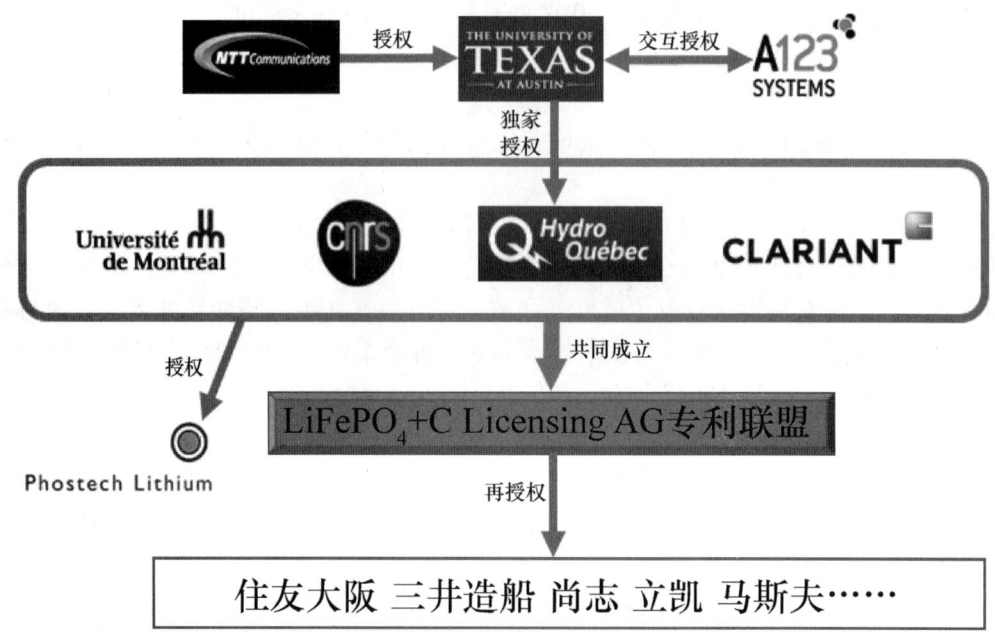

图 12-8　"LiFePO$_4$ + C Licensing AG" 专利联盟

（3）碳热还原技术专利

磷酸铁锂离子电池还有另外一个核心技术是磷酸铁锂生产工艺中的碳热还原技术，Phostech 和 Valence 先后都对此技术申请了专利，Valence 于 2007 年提起了针对 Phostech 关于侵犯 Valence 专利 CA2395115（碳热还原法）的诉讼，2011 年法院裁定 Valence 胜诉。Valence 针对该专利已同时在加拿大、美国、日本、中国、欧洲、澳大利亚等 11 个国家或地区进行了申请，该专利族包括 39 项专利，其中中国的专利 CN00818499.2（以单质碳为起始原料的碳热还原技术）和 CN03810948.4（以单质碳或有机物为起始原料的碳热还原技术）都已获得授权。

12.3.1.2　案件介绍

2003 年 3 月，加拿大魁北克水电公司等专利权人以申请号为 PCT/CA2001001349 的国际申请为基础，向中国国家知识产权局提出两件发明名称均为"控制尺寸的涂敷碳的氧化还原材料的合成方法"的专利申请 CN1478310A 和 CN101453020A，其中 CN1478310A 已经于 2008 年 9 月获得授权，另一件发明专利申请 CN101453020A 在经过权利恢复程序后现在仍处于"一通"回案的实质审查阶段。

本案所涉及的专利就是上述已授权发明专利 CN1478310A。该专利授权文本的权利要求多达 125 项，其独立权利要求信息如图 12-9 所示。该专利包括 4 项独立权利要求以及大量的从属权利要求，使其保护范围涵盖了碳包覆磷酸铁锂离子电池中工艺方法、正极材料、电池产品等各个方面。

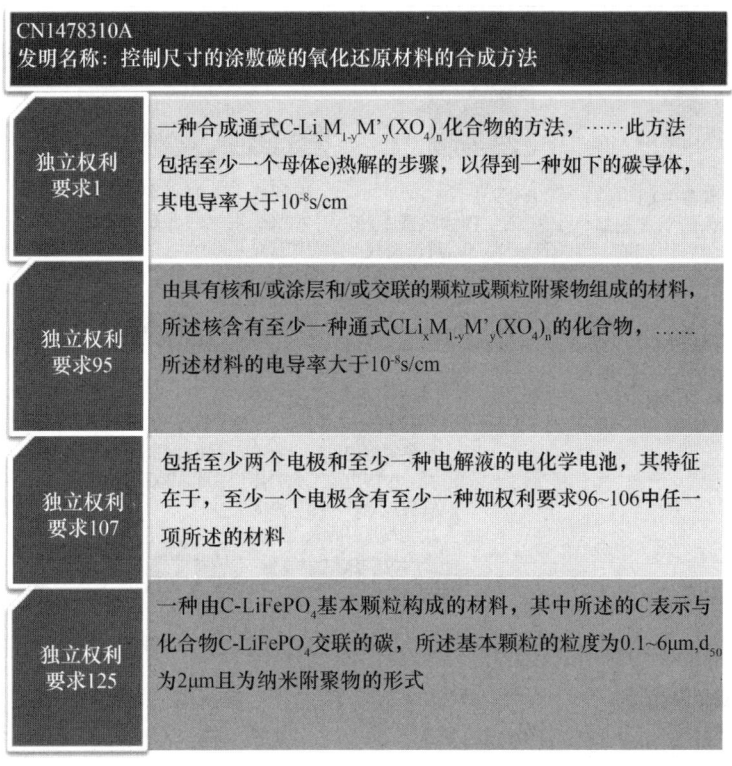

图 12-9　CN1478310A 独立权利要求

上述磷酸铁锂正极材料碳包覆技术在中国申请专利后，获得该专利商业授权的 Phostech 曾就该专利与中国的电池企业进行谈判，提出了 1000 万美元的入门费、每生产 1 吨磷酸铁锂材料缴纳 2500 美元专利许可费的苛刻要求。一些国内大型电池企业为了规避专利侵权风险，只能与 Phostech 合作，采购其磷酸铁锂材料；然而还有更多的电池企业无力承担如此高额的专利许可费，面临侵权后支付巨额赔偿的风险。

2010 年 10 月，受包括河南环宇集团、天津力神等多家国内电池企业委托，中国电池工业协会针对上述磷酸铁锂离子电池的碳包覆技术专利向国家知识产权局专利复审委员会（以下简称"复审委"）提出无效宣告请求。2011 年 5 月，复审委对该专利作出无效决定，以授权文本的修改超出了原始申请文件记载的范围、授权文本的权利要求得不到说明书的支持宣告修改后的 111 项权利要求全部无效。

随后，魁北克水电公司等专利权人不服复审委的无效决定，向北京市第一中级人民法院（以下简称"北京市一中院"）提起诉讼，2012 年，北京市一中院作出维持复审委无效决定的判决。专利权人不服一审判决，已上诉至北京市高级人民法院（以下简称"北京市高院"）。这一牵动国内众多电池厂商敏感神经的无效诉讼案件的最终结果毫无疑问将对我国的磷酸铁锂离子电池行业，甚至国内电动汽车行业的发展产生重大影响。

本案的具体过程参见图 12-10。

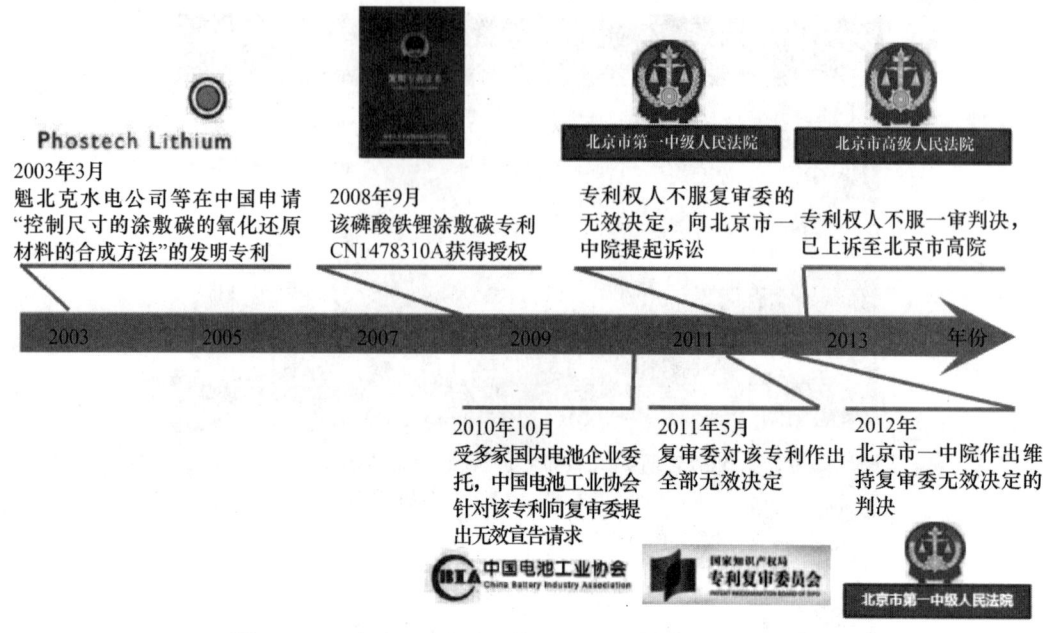

图 12-10 Phostech 与中国电池工业协会之间的专利纠纷

12.3.1.3 案件分析

本案的无效宣告请求人就该专利提交了"专利文件修改超范围""专利不具备新颖性""专利不具备创造性""缺少必要技术特征""说明书公开不充分""权利要求得不到说明书的支持"等多达七方面的无效理由和相应的证据,对授权专利的诸多方面进行了质疑,增加了无效宣告的成功率。由于对创造性等问题的认识因人而异,往往专利纠纷双方都有难以被说服的理由,而本案还提出了多个相对客观性比较强的无效理由,如不符合《专利法》第 33 条、《专利法实施细则》第 20 条第 2 款这些条款的理由,增强了对判决结果的预测性。

我国磷酸铁锂正极材料厂商众多,但是目前行业中还没有真正的领军企业,特别是缺乏自主知识产权的创新技术,单个企业很难打赢与国外专利巨头的专利战。实际上这种状况在我国很多其他行业也都存在。本案中众多企业抱团反击国外的专利围剿,委托行业协会集中力量共同抗辩,为整个行业破解专利困境争取生存空间,取得了比较好的效果,具有一定的借鉴意义。

12.3.1.4 案件启示

如今越来越多行业的国外专利权人开始以专利联盟的形式进行专利联营,专利联盟可以高效解决全球专利纠纷,并获取专利垄断地位和垄断利润,前几年的国外 DVD 专利权人组成 3C、6C 联盟的联合进攻就让中国企业领教了其巨大威力。上文提到南方化学、魁北克水电公司、蒙特利尔大学和法国国家科研中心在 2011 年成立了专利许可联盟,也就是说全球磷酸铁锂离子电池行业已经出现了几大专利巨头强强联合来垄断磷酸铁锂离子电池核心专利,并收取高额专利许可费的态势。实际上,专利联盟不仅可以形成攻击集团,也可构建为防御阵地。对于中小企业,通过成立专利联盟组建专利池,能够形成创新合力、增强企业谈判能力,从而能够更有力地防御外来的专利纠纷风险。专利技术的发展日新月异，而知识产权的运用也同样需要与时俱进，深入了解专利联盟的内部机理，如何化解国外专利联盟的威胁，抑或是如何有效运用专利联盟机制，都是国内企业需要认真研究的新的重要课题。

在全球经济一体化的背景下，知识产权与国际贸易的联系日益密切，专利技术所特有的独占性使其成为争夺国际市场的法宝，专利壁垒的作用也随之显著加强，甚至已成为决定市场格局的关键因素。我国作为技术需求国和重要的产品生产国，在磷酸铁锂离子电池领域起步较晚，国内相关电池企业不可避免地会不同程度受制于国外专利权人通过其核心技术专利和外围专利所设的专利壁垒，对此，国内企业一定要未雨绸缪，并勇于应对专利纠纷，尤其是当全行业利益受到影响时，利益关联企业应当携起手来，避免陷于被动局面。

值得注意的是，即使本案所涉及的碳包覆技术核心专利在我国最终被宣告无效，国内相关企业还应关注和分析其他磷酸铁锂离子电池相关专利可能造成的专利侵权风险，如前文所提到的已在我国授权的碳热还原技术核心专利 CN1424980A 和另一个还未授权的碳包覆核心专利申请 CN101453020A。此外，国外专利权人还掌握了磷酸铁锂离子电池核心专利的众多外围专利，比如魁北克水电公司和 Valence 等重要专利权人为实现严密的专利布局，除其核心专利外，在中国还申请了众多的外围专利，这些都需要引起国内相关企业的高度关注和分析。表 12 – 1 列出了几大国外重要专利权人在中国的磷酸铁锂离子电池专利申请情况。

表 12 – 1　国外重要专利权人在中国的磷酸铁锂离子电池相关专利申请

专利权人	申请基本状况	重要专利
魁北克水电公司	1999 年开始在中国申请相关专利，现申请相关专利 14 件，其中已授权 5 件	CN01816319； CN200810149531； CN200980129361，等
Valence	2000 年开始在中国申请相关专利，现申请相关专利 43 件，其中已授权 17 件	CN00818499； CN01819694； CN200380100192； CN200480031066； CN200780034045； CN201010263778，等
CNRS	2002 年开始在中国申请相关专利，现申请相关专利 11 件，其中已授权 4 件	CN02810352； CN03814563； CN200480041561； CN200680023725； CN200880120079； CN201080014087，等
A123	2002 年开始在中国申请相关专利，现申请相关专利 39 件，其中已授权 15 件	CN200580000019； CN200580041436； CN200980105552； CN201080048376； CN20130054669，等

12.3.2 无水银碱性钮形电池专利的无效行政诉讼

12.3.2.1 案件背景

水银（汞）是防止电池膨胀所不可缺少的材料，但是汞是一种毒性很高的重金属，汞及其化合物可通过呼吸道、皮肤或消化道等不同途径进入人体，对人的大脑和神经系统有明显的毒素作用。由于电池广泛应用于人们日常生活的方方面面，使得含汞电池的危害尤为突出，据资料显示，一粒含汞碱性钮形电池可污染的水是600吨，相当于人一生的饮水量。我国政府在1997年就开始通过一系列措施来降低电池中的含汞量，之后的几年内碱性锌锰电池无汞化的技术问题得以解决。然而，由于钮形电池的尺寸限制和抗漏液要求的原因，钮形电池迟迟未能在产业上实现无汞化。

2001年，新利达公司的何永基申请了一种无汞化的钮形电池实用新型专利，其技术是通过在电池负极片上电镀上一层铟或锡原料，并在锌膏中加入金属铟以代替水银，从而解决钮形电池内的锌与其他原料或金属接触时产生气体而发生膨胀的问题。

12.3.2.2 案件介绍

2001年10月，何永基申请发明名称为"无水银碱性钮形电池"、申请号为"01234722.1"的实用新型专利，于2002年10月获得授权，该专利的主要信息如图12-11和图12-12所示。

[19] 中华人民共和国国家知识产权局　　[51] Int. Cl⁷　H01M 4/06

[12] 实用新型专利说明书

[21] ZL 专利号　01234722.1

[45] 授权公告日　2002年10月2日　　[11] 授权公告号　CN 2514498Y

[22] 申请日　2001.10.19　[21] 申请号　01234722.1　[74] 专利代理机构　中国专利代理（香港）有限公司
[73] 专利权人　何永基　　　　　　　　　　　　　　代理人　郭广迅
　　地址　香港九龙官塘
[72] 设计人　何永基

[54] 实用新型名称　无水银碱性钮形电池
[57] 摘要

一种无水银碱性钮形电池，包括正极片、负极盖、负极锌膏、密封胶圈、正极外壳和隔膜，其特征在于，在电池负极片上电镀上一层铟或锡原料，并在锌膏中加入金属铟以代替水银。通过电镀一层铟稀有金属或锡于电池负极片上，防止电池内的"锌"在与其它原料或金属接触时产生气体而膨胀。负极片由铁片或不锈钢片制成。正极片为锰片、氧化银片或氧化银锰混合片。该电池的水银含量为约0.26mg/kg(ppm)，符合环保标准，可作为无水银电池使用。

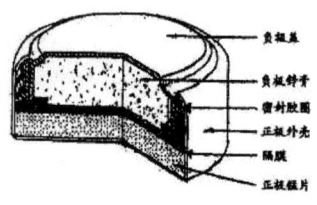

图12-11　01234722.1号实用新型专利著录项目

权 利 要 求 书

1. 一种无水银碱性钮形电池，包括正极片、负极盖、负极锌膏、密封胶圈、正极外壳和隔膜，其特征在于，在电池负极片上电镀上一层铟或锡原料，并在锌膏中加入金属铟以代替水银。

2. 权利要求1所述的钮形电池，其特征在于所述负极盖由铁片或不锈钢片制成。

3. 权利要求1或2所述的钮形电池，其特征在于所述正极片为锰片。

4. 权利要求1或2所述的钮形电池，其特征在于所述正极片为氧化银片或氧化银锰混合片。

图12-12 01234722.1号实用新型专利权利要求

2002年12月，松柏（广东）电池工业有限公司等向复审委提出无效宣告请求，2004年5月，复审委以涉案专利不具备创造性，作出宣告专利权全部无效的决定。随后，专利权人对审查决定不服，向北京市一中院提起行政诉讼，2004年12月，北京市一中院作出维持复审委决定的判决。专利权人对一审判决不服，上诉至北京市高院，2005年12月，北京市高院判决撤销一审判决以及复审委的审查决定。

2004～2006年期间，松柏（顺德）电池工业有限公司、四会永利五金电池有限公司等5个无效宣告请求人又分别向复审委针对本案专利提出无效宣告请求。2006年12月，复审委第二次成立合议组，经合案审查于2007年4月再次宣告专利权全部无效。专利权人再次对审查决定不服，向北京市一中院提起行政诉讼，2007年11月，北京市一中院再次维持了复审委的审查决定。对此，专利权人上诉至北京市高院，2008年8月，北京市高院再次撤销了一审判决和复审委的审查决定。

2008年12月，针对东莞佳畅玩具有限公司等请求人对本案的无效宣告请求，专利复审委第三次成立合议组，并于2009年6月再次作出宣告专利权全部无效的决定。专利权人又一次向北京市一中院提起行政诉讼，此次，北京市一中院委托相关机构进行了司法鉴定，于2010年12月作出了撤销复审委审查决定的判决。无效宣告请求人对一审判决不服，上述至北京市高院，2011年10月，北京市高院维持了一审关于撤销复审委审查决定的判决。

无效宣告请求人不服北京市高院的判决，向最高人民法院（以下简称"最高院"）提起再审请求。2012年12月，最高院撤销了北京市高院和北京市一中院的判决，维持了复审委于2009年作出的宣告专利权全部无效的审查决定。

本案的具体过程如图12-13所示。

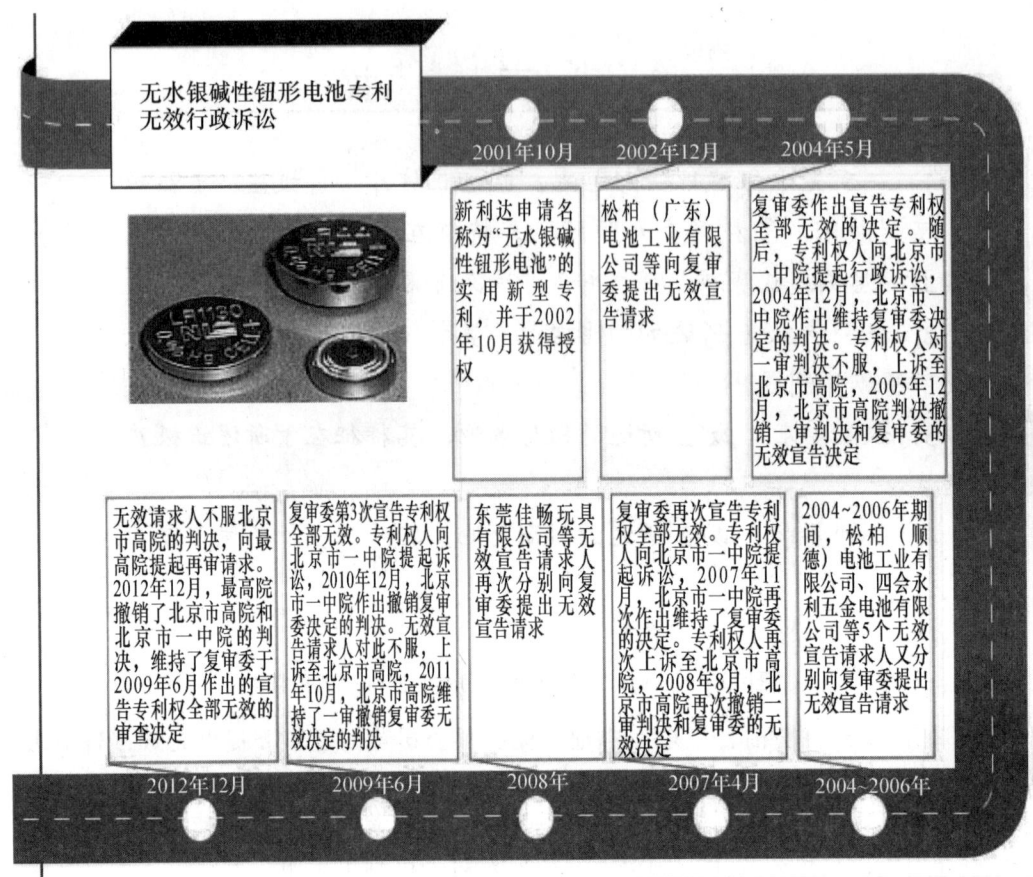

图 12-13 "无水银碱性钮形电池"专利漫长的无效行政诉讼历史

该案费时长达 10 年，超过 10 家国内电池企业及个人先后数次向复审委提起无效宣告请求，历经三次宣告专利全部无效的审查决定、三轮北京市一中院和北京市高院的行政诉讼，最终被最高院判决为专利权无效，使其成为我国专利无效诉讼案件中的典型案件，并在"2012 年专利复审委员会十大案件"中排名第一位。

12.3.2.3 案件分析

通过查阅本案无效及诉讼过程的文书，可以获知在无效行政诉讼过程中各方当事人争议的一个焦点是对权利要求书中"电池负极片"的解释。专利权人主张，"电池负极片"是该专利中的专有术语，应由该专利说明书进行解释；该专利说明书中仅在实施例 1 中一个地方出现"电池负极片"，即"装上已电镀镍或铜的电池负极片"，故"电池负极片"是指"已电镀镍或铜的金属片"。而一审法院、复审委及六个无效宣告请求人均认为，"电池负极片"与"负极片""负极盖"含义无区别，根据该专利说明书及专利权人在无效程序中的陈述，"负极盖""电池负极片""负极片"均是指"由金属片制成、并且仍然未电镀镍或铜的单层结构"，而且专利权人在该专利说明书中混用上述术语，未作区分。此后，虽然北京市高院最终还是认定"电池负极片"是指专利权人陈述的"已电镀镍或铜的金属片"，但实际上这种不够规范和明确的技术术语已经影响了该专利之前被复审委和原审法院多次认定无效，并对权利要求的保护范围带来不确定性，同时专利权人被要求不能就"电池负极片"在侵权民事纠纷中作出任何其他解释。

本案的专利在授权以后的几年间被十余个无效宣告请求人前赴后继地提起无效宣告请求，甚至在被北京市高院接连3次判定其专利权有效的情况下，无效宣告请求人仍坚持将其诉至最高院，可以说其专利权的稳定性遭遇了非常严峻的挑战。据统计，无效宣告请求的案件，每年有10%～15%的比例被诉讼到法院，其中10%左右的案件被一审法院改判，而后亦有10%左右的案件被上诉到上级法院。从这些数据可以看出，对于重要专利，特别是容易发生专利纠纷的专利，能否授权只是其基本考量，其专利权的有效性会在专利纠纷的过程中接连遭遇质疑。这就要求申请人在申请之初就高度重视专利的质量，充分分析专利文件的各个方面能否经得起竞争对手的再三考验，从而最大限度地保障专利权的稳定性。

本案发明人对于一项认为可以填补世界无汞钮形电池空白的技术，至少是具有重要商业价值的专利技术，其核心专利仅仅是一个只包括4项简单权利要求的实用新型，且权利要求中出现了如"电池负极片"这类不够清楚的表述，专利的撰写不够严谨，从申请之初就为其专利权利的稳定性及商业价值的实现埋下了隐患，典型地反映了我国相当多发明人重技术轻专利的现象。以上一节提到的魁北克水电公司等在我国申请的磷酸铁锂离子电池碳包覆技术核心专利为例，其授权文本具有的125项权利要求，涵盖了碳包覆磷酸铁锂离子电池中的正极材料、工艺方法、电池产品等各个方面，其核心专利在美国、欧洲、中国、日本、加拿大、韩国等多个国家和地区都进行了申请，并且围绕该核心专利部署了众多外围专利，最大限度地占领了专利高地，这点非常值得我国专利申请人借鉴。

12.3.2.4 案件启示

在实践中经常发现一些国内创新程度较高的技术，由于撰写者的技术经验或法律经验等的不足而导致申请文件存在缺陷后不能授权或者专利失效的例子，令人惋惜。撰写质量高的申请文件不但能加快审查和授权进程、最大化地获取有效的保护范围，还能作为有效打击竞争对手和防护自己的武器以及达到增强市场竞争实力等商业目的，因此，如何撰写出质量高的专利申请文件值得每位申请人认真重视。

一般而言，商业利益越大、对产业影响越强的专利，其面临无效诉讼的可能性也就越大。由于实用新型专利在授权前只经过形式审查，可能出现一些低级撰写缺陷都难以被发现，故在专利无效阶段，其专利的稳定性就往往会受到严峻的挑战。此外，根据最高人民法院《关于审理专利纠纷案件适用法律问题的若干规定》："对于侵犯发明专利权纠纷案件，被告在侵权案件的审理过程中请求专利复审委员会宣告专利权无效的，人民法院可以不中止诉讼；对于实用新型专利权专利侵权诉讼，被告在答辩期内对原告的专利权提出宣告无效的请求，则可以请求人民法院中止审理侵权诉讼"，这也意味着在侵权诉讼中实用新型专利的侵权行为可能得不到及时制止，而发明专利的自我保护性更强。

12.3.3 电池专利侵权诉讼之"科力远 vs 英可"

这是一起引起各界广泛关注的专利侵权案。之所以备受关注，不仅因为其5400多万元的专利侵权赔偿金额在我国知识产权案件中屈指可数，还因为涉案被告是大名鼎鼎的巴西淡水河谷公司在中国的控股公司,这就是湖南科力远新能源股份有限公司(以下简称"科力远公司")诉英可高新技术材料(大连)有限公司(以下简称"英可大连公司")及英可高新技术材料(沈阳)有限公司(以下简称"英可沈阳公司")侵犯发明专利权案。

12.3.3.1 案件背景

在全球性资源紧缺与环境恶化的背景下,新能源汽车由于其能源清洁、无污染排放等优势从概念逐步走向产业蓬勃发展,作为新能源汽车核心技术的动力电池也迎来了前所未有的发展机遇。目前来说,动力电池中技术成熟的镍氢电池具有比能量高、高低温性能好、安全耐用并且无环境污染等优点,已经在混合动力车中占主导地位,而泡沫镍则是镍氢动力电池的重要骨架材料。

全球最大的泡沫镍供应商是位于湖南长沙的上市公司科力远,其主营业务是高强度超强结合力型泡沫镍、HEV 专用泡沫镍等,先后取得 30 多项完全拥有自主知识产权的专利核心技术。巴西淡水河谷公司是在世界居于领先地位的矿业和金属企业及世界第二大镍生产商,具有百年历史,总部位于加拿大,英可大连和英可沈阳两家公司是其在中国成立的控股合资公司。

12.3.3.2 案件介绍

2007 年 6 月 1 日,科力远公司从沈阳天润化工有限公司通过转让获得发明名称为"一种海绵状泡沫镍的制备方法"、专利号为 ZL95102640.2 的发明专利权。

2008 年 10 月 11 日,接科力远公司指控英可大连公司和英可沈阳公司涉嫌侵犯其商业秘密的报案,警方分别到上述两公司调取其主要产品泡沫镍的生产工艺与财务状况等材料。据科力远公司介绍,加拿大英可公司曾与科力远草签收购协议,在对后者进行并购尽职调查后掌握了科力远的核心商业秘密,此后,加拿大英可公司放弃收购科力远,转而在国内成立了大连英可公司及沈阳英可公司两个合资公司,并利用科力远公司的商业秘密生产泡沫镍产品。

2008 年 11 月 10 日,科力远公司向湖南省长沙市中级人民法院(以下简称"长沙市中院")提起诉讼,分别指控英可大连公司、英可沈阳公司和湖南凯丰新能源有限公司侵犯"一种海绵状泡沫镍的制备方法"发明专利权。

长沙市中院受理案件后,英可大连公司在法定答辩期间内提出管辖权异议,经审理,2008 年 12 月 5 日长沙市中院裁定驳回英可大连公司对本案管辖权提出的异议。英可大连公司以一审法院认定管辖权违反程序为由向湖南省高级人民法院(以下简称"湖南省高院")提起上诉,2009 年 1 月 15 日,湖南省高院二审认为英可大连公司被控侵权产品的销售地在长沙,故一审法院对本案具有管辖权,对上诉人的法院管辖权异议予以驳回。2009 年 2 月,英可大连公司向最高院请求撤销原审裁定,由最高院提审或指定与湖南省高院同级的其他法院再审。2009 年 3 月,最高院最终裁定长沙市中院对本案有管辖权,驳回了英可大连公司的再审请求。

在被起诉专利侵权后,英可大连公司和英可沈阳公司于 2008 年 12 月向复审委提交了针对涉案专利的无效宣告请求。在接下来的几年中,该无效宣告程序接连三次被中止审理:① 2009 年 3 月 2 日,常德力源新材料有限责任公司请求湖南省知识产权局调解与其母公司科力远公司之间的专利权属纠纷。根据相关法律的规定，在涉案专利发生权属纠纷的情况下，与该专利有关的侵权纠纷和无效纠纷均应中止审理，以等待权属纠纷的结果，国家知识产权局据此中止审理对涉案专利提出的无效宣告请求，中止期限截至 2010 年 3 月 2 日。② 上述中止期限到期之前，由于科力远公司与深圳佛石德公司之间的买卖合同纠纷，湖南省长沙县人民法院对涉案专利采取财产保全措施，并要求国家知识产权局协助执行，国家知识产权局因此再次对涉案专利作出无效宣告中止审理决定，中止期限截至 2010 年 9 月 1 日。③ 2010 年 9 月 9 日，由于常德美能能源科技有限责任公司与科力远公司发生涉案专利的权属纠纷，国家知识产权局再次对该专利的无效宣告请求作出中止审理 1 年的决定。

2009 年 9 月 28 日，长沙市中院分别作出一审判决，认定英可大连公司及英可沈阳公司侵犯了科力远公司的专利权，判决要求两公司立即停止侵权行为，英可大连公司赔偿科力远公司经济损失 2981 万余元，英可沈阳公司赔偿科力远公司经济损失 2477 万余元，合计 5400 余万元。英可大连公司及英可沈阳公司不服一审判决，向湖南省高院提起上诉，2010 年 6 月 20 日，湖南省高院对该案作出维持原判的二审判决。

2009 年 12 月 20 日，由于泡沫镍专利侵权案件对英可大连公司和英可沈阳公司的巨大影响，巴西淡水河谷公司选择从上述两公司撤股，被迫退出中国泡沫镍市场。英可大连公司和英可沈阳公司的全部股份被香港中国新能源材料控股有限公司和韩国 ALANTU 公司联手收购，重组成立了爱蓝天高新技术材料（大连）有限公司和爱蓝天高新技术材料（沈阳）有限公司。

2010 年 9 月，爱蓝天大连公司和爱蓝天沈阳公司向最高院提起再审申请。2011 年 4 月 14 日，最高院裁定原审判决适用法律确有错误，指定由江苏省高级人民法院（以下简称"江苏省高院"）再审此案，再审期间中止执行原判决。

2011 年 5 月 13 日，两家爱蓝天公司向江苏省高院递交了此案的再审申请。2013 年 7 月 8 日，江苏省高院作出再审判决，驳回科力远公司的诉讼请求，并判决科力远负担原一审、二审案件受理费等共计 89.28 万元。该判决为终审判决。

图 12-14 为科力远与英可之间专利纠纷具体过程。

12.3.3.3 案件分析

在科力远对英可提起专利侵权诉讼后，英可也随即对涉诉专利提起无效宣告请求，其后该案大部分侵权诉讼进程中涉诉专利都因为专利权属纠纷或财产保全等原因被中止无效宣告的审查进程。涉案专利无效宣告审查的连续中止免除了专利权人在侵权诉讼过程中的后顾之忧，保障了其侵权诉讼目标的实现。

该案件的进程中包含了涉嫌侵犯商业秘密、因法院管辖权异议经包括最高院在内的三级法院审理、因专利权属纠纷或财产保全导致无效宣告审查多次中止、地方高院判决后最高院裁定异地再审等多个在专利纠纷中并不多见的环节，充分体现了重要专利战的高度专业性和复杂性。

在英可大连公司和英可沈阳公司在 2009 年 9 月被判决赔偿 5400 余万元后，很大程度上改变了泡沫镍的市场竞争格局，诉讼失利方不仅面临巨额赔偿，还出现了产品订单锐减、市场份额大幅下滑的危机，这也致使国际矿业巨头巴西淡水河谷公司退出中

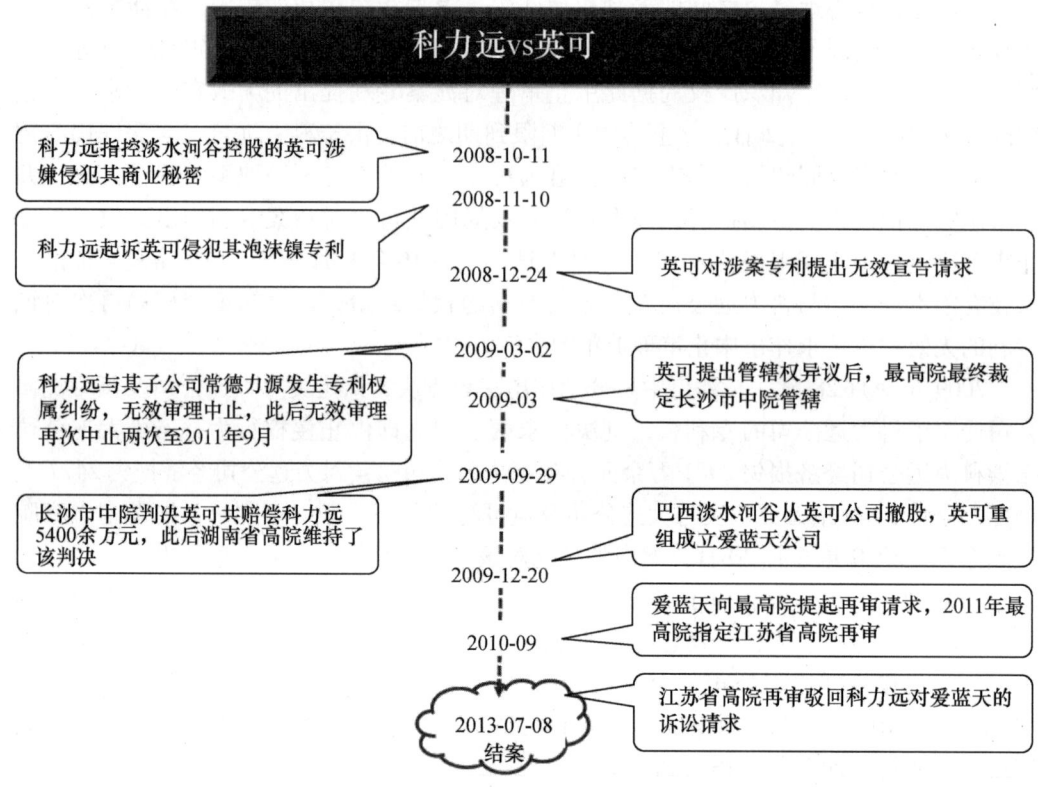

图 12 – 14　科力远与英可之间专利战

国泡沫镍市场，英可大连公司和英可沈阳公司被香港和韩国公司收购重组。本案反映了专利侵权诉讼的巨大威力，是国内行业领军企业主动起诉世界 500 强企业专利侵权的代表案件之一，原告的诉讼请求虽然最终被驳回，但其商业上的目的实际上已经实现。

12.3.3.4　案件启示

就像决定一场战争胜负的原因不一而足，影响专利侵权诉讼走向的因素同样众多：诉讼法院地区的不同、诉讼的时机和策略、无效宣告的审查进程、专利律师的选择、甚至商业纠纷的影响等，各因素都可能影响到最终的诉讼结果。国内企业除了要加强技术创新，熟练地掌握专利诉讼的策略和技巧也是在知识产权竞争时代的另一门亟须加强的重要必修课。

12.4　索尼在中国的电池专利纠纷和专利布局

日本索尼是一家横跨电子数码、生活用品、娱乐领域的全球知名跨国企业，作为索尼集团的配角，索尼电池的知名度远不如索尼笔记本、摄像机和数码相机等消费电子终端产品那么高，实际上这些产品风光的背后都离不开索尼电池业务的支撑。早在 1991 年 6 月，索尼首先在全球实现了锂离子电池的商业化，自此索尼的摄像机等产品告别镍镉电池，竞争力骤升；1999 年率先实现了锂离子聚合物电池的商品化，大幅增加了容量和使用时间；2004 年实现了行业内最大容量的聚合物锂离子电池的商品化；至 2009 年 11 月索尼中期战略发表，索尼电池业务借新能源战略上位，从幕后走向前台，从边缘迈向核心，跃升为与 3D 电子产品、网络服务并列的集团三大增长引擎之一；2010 年索尼实现累计销售 30 亿个电池产品，电池份额约占全球市场的 20%，跻身前三。

索尼对中国电池市场的重视由来已久，早在 2000 年，索尼在中国成立了主要生产聚合物锂离子电池的索尼电子（无锡）有限公司，索尼无锡公司的电池产能达到了其全球总产能的约 1/3。在 2010 年中国将新能源、新材料、节能环保列入战略性新兴产业后，索尼能源部件公司董事长兼总裁种茂慎一坦言："储能和电动汽车等新能源电池的应用有非常好的前景，中国的战略性新兴产业政策是非常好的政策，对于索尼电池业务的拓展非常有利。"

本节，我们将以索尼公司在中国的电池专利纠纷和专利布局为切入点，通过分析索尼近 10 年来在中国的部分电池专利纠纷案件，以及其在我国的电池专利申请情况，进而了解以索尼为代表的国外企业在中国的电池专利策略。

12.4.1 索尼在中国的电池专利纠纷中的"攻与防"

12.4.1.1 专利纠纷案件回顾

（1）索尼诉路华科技（深圳）有限公司、深圳市雷克斯电子科技有限公司专利侵权案

2004 年 4 月，索尼向广州市中院提起本案诉讼，认为被告两公司侵犯了索尼于 1995 年 9 月 2 日申请的名称为"电池装置和用于电池装置的安装装置"的发明专利，经审理，一审判令两被告公司侵权，销毁侵权产品及模具，并且分别赔偿索尼公司经济损失 50 万元。被告公司不服，上诉至广东省高院，2004 年 12 月，终审驳回上诉，维持原判。

（2）索尼诉中山市名极电池有限公司、广州中宜电子有限公司专利侵权案

2004 年 5 月，索尼向广州市中院提出诉前停止侵权禁令申请和诉前证据保全申请，并随后起诉中山市名极电池有限公司、广州中宜电子有限公司侵犯了其名称为"电池装置和用于电池装置的安装装置"的发明专利。经审理，一审判令被告公司侵权，销毁侵权产品及模具，并且分别赔偿索尼公司经济损失 10 万元。被告公司不服，上诉至广东省高院后被驳回。

（3）索尼与深圳市观澜柏力电子二厂、香港柏力（中国）有限公司专利侵权案

2004 年 9 月，索尼向深圳市中院起诉深圳市观澜柏力电子二厂、香港柏力（中国）有限公司侵犯其第 02302063.6 号和第 02302064.4 号外观设计和名称为"电池装置和用于电池装置的安装装置"的发明专利。在一审作出侵权判决后，被告不服上诉至广东省高院。2006 年 6 月，经二审法院调解，原被告双方达成和解，其中两被告公司承诺立即停止制造、销售与索尼第 02302063.6 号和第 02302064.4 号外观设计专利产品相同或者近似的电池产品。

(4) 四川德先科技有限公司诉索尼利用电池专利构成不正当竞争案

2004年11月，四川德先科技有限公司向上海市第一中级人民法院起诉索尼公司利用包含专利技术和软件程序等的 InfoLITHIUM 附加于与索尼数码摄像机、数码照相机配套的锂离子电池，该技术包含了智能密钥识别系统，以此建立其数码摄像机、数码照相机与电池的排他性依存关系。原告认为，索尼凭借其技术优势、品牌优势和规模经济优势，在锂离子电池行业构建起较高的行业进入壁垒，长期把数码摄像机、照相机系列电池价格提高到完全竞争水平以上以获取巨额垄断利润。该行为直接损害了其他经营者公平竞争的权利，构成不正当竞争。

上述涉及 InfoLITHIUM 技术的专利为2000年3月5日索尼在中国申请的"电池组件、充放电计数和设置电池组件剩余电量的方法"发明专利权，专利号为ZL00107025.8。

一审法院认为索尼的上述专利从其背景技术来看，是建立在机器和电池间进行信息交换的基础上，通过对电池温度进行不断的检测、计算，并结合电压等数据来实时确定剩余电量，从而实现精确显示电量的目的，没有证据显示被告的电池专利技术排除了非索尼电池的使用。2007年12月，法院判决原告四川德先科技有限公司的诉讼请求不予支持。

(5) "电池组合件"发明专利无效案件

该无效宣告案件涉及索尼公司于1993年3月6日申请的名称为"电池组合件"的发明专利，该专利包括19项权利要求。2004年9月，深圳市观澜柏力电子二厂等向复审委提出了无效宣告请求，2005年3月，该案专利修改后的权利要求1~13项被判定维持有效。

(6) 电池装置和用于电池装置的安装装置"发明专利无效案件

该无效宣告案件涉及索尼于1993年3月6日申请的名称为"电池装置和用于电池装置的安装装置"的发明专利，该专利包括9项权利要求。2004年11月，深圳市观澜柏力电子二厂向复审委提出了无效宣告请求，2005年6月，该案专利的多数权利要求被判定维持有效。

表12-2列出了索尼在中国的部分电池专利纠纷。

表12-2 索尼在中国的电池专利纠纷中的"攻与防"

	案件简介	案件结果
"攻"	2004年4月，索尼诉深圳路华、雷克斯侵犯"电池装置和用于电池装置的安装装置"的发明专利	法院判被告公司侵权，两被告各赔偿索尼经济损失50万元
	2004年5月，索尼诉讼广州中宜、中山名极侵犯"电池装置和用于电池装置的安装装置"的发明专利	法院判被告公司侵权，两被告各赔偿索尼经济损失10万元
	2004年9月，索尼诉深圳柏力、香港柏力侵犯"电池装置和用于电池装置的安装装置"的发明专利及2项外观专利	达成和解，两被告公司承诺立即停止制造、销售被控专利侵权的电池产品

续表

	案件简介	案件结果
"防"	2004年11月，四川德先公司诉索尼利用"电池组件、充放电计数和设置电池组件剩余电量的方法"发明专利技术，构成不正当竞争	法院判决原告四川德先公司的诉讼请求不予支持
	2004年9月，深圳柏力对索尼的发明专利"电池组合件"提起无效宣告请求	该专利修改后的权利要求1~13项被维持有效
	2004年4月，索尼诉深圳路华、雷克斯侵犯"电池装置和用于电池装置的安装装置"的发明专利	该专利多数权利要求被维持有效

12.4.1.2 案件分析

通过分析上述索尼的6个典型电池专利纠纷案件，可以将前3个和后3个案件分别视为索尼在中国电池专利纠纷上的"攻""防"两面。

在前3个案件的"进攻"中，索尼依靠其用于数码产品的核心专利"电池装置和用于电池装置的安装装置"等，在2004年一年之内集中对6家中国电池企业发起专利侵权诉讼，并且无一例外地都取得了胜利（其中案件（3）在二审过程达成和解，被告承诺立即停止制造与销售相关电池产品），成功地将多个竞争对手排除在专利产品的市场之外，维护了其市场领先地位。

在上述案件（4）的被诉通过专利技术构成不正当竞争的"防御"中，索尼的专利实现了法律范围内合理程度的垄断，又没有采取不正当竞争手段滥用专利技术去损害公平竞争，巧妙地实现了两者兼顾，从而在反不正当竞争的诉讼中能够全身而退。此外，在以上案件（5）和（6）的专利无效宣告的"防御"中，索尼的上述核心专利在经历无效宣告程序后，仍然维持了专利大部分权利要求的有效性，体现了较强的专利稳定性，从而使索尼的相关专利电池产品继续占据中国市场的优势地位。经过查询，上述"电池组合件"发明专利在缴纳了第20年的年费后，在2013年3月才失效；而"电池装置和用于电池装置的安装装置"发明专利的优先权日早在1994年9月，在缴纳了专利第18年的年费后，目前仍然维持专利权有效，这也从一个侧面反映出了上述专利的稳定性和价值。

12.4.2 索尼在中国的电池专利布局

通过统计分析索尼为代表的重点国外电池专利权人近年来在中国的电池专利申请情况，一方面可以一定程度获知重要电池厂商的技术发展动态和重点研发方向，更重要的是能够了解它们在中国的电池专利布局和战略，从而有助于国内相关电池企业提前分析和规避可能出现的专利侵权风险。

12.4.2.1 专利申请态势分析

通过在中国专利检索系统数据库中的检索，截至2013年9月1日，索尼在中国的电池相关专利申请量累计为1044件。（由于2012年申请的专利还有未公开的部分，该年的专利申请量未能得以有效统计）。专利检索数据（见图12-15）表明，索尼在中国的电池专利申请整体上为波浪式上升态势。20世纪90年代初，索尼刚进入中国市场时只申请了少量专利，直到2000年之前，每年的专利申请量均小于30件。2000年之后，专利申请呈现较快增长的趋势，其中在2008年以后，年申请量基本稳定在100件左右的较高水平，这也表明索尼电池技术创新能力的提升，以及其为拓展中国电池市场而开展持续密集的专利布局。

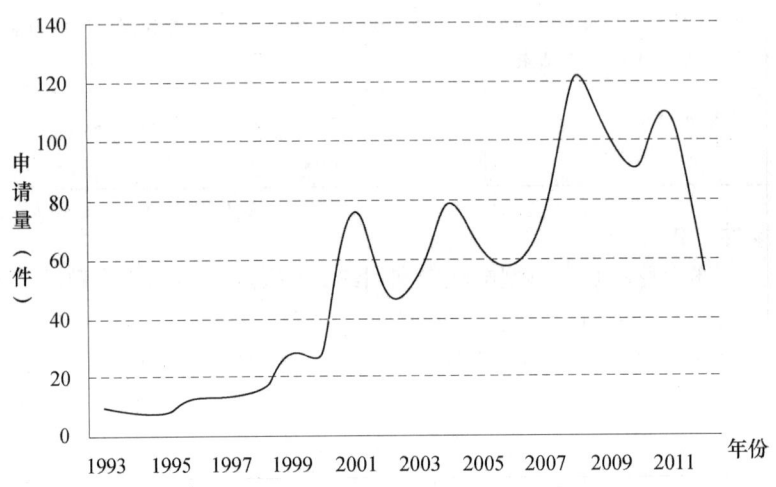

图 12-15　索尼在中国的电池专利申请态势

12.4.2.2　近5年以来专利申请技术类别分析

为了了解索尼电池专利的技术动向，通过检索其最近5年以来的专利申请，统计后从图12-16可以看出，出现频次前三位的分类号依次是H01M10/40（非水电解质蓄电池）、H01M 10/0525（锂离子电池）和H01M4/02（由活性材料组成或包括活性材料的电极）。对锂离子电池等二次非水电解质电池以及电极材料着重进行专利布局，表现出索尼为夯实其在数码电子终端所用锂离子电池的优势地位，对相关专利技术的研发和保护持续加码，同时也注重对电极材料，特别是正极材料的持续改进。此外，可以看出，一次电池（H01M6/00）以及铅酸电池（H01M10/06）、镍镉电池（H01M10/30）等传统二次电池虽然现在应用仍较为广泛，但已经不是电池技术发展的主要方向，这

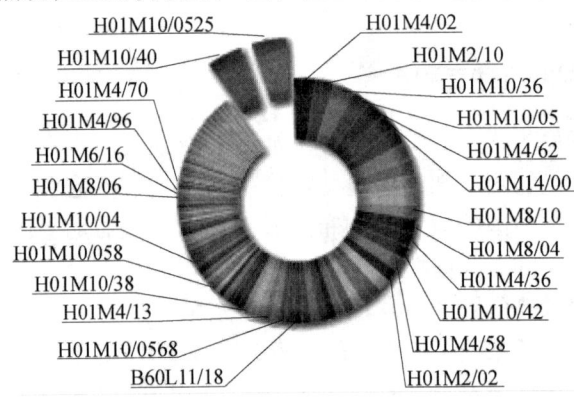

图 12-16　索尼近5年在中国的电池专利技术类别

些电池类别并不是索尼重点的专利申请领域。

12.4.3 启示

通过上述具体专利纠纷案件，可以看出索尼在中国的电池专利纠纷的"攻防两端"都表现较为出色，这也与其对知识产权保护和电池业务多年来的重视密不可分。其在消费电子领域的深厚积淀以及对电池技术的高度重视，使得索尼的电池业务得以保持多年平稳的发展，并积累了一系列重要电池专利技术。中国是最大新兴消费市场，近年来，索尼进一步加强了对中国电池市场的专利布局，这不仅表现在申请量的增加，更表现在专利覆盖的广度和深度上，索尼各类别的核心电池技术几乎都会在中国申请专利。

随着中国政府将新能源、新材料、节能环保列入战略性新兴产业，国际主流电池企业也几乎已全部进入中国市场，并争相通过专利抢占市场先机。可以说，我国电池企业即使不走出国门，也已经置身于一个强手如云、充满各种风险和无限机遇的国际市场竞争之中，这也对国内企业的国际视野、技术创新能力以及专利规则的运用水平提出了更高的要求。

12.5 本章结语

电池技术是不断更新发展的，在当今世界电池技术领域，锂离子电池的热潮方兴未艾，太阳能电池和燃料电池等新一代电池技术也日益成为各国新能源战略的焦点，国内电池企业在上述技术领域都没有占据比较优势和先发优势。基于当前电池技术的核心专利多为国外企业掌握在手，且很多技术分支已形成专利壁垒的现状，针对可能的专利侵权诉讼风险，我国相关企业应提前进行技术规避设计，在现有基本专利的基础上进行二次开发，加强研发外围专利网、甚至利用后发优势开发新一代自主知识产权的技术，获取与洋巨头进行专利交叉许可的专利，这都能为有效化解专利侵权风险增加筹码。作为专利壁垒的突围者，国内企业要有防范专利围剿的忧患意识和迎头赶上的攻关精神，这样在面对国外专利权人随时可能发起的"专利攻势"时，才能有备无患、应对自如。

第13章 结　论

13.1　镍氢电池

镍氢电池涉及的专利申请在华申请量为1706件，国内发明人对镍氢电池领域的专利申请重视程度很高，国内申请人的专利申请总量为1284件，占总申请量的75%，但是国内申请人对外的专利申请不多，国内申请人在镍氢电池领域的专利布局仍以国内为主。镍氢电池一方面已经产业化，另一方面仍属于高科技范畴，其中公司是镍氢电池领域专利申请的主体，大学与研究机构的申请量也比较大，其中日本企业占绝对优势，申请量排名前两位的是日本的三洋电机和松下。镍氢电池全球申请量为7656件，原创专利排名日本居首位，镍氢材料和核心技术的竞争力均集中在日本。美国、欧洲、韩国、中国技术实力比较平均，中国的专利发展趋势与日本还存在较大差距。在全球专利申请人中公司占较大比重，产业体系成熟，知识产权保护全面。镍氢电池整体还呈现波动中较快发展的趋势，各主要企业重视在日本、美国、中国三国的专利布局，显现了该三大市场的重要地位。

13.2　镍镉电池

镍镉电池涉及的专利申请在华申请量为313件，全球申请量为4696件。镍镉电池的全球申请趋势在2008年达到历史高峰，原创专利排名日本居首位，其具有绝对的技术领先优势，美国、欧洲、韩国、中国技术实力比较平均，中国的专利发展趋势从2006年开始猛增并超过美国和欧洲，但与日本还存在较大差距。在全球专利申请人中公司占较大比重，产业体系成熟，知识产权保护全面。全球主要申请人中前六名均为日本企业，三洋电机始终保持快速增长，确立了行业领先地位。在华申请的总趋势与国内申请的变化趋势基本一致，国外来华申请量较低但平稳发展，在华申请人第一位的为比亚迪，研究重点集中在正负极材料改性上。镍镉电池整体还呈现波动中较快发展的趋势，各主要企业重视在日本、美国、中国三国的专利布局，显现了该三大市场的重要地位。

13.3　铅酸电池

铅酸电池是研究历史悠久的一种传统蓄电池。全球专利申请数量截至2011年累计达到了19326项，全球申请趋势于2010年达到最高峰。分析全球专利申请的区域分布，日本原创专利申请占67%，中国紧随其后。日本的专利申请量遥遥领先其他国家和地区，中国和韩国的研发起步较晚，落后日美欧近20年，但中国的申请量增速迅猛，2011年申请量超过日本。主要申请人为公司，达81%，排名前12位的主要申请人均集中在日本，三菱位居榜首，可见日本在铅酸电池领域具有非常大的集团垄断优势。在华申请方面，国外来华申请量自1997年开始有微量增加但发展平稳，国内申请量不断增长，导致国内在华申请和国外来华申请差距不断扩大。中国专利申请排名首位的为江苏双登集团有限公司，主要技术内容涵盖电池结构部件和电极活性材料。综合来看，铅酸电池作为一种传统电池仍保持着持续增长发展的势头，但应注意到日本的申请量在2010年后呈现下滑趋势，表明日本的技术研发方向可能发现转移。

13.4 燃料电池

燃料电池是近年来电池领域的研究热点，由于其具有发电效率高、自身安全性高、清洁、无污染、不必充电、续航能力强、噪声小等优点，愈发成为全球科研人员关注的对象，随着其技术日臻成熟、制造成本不断降低，已经逐渐显示出与传统化学电池相抗衡的态势。由于仍处于较快的发展阶段，燃料电池的关键技术有很多有待突破。本报告重点关注了目前较为突出的燃料提纯、气体扩散电极和催化剂的研制三个方面。这三项技术虽然在具体的数据上有所不同，但它们的总体态势大致一样。全球专利申请趋势表明，该技术正处于高速持续发展之中。目前大部分专利技术由日本、韩国和美国申请，其次是中国和德国。日本在上述三个领域的技术优势明显，集中体现在注重基础专利的研究之余，还注意对热点技术的持续关注，一般是在提出原创技术申请之后，也同时提出相关下游产品及制备工艺的申请，并持续研究；而中国、韩国、德国起步较晚，专利申请量一般要落后日本3~5年才有较大幅度的增长。

在专利布局方面，日本、韩国、美国对在本国提出专利申请非常重视，同时也很注重向其他四局的专利申请。而中国申请人向国外申请的专利申请量较小，申请基本集中在国内。

燃料电池的相关技术在中国由高校和科研机构担当起主要专利申请人的重任，未引起大多数企业的同等重视。在本报告所研究的与燃料电池相关的燃料提纯、气体扩散电极和催化剂的研制等三个方面，通过申请人类型分析，可以看出国内的企业占据主要申请人很少的比例，只有个别企业提出了相关的专利申请，而大多数企业尚未充分发挥自身的科研实力，未引起足够的重视，应加大对上述技术领域的研究。

企业是市场经济的主体，创新是企业健康发展的源动力。我国燃料电池行业的企业应该一方面认识到与国际发达国家的差距，另一方面也应保持高度的危机感，加大对新产品、新技术的研发投入力度。在自身研发能力不足的情况下，可以充分借助我国科研机构和高校的科技优势，通过合作研究、合作开发、有效购买相关技术，实现产学研的有机结合。

13.5 锂离子电池

近年来，众多企业纷纷进入锂离子电池生产领域，为回避电池生产技术的专利保护屏障，各企业不断探讨生产技术的革新，使得自20世纪90年代末期开始，专利申请量始终保持高速增长。从1996年开始，锂离子电池申请量进入快速增长阶段，1996年全球年申请量突破1000项，2011年全球年申请量接近6000项。全球锂离子电池的专利申请量也已基本形成中日韩三分天下的格局，而日本申请量最大，约占全球总申请量的56%。日本的技术优势依靠其众多积极创新的公司，全球范围内，申请量排名前10位的申请人中包括7家日本公司，松下、三洋电机、丰田和索尼等公司具有巨大的技术优势。尤其是2008年前后，几家公司的申请量均达到或接近历年年申请量的最高值，这同2008年金融危机后，日本加强了对本国汽车产业的扶持力度不无关系，针对培育形成本国的新能源汽车产业，日本出台了一系列扶持政策，这使得日本进一步稳固了技术研发的领军地位。

对于锂离子二次电池的几个主要组成部分，如正极、负极、隔膜、电解质等方面，日本均处于绝对的领先地位。在隔膜部件领域，日本申请量占全球总申请量的56%；中国和韩国次之，分别占17%和11%；首次申请于日本、中国、韩国的申请量占到申请总数的83%。在电解质领域，日本申请量占全球总申请量的71%，其研发能力处于绝对优势；而美国和中国的占比仅分别为8%和7%；排名前20位的申请人中有17家日本公司，其余三家为韩国公司，中国企业没有进入前20名的名单。在锂负极材料领域，申请量排名前三位的分别是：日本占60%；中国占24%；韩国占10%。上述三个国家申请量占全球申请量的94%，即该领域的申请主要集中在上述三个国家。

而对于在华的锂离子电池申请，从1985年开始有少量的专利出现，从1994年开始有缓慢的增长，从2000年开始，锂离子电池在中国的专利申请量开始大幅增长，这也对应了我国锂离子电池的快速发展阶段。锂离子电池在华专利申请中，来自中国的专利申请占据绝大部分，除来自中国的申请之外，来自日本的专利申请量相对较大。通过对重要申请人进行分析后得出，在前10位申请人中，来自中国的申请人占据五个，其中比亚迪、天津力神以及比克等均为我国电池行业较大的企业。申请量居前的其他中国申请人中，出现了清华大学等五家我国知名的高校。除中国申请人之外，来自韩国的三星和来自日本的松下的申请量较大，可见这两家公司在锂离子电池领域具有较强的科研实力，同时也体现了它们对中国市场的重视程度。

通过上述统计数据可以看出，日本在锂离子电池领域的技术开发具有巨大的优势，日本企业的专利意识也非常强烈，巨大的申请量优势保证了对各领域的专利覆盖。中国虽然在该领域起步较晚，但也已意识到专利保护的重要性，诸多企业也加强了在知识产权建设方面的投入，不断开拓创新，这也为未来的国际竞争争取了更为有利、主动的局面。

13.6　磷酸铁锂

磷酸铁锂全球专利申请趋势表明，该技术正处在高速持续发展之中。目前大部分磷酸铁锂专利技术由中国申请，占总量的74%；其次是日本、美国、德国和韩国。日本对新技术的敏感度高，在1997年的原创技术申请之后，日本也同时提出了相关的申请，并持续研究，而美国、韩国、德国均是在2007年之后专利申请量才有较大幅度的增长。

在专利布局方面，日本申请人对磷酸铁锂电极材料领域的专利申请非常重视，同时也很注重向其他四局的专利申请。而中国申请人虽然在磷酸铁锂电极材料领域的专利申请量较大，但申请基本集中在国内。

磷酸铁锂技术在中国引起了企业和高校同等的重视。目前磷酸铁锂材料的研究重点为磷酸铁锂材料的制备工艺，其次是磷酸铁锂材料的改进，再次是磷酸铁锂的应用，还有一部分专利研究磷酸铁锂的充放电技术。2000年后，磷酸铁锂材料的申请量与磷酸铁锂的制备工艺的申请量开始同步增长，研发者们关注如何改进磷酸铁锂材料的结构以提高其性能，同时关注如何改进其制备工艺以适应产业发展的需要。在2007年之后，越来越多的专利关注磷酸铁锂材料的充放电技术，即如何进行充放电可以使电池的性能达到最佳化。

对于磷酸铁锂材料的结构改进方面，采用包碳和掺杂来提高磷酸铁锂材料的容量并改善其倍率特性是目前研究的热点。高温固相法是目前制备磷酸铁锂的主流方法，而喷雾热解法和水热合成法是目前发展较快的方法，模板法作为新兴的方法，也占据一席之地。

目前全球磷酸铁锂的主要供应商有加拿大Phostech、美国的Valence和A123（目前已被中国万向集团收购，更名为B456）以及中国台湾立凯电能等公司。磷酸铁锂的基础专利掌握在加拿大Phostech的手中，其代表性专利技术是在磷酸铁锂的表面上包覆碳，以提高其导电性能；Valence公司的主要专利技术是采用高温固相法制备磷酸铁锂以及在磷酸铁锂中掺杂卤素元素以提高其性能；A123的主要专利技术是在磷酸铁锂中掺杂金属元素，以提高其容量、导电性等；而立凯电能的主要技术是将磷酸铁锂与具有导电性的金属氧化物复合构成复合材料，使其有好的电子导电性和高的离子扩散速率。

在引文分析的基础上，绘制了磷酸铁锂的技术发展路线图，磷酸铁锂的专利技术主要分为三个层次：首先是磷酸铁锂系列材料的基础专利；其次是在上述基础专利上对磷酸铁锂材料的包覆和掺杂技术；最后是涉及磷酸铁锂多种制备技术。

总之，磷酸铁锂正极材料用于动力锂离子电池具有诸多优点和良好的前景，自美国得州大学申请基础专利以来，为进一步提高该材料性能、进行回避设计、专利跟随包抄等目的，全球在磷酸铁锂正极材料的专利申请与布局的竞争进行得如火如荼，这一趋势还将继续，值得我们深入研究和持续关注。此外，国内企业应当警惕侵权风险，提早作出规避措施。

13.7 钴酸锂

全球钴酸锂专利申请趋势表明，在经历了长时间的发展之后，钴酸锂技术已经走向成熟。在华钴酸锂专利申请趋势表明，2006年后，钴酸锂专利申请呈两极分化的趋势，国外申请人的申请量逐渐下降，而国内申请人的申请量逐年递增，国外申请人在早期已经完成了在中国的专利部署，目前已经逐渐减少了在中国的申请量。

对于钴酸锂技术，日本和美国是技术储备的最大受益者。日本对钴酸锂的研究开展较早，并持续研发，因此一直在锂离子电池市场表现出很强的竞争优势。中国和韩国的原创专利数量接近。同时，日本、美国、中国和韩国也是企业争夺的重点。

相较于科研院所而言，企业比较重视钴酸锂的研究，这与目前锂离子电池的广泛商业化密不可分。对于钴酸锂的申请量而言，三洋电机占据了领先优势，其申请量不仅很大，而且专利质量也较高。目前，钴酸锂方面的大量技术掌握在三洋电机的手中。

13.8 锰酸锂

锂离子电池经过多年的快速发展，已经成为新一代高效便携式能源，广泛应用于无线电通信、数码相机、笔记本电脑及空间技术等方面。近几年来随着电动汽车、混合动力汽车快速发展，锂离子电池作为动力电池在电动汽车领域显示出了广阔的应用前景和巨大的经济效益。然而，现有的锂离子电池还无法满足电动汽车对电池高能量密度和低成本的要求，所以研发比能量更高、寿命更长、价格更低廉的动力锂离子电池是电动汽车产业发展的关键。锂离子电池负极主要采用石墨类碳材料，可逆比容量在300mAh/g以上，相比之下正极材料的比容量只有负极的一半，而生产成本远高于负极材料。因此，提高正极材料性能并有效降低其成本成为当前锂离子电池领域的研究重点。

锰酸锂材料最早始于20世纪80年代，按照其应用性能，将锰酸锂材料分为三类：①工作电压接近5V的高电压材料，如$LiNi_{0.5}Mn_{1.5}O_4$；②通过对物质的结构的改进得到的高容量材料，如具有富锂的尖晶石结构（富锂后理论容量高于148mAh/g）或层状结构（富锂后理论容量高于其本身基体的容量）的含有高价态的Mn的物质，如Li_2MnO_3、$Li_{1+x}M_yMn_{1-y}O_2$以及$Li_{1+x}Mn_yO_2$等物质；③高性能材料$LiMn_2O_4$，通过掺杂、改性以及制备工艺的改进等方式对该材料各个方面的性能的改进的专利申请，也是一直以来的研究热点。

锂离子电池锰酸锂正极材料最早是由日本的汤浅在1976年合成出的层状$LiMnO_2$用于锂离子电池正极材料的，随后美国联合碳化物公司在1978年合成出了尖晶石结构的$LiMn_2O_4$用于正极。由于当时用于锰酸锂的负极材料以及合适电解液的研究尚不成熟，因而当时并没能推出锰酸锂作为正极材料的商业化锂离子电池。后来由于世界各顶级电子公司诸如日本索尼、三洋电机，美国威能，韩国三星等推进了近一步的研究，20世纪90年代初索尼和加拿大莫利公司率先推出了锂离子电池，以锰酸锂作为正极材料、电解液为含锂盐的有机溶液、石墨作为负极材料,至此拉开了锰酸锂研究热潮以及专利申请的迅速增长。专利申请主要集中由最初的美国和日本到现在的韩国与中国这四个国家的公司和企业,从最初的微米级的尖晶石八面体形状转变到电化学性能优异的纳米级的球形以及类球形的颗粒形貌,从最初的手机、电池等厂商发展到现在的混合动力汽车、电动车行业,锰酸锂正极材料的重要研究价值与其应用的方向是业界公认的。从近年来专利申请数量回升趋势来看,锰酸锂材料已经克服了发展的瓶颈,从球形颗粒带来的安全性能隐患过渡到高电压锰酸锂正极材料用于混合动力电动车、纯电动车的深入研究的转变,无不证实了该正极材料的专利申请的研究分析在行业中凸显出来的重要作用。

从专利申请量来看,锰酸锂技术从开始至今大致经历了两个阶段:①技术萌芽期(1976～1992年);②波动增长期(1993年至今)。锰酸锂正极材料技术集中分布在三个分类号中:H01M4涉及活性材料制造的电极、电极的一般制造方法等;H01M10涉及二次电池及其制造,其中有多个小组涉及二次电池的零部件设计、结构的改进以及充电或放电的方法;C01G45涉及锰的化合物锰酸锂正极材料,相关专利申请的技术分部较为集中。

从全球份额来看,来自日本的申请人占了全球申请量的一半还多,为52%;紧随其后的是中国申请人,为23%;排名第三至五位的分别是韩国11%、美国9%、德国1%。排名前五位的五个国家的申请总量达到96%,表明锰酸锂正极材料的技术集中非常明显,几乎都掌握在几个技术大国手中。

全球排名前10位的申请人全部由韩国和日本垄断。值得注意的是排名前两位的申请人三星和LG化学均来自韩国。来自中国的比亚迪虽然未排进前10位,但是考虑到比亚迪在锰酸锂离子电池方向的开发起步较晚,最近2年发展很快,可以预期不久的将来,比亚迪的申请量挤进前10位是有希望的。

锰酸锂正极材料专利申请主要目标市场国份额的情况与申请量情况类似,是日本第一,中国第二,申请量大国同时也是目标市场大国。变化的是日本的优势不再那么明显,在申请量份额中日本占到52%,而在目标市场份额中日本只占到35%,下降明显。

关于锰酸锂材料在华趋势,在1995年以前,国内外申请人在华申请都很少。中国申请人从1999年开始在国内申请量稳步增长,2012年达到最高的121件。从数量上来看,国内申请人后来居上,自2004年在申请量上超过国外申请人后,一直处于优势地位。

对于锰酸锂正极材料专利在华申请排名,整体上看,中国申请人并不输于外国申请人。来自中国的申请人包括排名第一的比亚迪(38件),前20名中占了12个。不但申请人个数占优势,申请数量也占优势。排名前20位的来华国外申请人均来自日本和韩国。就国内申请人而言,排名前三位的申请人中两个是企业,一个高校,表明锰酸锂正极材料实用性很强,较多地受到企业关注。

【启示】

考察全球的申请状况,来自日本的申请人占了全球申请量的一半还多。紧随其后的是中国申请人。排名第三至五位的分别是韩国、美国、德国。日本申请量排名第一位并不意外，日本是能源技术大国，由于其本土资源匮乏，日本特别重视能源技术开发，在锂离子电池领域技术领先世界，因此其在锰酸锂正极材料技术方面处于领先地位也就在意料之中了。中国虽然是个资源大国，但是改革开放以后随着经济社会的快速发展，能源不足的矛盾越来越凸显，同时传统能源的大量使用也给环境带来巨大压力。此外，中国由于人口众多，人均能源更是大大低于世界平均水平，例如煤炭和水力资源人均拥有量仅相当于世界平均水平的50%，石油、天然气人均资源拥有量仅为世界平均水平的1/15左右，这进一步加剧了中国能源短缺的状况。近年来，我国逐渐重视新能源、清洁能源的开发与利用，锂离子电池作为一种应用前景很好的清洁能源，正越来越多地得到我国政府、企业、研究单位的重视。排名第三的韩国也是电子技术强国，在锂离子电池领域发展也较快。排名第四至五位的美国、德国都是传统的技术先进的发达国家，其锰酸锂正极材料的申请量也较大。排名前五位的五个国家的申请总量达到96%，表明锰酸锂正极材料的技术集中非常明显，几乎都掌握在几个技术大国手中。

在向国外输出技术层面，日本依然遥遥领先。日本的最大技术输出国/地区是美国，其次是中国、韩国、欧洲。对日本而言，最大的市场依然是美国市场；随着中国经济起飞，中国的市场容量也在迅速增加，因此日本对中国的技术输出还有可能进一步加强；韩国技术发展较快，然而国土面积小，市场容量有限。技术输出量仅次于日本的是韩国，其技术输出特点是输出不均衡，其对美国的输出量明显大于其他国家，暗示了美国市场对于韩国电池企业的重要性。除排第一位的美国外，韩国技术输出主要国家、地区依次是日本、中国和欧洲。日本虽然国土面积小，但是电池相关产业非常发达，因此其市场很大。美国技术输出量排第三位，其特点是向各个国家的输出比较均衡。最大输出国是日本，也就是说，日本和美国互为最大技术输出国，这表明美日两大技术发达国家在电池领域相互依存的程度比较大。美国对于欧洲、韩国、中国的技术输出量相差不大，表明美国的企业对于全球市场都很重视，没有明显的侧重。中国技术输出量与其他发达国家相比非常少，单个国家、地区的输出量少于10件。这一方面是由于中国在锰酸锂正极材料领域的技术研发起步较晚、水平较低，另外一方面是国内申请人对于在国外进行专利布局、抢占市场的意识较薄弱。

从在华申请趋势来看，在1995年以前，国内外申请人在华申请都很少。从1996年开始，国外申请人开始在中国申请相关专利，1998年增长到12件，1999年有所减少，2000年又恢复到13件，之后一直保持在年申请量10~20件的水平，波动不大。中国申请人从1999年开始在国内申请量稳步增长，2006年增长到48件，此后稍有减少，2010年后再次进入稳定增长期，2012年达到最高的121件。从数量上来看，国内申请人后来居上，自2004年在申请量上超过国外申请人后，一直处于优势地位。这至少表明国内申请人专利意识的觉醒。当然数量上的优势并不等同于技术上的优势，国内申请人还需要占有更多的核心专利，才能与国外申请人在技术上一较高下。

【建议】

（1）加强对传统优势领域的技术占领，扩大技术出口，抢占全球份额。无论是技术上还是专利制度上，我国起步都较西方发达国家为晚。从分析结果来看，2000年以前基本都是外国大公司的天下，该领域的市场、技术都与国内企业无关。2000年以后，国内申请人技术积累基本完成，专利申请量节节攀升，用几年时间就在数量上超过了国外申请人。国内申请人的主要技术优势体现在锰酸锂材料的制备方法上。例如比亚迪的专利主要涉及"涂覆法制备锰酸锂正极材料""锰酸锂与其他材料复合"以及"溶胶凝胶法制备锰酸锂正极材料"等。国内申请人从制备方法上进行改进，可以进一步减小锰酸锂材料的生产成本，进一步优化锰酸锂正极材料的各种性能。虽然生产方法专利保护力度不如产品专利那么大，但是在锰酸锂正极材料技术已日趋成熟的今天，想要在专利技术林立的大蛋糕中分得一杯羹，方法专利有天然的优势。建议国内申请人站稳自己已有的技术优势，在保证国内优势的同时，乘势向国外市场进军，以进一步在全球市场取得有利竞争地位。

（2）提升发明专利质量，攻坚核心技术，从建立价格优势、技术优势入手逐渐建立市场优势。不管是从全球来看还是从国内来看，核心技术都掌握在国外大公司手中。近年来国内申请人的申请量虽然大幅增长，但是基本都属于外围专利，国内申请人并未掌握核心技术，技术和市场依然被国外大公司操控。因此，国内申请人应当转变思路，从追求专利数量到追求专利质量，将更多的研发力量、资金投入到尖端技术的开发中，重点关注领域最新技术动向，跟上世界一流公司的技术发展水平，甚至要引领技术发展潮流，作出开拓性的发明。该领域目前的热门研究方向如高能锰酸锂正极材料、高电压锰酸锂正极材料、用于汽车动力电池的高性能锰酸锂正极材料，都是国内申请人应当重点关注的研究课题。

13.9 三元正极材料

13.9.1 国际专利申请

1990年，日本索尼和加拿大莫利公司首次申请了关于三元正极材料的专利。随后，三元正极材料的申请数量呈现一个缓慢增长的态势。随着1999年在非专利领域的公开，三元正极材料开始逐渐进入研究者的视野，从技术萌芽期进入波动增长期，2010和2011年分别达到193项和190项。

产出国/地区方面，三元正极材料的研发和技术创新主要集中在日本、中国、韩国和美国。这四个国家的专利申请量占全球总申请量的97.9%。其中，日本排名第一，占该领域全球总申请量的50.6%；中国的专利申请量排名世界第二，占该领域全球总申请量的28.6%；韩国以占总申请量12.9%的比例排名第三；排名第四、第五位的是美国和欧洲等其他地区，与前三名的差距较大。日本和美国最早于1990年开始了三元正极材料的研究，同时，日本三元正极材料的专利申请量和持续研究时间均明显高于美国。从1999开始，日本申请量大幅增长，到2010年达到了最高的89项，其间年申请量均稳定在50项左右。中国和韩国分别于2001年和1998出现首项相关申请，之后均进入快速增长阶段，韩国申请量上较日本和中国少。

目标国/地区方面，日本、中国、美国、韩国以及欧洲分列目标国/地区的前五位，进入这五个国家/地区的专利申请量占到整个三元正极材料领域申请量的98%。其中，日本30%，中国26%，美国17%，韩国15%，欧洲10%。首先，日本、中国、韩国不仅是全球排名前三的技术产出国，也是专利技术重要的目标国；其次，美国取代韩国成为全球第三大目标国，而进入欧洲的申请数量也远大于其产出数量，占比10%。进入中国的专利数量总计689项，与第一名日本仅有4%的差距。从日、中、韩三大产出国流向上看，日本除在本土大量申请专利外，还在美国、中国、韩国和欧洲申请了数量可观的专利。韩国除在本土申请专利外，还在美国、中国、日本和欧洲申请了一定数量的专利。中国申请则主要集中在国内，该方面有待加强。

申请人中，7名来自日本，2名来自韩国，我国仅有比亚迪一家公司上榜。其中，三洋电机、LG化学和索尼位列三甲，比亚迪排名第八。从全球前10大申请人的申请量随年份变化趋势可以看出，索尼不仅是最早开展锂离子电池商业化的公司，而且也是最早对三元正极材料进行战略布局的企业。三洋电机作为三元正极材料总申请量排名第一的企业，起步虽然晚于索尼，但在不同时间阶段排名上始终处于前列，体现出公司在技术投入和研发上的一贯性。相比之下，其余申请人起步较晚，韩国的三星和LG化学则分别在1998年和2001年开始三元正极材料的申请，我国的比亚迪较之更晚，为2002年。

在制备方法方面，三洋电机、LG化学和索尼三位重要申请人均采用了工业上较为成熟、成本较低的高温固相法和共沉淀法。在掺杂改性方面，采用阴、阳离子体相掺杂，共混掺杂，表面包覆和富锂改性等，而侧重点各有不同。相比之下，三洋电机更重视阳离子体相掺杂、共混改性以及复合改性技术；LG化学在共混改性上投入更多；而索尼在阳离子体相掺杂、共混掺杂、表面包覆以及复合改性技术上表现均衡。

13.9.2 中国专利申请格局

在三元正极材料领域，中国国内申请人一共申请专利403件，国外来华申请286件。从时间上看，我国首件三元正极材料的专利申请出现于1998年，为国外来华申请，首件国内申请出现于2001年。2001年以后，我国申请量开始稳步增长，到2005年出现第一个申请高峰，2006年、2007年，国内和来华申请同时下降，随后出现持续增长，2010年和2011年分别达到91件和103件。

来华前10大申请人排名中，三洋电机和LG化学处于专利申请量的第一集团。而比亚迪和深圳比克处于国内专利申请量的第一集团。从创新主体上看，我国申请人不仅包括公司/企业，还包括高校和科研院所。

从地域分布上看，除北京和天津外，国内三元正极材料申请主要集中在东、南部沿海地区，以及与之毗邻的湖南、河南和安徽，而中西部、东北地区的申请量相对较少。此外，广东、北京、湖南、江苏四省市申请量之和占全国申请的52%，广东的申请量排名第一，占国内申请量的24%。

在制备方法方面，比亚迪、比克和中南大学三位重要申请人采用了传统的高温固相法和共沉淀法，同时还引入了溶胶凝胶法、喷雾干燥法和熔融法等。在掺杂改性方面，也都采用阴、阳离子体相掺杂，共混掺杂，表面包覆。从技术特点上看，比亚迪、比克两家企业更加关注产业化应用，而中南大学则在纳米、核壳等特殊结构和制备方法上进行了多方面的尝试和探索，这也体现了我国不同创新主体在研发实力和技术关注点上的不同。

附录 主要申请人名称的约定

由于翻译或者存在子母公司、企业兼并重组等因素，在专利申请人的表述上存在一定的差异，因此对主要申请人名称进行统一，便于本课题的规范，见附表1。

附表1 主要申请人名称约定表

约定名称	对应的主要申请人名称及注释
A123	A123系统公司（A123 System）
北大先行	北大先行科技产业有限公司
比克	深圳市比克电池有限公司 比克国际（天津）有限公司
比亚迪	比亚迪股份有限公司 深圳市比亚迪股份有限公司 深圳市比亚迪锂电池有限公司 上海比亚迪有限公司
彩虹集团	彩虹集团公司
CNRS	法国国家科学研究中心（Centre national de la recherche scientifique） 国立科学研究中心 国家科研中心
得州大学	德克萨斯州大学系统（THE UNIVERSITY OF TEXAS SYSTEM） 得州大学 德克萨斯州立大学 得克萨斯系统大学
东莞新能源	东莞新能源电子科技有限公司 东莞新能源科技有限公司 ATL（Amperex Technology Limited） 东莞新能源科技有限公司
丰田	丰田自动车株式会社 丰田汽车株式会社（Toyota Motor Corporation） 株式会社丰田中央研究所
合肥国轩	合肥国轩高科动力能源有限公司
J. B. Goodenough	John B Goodenough 约翰·巴尼斯特·古迪纳夫
魁北克水电公司	魁北克水电公司（Hydro-Québec） 魁北克电力公司 魁北克水力发电公司
LG化学	LG化学株式会社 株式会社LG化学

续表

约定名称	对应的主要申请人名称及注释
立凯	台湾立凯电能科技股份有限公司（ALEES）
蒙特利尔大学	蒙特利尔大学（University of Montreal） 蒙特罗大学
南方化学	南方化学股份公司（Sued-Chemie） 苏德-化学股份公司
Phostech	福斯泰克锂公司（Phostech Lithium，Inc） 福斯特克锂公司 佛斯泰克公司
清美化学	AGC清美化学股份有限公司 清美化学股份有限公司 清美化学株式会社
清华大学	清华大学
日本化学	日本化学工业株式会社
日本电池	日本电池株式会社
日立	日立化成工业株式会社 日立麦克赛尔株式会社 日立金属株式会社 株式会社日立制作所
3M	3M创新有限公司 美国3M公司
三菱	三菱化学株式会社（MITSUBISHI CHEM CORP） 三菱电机株式会社 三菱重工业株式会社 三菱电线工业株式会社
三洋电机	三洋电机株式会社
三星	三星株式会社 三星电子株式会社 三星电机株式会社 三星LED株式会社
深圳贝特瑞	深圳市贝特瑞新能源材料股份有限公司 深圳市贝特瑞电子材料有限公司
苏州恒正	恒正科技（苏州）有限公司
松下	松下产业株式会社 松下电工株式会社

续表

约定名称	对应的主要申请人名称及注释
索尼	索尼株式会社
台塑	台塑关系企业 台塑集团 台塑长园能源科技股份有限公司 长园科技实业股份有限公司 台塑锂铁材料科技股份有限公司
天津巴莫	天津巴莫科技股份有限公司
天津斯特兰	天津斯特兰能源科技有限公司
Valence	威伦斯技术公司（Valence Technology） 化合价技术股份有限公司 威能科技
新乡华鑫	新乡市华鑫能源材料股份有限公司
中南大学	中南大学
浙江大学	浙江大学
住友	住友金属矿山株式会社 住友金属工业株式会社 住友电器工业株式会社 住友电气工业株式会社 住友化学工业株式会社 住友化学株式会社 住友电装株式会社
日矿	日矿金属株式会社
杰士汤浅	日本杰士汤浅株式会社
宁德新能源	宁德新能源科技有限公司
福建师范大学	福建师范大学
江苏科捷	江苏科捷锂电池有限公司
天骄科技	深圳市天骄科技开发有限公司
天津十八所	中国电子科技集团公司第十八研究所
三井	三井株式会社
NEC	日本电气股份有限公司
东曹	东曹株式会社
威能	威能技术公司
日产汽车	尼桑电动车有限公司

热销丛书推荐

《企业专利工作实务手册》

作者：杨铁军（主编）

出版时间：2013年1月

定价：68元

内容简介：本书旨在为企业提供一整套指导性和操作性较强的模块化专利工作管理实务解决方案。

《专利分析实务手册》

作者：杨铁军（主编）

出版时间：2012年10月

定价：46元

内容简介：本手册以专利分析操作流程为主线，梳理了一套完整的专利分析实务操作流程，并对流程中各环节的操作方法、质量要求、使用工具、操作技巧、注意事项等结合案例进行具体说明和详细解析。

《产业专利分析报告》（第1册）

作者：杨铁军（主编）

出版时间：2011年9月

定价：50元

内容简介：本书包括了薄膜太阳能电池、等离子体刻蚀机、生物芯片等三个行业的专利分析报告。

《产业专利分析报告》（第2册）

作者：杨铁军（主编）

出版时间：2011年9月

定价：36元

内容简介：本书包括了基因工程多肽药物、环保农药两个行业的专利分析报告。

《产业专利分析报告》（第 3 册）
作者： 杨铁军（主编）
出版时间： 2012 年 3 月
定价： 88 元（附光盘）
内容简介： 本书包括了切削加工刀具、煤矿机械、燃煤锅炉燃烧设备等三个行业的专利分析报告。

《产业专利分析报告》（第 4 册）
作者： 杨铁军（主编）
出版时间： 2012 年 3 月
定价： 82 元（附光盘）
内容简介： 本书包括了有机发光二极管、光通信网络、通信用光器件等三个行业的专利分析报告。

《产业专利分析报告》（第 5 册）
作者： 杨铁军（主编）
出版时间： 2012 年 3 月
定价： 42 元（附光盘）
内容简介： 本书包括了智能手机、立体影像两个行业的专利分析报告。

《产业专利分析报告》（第 6 册）
作者： 杨铁军（主编）
出版时间： 2012 年 3 月
定价： 42 元（附光盘）
内容简介： 本书包括了乳制品、生物医用天然多糖两个行业的专利分析报告。

《产业专利分析报告》（第 7 册）
作者： 杨铁军（主编）
出版时间： 2013 年 3 月
定价： 66 元
内容简介： 本书为农业机械行业的专利分析报告。

《产业专利分析报告》（第 8 册）
作者： 杨铁军（主编）
出版时间： 2013 年 3 月
定价： 46 元
内容简介： 本书为液体灌装机械行业的专利分析报告。

《产业专利分析报告》（第 9 册）
作者： 杨铁军（主编）
出版时间： 2013 年 3 月
定价： 46 元
内容简介： 本书为汽车碰撞安全行业的专利分析报告。

《产业专利分析报告》（第 10 册）
作者： 杨铁军（主编）
出版时间： 2013 年 3 月
定价： 46 元
内容简介： 本书为功率半导体器件行业的专利分析报告。

《产业专利分析报告》（第 11 册）
作者： 杨铁军（主编）
出版时间： 2013 年 3 月
定价： 54 元
内容简介： 本书为短距离无线通信行业的专利分析报告。

《产业专利分析报告》（第 12 册）
作者： 杨铁军（主编）
出版时间： 2013 年 3 月
定价： 64 元
内容简介： 本书为液晶显示行业的专利分析报告。

《产业专利分析报告》（第 13 册）
作者： 杨铁军（主编）
出版时间： 2013 年 3 月
定价： 56 元
内容简介： 本书为智能电视行业的专利分析报告。

《产业专利分析报告》（第 14 册）
作者： 杨铁军（主编）
出版时间： 2013 年 3 月
定价： 60 元
内容简介： 本书为高性能纤维行业的专利分析报告。

《产业专利分析报告》（第 15 册）
作者： 杨铁军（主编）
出版时间： 2013 年 3 月
定价： 46 元
内容简介： 本书为高性能橡胶行业的专利分析报告。

《产业专利分析报告》（第 16 册）
作者： 杨铁军（主编）
出版时间： 2013 年 3 月
定价： 54 元
内容简介： 本书为食用油脂行业的专利分析报告。